TRAITÉ PRATIQUE

AF453462

DE LA

COUPE DES PIERRES

PRÉCÉDÉ DES NOTIONS NÉCESSAIRES DE

GÉOMÉTRIE DESCRIPTIVE

PARIS. — TYPOGRAPHIE A. HENNUYER, RUE DU BOULEVARD, 7.

TRAITÉ PRATIQUE

DE LA'

COUPE DES PIERRES

PRÉCÉDÉ DE TOUTE LA PARTIE

DE LA GÉOMÉTRIE DESCRIPTIVE

QUI TROUVE SON APPLICATION DANS LA COUPE DES PIERRES

A L'USAGE

DES ARCHITECTES, DES INGÉNIEURS, DES ENTREPRENEURS
ET CONDUCTEURS DE TRAVAUX, DES APPAREILLEURS, ET DES ÉLÈVES
DE L'ÉCOLE DES BEAUX-ARTS

PAR

ÉMILE LEJEUNE

ANCIEN ÉLÈVE DE L'ÉCOLE CENTRALE DES ARTS ET MANUFACTURES, PROFESSEUR
DE GÉOMÉTRIE DESCRIPTIVE ET DE COUPE DES PIERRES

TEXTE

BIBLIOTHÈQUE
R.F.
DÉPÔT LÉGAL

PARIS

LIBRAIRIE POLYTECHNIQUE

J. BAUDRY, LIBRAIRE-ÉDITEUR

15, RUE DES SAINTS-PÈRES

LIÉGE, MÊME MAISON

Tous droits réservés

PRÉFACE

Depuis plusieurs années que nous enseignons la GÉOMÉTRIE DESCRIPTIVE et la COUPE DES PIERRES, nous avons été frappé de l'absence complète d'un ouvrage qui réunît en un seul volume un traité pratique de la coupe des pierres et les notions de géométrie descriptive qui trouvent leur application immédiate dans cette branche de la construction.

D'ailleurs, tous les traités de géométrie descriptive qui existent sont trop savants, et s'adressent plutôt aux élèves des écoles spéciales qu'aux praticiens qui, lorsqu'ils ont recours à un livre, ont besoin d'y trouver des renseignements exposés simplement et dégagés de ces considérations de haute géométrie dont ils n'ont que faire dans les applications. Sans doute, ces traités ont leur raison d'être : ils aident les hommes qui s'adonnent à la science, à approfondir les questions et à découvrir des méthodes plus simples et plus élégantes; mais ils ont l'inconvénient inévitable de ne pouvoir être lus par ceux qui, possédant une instruc-

tion purement élémentaire, veulent arriver rapidement au but qu'ils se proposent.

Bien des appareilleurs studieux, désirant connaître
leur métier à fond, nous ont souvent demandé dans
quel ouvrage ils pourraient bien puiser les notions
fondamentales qui leur manquaient. Etant très-embar-
rassé de leur répondre d'une manière utile pour eux,
nous avons songé à écrire un volume dans lequel la
coupe des pierres fût exposée simplement et fût pré-
cédée des notions de géométrie descriptive qui y
trouvent leur application. C'est cet ouvrage que nous
offrons aujourd'hui au public, avec l'espoir qu'il trouvera auprès de lui un accueil favorable.

Ainsi que l'indique son titre, notre traité est essentiellement pratique. Il est en même temps complet,
car aux questions qui se trouvent exposées dans la
plupart des ouvrages existants, nous avons ajouté un
chapitre tout entier sur les voûtes d'arêtes ogivales,
voûtes qui, jusqu'ici, n'avaient été expliquées que par
Doulioz, et encore d'une manière très-incomplète.

Pour écrire ce chapitre, nous avons consulté un mémoire anglais dû à M. Willis, dont la traduction fran-
çaise a été publiée par M. César Daly dans sa revue
d'architecture. Nous avons aussi étudié attentivement
les recherches originales que notre savant architecte
français M. Viollet-Leduc a exposées dans son remar-

quable *Dictionnaire de l'architecture*, ouvrage qui, à coup sûr, est le plus beau travail qui ait jamais paru sur l'architecture ancienne et du moyen âge.

Notre traité est encore *complet*, parce que nous le terminons par une description détaillée du mode d'appareil héliçoïdal, employé dans la construction des ponts biais.

Nous n'avons pas cru devoir parler des ponts biais à appareils orthogonal parallèle, et orthogonal convergent, attendu que ces deux modes d'appareil n'ont jamais reçu qu'un très-petit nombre d'applications, et qu'aujourd'hui on les a complétement délaissés. Ils n'offrent donc aucun intérêt, si ce n'est au point de vue historique.

Nous n'avons nullement la prétention, en publiant notre traité, d'offrir au lecteur un recueil de méthodes nouvelles. Non : nous nous sommes simplement efforcé de rendre plus simple, et plus claire pour tous, la science dont Monge a jeté les premiers fondements, science qui a reçu, depuis lui, des développements si nombreux, qu'elle n'est plus abordable que pour les hommes spéciaux. Nous l'avons dégagée des considérations géométriques d'un ordre trop élevé qu'y ont introduites les successeurs de l'illustre fondateur, nous contentant, en certains endroits, d'expliquer et non de démontrer. Il suffit en effet au praticien de comprendre pourquoi une chose est, sans que pour cela il lui soit nécessaire de connaître la démonstration rigoureuse de l'existence de cette chose.

Pour comprendre notre ouvrage, le lecteur n'a besoin de connaître que les cinq premiers livres de la géométrie élémentaire, et de posséder en outre quelques notions sur les courbes usuelles, c'est-à-dire l'ellipse, l'hyperbole et la parabole; quant à l'hélice, il trouvera dans notre traité sa définition ainsi que l'exposé de ses propriétés les plus remarquables.

TABLE DES MATIÈRES

PREMIÈRE PARTIE.
GÉOMÉTRIE DESCRIPTIVE

LIVRE I.
DE LA LIGNE DROITE ET DU PLAN.

TABLE DES MATIÈRES.

DEUXIÈME PARTIE.

COUPE DES PIERRES

LIVRE I.

MURS, PLATES-BANDES ET VOUTES PLATES.

LIVRE II.

DES BERCEAUX ET DES PORTES.

LIVRE III.

DES VOUTES CONIQUES ET DES TROMPES.

LIVRE IV.

DES VOUTES SPHÉRIQUES ET EN SPHÉROIDE.

LIVRE V.

DE LA PÉNÉTRATION DES VOUTES.

LIVRE VI.

DES ESCALIERS.

LIVRE VII.

DES PONTS BIAIS A APPAREIL HÉLIÇOÏDAL.

TABLE ALPHABÉTIQUE

PREMIÈRE PARTIE

GÉOMÉTRIE DESCRIPTIVE

LIVRE I

DE LA LIGNE DROITE ET DU PLAN

CHAPITRE I

NOTIONS PRÉLIMINAIRES

1. But de la géométrie descriptive. — La géométrie descriptive a pour premier objet de réunir dans une figure *plane* tous les éléments nécessaires pour faire connaître exactement la forme d'une figure à trois dimensions, ainsi que la position qu'elle occupe dans l'espace. « Sous ce point de vue, c'est une langue nécessaire à l'homme de génie qui conçoit un projet, à ceux qui doivent en diriger l'exécution, et enfin aux artistes qui doivent eux-mêmes en exécuter les différentes parties (*). »

Elle a aussi pour but, une figure à trois dimensions étant représentée sur un plan, de permettre d'exécuter sur ce plan toutes les opérations géométriques répondant à celles que l'on aurait à faire dans l'espace sur la figure elle-même, pour arriver à la démonstration de l'une quelconque de ses propriétés, ou bien à la solution des problèmes auxquels elle peut donner lieu. « Elle montre ainsi l'alliance intime des figures planes et des figures de l'espace (**). »

Dans la géométrie élémentaire, les figures ayant simplement pour but de guider l'esprit dans la suite des raison-

---

(*) Monge, *Géométrie descriptive.*

(**) Eug. Rouché et Ch. de Comberousse, préface du *Traité de géométrie élémentaire.*

nements employés pour la démonstration d'une vérité, elles ne sont tracées que d'une manière vague, qui ne comporte aucune précision, en ce qui concerne du moins les figures à trois dimensions. Pour se convaincre de cette vérité, il suffit de se rappeler comment on démontre le théorème relatif à la plus courte distance de deux droites non situées dans un même plan. La géométrie élémentaire fait bien comprendre la série d'opérations qu'il faut exécuter pour arriver à la solution de la question, mais elle ne donne aucun moyen pratique d'effectuer *réellement* les constructions qui conduisent à cette solution, pas plus qu'elle n'indique d'une *façon exacte* la grandeur et la position de la plus courte distance.

Au contraire, la géométrie descriptive représente toutes les figures de l'espace sans rien laisser d'arbitraire, et de telle sorte qu'il est toujours possible de les reconstruire *exactement ;* de plus, avantage énorme, elle permet d'*effectuer graphiquement,* sur un *seul* et *même plan,* toutes les opérations que ne fait qu'*indiquer* la géométrie élémentaire, et qui aboutissent à la solution de la question proposée.

Considérée sous ce point de vue général, on conçoit que la géométrie descriptive a dû toujours exister. Et, en effet, c'est par des dessins sur une aire plane, que les appareilleurs et les charpentiers ont dans tous les temps déterminé et indiqué les formes des corps à trois dimensions qu'ils avaient à construire. On possédait même plusieurs traités, et de bons, sur l'art du trait appliqué à la coupe des pierres et à la charpente.

Toutefois, on n'avait jamais songé à réunir en un seul corps de doctrine les procédés graphiques employés jusqu'alors dans les arts. Cela était réservé à l'illustre Monge, qui sentit cette lacune et qui donna le nom de *géométrie descriptive* à la science qu'il créa ainsi. Monge est bien en effet le fondateur de la géométrie descriptive, quoiqu'en réalité il n'en ait pas créé de toutes pièces tous les éléments; c'est lui qui a coordonné tous ces éléments et qui les a rattachés à une seule méthode générale, dont on appréciera la fécondité à mesure qu'on avancera dans son étude.

C'est en considérant les corps comme composés d'une multitude de points, et en indiquant d'abord la manière d'exprimer *exactement* la position d'un point situé dans l'espace, que Monge est parvenu à simplifier et à généraliser tous les procédés usités avant lui. La méthode dont il se servit pour représenter ainsi graphiquement un point de l'espace, et par suite une figure ou un corps quelconque, est la *méthode des projections,* méthode dont nous allons exposer les principes.

2. Représentation du point. — Soit un point M (fig. 1) de l'espace, dont on veut déterminer *exactement* la position. Imaginons pour cela un plan horizontal HH' et un plan vertical VV' se coupant à angle droit suivant la ligne XY.

Si, du point M, nous abaissons sur le plan horizontal la perpendiculaire M*m*, le pied *m* de cette perpendiculaire est appelé la *projection horizontale* du point M. Si, de même, on abaisse du point M une perpendiculaire M*m'* sur le plan vertical, le pied *m'* de cette nouvelle perpendiculaire est dit la *projection verticale* du point M. La perpendiculaire M*m* se nomme la *projetante verticale* du point M ; la perpendiculaire M*m'* est la *projetante horizontale.*

3. Cela posé, on comprend facilement que si l'on connaît les deux projections *m* et *m'* d'un point M de l'espace, la position de ce point sera rigoureusement déterminée; car si par le point *m* on élève une perpendiculaire indéfinie *m*M au plan horizontal HH', cette droite devra nécessairement passer par le point M; de même, si par le point m' on mène une perpendiculaire indéfinie m'M au plan vertical VV', cette perpendiculaire passera par le point M : le point M ne peut donc occuper dans l'espace qu'une *seule position*, déterminée par l'intersection des deux perpendiculaires ou projetantes mM et m'M.

4. Si par les droites Mm et Mm' on conduit un plan, ce plan se trouvera perpendiculaire aux deux plans de projection et, par suite, à leur intersection XY; en outre, le quadrilatère Mmpm' sera un rectangle. On conclut de là :

1° La distance Mm du point M au plan horizontal est égale à la distance $m'p$ qui sépare sa projection verticale de la ligne XY;

2° La distance Mm' du point M au plan vertical est égale à la distance mp de sa projection horizontale à la ligne XY;

3° Si des deux projections d'un point on abaisse des perpendiculaires sur la ligne d'intersection des deux plans de projection, ces perpendiculaires la rencontrent en un même point.

5. Dans ce qui précède, nous avons considéré les deux plans de projection comme étant perpendiculaires entre eux; concevons maintenant que le plan vertical VV' tourne autour de la droite XY, comme charnière, pour se rabattre sur le plan horizontal HH', et de telle sorte que la partie supérieure XYV de ce plan vertical se couche sur la partie XYH' du plan horizontal, et que la partie inférieure XYV' de ce même plan vertical vienne s'appliquer sous la partie XYH du plan horizontal.

Dans ce mouvement, la projection verticale m' du point M de l'espace est entraînée et viendra se placer, après le rabattement, en m'', sur le prolongement de la perpendiculaire mp à la ligne XY. D'où l'on conclut qu'après le rabattement du plan vertical sur le plan horizontal, les deux projections m et m' d'un même point M de l'espace sont situées sur une même perpendiculaire à la charnière XY, ce que l'on peut formuler de la manière suivante :

Deux points choisis arbitrairement, l'un sur le plan vertical et l'autre sur le plan horizontal, représenteront les projections d'un même point de l'espace, s'ils sont situés sur une même perpendiculaire à la ligne XY.

La ligne d'intersection XY des deux plans de projection porte le nom de *ligne de terre*. Nous la désignerons dorénavant par les lettres L et T.

6. Lorsque l'on rabat le plan vertical sur le plan horizontal, de manière à ne plus avoir qu'un seul et même plan, on obtient une figure plane qui se compose des deux projections du point de l'espace, lesquelles sont unies par un trait ponctué que l'on appelle *ligne de rappel.* Cette figure a reçu le nom d'*épure*.

C'est sur l'épure que l'on exécute toutes les constructions que l'on aurait été obligé de faire sur les deux plans de projection, avant qu'ils eussent été confondus en un seul. Le travail est donc singulièrement simplifié, puisqu'il suffit, pour faire une épure, d'avoir à sa disposition une feuille de papier tendue sur une planche bien plane et bien dressée. Un mur parfaitement uni peut encore servir à cet usage.

Nous représentons dans la figure 2 l'épure fournie par la figure 1, lorsque le plan vertical a été rabattu sur le plan horizontal, dans le sens indiqué par les flèches.

7. Bien qu'une épure soit une figure plane, et qu'elle soit supposée être le résultat du rabattement du plan vertical sur le plan horizontal, on ne doit pas perdre de vue que ce rabattement n'est admis que comme moyen d'exécution ; et toutes les fois que l'on veut *lire* une épure, c'est-à-dire se rendre compte, par des considérations géométriques, de l'une des opérations qu'elle renferme, on doit par la pensée supposer le plan vertical relevé dans une situation perpendiculaire au plan horizontal. Nous ne saurions trop engager le *débutant* à procéder ainsi : c'est par ce moyen *seul* qu'il pourra comprendre facilement une épure, si compliquée qu'elle soit, et qu'il arrivera à se familiariser avec le langage de la géométrie descriptive.

Nous avons rencontré des jeunes gens qui, malgré leur intelligence, n'ont jamais pu s'expliquer ce qu'était la géométrie descriptive, parce qu'ils omettaient de faire cette hypothèse, tandis que la chose eût été pour eux presque un jeu, s'ils ne s'étaient pas obstinés à commettre sans cesse cette omission. Le commençant doit donc se prémunir contre ce danger, et s'habituer dès le début à ne considérer une épure que comme une forme particulière du langage de la géométrie de l'espace, ou, si l'on préfère, comme la transcription des opérations que l'on suppose avoir été d'abord exécutées dans l'espace. De cette manière, il arrivera en fort peu de temps à lire une épure avec autant d'aisance qu'il lirait un ouvrage de littérature.

8. Les plans de projection doivent être considérés comme infinis. Si dans la figure 1, et par suite dans la figure 2, nous les avons supposés limités par des lignes droites, c'était à seule fin de mieux faire sentir leurs positions relatives. Dorénavant, nous supposerons ces deux plans confondus en un seul, sans qu'ils soient limités par aucune ligne, et nous n'indiquerons que la ligne de terre.

9. Dans tout ce qui précède, nous avons imaginé que le point M de l'espace était situé dans l'angle dièdre formé

par la partie supérieure XYV du plan vertical et par la partie antérieure XYH du [plan horizontal. Il peut arriver que ce point occupe une tout autre position et qu'il se trouve, soit dans l'un des trois autres angles dièdres formés par les deux plans de projection, soit même sur l'un de ces deux plans. Voyons ce qui se passe suivant le cas qui peut se présenter.

Mais, avant d'aborder ce sujet, il importe d'adopter une fois pour toutes un système de notation dont on ne devra jamais se départir. Nous désignerons toujours la projection horizontale d'un point par une lettre simple de l'alphabet (majuscule ou minuscule); quant à la projection verticale, nous la désignerons par la même lettre que la projection horizontale, sauf que nous placerons à droite de cette lettre le signe bien connu que l'on énonce *prime*. Dans la figure 2, la lettre simple m désigne la projection horizontale d'un point de l'espace, et la même lettre *primée m′* désigne la projection verticale. Si maintenant on veut parler du point de l'espace dont m et m' sont les projections, on le désignera par les deux lettres m et m' mises entre parenthèses et séparées par une virgule, comme ceci : (m, m').

Ceci admis, examinons les diverses positions que peut occuper un point dans l'espace, relativement aux deux plans de projection. Nous représentons dans la figure 3 toutes les positions qui sont susceptibles de se manifester; elles sont au nombre de neuf, savoir :

1° Au-dessus du plan horizontal et devant le plan vertical ;

2° Au-dessus du plan horizontal et derrière le plan vertical ;

3° Au-dessous du plan horizontal et derrière le plan vertical ;

4° Au-dessous du plan horizontal et devant le plan vertical ;

5° Sur le plan horizontal et devant le plan vertical ;

6° Sur le plan horizontal et derrière le plan vertical ;

7° Sur le plan vertical et au-dessus du plan horizontal ;

8° Sur le plan vertical et au-dessous du plan horizontal ;

9° Sur les deux plans de projection à la fois, c'est-à-dire sur la ligne de terre.

Il peut se faire que, tout en étant situé dans l'un des quatre angles dièdres, le point de l'espace soit à la même distance des deux plans de projection. Dans ce cas, les deux projections se confondent, lorsqu'elles sont d'un même côté de la ligne de terre.

10. Représentation de la droite. — Si, par tous les points d'une droite MN, on abaisse des perpendiculaires sur le plan horizontal (fig. 4), leurs pieds sont les projections horizontales des points correspondants de la droite, et la ligne qui les unit est la *projection horizontale de la droite*. Quant au plan qui contient toutes ces perpendiculaires, on l'appelle *plan projetant vertical de la droite*, attendu qu'il est perpendiculaire au plan horizontal, et qu'il le coupe suivant une droite qui est précisément la projection horizontale de la droite de l'espace.

On tiendrait exactement le même raisonnement à l'égard de la *projection verticale de la droite*.

11. On sait que deux points suffisent toujours pour déterminer dans l'espace la position d'une ligne droite. Si donc on prend deux points quelconques A et B de la droite MN (fig. 4), puis qu'on les projette verticalement en a' et b', et horizontalement en a et b, on voit que *la projection d'une droite sur l'un ou l'autre des deux plans de projection est la ligne qui joint les projections de deux de ses points sur le plan que l'on considère.*

12. De même que pour le point (n° 3), dès que l'on connaît les deux projections d'une droite, la position de cette droite sera généralement déterminée ; car, si par la projection horizontale *ab* de la droite, on fait passer un plan indéfini perpendiculaire au plan horizontal, ce plan devra nécessairement contenir la droite ; de même, si par la projection verticale *a'b'* de la droite, on fait passer un plan indéfini perpendiculaire au plan vertical, ce plan devra contenir la droite. La droite, devant se trouver à la fois sur les deux plans indéfinis, ne sera autre chose que leur intersection ; elle ne peut donc occuper dans l'espace qu'une seule position.

Les deux projections d'une droite ne suffisent plus pour la déterminer, lorsqu'elles sont toutes les deux perpendiculaires à la ligne de terre et sur le prolongement l'une de l'autre. Dans ce cas, en effet, les deux plans projetants de la droite, se confondant en un seul plan perpendiculaire à la ligne de terre, ne peuvent plus se couper, et la droite peut occuper dans ce plan une position quelconque, sans que pour cela ses projections changent.

13. Au contraire, la position d'une droite est *toujours* parfaitement déterminée lorsqu'on connaît les projections de deux de ses points, attendu qu'il est *toujours* possible de retrouver les deux points dont on connaît les projections (n° 3).

14. Traces d'une droite. — Puisque la position d'une droite se trouve être exactement déterminée par la connaissance des projections de deux quelconques de ses points, elle le sera encore si ces deux points sont ses *traces*, c'est-à-dire les points où elle va rencontrer les deux plans de projection. Nous allons conséquemment donner le moyen général de trouver les traces d'une droite dont on connaît les projections.

La *trace horizontale*, étant le point où la droite perce le plan horizontal, est un point qui appartient au plan horizontal, et, comme telle, elle doit se projeter verticalement sur la ligne de terre LT (fig. 6); étant aussi un point de la droite, elle doi. se projeter en même temps sur la projection verticale A′B′ de cette droite : donc cette trace a pour projection verticale le point C′, où la ligne A′B′ rencontre la ligne de terre, et, conséquemment, se trouvera placée quelque part sur la perpendiculaire C′C à la ligne de terre. Mais cette même trace doit évidemment être située sur la projection horizontale AB de la droite; elle est donc au point C, où la ligne AB est rencontrée par la perpendiculaire C′C à la ligne de terre. D'où résulte cette règle générale :

Pour trouver la trace horizontale d'une droite, prolongez la projection verticale de la droite jusqu'à la ligne de terre; en ce point, élevez une perpendiculaire à la ligne de terre; cette perpendiculaire rencontrera la projection horizontale en un point qui sera précisément la trace horizontale de la droite proposée.

Par un raisonnement entièrement semblable à celui que nous venons de tenir pour la trace horizontale, on arriverait à déterminer la trace verticale D′, et l'on serait conduit à cette seconde règle :

Pour trouver la trace verticale d'une droite, prolongez la projection horizontale de la droite jusqu'à la ligne de terre; en ce point élevez une perpendiculaire à la ligne de terre; cette perpendiculaire rencontrera la projection verticale en un point qui sera précisément la trace verticale de la droite proposée.

15. Ce que nous venons de dire fait voir que lorsqu'on connaît les traces d'une droite, il est toujours facile d'en déduire les projections; car la trace C (fig. 6) étant un point de la droite même, la perpendiculaire CC′ abaissée sur la ligne de terre fournira un point C′ de la projection verticale, et celle-ci sera évidemment la ligne droite qui joint ce point C′ à la trace verticale connue D′. De même, la trace verticale D′ étant un point de la droite, la perpendiculaire D′D abaissée sur la ligne de terre fournira un point D de la projection horizontale de la droite, et celle-ci sera évidemment la ligne droite qui joint ce point D à la trace horizontale connue C.

Le lecteur fera bien, afin de se familiariser avec les deux questions que nous venons d'exposer, d'imaginer des droites diversement situées, telles que celles des figures 7 et 8, où les traces horizontales et verticales sont désignées par les mêmes lettres que dans la figure 6.

16. Voyons actuellement les différentes positions que peut prendre une droite par rapport aux deux plans de projection, et ce que seront ses projections relativement à chaque position.

Mais, avant d'aborder ce sujet, il importe, ainsi que nous l'avons fait pour le point, d'adopter un système de notation dont on ne devra jamais se départir. Nous désignerons toujours la projection horizontale d'une droite par deux lettres simples (majuscules ou minuscules) placées à ses deux extrémités; quant à la projection verticale, nous la désignerons par les mêmes lettres, à droite desquelles nous placerons le signe *prime*. Dans la figure 5, *ab* désigne la projection horizontale d'une droite de l'espace, et *a′b′*, c'est-à-dire les mêmes lettres *primées*, désigne sa projection verticale. Si maintenant on veut parler de la droite de l'espace dont *ab* et *a′b′* sont les projections, on la désignera comme ceci : (*ab, a′b′*).

Cela admis, revenons aux différentes positions que peut

prendre une droite relativement aux deux plans de projection. Elles sont au nombre de dix, savoir :

1° Quelconque, c'est-à-dire oblique aux deux plans de projection (fig. 9);

2° Parallèle au plan horizontal (fig. 10);

3° Parallèle au plan vertical (fig. 11);

4° Parallèle aux deux plans de projection et par suite à la ligne de terre (fig. 12);

5° Perpendiculaire au plan horizontal (fig. 13);

6° Perpendiculaire au plan vertical (fig. 14);

7° Perpendiculaire à la ligne de terre (fig. 15);

8° Située sur le plan horizontal (fig. 16);

9° Située sur le plan vertical (fig. 17);

10° Située sur les deux plans de projection à la fois, c'est-à-dire sur la ligne de terre (fig. 18).

17. Il peut très-bien arriver qu'une droite indéfiniment prolongée ne soit pas tout entière contenue dans l'angle dièdre (fig. 4) formé par la partie supérieure du plan vertical VV' avec la partie antérieure du plan horizontal IIII', angle dans lequel on suppose toujours que le spectateur est placé. Dans ce cas, la portion de la droite qui est située dans cet angle dièdre est *visible* pour le spectateur, tandis que tout ce qui se trouve derrière le plan vertical ou au-dessous du plan horizontal est *caché* par l'un de ces plans. Il importe, lorsque cela a lieu, et afin de rendre l'épure plus intelligible, d'adopter un système conventionnel qui fasse distinguer à première vue les *parties vues* des *parties cachées*.

A cet effet, on est convenu de tracer en lignes pleines les projections des parties vues, tandis que les projections des parties cachées seront *ponctuées*, c'est-à-dire tracées en points ronds. C'est ce que nous avons fait dans les figures 7 et 8.

Mais, comme il est essentiel de pouvoir discerner les

données et les résultats d'un problème d'avec les lignes qui n'ont servi que de moyens auxiliaires pour conduire des données aux résultats, on a choisi pour les *lignes auxiliaires* un autre système de notation : ces lignes sont *pointillées*, c'est-à-dire composées de petits traits placés les uns à la suite des autres, ainsi que nous l'avons fait jusqu'ici pour toutes les lignes de rappel. Nous ferons remarquer qu'il n'y a jamais lieu de distinguer si ces lignes auxiliaires sont visibles ou non, attendu qu'elles sont censées n'exister que dans l'imagination de celui qui exécute l'épure. Si on les indique, c'est simplement dans le but de faciliter au lecteur la recherche des moyens qui ont été employés pour trouver la solution d'une question proposée.

Toutefois, comme, parmi les lignes auxiliaires, il s'en trouve souvent quelques-unes qui offrent un intérêt plus spécial que les autres, il est urgent de les porter à l'attention d'une manière plus particulière. C'est ce à quoi on arrive en les représentant par des *lignes mixtes*, c'est-à-dire par des petits traits séparés entre eux par un ou plusieurs points ronds, selon leur degré d'importance : telles sont les lignes A, B et C de la figure 19. Remarquons cependant qu'il ne faut jamais employer ces lignes mixtes pour les droites qui unissent les deux projections d'un point, c'est-à-dire pour les lignes de rappel.

18. Représentation d'une courbe. — Si de tous les points d'une courbe on abaisse des perpendiculaires sur le plan horizontal, les pieds de ces perpendiculaires étant unis par un trait continu forment une ligne qui est appelée la *projection horizontale* de la courbe. Toutes les perpendiculaires sont parallèles et forment une surface qui, ainsi que nous le verrons plus tard, porte le nom de *surface cylindrique* et que l'on appelle *cylindre projetant vertical* de la courbe. De même, en abaissant des perpendiculaires sur le plan vertical, on obtient le *cylindre projetant horizontal* de la courbe, lequel détermine la projection verticale de cette courbe.

19. Si la courbe était tout entière tracée sur un plan perpendiculaire à l'un des plans de projection, le cylindre projetant correspondant à ce plan de projection se confondrait avec le plan qui contient la courbe, et celle-ci se projetterait suivant une ligne droite, sur le plan de projection auquel le plan qui la contient serait perpendiculaire ; quant à l'autre projection de la courbe, elle serait une autre courbe.

Si la courbe était dans un plan perpendiculaire à la ligne de terre, ses deux projections seraient des droites.

La figure 20 représente une courbe dont on s'est procuré les deux projections.

20. Représentation d'un plan. — Si l'on conçoit dans l'espace un plan quelconque SS' (fig. 21), ce plan coupera les deux plans de projection suivant deux lignes pP et pP' qui se rencontreront toujours en un même point p de la ligne de terre, quelle que soit la position du plan, et que l'on appelle *traces du plan*.

Un plan est toujours parfaitement déterminé lorsqu'on connaît ses deux traces, attendu que par deux droites qui se coupent on peut *toujours* faire passer un plan et *un seul*. Il est bien évident que l'angle que les traces comprennent entre elles sur les plans de projection rabattus (fig. 22) n'est pas égal à celui qu'elles forment dans l'espace. En outre, il est parfaitement clair qu'une droite située dans un plan doit avoir ses traces situées quelque part sur les traces du plan.

C'est habituellement par ses traces que l'on représente un plan ; cependant, ainsi que nous aurons occasion de le voir dans la suite, il est des cas où l'on se contente de le représenter soit par deux droites qui se coupent, soit par deux droites parallèles, soit par une droite et un point, soit enfin par trois points. Nous allons faire voir que ces différents modes de représentation reviennent au même que celui qui consiste à donner les traces, et que chacun d'eux peut être ramené à ce dernier.

21. Examinons d'abord le cas où un plan est donné par deux droites qui se coupent, et cherchons s'il est possible, avec ces données seules, de se procurer ses traces. Soient donc deux droites qui se rencontrent, dont les projections horizontales sont AB et CD (fig. 23) et les projections verticales A′B′ et C′D′, les deux projections M et M′ du point de rencontre étant d'ailleurs situées sur une même perpendiculaire MM′ à la ligne de terre, ainsi que cela doit être (n° 5).

Nous avons dit dans le numéro précédent que lorsqu'une droite est située dans un plan, les traces de cette droite se trouvent sur les traces de ce plan. Or, les deux droites (AB, A′B′) et (CD, C′D′) appartenant au plan dont nous cherchons les traces, ces traces devront évidemment passer par les traces de ces droites ; déterminons donc ces dernières traces, en employant à cet effet la méthode du numéro 14. La trace horizontale de la droite (AB, A′B′) sera au point A, et sa trace verticale au point B′ ; quant aux traces horizontale et verticale de la droite (CD, C′D′), elles seront aux points C et D′. Si alors nous joignons par une ligne droite les points C et A, cette droite sera la trace horizontale du plan qui contient les deux droites données; de même, si nous faisons passer une autre ligne droite par les points B′ et D′, nous obtiendrons la trace verticale de ce plan. Si maintenant nous prolongeons, jusqu'à la ligne de terre LT, les deux traces CA et B′D′ ainsi obtenues, ces deux traces devront, comme nous l'avons dit dans le numéro précédent, se rencontrer sur la ligne de terre. Dans le cas où il en serait autrement, c'est que les constructions auraient été mal effectuées, ou bien que les données auraient été mal posées.

Ainsi, les deux projections M et M′ du point de rencontre, au lieu de se trouver sur une même perpendiculaire à la ligne de terre, eussent-elles été autrement situées, cela aurait prouvé que les droites ne se rencontraient pas du tout ; et, en admettant qu'on ne s'en fût pas aperçu tout d'abord, on en eût été averti par ce fait, que les droites BC et A′D′ auraient rencontré la ligne de terre en deux points différents.

On voit déjà par là que la géométrie descriptive est un langage *précis* qui fournit à celui qui l'emploie des moyens de vérifier lui-même s'il le parle correctement.

Nous sommes donc certains maintenant que le plan PpP′ contient bien les deux droites données. D'où l'on peut conclure que *deux droites qui se rencontrent suffisent pour déterminer un plan.*

22. *Deux droites parallèles données par leurs projections sont suffisantes pour déterminer un plan.*

Soient, en effet, deux droites parallèles dont les projections horizontales sont AB et CD (fig. 24) et dont les projections verticales sont A′B′ et C′D′. Disons d'abord que deux droites parallèles que l'on projette sur un plan ont leurs projections parallèles, attendu que, leurs plans projetants étant aussi parallèles, les intersections de ces plans projetants avec les plans de projection, ou les projections des droites, seront également parallèles.

Ceci posé, cherchons les traces des deux droites (n° 14) : la droite (AB, A′B′) aura sa trace horizontale au point A et sa trace verticale au point B′ ; la droite (CD, C′D′) aura sa trace horizontale en C et sa trace verticale en D'. Si maintenant nous joignons par des lignes droites le point A au point C et le point B' au point D', ces droites, ainsi que nous le savons (n° 20), seront les deux traces du plan qui contient les deux droites parallèles. Ces deux traces doivent se rencontrer sur la ligne de terre (n° 20), au point p.

Donc *deux droites parallèles données par leurs projections suffisent pour déterminer un plan.*

23. *Une droite et un point connus par leurs projections, suffisent* encore *pour déterminer un plan.*

Soit une droite dont les projections sont AB et A'B' (fig. 25); soit aussi un point dont les projections sont O et O'. Par le point O menons une droite quelconque OC qui rencontrera la droite AB au point M ; par ce point M élevons une perpendiculaire MM' à la ligne de terre et prolongeons-la jusqu'au point M', où elle rencontre la projection verticale A'B' de la droite donnée ; joignons le point O' au point M', nous obtiendrons ainsi une droite O'C' qui avec OC seront les projections d'une droite passant par le point (O, O') et s'appuyant en (M, M') sur la droite donnée (AB, A'B'), attendu que les points M et M' sont bien sur une même perpendiculaire à la ligne de terre (n° 21). La question est ainsi ramenée au cas du numéro 21, c'est-à-dire à celui de deux droites qui se rencontrent.

On peut donc affirmer qu'*une droite et un point connus par leurs projections, suffisent pour déterminer un plan.*

On aurait pu par le point donné conduire une parallèle à la droite donnée, et ramener ainsi la question au cas du numéro 22. Nous laissons au lecteur le soin de faire lui-même cette épure. Nous dirons plus loin (n° 33) comment, par un point donné, on conduit une parallèle à une droite donnée.

24. *Trois points non situés en ligne droite suffisent* aussi *pour déterminer un plan.*

Soient trois points (A, A′), (B, B′) et (C, C′) (fig. 26) non situés en ligne droite, c'est-à-dire trois points dont les projections sur le même plan de projection ne sont pas en ligne droite. Joignons ces points deux à deux par des droites (AB, A′B′), (BC, B′C′), (AC, A′C′), lesquelles, ayant chacune deux points dans le plan dont nous cherchons les traces, y seront contenues tout entières ; puis construisons, comme au numéro 14, les traces horizontales E, N et I de ces droites. Ces trois traces, qui appartiennent à la trace horizontale du plan en question, doivent conséquemment se trouver en ligne droite, et seront plus que suffisantes pour déterminer cette trace. De même, la trace verticale du plan s'obtiendra en construisant les traces verticales K′, R′ et H′ des trois droites auxiliaires. Les deux droites H′R′K′ et INE ainsi obtenues devront aller rencontrer la ligne de terre LT en un même point p, ce qui servira à vérifier l'exactitude des constructions.

Au lieu de réunir deux à deux les trois points donnés, on pouvait ne mener que deux droites, celles (AC, A′C′) et (BC, B′C′), par exemple, et par leurs traces horizontales et verticales conduire deux droites IN et R′K′ qui seraient les traces du plan. On aurait alors deux moyens de vérifier l'exactitude des constructions : d'abord les deux droites IN et R′K′ devraient se rencontrer en un même point p de la ligne de terre ; ensuite, en réunissant par une droite (AB, A′B′) les points (A, A′) et (B, B′), puis déterminant les traces E et H′ de cette droite, ces traces devraient se trouver placées sur les traces Pp et P′p du plan.

25. Nous avons successivement passé en revue dans les numéros précédents les différents modes de représentation d'un plan ; nous avons vérifié que tous pouvaient être ramenés à celui où le plan est déterminé par ses traces. Il importe actuellement de faire observer qu'un plan n'est pas *toujours* suffisamment déterminé par ses traces. Ainsi, lorsqu'il passe par la ligne de terre, ses traces se confondent évidemment avec elle, et il n'est pas possible de savoir, dans ce cas, quel est l'angle qu'il forme avec l'un ou l'autre des deux plans de projection. Il faut alors représenter le plan par une droite et un point, choisissant, à cet effet, la ligne de terre pour droite, et pour point un point quelconque du plan. De cette façon, l'indétermination disparaît. Observons en passant qu'un plan est *toujours* exactement représenté lorsqu'on connaît les projections d'une droite et d'un point qui y sont contenus.

26. De même que nous l'avons fait pour un point (n° 9) et pour une ligne droite (n° 16), énumérons les diverses positions que peut affecter un plan par rapport aux deux plans de projection, et voyons quelles seront ses traces relativement à chaque position.

Ces positions sont au nombre de huit, savoir :

1° Quelconque, c'est-à-dire oblique aux deux plans de projection (fig. 27);

2° Perpendiculaire au plan horizontal (fig. 28). Dans ce cas la trace verticale est perpendiculaire à la ligne de terre ;

3° Perpendiculaire au plan vertical (fig. 29). Dans ce cas la trace horizontale est perpendiculaire à la ligne de terre;

4° Perpendiculaire aux deux plans de projection à la fois (fig. 30). Dans ce cas les deux traces sont toutes deux perpendiculaires à la ligne de terre, en un même point;

5° Parallèle au plan horizontal (fig. 31). Dans ce cas il

n'y a pas de trace horizontale et la trace verticale est parallèle à la ligne de terre;

6° Parallèle au plan vertical (fig. 32). Dans ce cas il n'y a pas de trace verticale et la trace horizontale est parallèle à la ligne de terre ;

7° Parallèle à la ligne de terre (fig. 33). Dans ce cas les deux traces sont en même temps parallèles à la ligne de terre ;

8° Passant par la ligne de terre (fig. 34). Dans ce cas, ainsi que nous l'avons vu (n° 25), les deux traces se confondent avec la ligne de terre, et il est nécessaire, pour que le plan soit complétement déterminé, de donner les projections de l'un quelconque (O, O') de ses points.

27. Parmi toutes les droites que l'on peut tracer sur un plan, il en est qui offrent un intérêt plus particulier que les autres : ces droites sont les horizontales et les verticales.

Les *horizontales* d'un plan sont des droites qui, tracées dans ce plan, sont parallèles au plan horizontal, et par suite à sa trace horizontale. Ces droites se projettent horizontalement suivant des parallèles à la trace horizontale du plan qui les contient, et verticalement suivant des parallèles à la ligne de terre.

Par analogie, on appelle *verticales* d'un plan, des droites qui, tracées dans ce plan, sont parallèles au plan vertical. Les verticales d'un plan sont aussi, de toute évidence, parallèles à la trace verticale de ce plan et se projettent verticalement suivant des parallèles à cette trace, et horizontalement suivant des parallèles à la ligne de terre.

Nous représentons dans la figure 35 un plan PpP' avec trois de ses horizontales et trois de ses verticales. Les horizontales sont les droites (AB, A'B'), (CD, C'D') et (EF, E'F');

les verticales sont $(ab, a'b')$, $(cd, c'd')$ et $(ef, e'f')$. Toutes ces droites se coupent deux à deux en des points dont les projections horizontales et verticales se trouvent également deux à deux sur les mêmes perpendiculaires à la ligne de terre.

CHAPITRE II

PROBLÈMES SUR LA LIGNE DROITE ET LE PLAN

28. *Faire passer une droite par deux points donnés* (A, A′) *et* (B, B′) (fig. 36), *puis déterminer la véritable distance de ces deux points.*

Nous avons vu au numéro 10 que les projections d'une droite, lesquelles sont aussi des droites, contiennent les projections de tous les points de la droite. D'où il résulte que, pour déterminer les projections d'une droite qui doit passer par deux points donnés (A, A′) et (B, B′), il suffit de joindre le point A au point B et le point A′ au point B′ : la droite AB sera la projection horizontale de la droite demandée, et la droite A′B′ sera la projection verticale.

Voyons actuellement quelle est la véritable distance du point (A, A′) au point (B, B′). Dans l'espace, cette distance est évidemment mesurée par la droite qui unit les deux points entre eux ; or nous connaissons les projections de la droite qui passe par ces deux points ; il ne nous reste donc qu'à déterminer la véritable grandeur de la portion de cette droite qui est comprise entre ces deux points. Si la droite était parallèle à l'un des plans de projection, la distance des deux points serait alors égale à sa projection sur ce plan, et il n'y aurait aucune construction à faire ; si au contraire, ce qui a lieu ici, la droite est quelconque, la distance des deux points est toujours plus grande que chacune de ses projections, et il importe de posséder un moyen de se la procurer en *vraie grandeur*. Voici ce moyen.

Imaginons que la ligne (AB, A′B′) tourne autour de la

verticale passant par le point (B, B'), sans que l'angle qu'elle fait avec cette dernière varie. Dans ce mouvement, l'extrémité (B, B') ne bougera évidemment pas de place, tandis que l'autre extrémité (A, A') restera constamment à la même hauteur au-dessus du plan horizontal, et décrira un arc de cercle horizontal AC, autour de la verticale passant par le point (B, B'). Si l'on continue ce mouvement jusqu'à ce que la ligne mobile devienne *parallèle au plan vertical,* ce qui arrivera nécessairement quand la projection AB aura pris la position BC parallèle à la ligne de terre LT, l'extrémité (A, A'), qui se projettera alors horizontalement en C, se projettera verticalement quelque part sur la perpendiculaire CC' à la ligne de terre (n° 5); et comme elle n'a pas cessé d'être à la même hauteur, le point C', où la droite CC' rencontrera la parallèle C'A' à la ligne de terre, sera sa projection verticale. Joignons le point C' au point B', la droite C'B' que nous obtiendrons ainsi, sera la projection verticale de la droite mobile devenue parallèle au plan vertical. Mais nous avons dit, au commencement de ce numéro, que lorsqu'une droite finie est parallèle à un plan, elle est égale à sa projection sur ce plan; donc la longueur B'C' est égale à la distance qui sépare le point (A, A') du point (B, B').

On voit, d'après ce qui précède, que la distance de deux points (A, A'), (B, B') est égale à l'hypoténuse B'C' d'un triangle rectangle B'mC', dont l'un des côtés mC' de l'angle droit est égal à l'intervalle AB $=$ BC des projections horizontales des deux points, et dont l'autre côté B'm est égal à la différence B'E — A'F des hauteurs de ces deux points au-dessus du plan horizontal.

29. On peut déterminer la distance de deux points d'une autre manière. Au lieu de faire tourner la droite qui unit ces deux points autour de la verticale passant par l'un d'eux, et de la rendre parallèle au plan vertical, on la fait tourner autour d'une perpendiculaire au plan vertical passant par l'un des points, jusqu'à ce qu'elle soit parallèle au plan horizontal. C'est ce que nous avons fait dans notre épure (fig. 36), en choisissant pour perpendiculaire au plan vertical celle passant par le point (B, B'). Cette nouvelle méthode nous conduit à cette nouvelle conclusion : la distance de deux points (A, A'), (B, B') est égale à l'hypoténuse BD d'un triangle rectangle BnD, dont l'un des côtés nD de l'angle droit est égal à l'intervalle B'A' $=$ B'D' des projections verticales des deux points, et dont l'autre côté nB est égal à la différence BE $-$ AF des distances de ces deux points au plan vertical.

30. Il existe un troisième procédé pour déterminer la distance de deux points (A, A'), (B, B'). Ce procédé consiste en ceci : on imagine que le plan projetant horizontalement la droite qui unit les deux points tourne autour de AB comme charnière, jusqu'à ce qu'il se confonde avec le plan horizontal. Il entraînera avec lui le trapèze *invariable* qui y est tout entier contenu et qui est formé par la droite qui unit les deux points (A, A'), (B, B') et par les verticales qui projettent ses extrémités en A et en B. Dans ce mouvement, ces verticales ne cesseront pas un seul instant d'être perpendiculaires à la charnière AB et le seront conséquemment encore quand le plan projetant sera couché sur le plan horizontal. D'ailleurs, ces verticales sont égales en longueur, celle en B à B'E et celle en A à A'F. Si donc nous élevons aux points B et A, sur BA, des perpendiculaires Bb et Aa qui soient respectivement égales à B'E et à A'F, puis que nous joignons a avec b, le quadrilatère abBA que nous formerons ainsi sera précisément le trapèze dont nous venons de parler, et ab sera la distance des deux points donnés (A, A') et (B, B').

Il se présente ici un moyen de vérifier l'exactitude des constructions : en prolongeant *ab* jusqu'à sa rencontre avec AB, le point de rencontre doit coïncider avec la trace horizontale de la droite (AB, A'B'), attendu que cette trace, se trouvant sur la charnière, a dû rester immobile pendant toute la durée de la rotation. Nous n'avons pas indiqué cette particularité sur l'épure, attendu que nous étions limité par le cadre.

31. Les trois méthodes que nous venons d'indiquer se contrôlent mutuellement, et l'on peut, l'une d'elles ayant été employée pour arriver au résultat demandé, se servir de l'une des deux autres comme moyen de vérification. En effet, la solution obtenue par chacune de ces méthodes doit évidemment être identique à celle fournie par les deux autres.

32. Il résulte de tout ce qui précède que, pour qu'une droite, dont on connaît les projections, soit partagée en parties proportionnelles à des lignes données ou à des nombres donnés, il suffit de partager ses projections dans le même rapport. De même, pour partager une droite en un certain nombre de parties égales, on partagera ses projections en un même nombre de parties égales.

33. *Par un point donné* (O, O') (fig. 37) *mener une droite parallèle à une droite donnée* (AB, A'B').

On a vu au numéro 22 que les projections de deux droites parallèles sur un plan sont aussi parallèles ; on a également vu au numéro 23 comment on fait passer une droite par un point. Si donc par le point O l'on trace une parallèle à AB, et par le point O' une parallèle à A'B', les deux droites OM et O'M' seront les deux projections de la droite qui passe par le point donné (O, O') parallèlement à (AB, A'B').

34. *Etant donnée la projection horizontale* AB (fig. 38) *d'une droite située dans un plan connu* PpP′, *trouver sa projection verticale.*

On sait (n° 20) que les traces d'une droite appartenant à un plan doivent être situées sur les traces du plan : le point A sera donc la trace horizontale de la droite inconnue. Ce point A, projeté verticalement en A′, fournira un point de la projection verticale cherchée ; il ne reste plus, pour que cette projection soit complétement déterminée, qu'à trouver un autre de ses points. Mais la trace verticale de la droite doit être sur pP′, elle doit être aussi sur la perpendiculaire BB′ à LT ; elle est donc au point B′. En joignant le point A′ au point B′, on aura la projection verticale de la droite inconnue.

On comprend facilement que si la projection verticale de la droite était seule connue, on déterminerait sa projection horizontale exactement de la même manière.

35. Il pourrait très-bien se faire que la droite inconnue fût une horizontale du plan dans lequel elle est située, et que sa projection horizontale, que nous supposerons seule connue, fût conséquemment parallèle à la trace horizontale du plan (n° 27). Dans ce cas, il n'y aura qu'à élever au point C une perpendiculaire à la ligne de terre, et par le point C′, où cette perpendiculaire rencontre la trace verticale du plan, à mener une parallèle C′D′ à LT : cette droite C′D′ sera la projection verticale de la droite inconnue.

On arriverait de la même manière à déterminer complétement la droite, si elle eût été une verticale du plan, et si sa projection verticale eût été seule donnée.

36. *Étant donnée la projection horizontale* O (fig. 38) *d'un point situé dans un plan connu* PpP′, *trouver la projection verticale de ce point.*

Cette projection verticale devra évidemment être placée

quelque part sur la perpendiculaire OO′ à la ligne de terre ; mais nous ne savons pas à quel endroit. Menons donc par le point O une droite CD parallèle à la trace horizontale pP du plan ; cette droite sera évidemment la projection horizontale d'une horizontale du plan, dont la projection verticale sera C′D′. Mais l'horizontale (CD, C′D′) passant par le point inconnu, la projection verticale de ce dernier devra être située sur C′D′ ; elle sera donc au point O′, où C′D′ est rencontré par OO′.

Il peut arriver que le point soit donné par sa projection verticale seule, et qu'il s'agisse de déterminer sa projection horizontale. Cette détermination ne serait pas plus difficile que la précédente.

Au lieu d'une horizontale, on pourrait employer, pour le problème qui nous occupe, une verticale du plan ou même une droite quelconque ; les opérations ne seraient pas plus compliquées. Nous conseillons au lecteur de résoudre le problème en se servant de ces diverses méthodes.

37. *Par un point donné* (O, O′) (fig. 39) *mener un plan qui soit parallèle à un plan* PpP′ *donné par ses traces.*

On sait que les intersections de deux plans parallèles par un troisième plan sont parallèles : donc deux plans parallèles doivent avoir leurs traces respectivement parallèles. D'où il résulte que, pour avoir les traces du plan demandé, il suffira de trouver un point de chacune d'elles et de mener par ces points des droites parallèles aux traces du plan donné.

A cet effet, imaginons par le point donné (O, O′) une droite *auxiliaire* qui soit située dans le plan inconnu ; et, afin de simplifier les choses, choisissons dans le nombre infini de droites qui, situées dans ce plan, passent par ce point, celle qui est une horizontale du plan. Cette horizontale se projettera verticalement suivant une parallèle AB' à la ligne de terre, et horizontalement suivant une parallèle à la trace horizontale du plan inconnu, c'est-à-dire suivant une parallèle à pP. Cela posé, cherchons la trace verticale de cette horizontale : elle sera en A'. Ce point A' sera donc un point de la trace verticale du plan demandé, laquelle sera conséquemment la droite p_1P', parallèle à pP'; quant à l'autre trace, comme elle doit passer par le point p_1, elle sera la droite p_1P, parallèle à pP.

Si l'on désire vérifier les constructions précédentes, on peut chercher directement un point de la trace horizontale du plan inconnu. Pour cela, on imaginera par le point (O, O') une droite auxiliaire qui soit une verticale de ce plan, et qui conséquemment se projette horizontalement suivant une parallèle CD à la ligne de terre et verticalement suivant une parallèle C'D' à la trace verticale pP' du plan donné. On déterminera ensuite la trace horizontale C de cette verticale, et l'on joindra le point C au point p_1 où la trace verticale déjà trouvée rencontre la ligne de terre. La ligne de jonction sera la trace horizontale du plan demandé, et elle devra se confondre avec la droite p_1P, menée par le point p_1, parallèlement à pP.

38. *Par un point donné* (O, O') *(fig. 40) faire passer une droite parallèle à un plan donné* Pp'P.

Traçons dans le plan donné une droite quelconque (AB, A'B'); puis, par les projections O et O' du point donné, menons des parallèles MN et M'N' aux projections horizontale AB et verticale A'B' de cette droite. La droite dont MN et M'N' sont les projections sera bien parallèle au plan donné, puisqu'elle est parallèle à une droite tracée dans ce plan.

On voit, par ce qui précède, que le problème est indéterminé, c'est-à-dire qu'il existe une multitude de droites passant par le point (O, O′) et parallèles au plan PpP, attendu que la droite (AB, A′B′) tracée dans ce plan peut être quelconque. Si l'on considère toutes les droites passant ainsi par le point (O, O′) et parallèles au plan donné, il est facile de reconnaître que toutes ces droites sont situées dans un même plan parallèle au plan PpP′ : d'où résulte un autre moyen de résoudre la même question.

On construira d'abord, en employant la méthode du numéro précédent, un plan passant par le point donné (O, O′) et qui soit parallèle au plan donné ; puis, dans ce plan dont les traces seront P$_{\iota}p_{\iota}$ et p_{ι}P′$_{\iota}$, on tracera une droite quelconque (MN, M′N′) ; cette droite sera évidemment parallèle au plan donné.

39. *Par un point donné* (O, O′) (fig. 41) *mener un plan parallèle à une droite donnée* (AB, A′B′).

Par les points O et O′ conduisons des droites CD et C′D′ respectivement parallèles à AB et A′B′ ; ces droites seront évidemment (n° 22) les projections d'une droite parallèle à la droite donnée. Cherchons les traces C et D′ de cette droite (CD, C′D′) ; par la trace C menons une droite quelconque Pp et par le point p conduisons une autre droite passant par la trace D′. Les droites Pp et pP′ seront les traces d'un plan passant par le point donné (O, O′) et parallèle à la droite donnée (AB, A′B′).

La question admet une infinité de solutions ; car tout plan, dont la trace horizontale passera par le point C et la trace verticale par le point D′, remplira les conditions voulues ; le plan P$_{\iota}p_{\iota}$P′$_{\iota}$ satisfait donc aussi à la question.

40. *Par une droite donnée* (CD, C′D′) (fig. 42) *mener un plan parallèle à une autre droite donnée* (AB, A′B′).

Si par l'un des points de la droite (CD, C'D') nous conduisons une parallèle à la droite (AB, A'B'), cette parallèle déterminera avec la droite (CD, C'D') un plan qui sera évidemment parallèle à la droite (AB, A'B'). Soit donc (O, O') un point quelconque de la droite (CD, C'D'), et soit (EF, E'F') une droite passant par ce point et parallèle à (AB, A'B'). Par les traces horizontales D et E de (CD, C'D') et de (EF, E'F') menons une droite Pp ; par le point p où cette droite rencontre la ligne de terre et par la trace verticale C' de la droite donnée (CD, C'D') conduisons une autre droite pP' ; les deux droites Pp et pP' ainsi obtenues seront les traces du plan qui, passant par la droite donnée (CD, C'D'), est parallèle à l'autre droite donnée (AB, A'B').

Les traces Pp et pP' étant déterminées, comme nous venons de l'indiquer, on peut s'assurer si la trace verticale F' de la droite auxiliaire (EF, E'F') est bien sur pP', comme cela doit être (20). C'est une excellente vérification des constructions, qui à ce titre ne doit pas être négligée.

Perpendicularité des droites et des plans.

41. Théorème.— *Lorsqu'une droite* (AB, A'B') (fig. 43) *est perpendiculaire à un plan* PpP', *les projections de cette droite sont respectivement perpendiculaires sur les traces de plan.*

En effet, le plan qui projette horizontalement la droite suivant AB, est par définition perpendiculaire au plan horizontal ; il l'est aussi au plan PpP', puisqu'il passe par une droite qui est supposée être perpendiculaire à ce dernier ; donc ce plan projetant, qui est perpendiculaire à la fois au plan horizontal et au plan PpP', doit être aussi perpendiculaire sur leur intersection, qui est la trace horizontale pP du plan PpP'. Conséquemment, cette trace, qui se trouve perpendiculaire sur le plan projetant de la droite, le sera à toutes les droites qui passent par son pied dans ce plan ; elle le sera donc sur la projection AB de la droite donnée. On démontrerait de la même manière que la projection verticale A'B' de la droite et la trace verticale pP' du plan sont perpendiculaires entre elles.

42. La réciproque de ce théorème est également vraie : *Si les deux projections* AB *et* A'B' *d'une droite sont respectivement perpendiculaires aux traces* Pp *et* pP' *d'un plan, ce plan et la droite sont perpendiculaires l'un sur l'autre.*

En effet, le plan projetant horizontalement la droite, lequel a pour trace AB, est évidemment perpendiculaire sur la droite Pp et par suite au plan PpP' qui contient cette ligne. De même, le plan projetant verticalement la droite, lequel a pour trace A'B', est perpendiculaire sur pP', et par suite au plan PpP'. Donc ce dernier se trouve à la fois perpendiculaire sur les deux plans projetants de la droite ; il est donc aussi perpendiculaire sur leur intersection, qui n'est autre chose que la droite elle-même.

45. *Par un point donné* (O, O') *(fig. 43) conduire une droite perpendiculaire à un plan donné* PpP'.

D'après le théorème précédent, il suffit de mener par le point O une droite perpendiculaire sur Pp, et par le point O une autre droite perpendiculaire sur pP'. Ces deux droites seront évidemment les deux projections de la droite demandée.

44. *Par un point donné* (O, O') *(fig. 44) mener un plan perpendiculaire à un plan donné* PpP'.

On sait que si une droite est perpendiculaire à un plan, tout plan contenant cette droite sera aussi perpendiculaire au même plan. Menons donc par le point (O, O') une perpendiculaire (OA, O'A') sur le plan PpP' (n° 43), dont les traces seront A et B'; par le point A faisons passer une série de droites $P_1 p_1$, $P_2 p_2$, $P_3 p_3$; puis par les points p_1, p_2, p_3 conduisons d'autres droites $p_1 P'_1$, $p_2 P'_2$, $p_3 P'_3$, convergeant toutes au point B' : les plans $P_1 p_1 P'_1$, $P_2 p_2 P'_2$, $P_3 p_3 P'_3$, que nous obtiendrons ainsi, seront autant de plans passant par le point (O, O') et perpendiculaires au plan donné PpP'.

45. *Par une droite donnée* (AB, A'B') (fig. 45) *faire passer un plan qui soit perpendiculaire à un plan donné* PpP'.

Par un point quelconque (O, O') de la droite donnée (AB, A'B') conduisons une droite perpendiculaire au plan donné PpP'. Cette perpendiculaire et la droite donnée déterminent (n° 21) un plan qui est bien le plan demandé. Si l'on veut avoir les traces de ce plan, on opère comme nous l'avons indiqué au numéro 21 : ces traces sont $P_1 p_1$ et $p_1 P'_1$.

46. *Par un point donné* (O, O') (fig. 46) *conduire un plan perpendiculaire à une droite donnée* (AB, A'B').

D'après ce que nous avons dit (n° 41), les traces du plan cherché doivent être perpendiculaires sur les projections de la droite donnée. Si donc par le point O nous menons une droite OC perpendiculaire sur AB, cette droite sera évidemment la projection horizontale (n° 27) d'une horizontale du plan demandé; quant à la projection verticale de cette horizontale, elle sera une droite O'C' parallèle à la ligne de terre.

Connaissant alors une horizontale du plan, il sera facile de déterminer ce plan : pour cela, il suffira en effet de tracer par le point C' une perpendiculaire pP' sur A'B', et par le point p, où cette perpendiculaire rencontre la ligne de terre, de conduire une parallèle à CO; les droites Pp et pP' seront les traces du plan demandé.

Intersection des droites et des plans.

47. *Trouver l'intersection de deux plans* PpP', $P_{,}p_{,}P'_{,}$)
(fig. 47).

Le point A où se rencontrent les traces horizontales pP
et $p_{,}P_{,}$ des deux plans est évidemment un point commun
aux deux plans, et, comme tel, appartient à la droite d'intersection de ces deux plans. Pour des raisons identiques, le
point B' où se rencontrent les deux traces verticales pP' et
$p_{,}P'_{,}$ est aussi un point de cette intersection, laquelle se
trouve dès lors complétement déterminée, puisque l'on
connaît deux de ses points. D'ailleurs ces deux points, étant
l'un dans le plan horizontal et l'autre dans le plan vertical,
seront les traces de l'intersection. Ayant ainsi les deux
traces de cette droite, il sera facile de construire ses deux
projections AB et A'B' (n° 15).

48. La question que nous venons de résoudre est une
des plus importantes de la géométrie descriptive : elle se
présentera très-fréquemment dans les problèmes que nous
étudierons par la suite. Il importe donc de formuler à ce
sujet une règle précise, que le lecteur devra se graver avec
soin dans la mémoire. Voici cette règle :

*Règle. — Pour déterminer l'intersection de deux plans dont
on connaît les traces, on abaissera du point de rencontre
des traces verticales une perpendiculaire sur la ligne de terre ;
puis, joignant le pied de cette perpendiculaire au point de
rencontre des traces horizontales, on aura la projection horizontale de l'intersection demandée. Ensuite, du point de rencontre des traces horizontales, on abaissera une perpendiculaire sur la ligne de terre ; et, joignant le pied de cette perpendiculaire au point de rencontre des traces verticales, on aura
la projection verticale de l'intersection demandée, laquelle
intersection se trouvera dès lors complétement déterminée.*

Cette règle, applicable dans la plupart des cas, fait cependant quelquefois défaut. On est alors obligé d'avoir recours à des procédés particuliers qui varient suivant les circonstances spéciales qui peuvent se produire. L'examen de ces circonstances et l'exposé du procédé applicable à chacune d'elles sont l'objet du paragraphe suivant.

49. Supposons d'abord qu'il s'agisse de deux plans dont les traces horizontales sont parallèles entre elles, les traces verticales étant quelconques.

Appliquons la règle ; et, pour cela, du point A' (fig. 48) où les traces verticales se rencontrent, abaissons une perpendiculaire A'A sur la ligne de terre LT. Le point de rencontre des traces horizontales des deux plans étant situé à l'infini, puisque ces traces sont parallèles, il faudra évidemment, pour avoir la projection horizontale de l'intersection, joindre le point A à ce point situé à l'infini, c'est-à-dire, par le point A, conduire une parallèle AB aux traces Pp et $P_{\prime}p_{\prime}$ des deux plans. La projection horizontale de l'intersection étant dès lors parallèle aux traces horizontales des deux plans, cela prouve que cette intersection, *qui appartient à la fois aux deux plans*, est une horizontale de chacun de ces plans (n° 27) ; conséquemment, sa projection verticale sera une parallèle A'B' à la ligne de terre, passant par le point d'intersection A' des traces verticales des deux plans.

50. Si les traces verticales des deux plans étaient parallèles et si leurs traces horizontales étaient quelconques, ce serait alors la projection horizontale de l'intersection qui serait une parallèle à la ligne de terre.

51. Il peut très-bien arriver que les traces horizontales et verticales des deux plans dont on cherche l'intersection, bien que n'étant pas parallèles entre elles, ne se rencontrent qu'en dehors de la feuille de papier sur laquelle on opère. La règle du numéro 48 ne peut plus alors être appliquée, et il faut recourir à un autre procédé que nous allons indiquer.

Remarquons d'abord que si l'on coupe les deux plans donnés par un troisième plan, ce dernier déterminera dans les plans donnés deux droites qui, étant situées dans le même plan (le plan coupant), se rencontreront en un point appartenant évidemment à leur intersection. Donc, en construisant deux plans qui coupent les plans donnés, nous déterminerons deux points de leur intersection, qui sera alors parfaitement définie (n° 11). Exécutons ces constructions pour trouver l'intersection des deux plans PpP et $P_ip_iP'_i$ (fig. 49), dont les traces horizontales et verticales se coupent en dehors des limites du dessin.

Construisons d'abord un premier plan auxiliaire H'H' que nous prendrons horizontal pour plus de simplicité. Ce plan H'H' coupera le plan PpP' suivant une droite qui sera évidemment horizontale, et dont la projection horizontale sera, par conséquent, CB parallèle à pP; il coupera en outre le plan $P_ip_iP_i$, suivant une autre droite qui, pour la même raison, se projettera horizontalement sur DB parallèle à $p_iP'_i$. Les droites CB et DB se rencontreront en un point B qui, d'après ce que nous avons dit dans l'alinéa précédent, sera la projection horizontale d'un point de l'intersection des deux plans donnés ; quant à sa projection verticale, le plan auxiliaire étant horizontal, elle sera située sur H'H', au point B', où H'H' est rencontré par la perpendiculaire élevée du point B sur la ligne de terre. B et B' sont donc les projections d'un premier point de l'intersection.

Pour obtenir un second point de cette intersection, construisons un second plan auxiliaire VV parallèle au plan vertical. Ce plan VV coupera les deux plans donnés suivant des droites dont les projections verticales E'A' et F'A' seront, pour des raisons analogues à celles que nous venons de donner au sujet de CB et de DB, respectivement parallèles à pP′ et à p_1P′$_1$. Ces droites E′A′ et F′A′ se couperont en un point A′ qui sera la projection verticale d'un second point de l'intersection demandée; quant à la projection horizontale de ce même point, elle sera située en A sur la droite VV.

Connaissant deux points (A, A′) et (B, B′) de l'intersection des deux plans donnés, il est facile de déterminer les projections de cette intersection (n° 28).

Nous ferons observer que plus les deux plans auxiliaires H′H′ et V′V′ seront éloignés de la ligne de terre, plus la distance qui sépare les deux points (A, A′) et (B, B′) sera grande, et plus, par conséquent, la droite qui unit ces deux points, ou la droite d'intersection, sera exactement déterminée.

52. Il ne faudrait pas croire, d'après le numéro précédent, que la règle que nous avons énoncée au numéro 28 ne fût pas absolue et qu'elle ne pût être appliquée que dans quelques cas particuliers. Si nous ne l'avons pas employée dans la figure 49, c'est tout simplement parce que nous avons supposé que la surface sur laquelle on exécutait l'épure n'était pas suffisamment grande pour contenir les points de rencontre des traces des deux plans considérés.

La règle est parfaitement générale, et si, ici comme plus tard, nous sommes obligé quelquefois de lui en substituer une autre, il faut en jeter la faute non sur son manque d'exactitude, mais sur nos moyens d'exécution, qui sont trop souvent insuffisants.

53. Les deux plans dont on cherche l'intersection peuvent avoir leurs traces presque perpendiculaires à la ligne de terre. Dans ce cas l'intersection est très-éloignée de la ligne de terre et le problème ne peut être résolu par aucune des deux méthodes que nous connaissons.

L'insuffisance de la première méthode se manifeste de toute évidence. Quant à la seconde, elle ne peut être appliquée, parce que des plans auxiliaires, parallèles aux plans de projection, couperaient les deux plans donnés suivant des droites qui se rencontreraient encore en dehors des limites du dessin, et cela quels que soient les plans auxiliaires. Il faut alors avoir recours à un autre procédé que nous expliquerons dans un instant (n° 55.)

54. Examinons maintenant le cas où les quatre traces des deux plans dont on cherche l'intersection se rencontrent en un même point p de la ligne de terre (fig. 50).

Soient PpP' et $P_{,}pP'_{,}$ les deux plans donnés ; construisons un plan auxiliaire XxX' dont les traces rencontrent celles des deux plans, et cherchons les intersections de ces derniers avec ce plan auxiliaire : elles seront $(AB, A'B')$ et $(CD, C'D')$, et le point (O, O') où elles se rencontrent sera un point de l'intersection des deux plans donnés. Il est d'ailleurs évident que cette intersection doit passer par le point p ; ses projections sont donc pO et pO'.

55. Voici actuellement le procédé que l'on emploie pour trouver l'intersection de deux plans dont les traces font des angles presque droits avec la ligne de terre. Ce procédé repose sur les considérations suivantes : Si l'on coupe les deux plans donnés par un plan passant par la ligne de terre et très-peu incliné sur le plan horizontal, ce plan les coupera suivant des droites qui seront peu éloignées du plan horizontal, et dont les projections verticales seront par conséquent peu inclinées sur la ligne de terre : ces projections se couperont donc dans les limites du dessin, et l'on se procurera ainsi un point de la projection verticale de l'intersection demandée.

Pour avoir un second point de cette projection verticale, on coupera les deux plans donnés par un second plan passant aussi par la ligne de terre et ayant, par rapport au plan horizontal, une inclinaison peu différente de celle du premier plan auxiliaire. Quant à la projection horizontale, on se la procurera en conduisant par la ligne de terre deux nouveaux plans auxiliaires faisant un très-petit angle avec le plan vertical.

Avant de mettre à exécution les constructions que nous venons d'indiquer, nous croyons devoir prévenir le lecteur qu'il doit nous prêter une attention toute particulière, attendu que le problème est assez compliqué. Du reste, les personnes qui, après nous avoir lu, n'auraient pas bien saisi nos raisonnements, pourront passer outre, et revenir sur cette question lorsqu'elles se seront un peu familiarisées avec la géométrie descriptive.

Soient donc deux plans PpP' et $P_1p_1P'_1$ (fig. 51), dont les traces font avec la ligne de terre des angles presque droits. Considérons un premier plan auxiliaire, déterminé par la ligne de terre LT et par un point (A, A') situé très-près du plan horizontal et aussi loin du plan vertical que le permettent les dimensions du dessin ; ce plan coupera les deux plans donnés suivant des droites passant évidemment, l'une par le point p et l'autre par le point p_1 (n° 54) ; pour avoir un second point de chacune de ces droites, nous construirons un autre plan auxiliaire EF, parallèle au plan vertical et passant par le point (A, A').

Ce nouveau plan coupera le premier plan auxiliaire suivant une horizontale qui, verticalement, se projettera selon une droite $E'F'$ parallèle à la ligne de terre (n° 27) et passant par le point A' ; il coupera en outre les deux plans donnés suivant des parallèles au plan vertical et dont les projections verticales seront $m'm''$ et $n'n''$.

Les points e' et f', où ces dernières rencontrent $E'F'$, sont précisément les projections verticales des seconds points des intersections des deux plans donnés avec le plan auxiliaire déterminé par la ligne de terre et le point (A, A') ;

donc les projections verticales de ces deux intersections seront les droites pe' et $p_1 f'$.

Mais ces deux mêmes intersections se trouvent situées dans un même plan (celui déterminé par LT et le point (A, A'); par conséquent, elles doivent se rencontrer en un certain point dont la projection verticale est en R', et qui appartient à l'intersection des deux plans donnés PpP' et $P_1 p_1 P'_1$, puisqu'elles appartiennent respectivement à chacun de ces deux plans.

Il est évident que les constructions que nous venons d'exécuter ne peuvent nous fournir aucun point de la projection horizontale de l'intersection demandée, attendu qu'étant toutes situées dans le plan vertical auxiliaire qui a pour trace EF, elles se projettent horizontalement suivant cette trace même. Il faudra donc se procurer la projection horizontale de l'intersection demandée par des opérations spéciales; mais avant, cherchons un second point de la projection verticale. A cet effet, considérons un nouveau plan auxiliaire, passant par la ligne de terre et par un point (B, B') situé, de même que le point (A, A'), très-près du plan horizontal et le plus loin possible du plan vertical.

· Déterminons, comme nous l'avons fait tout à l'heure, les projections verticales pQ' et $p_1 Q'$ des intersections de ce plan avec chacun des plans donnés PpP' et $P_1 p_1 P'_1$. Ces droites pQ' et $p_1 Q'$ se couperont en un point Q' qui sera précisément le second point de la projection verticale de l'intersection qui fait l'objet du problème.

Quant à la projection verticale de cette même intersection, on se la procure d'une manière tout à fait analogue, c'est-à-dire en considérant deux plans auxiliaires passant encore par la ligne de terre et par des points (C, C') et (D, D') situés tous les deux très-près du plan vertical et le plus loin possible du plan horizontal, puis cherchant les projections horizontales pS, p_1S, pU, p_1U des droites suivant lesquelles ces plans coupent les plans donnés, en employant pour cela de nouveaux plans auxiliaires, non plus verticaux, mais horizontaux. Les points S et U ainsi obtenus seront deux points de la projection horizontale de l'intersection des deux plans donnés PpP' et P$_1p_1$P$_1$, laquelle intersection sera dès lors complétement déterminée et aura pour projections SU et R'Q'.

56. Passons au cas où les deux plans dont on cherche l'intersection sont tous les deux parallèles à la ligne de terre.

Soient deux plans (fig. 52) dont les traces horizontales et verticales sont en même temps parallèles à la ligne de terre. Menons à volonté un plan auxiliaire P$_2p_2$P$_2$. Il coupera le plan (PP, P'P') suivant la droite (AC, A'C'), et le plan (P$_1$P$_1$, P'$_1$P'$_1$) suivant la droite (BD, B'D'); ces deux droites se rencontreront en un point (o, o'), qui sera évidemment un point de l'intersection des deux plans donnés. Mais ces deux derniers étant parallèles à la ligne de terre, il est clair que leur intersection doit être aussi parallèle à la ligne de terre; donc, pour avoir les projections de cette intersection, il suffit de conduire par les points o et o' deux parallèles à LT. On voit par là que, dans le cas de deux plans parallèles à la ligne de terre, un seul point suffit pour déterminer leur intersection.

57. Au lieu de prendre pour plan auxiliaire un plan quelconque, nous aurions pu choisir ce que l'on appelle un *plan de profil,* c'est-à-dire un plan P$_3p_3$P$_3$ perpendiculaire à la ligne de terre. Seulement, comme toutes les droites contenues dans un tel plan se projettent, tant horizontalement que verticalement, suivant une même perpendiculaire à la ligne de terre, il devient nécessaire, pour connaître les droites suivant lesquelles ce plan coupe les plans donnés, de le *rabattre* sur l'un des plans de projection, c'est-à-dire de le faire tourner autour de l'une de ses traces comme charnière, jusqu'à ce qu'il coïncide avec le plan de projection correspondant.

Supposons que ce soit le plan horizontal que nous ayons choisi pour effectuer ce rabattement, et voyons ce que deviennent les intersections du plan de profil avec les deux plans donnés, une fois le rabattement opéré : leurs traces horizontales c et d ne bougent pas de place, et leurs traces verticales a' et b', après avoir décrit des arcs de cercle sans quitter le plan vertical, viennent en a'' et b'', sur la ligne de terre ; joignant donc le point c au point a'' et le point d au point b'', nous aurons les deux intersections rabattues, lesquelles se coupent en un point M'' qui est le rabattement de leur point d'intersection. Si maintenant nous imaginons que le plan de profil se relève pour reprendre sa position primitive, le point M'' décrira autour de la charnière un arc de cercle, dont le plan sera parallèle au plan vertical, et qui, par conséquent, se projettera verticalement suivant $m''M'$, et horizontalement suivant la perpendiculaire $M''M$ à la charnière p_3P_3. Il n'y aura plus alors qu'à conduire par les points M et M' des parallèles à la ligne de terre ; ces parallèles seront les projections de l'intersection des deux plans donnés.

58. *Trouver le point d'intersection de trois plans.*

Désignons par o ce point et par p, p_1, p_2 les trois plans. Le point o, devant appartenir aux deux plans p et p_1, sera situé sur leur intersection ; devant aussi appartenir en même temps aux deux plans p_1 et p_2, il sera situé sur leur intersection. Donc, pour obtenir le point o, il n'y aura qu'à chercher l'intersection de p avec p_1 et celle de p_1 avec p_2, puis à déterminer le point où ces deux intersections se rencontrent; ce point sera le point demandé. Comme vérification, on pourra construire l'intersection de p avec $p_{\text{,}}$, laquelle devra passer par le point o, puisque ce point appartient aux deux plans p et $p_{\text{,}}$. Le lecteur exécutera lui-même l'épure.

59. *Déterminer le point d'intersection d'une droite* (AB, A′B′) (fig. 53) *avec un plan donné* PpP′.

Pour trouver ce point, on mènera par la droite donnée un plan quelconque, puis l'on cherchera l'intersection de ce plan avec le plan donné ; et, comme cette intersection doit nécessairement passer par le point donné, celui-ci s'obtiendra par la détermination du point où la droite donnée est rencontrée par cette intersection.

Parmi tous les plans que l'on peut conduire par la droite donnée (AB, A′B′), considérons celui qui la projette horizontalement ; la trace horizontale de ce plan sera la projection horizontale AB de la droite, et sa trace verticale sera une perpendiculaire CC′ à la ligne de terre (n° 26, 2°). Cherchons l'intersection de ce plan avec le plan donné PpP′ : elle aura pour projections CD et C′D′. Le point O′ où C′D′ rencontre A′B′ sera évidemment la projection verticale du point de l'espace où la droite donnée est coupée par l'intersection du plan qui la projette horizontalement avec le plan donné ; quant à la projection horizontale de ce même point, on l'obtiendra évidemment en abaissant du point O′ une perpendiculaire sur la ligne de terre, et prolongeant cette perpendiculaire jusqu'au point O, où elle rencontre la projection horizontale AB de la droite donnée. Le point (O, O′) est le point où la droite donnée (AB, A′B′) perce le plan donné PpP′.

Au lieu d'employer pour plan sécant celui qui projette horizontalement la droite, on pourrait se servir de celui qui la projette verticalement, lequel a pour traces A′E′ et

E'E perpendiculaire à la ligne de terre. Ce plan coupe le plan PpP' suivant la droite (EF, E'F') qui, par sa rencontre avec la droite donnée doit fournir le même point (O, O') que nous avons déjà obtenu par la construction précédente. Les deux procédés que nous venons d'indiquer, employés simultanément, se contrôlent mutuellement.

Nous ferons remarquer que, le plan PpP' étant une donnée de la question et par suite une grandeur réelle, tout ce qui est derrière lui par rapport au spectateur est invisible. C'est pourquoi, dans notre épure (fig. 53), nous avons *ponctué* les portions OC et O'E' des projections de la droite donnée.

60. *Par un point donné* (O, O') *faire passer une droite s'appuyant à la fois sur deux droites données* (AB, A'B') *et* (CD, C'D') (fig. 54).

Si par le point donné et par chacune des droites nous conduisons un plan, l'intersection de ces deux plans sera évidemment la droite demandée, attendu qu'appartenant en même temps aux deux plans, elle passera par le point donné et rencontrera les deux droites données, qui sont situées chacune dans l'un de ces plans.

Par le point (O, O') et la droite (AB, A'B') conduisons donc un plan PpP', en employant la méthode du numéro 23; puis, toujours par la même méthode, conduisons un autre plan P$_,p_,$P'$_,$, passant par le point (O, O') et la droite (CD, C'D'). Déterminons l'intersection de ces deux plans, ainsi que nous avons appris à le faire au numéro 47; la ligne (RS, R'S') que nous obtiendrons sera la droite demandée.

61. On peut résoudre la même question en faisant passer un plan par le point donné et l'une des droites, puis cherchant le point d'intersection de ce plan avec la seconde droite et joignant ce point au point donné. Nous laissons au lecteur le soin de faire lui-même l'épure.

62. Le problème précédent n'admet en général qu'une seule solution, à moins cependant que les deux droites données ne soient dans un même plan avec le point donné. Dans ce cas il y a une infinité de solutions, attendu qu'il suffit qu'une droite tracée dans ce plan passe par le point donné pour qu'elle satisfasse à la question.

Si les deux droites proposées se rencontrent en un point, les constructions du numéro 60 deviennent inutiles, puisque la droite demandée est celle qui joint ce point au point donné. Si elles sont parallèles, il n'y a alors aucune solution et il n'existe aucune droite satisfaisant à la question, comme il est facile de le voir, à moins toutefois que les deux droites et le point ne soient dans un même plan.

Des plus courtes distances.

63. *Trouver la plus courte distance d'un point* (O, O') *à un plan donné* PpP' *(fig. 55).*

On sait que la plus courte distance d'un point à un plan est la longueur de la perpendiculaire abaissée de ce point sur le plan. Abaissons donc du point (O, O') une perpendiculaire indéfinie sur le plan, dont les projections seront (n° 41) OA et O'B' respectivement perpendiculaires à pP et à pP'; puis cherchons le point (I, I') où cette perpendiculaire perce le plan, ce qui s'exécute comme au numéro 59. Alors OI et O'I' seront les projections de la plus courte distance demandée. Pour avoir cette plus courte distance en vraie grandeur, nous construirons (n° 28) le triangle rectangle O'EI″ en traçant EI″ parallèle à la ligne de terre et égale à OI et joignant le point O' au point I″. La droite O'I″ sera la plus courte distance en vraie grandeur.

64. *Trouver la plus courte distance d'un point* (O, O') *à une droite donnée* $(AB, A'B')$ *(fig. 56).*

Par le point donné, conduisons (n° 46) un plan perpendiculaire à la droite donnée; et pour cela imaginons dans ce plan une horizontale passant par le point (O, O'). Cette horizontale aura pour projections OC perpendiculaire sur AB et O'C' parallèle à la ligne de terre, et sa trace verticale sera au point C'. Menons par le point C' la droite pP' perpendiculaire sur A'B', puis par le point p une autre droite pP perpendiculaire sur AB : ces deux droites pP et pP' seront les traces d'un plan passant par le point (O, O') et perpendiculaire sur la droite (AB, AB'). Cherchons maintenant l'intersection (I, I') de ce plan avec la droite (n° 59) et joignons-la au point (O, O'): les droites OI et O'I' seront les projections de la plus courte distance demandée ; quant à sa vraie grandeur, on l'obtiendra comme nous l'avons fait dans le numéro précédent, c'est-à-dire en construisant un triangle rectangle dans lequel EI″ sera égal à IO et parallèle à LT, et dont l'hypoténuse sera cette vraie grandeur.

65. La plus courte distance d'un point à une droite peut se déterminer d'une autre manière, que nous allons indiquer, et qui familiarisera dès à présent le lecteur avec la méthode des rabattements, sur laquelle elle est fondée.

Soient (fig. 57) le point (O, O') et la droite (AB, A'B'); joignons le point O au point A, qui est la trace horizontale de la droite, et le point O' au point A'. Les deux droites (OA, O'A') et (AB, A'B'), qui ont la même trace horizontale A', déterminent un plan contenant le point donné ainsi que la droite donnée. Il s'agit, dans ce plan, dont les traces sont pP et pP', d'abaisser du point (O, O') une perpendiculaire sur la droite (AB, A'B'). Pour cela, rabattons ce plan sur le plan horizontal, en le faisant tourner autour de sa trace horizontale comme charnière, et supposant qu'il entraîne avec lui le point et la droite donnés.

Dans ce mouvement de rotation, le point (C, C') ne cessera pas d'être situé dans un plan perpendiculaire à la charnière; d'un autre côté, la distance de ce point au point fixe p restera invariable : donc, si du point C on abaisse une perpendiculaire CC″ sur la charnière, et si du point p, avec le rayon pC′, on décrit un arc de cercle qui coupe CC″ au point C″, le point C″ sera le rabattement du point (C, C′) et la droite pC″ sera le rabattement de la trace verticale du plan.

De même, si du point B on abaisse une perpendiculaire sur la charnière, le point B″, où elle rencontre pP‴, sera le rabattement du point (B, B′). Quant au point A, il n'a pas bougé, puisqu'il est situé sur la charnière; par conséquent, en joignant ce point aux points B″ et C″, on obtiendra les rabattements des droites (AB, A′B′) et (AC, A′C′). Abaissons enfin du point O une perpendiculaire sur la charnière; le point O″, où cette perpendiculaire rencontre AC″, sera évidemment le rabattement du point (O, O′).

Toutes les données de la question sont maintenant rabattues dans le plan horizontal, sans que leurs positions respectives aient changé; nous pouvons donc abaisser sur AB″ la perpendiculaire O″I″, laquelle sera la plus courte distance cherchée *dans sa véritable grandeur*. Comme ce résultat est le seul qui intéresse, on peut s'arrêter là; cependant, si l'on désire connaître la position de cette plus courte distance, on n'a qu'à relever tout le système et à le ramener dans sa position première : le point I″ aura alors pour projection horizontale le point I, où la ligne AB est rencontrée par la perpendiculaire I″I à la charnière, et sa projection verticale I′ se déduira de sa projection horizontale, en élevant une perpendiculaire II′ à la ligne de terre.

66. *Trouver la plus courte distance de deux droites parallèles.*

Il est clair que cette plus courte distance est partout la même, à cause du parallélisme des deux droites. Il suffit donc, pour se la procurer, de chercher la plus courte distance d'un point quelconque de la première droite à la seconde droite, ce que l'on fera par l'une des deux méthodes des numéros 64 et 65. Le lecteur exécutera lui-même l'épure.

67. *Trouver la plus courte distance de deux droites non situées dans un même plan.*

Avant de donner l'épure de cette question, nous croyons bon de rappeler au lecteur le théorème de géométrie élémentaire sur lequel sont basées les opérations qui conduisent au résultat. Voici ce théorème :

68. Étant données deux droites non situées dans un même plan, 1° il existe une droite, et une seule, qui les rencontre l'une et l'autre à angle droit; 2° cette perpendiculaire commune est la plus courte distance des deux droites.

Démontrons ce théorème, en admettant que les deux droites données soient AB et CD (fig. 58) (*).

1° Par un point quelconque A de AB menons une parallèle AE à CD; les droites AB et AE détermineront un plan qui sera évidemment parallèle à la droite CD; désignons ce plan par P. Ceci posé, projetons sur ce plan un point quelconque D de CD; soit d la projection de ce point. Par le point d menons dans le plan P une parallèle dc à DC; cette parallèle sera la projection sur le plan P de la droite CD, c'est-à-dire le lieu des pieds des perpendiculaires abaissées des divers points de CD sur le plan P. Maintenant, pour qu'une droite puisse rencontrer AB et CD à la fois à angle droit, il faut d'abord qu'elle soit perpendiculaire au plan P en un point de AB, puis qu'elle ait son pied sur cd. Or la

/*) Cette figure est en perspective.

perpendiculaire au plan P élevée par le point *c*, commun à
AB et *cd*, remplit seule cette condition; donc il existe une
droite C*c*, et une seule, qui rencontre à angle droit les deux
droites données AB et CD;

2° Cette perpendiculaire commune C*c* est moindre que
toute autre droite GD joignant un point quelconque de AB
à un point de CD. En effet, on a :

$$D d < DG,$$

attendu que la perpendiculaire abaissée d'un point sur un
plan est plus courte que toute oblique; mais

$$D d = C c,$$

puisque CD et *cd* sont parallèles; donc

$$C c < DG \ (*).$$

69. Exécutons maintenant en projections les constructions que nous n'avons fait qu'indiquer ci-dessus. Soient
donc les deux droites (AB, A′B′) et (CD, C′D′) non situées dans
le même plan (fig. 59). Par un point quelconque (M, M′)
de la droite (AB, A′B′) menons une parallèle (ME, M′E′) à
(CD, C′D′), et construisons les traces A′E′*p* et *p*BP du plan
P*p*P′ qui contiendrait les lignes (AB, A′B′) et (ME, M′E′);
puis, d'un point (N, N′) de la droite (CD, C′D′), abaissons
une perpendiculaire (N*n*, N′*n*′) sur le plan P*p*P′ (n° 43), et
cherchons, au moyen du plan qui la projette verticalement, le point (*n*, *n*′) où elle perce le plan P*p*P′.

Cela posé, on mènera par le point (*n*, *n*′) une parallèle
(*n*O, *n*′O′) à la droite (CD, C′D′); cette parallèle rencontrera
nécessairement (AB, A′B′); d'où il résulte que les points O
et O′ doivent être sur une même perpendiculaire à la ligne

(*) Cette démonstration est empruntée à l'excellent *Traité de géométrie
élémentaire* de MM. Eugène Rouché et Ch. de Comberousse.

de terre. Du point (O, O') ainsi obtenu nous mènerons encore une parallèle (OI, O'I') à (Nn, N'n'), laquelle devra rencontrer la droite (CD, C'D') en un point dont il faudra que les projections I et I' soient sur une même perpendiculaire à la ligne de terre. La droite (OI, O'I') sera la plus courte distance demandée. Pour l'obtenir en vraie grandeur, on conduira par le point O une parallèle à la ligne de terre, sur laquelle on prendra RO″$=$I'O'; puis on joindra IO″, qui sera la grandeur absolue de la plus courte distance.

70. Si l'on n'avait besoin que de la longueur de la plus courte distance, il suffirait de mener par chacune des deux droites un plan parallèle à l'autre, et de chercher la distance de ces deux plans parallèles.

Angles des droites et des plans.

71. *Trouver l'angle de deux droites* (AB, A'B') *et* (CD, C'D') *qui se coupent* (fig. 60).

Déterminons d'abord les traces horizontales des deux droites, puis joignons ces deux traces par une ligne droite AC. Cette droite sera la base d'un triangle ayant pour sommet le point (O, O'), où se coupent les droites données, et dont l'angle à ce sommet sera celui que l'on cherche. On pourrait donc construire ce triangle en déterminant la longueur de chacun de ses côtés, lesquels sont connus par leurs projections, et l'on aurait dès lors l'angle demandé en *vraie grandeur;* mais il est préférable d'avoir recours à un autre procédé, qui consiste à rabattre ce triangle autour de sa base dans le plan horizontal.

A cet effet, considérons la hauteur de ce triangle, laquelle se projette horizontalement suivant une droite Oo perpendiculaire à AC, et imaginons que le triangle tourne autour de sa base AC, de façon à [se rabattre sur le plan horizontal. Dans ce mouvement, le sommet (O, O′) du triangle ne sortira pas du plan vertical Oo qui contient la hauteur, en sorte qu'après le rabattement il viendra s'appliquer sur le prolongement de oO, en un point O″ dont la distance au point o sera égale à la vraie grandeur de la hauteur du triangle (AOC, A′O′C′).

Pour avoir le point O″, il faut donc d'abord déterminer cette vraie grandeur ; or elle est précisément (n° 28) l'hypoténuse d'un triangle rectangle dont la base serait Oo et la hauteur O′b; par conséquent, si l'on prend $ba′ =$ Oo et que l'on tire O′$a′$, cette ligne sera la hauteur *exacte* du triangle en question. Si donc nous prenons oO″ $=$ O′$a′$, puis que nous joignions le point O″ aux points A et C, le triangle AO″C que nous obtiendrons sera le rabattement du triangle primitif, et l'angle en O″ sera l'angle que formaient dans l'espace les deux droites proposées (AB, A′B′) et (CD, C′D′).

72. En général, on entend par *angle de deux droites* (que ces droites se rencontrent ou ne se rencontrent pas) l'angle que comprennent entre elles deux droites respectivement parallèles aux premières, et menées par un même point de l'espace. Si les droites se rencontrent, on détermine l'angle qu'elles forment entre elles de la manière que nous venons d'indiquer. Si, au contraire, elles ne se rencontrent pas, on mène, par un point pris sur la première, une parallèle à la seconde, et l'on opère comme précédemment : l'angle que l'on obtiendra sera l'angle demandé.

73. Il faut donc, avant de procéder à la recherche de l'angle de deux droites, s'assurer d'abord si ces droites se rencontrent ou non, et pour cela il n'y a qu'à voir, ainsi que nous le savons (n° 5), si les points de rencontre des projections horizontales et verticales des deux droites sont ou ne sont pas sur une même perpendiculaire à la ligne de terre.

74. Si l'une des deux droites proposées était parallèle à l'un des plans de projection, le plan horizontal par exemple, le triangle que nous avons rabattu (fig. 60) n'existerait évidemment plus, et il y aurait lieu d'opérer d'une autre façon. On considérerait alors le plan qui contient les deux droites et on le rabattrait sur le plan horizontal, en le faisant tourner autour de sa trace horizontale, qui serait une parallèle à celle des deux droites qui elle-même est parallèle au plan horizontal. De cette [manière, on obtiendrait encore l'angle demandé.

75. Si les deux droites données étaient toutes deux parallèles à l'un des plans de projection, le plan horizontal par exemple, il n'y aurait alors aucun rabattement à opérer, attendu que l'angle de ces deux droites se projetterait horizontalement en *vraie grandeur*.

76. *Diviser en deux parties égales l'angle de deux droites qui se rencontrent.*

On rabattra l'angle des deux droites sur le plan horizontal et, dans cette position qui donne sa véritable grandeur, on le partagera en deux parties égales, après quoi on ramènera le tout dans sa position primitive, en observant que le point où la bissectrice rencontre la charnière demeure immobile pendant le mouvement de rotation, et que pour avoir la projection de cette bissectrice, il suffit de joindre ce point au point de rencontre des deux droites.

77. *Trouver les angles que fait une droite avec les deux plans de projection.*

L'angle d'une droite avec un plan est l'angle que fait cette droite avec sa projection sur ce plan ; conséquemment, les angles demandés seront ceux que la droite donnée (AB, A′B′) (fig. 61) fait avec AB et A′B′. Il faut donc, pour connaître ces angles en vraie grandeur, amener les plans qui projettent la droite (AB, A′B′) à se confondre avec l'un des plans de projection ou à lui être parallèles. Considérons d'abord l'angle que la droite fait avec le plan horizontal et imaginons que le plan qui projette horizontalement cette droite tourne autour de sa trace verticale AA′, de façon à se rabattre sur le plan vertical. Dans ce mouvement, le point B, qui est la trace horizontale de la droite, décrira un arc de cercle BB″, tandis que l'autre trace A′ n'aura pas bougé de place. Joignons alors le point A′ au point B″, la droite A′B″ qui unit ces deux points formera avec la ligne de terre LT un angle A′B″L qui sera précisément l'angle que fait la droite donnée avec le plan horizontal.

Cherchons maintenant la véritable grandeur de l'angle que cette même droite fait avec le plan vertical, et, à cet effet, faisons tourner le plan qui la projette verticalement autour de sa trace horizontale B′B, de manière à le rabattre sur le plan horizontal. Dans ce nouveau mouvement, la trace verticale A′ décrira l'arc de cercle A′A″, tandis que la trace horizontale B ne bougera pas. Si l'on joint alors le point B au point A″, la droite BA″ qui en résultera formera avec la ligne de terre LT un angle BA″T qui sera l'angle que fait la droite donnée avec le plan vertical.

78. Lorsqu'une droite fait avec les plans de projection des angles égaux, ses projections font aussi des angles égaux avec la ligne de terre, et ses deux traces sont également éloignées de celle-ci. En effet, les triangles A′AB″ et BB′A″ (fig. 61) sont alors égaux comme ayant l'hypoténuse égale, A′B″ = BA″, et un angle égal, l'angle A′B″A = l'angle BA″B′ ; donc AB″ = B′A″ et A′A = BB′. Par conséquent, les deux triangles rectangles A′AB′ et BB′A se trouvent avoir les deux côtés de l'angle droit égaux chacun à chacun : ils sont donc égaux, et l'on a angle AB'A = angle BAB', ainsi que nous l'avions annoncé.

79. Le problème que nous venons de résoudre conduit en même temps à la connaissance de la vraie longueur de la distance qui sépare les deux traces d'une droite, car, en rabattant, comme nous l'avons fait (fig. 61), la droite donnée (AB, A'B') sur les plans de projection, les droites A'B″ et BA″ que l'on obtient pour résultat du rabattement, lesquelles *doivent* être égales entre elles, sont évidemment la vraie longueur de la distance en question.

80. *Construire une droite qui fasse des angles donnés avec les plans de projection* (fig. 62) *et qui passe par un point donné* (O, O').

Par un point quelconque A' du plan vertical, menons une droite A'B″ qui fasse avec la ligne de terre LT un angle A'B″L égal à celui que doit faire la droite demandée avec le plan horizontal ; puis imprimons à cette droite A'B″ un mouvement de rotation autour de la verticale A'A, de manière que le point B″ décrive une circonférence B″B du rayon AB″. Dans ce mouvement, la droite mobile ne cessera pas de faire avec le plan horizontal le même angle ; mais il reste à déterminer la position où elle fera avec le plan vertical l'angle voulu.

A cet effet, menons par le point A', dans le plan vertical, une droite A'b formant avec A'B″ un angle bA'B″ précisément égal à celui que la droite demandée doit faire avec le plan vertical ; puis, du point B″, abaissons sur A'b la perpendiculaire B″b : nous formerons ainsi un triangle rectangle A'bB″ égal à celui qui doit être formé par la droite inconnue avec sa projection verticale ; donc A'b est égal à cette projection verticale. En conséquence, si du point A', avec A′*b* pour rayon, nous décrivons l'arc *b*B′, et si nous élevons sur la ligne de terre la perpendiculaire B′B jusqu'à sa rencontre, en B, avec l'arc B″B, nous obtiendrons les projections AB et A′B′ d'une droite faisant avec les plans de projection des angles égaux aux angles donnés.

Il ne restera plus alors qu'à conduire par les projections O et O′ du point donné des droites respectivement parallèles à AB et à A′B′.

81. *Trouver l'angle que fait une droite donnée* (AB, A′B′) *avec un plan donné* P*p*P′ (fig. 63).

Nous avons dit (n° 77) que l'angle d'une droite avec un plan est l'angle que cette droite fait avec sa projection sur ce plan. De plus, si d'un point pris sur la droite on abaisse une perpendiculaire sur le plan, l'angle compris entre cette perpendiculaire et la droite est le complément de celui de la droite avec le plan, et suffit pour faire connaître celui-ci.

Menons donc par un point quelconque (A, A′) de la droite donnée (AB, A′B′) une perpendiculaire (AC, A′C′) au plan P*p*P′; puis construisons en vraie grandeur l'angle formé par cette perpendiculaire et la droite donnée. A cet effet, appliquons la méthode du numéro 71 : pour cela abaissons du point A la perpendiculaire AD sur la droite CB qui joint la trace B de la droite donnée à la trace C de la perpendiculaire au plan, et prenons sur cette ligne AD une longueur DA″ = A′*d*′. Enfin joignons le point A″ aux points B et C. L'angle CA″B sera l'angle de la droite donnée avec la normale au plan, c'est-à-dire le complément de l'angle demandé. Pour avoir ce dernier, élevons au point A″ une perpendiculaire A″M à BA″; l'angle MA″C sera l'angle demandé.

82. *Déterminer les angles que fait un plan donné* P*p*P′ (fig. 64) *avec les plans de projection.*

On a vu en géométrie élémentaire que l'angle de deux plans s'obtient en élevant, par un même point de leur intersection, une perpendiculaire à cette intersection dans chacun des plans, ce qui revient à trouver les intersections de ces deux plans par un troisième, perpendiculaire à leur intersection.

D'après cela, pour nous procurer l'angle du plan PpP' avec le plan horizontal, nous les couperons par un plan perpendiculaire à leur intersection pP, lequel aura pour trace horizontale une perpendiculaire VU à pP, et pour trace verticale une droite VV' perpendiculaire à la ligne de terre. Ce plan UVV' coupera le plan donné et le plan horizontal suivant deux droites qui, verticalement, se projetteront suivant U'V' et suivant la ligne de terre. L'angle que comprennent entre elles, dans l'espace, ces deux droites étant l'angle que nous cherchons, il reste à se le procurer en vraie grandeur.

Pour arriver à ce but, imaginons que le plan auxiliaire UVV' qui les contient toutes deux tourne autour de sa trace verticale VV', de façon à se rabattre sur le plan vertical ; dans ce mouvement, leur trace horizontale commune U décrira un arc de cercle UU", tandis que leurs traces verticales V et V' ne bougeront pas de place. Si donc nous joignons le point U" au point V', l'angle V'U"V que formera la ligne V'U" avec la ligne de terre sera l'angle du plan donné PpP' avec le plan horizontal.

Maintenant, pour obtenir l'angle du plan PpP' avec le plan vertical, on coupera ces deux plans par un plan X'Y'Y perpendiculaire à leur intersection, lequel déterminera dans chacun d'eux une droite, comprenant entre elles l'angle en question. On rabattra le plan X'Y'Y qui contient ces deux droites sur le plan horizontal ; le point X' viendra en X", et l'angle YX"Y' sera l'angle du plan donné avec le plan vertical.

83. *Par un point donné* (O, O') *conduire un plan faisant des angles donnés avec les deux plans de projection* (fig. 66).

Observons d'abord que lorsqu'une droite AB (fig. 65) et un plan P sont perpendiculaires entre eux, les angles que cette droite et ce plan font avec un autre plan P' qui les coupe tous les deux sont complémentaires l'un de l'autre, c'est-à-dire que leur somme est égale à un angle droit. Démontrons cette proposition.

Du pied B de la perpendiculaire AB au plan P, menons la droite BC perpendiculaire à RS, intersection des deux plans P et P'; puis joignons le point C au point O où la droite AB perce le plan P'. D'après le théorème des trois perpendiculaires, OC sera aussi perpendiculaire sur RS. D'où il résulte que l'angle BOC sera bien l'angle de la droite AB avec le plan P', et que l'angle OCB sera bien aussi l'angle des deux plans P et P'. Mais le triangle OBC est rectangle en B; donc les angles BOC et OCB sont complémentaires. Cela posé, revenons à notre problème (fig. 66).

Si nous construisons une droite faisant avec les plans de projection des angles complémentaires des angles donnés, puis que nous menions un plan perpendiculaire sur cette droite, ce plan formera avec les plans de projection des angles respectivement égaux aux angles donnés. Déterminons donc (n° 80) les projections AB et à A'B' d'une droite faisant avec les plans de projection des angles complémentaires des angles donnés; et d'un point quelconque p de la ligne de terre abaissons des perpendiculaires pP et pP' sur AB et sur A'B'. Ces deux perpendiculaires seront les traces d'un plan PpP' faisant avec les plans de projection les angles voulus. Il ne reste plus alors qu'à conduire par le point donné (O, O') un plan P$_1p_1$P'$_1$ parallèle au plan PpP', en employant pour cela la méthode du numéro 37. Ce plan P$_1p_1$P'$_1$ sera le plan demandé.

84. *Déterminer l'angle compris entre deux plans donnés* PpP' *et* $P_{,}p_{,}P'_{,}$ (fig. 67).

Nous avons déjà dit (n° 82) que l'angle de deux plans est l'angle compris entre deux droites qui, situées dans chacun d'eux, se trouvent perpendiculaires au même point de leur intersection. Nous avons vu aussi que ces deux droites s'obtiennent en coupant les deux plans par un troisième plan perpendiculaire à leur intersection.

Construisons donc un plan quelconque perpendiculaire à l'intersection (AB, A'B') des deux plans donnés. Ce plan aura pour trace horizontale une droite *mn* perpendiculaire sur AB, et déterminera dans chacun des plans donnés une droite qui avec *mn* formera un triangle dont *mn* sera la base et dont l'angle au sommet sera l'angle demandé. Pour connaître cet angle, il faut rabattre le triangle sur le plan horizontal. A cet effet, considérons la hauteur du triangle, c'est-à-dire la perpendiculaire abaissée du sommet sur la base. Or cette hauteur est en même temps perpendiculaire sur (AB, A'B'), puisque le plan qui la contient est lui-même perpendiculaire sur cette droite; en outre, son pied est évidemment en *o;* donc, si nous rabattons la droite (AB, A'B') sur le plan horizontal, suivant AB″, et si du point *o* nous abaissons sur AB″ la perpendiculaire *oq*, cette ligne *oq* sera, en longueur, égale à la hauteur en question.

Ceci.posé, revenons au triangle dont *mn* est la base, et que nous devons rabattre sur le plan horizontal. En opérant ce rabattement, le sommet du triangle ne quittera pas le plan vertical ABB'; et, après le rabattement, il sera conséquemment situé sur AB, en un point *s* distant du point *o* d'une quantité égale à *oq*. Donc, si du point *o* comme centre, avec *oq* pour rayon, nous décrivons l'arc *qs,* puis que nous joignions le point *s* aux points *m* et *n,* l'angle *msn* sera l'angle des deux plans PpP' et $P_{,}p_{,}P'_{,}$.

85. Si les deux plans donnés ont leurs quatre traces parallèles à la ligne de terre, comme cela a lieu dans la figure 52, leur intersection est aussi parallèle à la ligne de terre, et le plan sécant qui sert à déterminer l'angle demandé devra être par suite perpendiculaire à la ligne de terre, tel que le plan $P_s p_s P'_s$. Rabattant alors ce plan dans le plan horizontal, ses intersections avec les deux plans donnés se rabattront suivant db'' et ca'' (n° 56), et l'angle $d\mathrm{M}''c$ sera l'angle demandé.

86. Lorsque les plans proposés ont leurs traces parallèles sur l'un des plans de projection, comme PpP' et $P_1 p_1 P'_1$ (fig. 68), on procède de la manière suivante : comme, dans ce cas, l'intersection des deux plans est une horizontale $(AB, A'B')$ (n° 49), le plan sécant devra être un plan vertical QqQ', qui coupera $(AB, A'B)$ en un point (O, O') où se rencontreront les droites suivant lesquelles il coupe les deux plans PpP et $P_1 p_1 P'_1$. Rabattons ce plan QqQ' sur le plan horizontal ; sa trace qQ' deviendra qQ'' perpendiculaire à qQ et le point (O, O') viendra s'appliquer sur AB, en un point O'' distant du point O d'une quantité égale à oO' ou à qM. Joignant alors le point O'' aux points a et b, l'angle $bO''a$ sera l'angle demandé.

87. *Construire le plan bissecteur de l'angle de deux plans donnés* PpP' *et* $P_1 p_1 P'_1$ (fig. 69).

Le plan bissecteur de l'angle de deux plans devant passer par l'intersection de ces deux plans, ses traces devront aussi contenir les traces de cette intersection. Le point A est donc un point de sa trace horizontale, et le point B' un point de sa trace verticale. Il ne reste plus alors qu'à trouver un second point de l'une de ces traces : pour cela, nous rabattrons (n° 84) sur le plan horizontal l'angle msn des deux plans donnés, puis nous construirons la droite sb qui partage cet angle en deux parties égales. Le point b où cette droite coupe mn sera évidemment celui où elle perce le plan horizontal lorsque, au lieu d'être rabattue, elle est dans sa véritable position ; ce point appartient donc à la trace horizontale du plan cherché. Joignons alors le point A au point b ; et, par le point p_2 où cette ligne rencontre la ligne de terre, conduisons une droite passant par le point B' : le plan $P_2 p_2 P'_2$ sera le plan demandé.

CHAPITRE III

DU CHANGEMENT DE PLANS DE PROJECTION. — MÉTHODE
DES ROTATIONS. — MÉTHODE DES RABATTEMENTS.

Du changement de plan de projection.

88. Il arrive souvent, dans une épure de coupe des pierres, que, pour résoudre une question, on est obligé de projeter certaines parties de la figure sur des plans de projection auxiliaires, différents de ceux qui ont servi à exprimer les données du problème, soit afin de mieux saisir la forme des objets, soit pour simplifier l'exécution de l'épure. Nous allons donner ici à ce sujet quelques principes généraux.

89. Supposons d'abord qu'un point étant donné par ses projections sur deux plans de projection, il s'agisse de déterminer les projections de ce point sur d'autres plans de projection ayant, par rapport aux premiers, une position déterminée.

Comme la question est assez complexe, nous la diviserons en trois parties : dans la première, nous examinerons le cas où le plan vertical seul change, le plan horizontal restant invariable ; dans la seconde, nous supposerons, au contraire, que le plan vertical reste le même, tandis que le plan horizontal change ; dans la troisième, enfin, nous étudierons le cas où les deux plans de projection changent à la fois.

1° Soient O et O' (fig. 70) les projections d'un point sur deux plans dont LT est la ligne de terre, et supposons que, le plan horizontal restant le même, on cherche sa projection sur un autre plan vertical coupant le plan horizontal suivant la nouvelle ligne de terre L_1T_1. Puisque le plan horizontal ne change pas, la projection horizontale O du point ne change pas non plus, et la hauteur de ce point au-desssus du plan horizontal reste la même. D'un autre côté, on sait (n° 5) que les deux projections d'un point doivent se trouver sur une même perpendiculaire à la ligne de terre. Donc, si du point O nous élevons une perpendiculaire indéfinie sur la nouvelle ligne de terre L_1T_1, et si sur cette perpendiculaire nous prenons, à partir du point o_1 où elle rencontre L_1T_1, une longueur $o_1O'_1$ égale à oO', le point O'_1 sera la projection verticale du point considéré sur le nouveau plan vertical.

Au lieu de prendre avec un compas ou une mesure quelconque la longueur oO' et de la porter de o_1 en O'_1, opération qui s'exécute rarement d'une façon exacte, on peut procéder de la manière suivante : au point R où se coupent les deux lignes de terre, on élève des perpendiculaires RS et RS_1 à LT et à L_1T_1 ; par le point O', on mène une parallèle $O'm$ à LT ; du point R comme centre, on décrit l'arc mm_1 ; enfin par le point m_1 on conduit une droite $m_1O'_1$ parallèle à L_1T_1. Le point O'_1 sera la nouvelle projection verticale demandée, attendu qu'en vertu des constructions on a évidemment $o_1O'_1 = Rm_1 = Rm = oO'$.

Remarquons en passant que RS et RS_1 ne sont autre chose que l'intersection des deux plans verticaux, rabattue avec chacun d'eux sur le plan horizontal, autour de leurs lignes de terre respectives.

2° Soient actuellement O et O' (fig. 71) les projections d'un point sur deux plans dont LT est la ligne de terre, et supposons que nous voulions trouver la projection de ce point sur un nouveau plan que nous adopterons comme plan horizontal et coupant le plan vertical suivant la nouvelle ligne de terre L_1T_1.

Ce problème ne diffère en rien du précédent, si ce n'est que l'on doit faire, par rapport au nouveau plan horizontal, les opérations qui ont été faites par rapport au plan vertical. Nous nous contenterons donc d'énoncer la suite de ces opérations : du point O' on abaisse une perpendiculaire indéfinie $O'o_1$ sur $L_1 T_1$; au point U on élève sur LT et $L_1 T_1$ les perpendiculaires UV et UV_1 ; par le point O on mène une parallèle On à LT ; du point U comme centre, on décrit l'arc nn_1 ; enfin par le point n_1 on conduit une parallèle à $L_1 T_1$, et le point O_1 où cette parallèle rencontre $O'o_1$ sera la projection du point considéré sur le nouveau plan horizontal.

3° Supposons en troisième lieu qu'on change successivement les deux plans de projection, et que l'on veuille déterminer sur les nouveaux plans les projections d'un point connu par ses projections sur les anciens. Soient, à cet effet, O et O' (fig. 72) les projections d'un point sur deux plans dont LT est la ligne de terre. Imaginons alors que, le plan horizontal restant le même, le plan vertical change de façon que la ligne de terre LT devienne $L_1 T_1$; puis, ce nouveau plan vertical étant adopté, supposons que le plan horizontal change à son tour, de manière que la ligne de terre devienne finalement $L_2 T_2$. Cela posé, proposons-nous de trouver les nouvelles projections du point donné.

Il est clair qu'il faudra pour cela exécuter successivement les opérations indiquées dans les figures 70 et 71. C'est ce que nous avons fait dans la figure 72, en conservant aux différentes lignes du dessin les mêmes lettres que celles des figures 70 et 71. Le lecteur pourra donc, à la seule inspection de l'épure, voir que O_2 est la nouvelle projection horizontale du point donné et que O'_1 est sa nouvelle projection verticale.

90. *Changer les deux plans de projection par rapport à une droite.*

Une droite étant déterminée par deux points, il suffira évidemment de trouver les projections de deux de ses points sur les nouveaux plans. Soient donc (fig. 73) AB et A'B' les projections d'une droite rapportées à un système de plans se coupant suivant LT, on veut trouver les projections de la même droite, par rapport à un autre système de plans se coupant suivant $L_2 T_2$, en faisant usage pour cela de deux points quelconques (M, M') et (N, N') pris à volonté sur cette droite.

Si l'on considère attentivement l'épure, l'on reconnaîtra que nous avons d'abord remplacé le plan vertical par un autre coupant le plan horizontal suivant $L_1 T_1$; que nous avons ensuite abaissé des points M et N les perpendiculaires MM'_1 et NN'_1 sur $L_1 T_1$; que nous avons enfin, au moyen des constructions décrites dans le numéro 89, reporté cM' de c_1 en M'_1, et dN' de d_1 en N'_1, puis qu'en joignant $M'_1 N'_1$, nous avons obtenu la nouvelle projection verticale de la droite.

Remarquons que le point A'_1, où la nouvelle projection verticale $M'_1 N'_1$ de la droite rencontre la ligne de terre $L_1 T_1$, doit se trouver sur le pied de la perpendiculaire abaissée du point A sur cette ligne de terre, attendu que le point A est la trace horizontale de la droite et qu'aucun des points de la projection horizontale de celle-ci n'a varié, le plan vertical de projection ayant seul changé. Remarquons encore que si l'on cherche ce que devient, relativement au nouveau plan vertical, la trace (B, B') de la droite sur l'ancien, on devra trouver un point B'_1 situé sur $M'_1 N'_1$. Ces deux constructions serviront de vérification à celles des points M'_1 et N'_1.

On reconnaîtra de même que, pour la seconde partie de l'épure, nous avons remplacé le plan horizontal par un autre, coupant le nouveau plan vertical suivant la nouvelle ligne de terre L_2T_2, et qu'alors, en menant des points M'_1 et N'_1 les perpendiculaires M'_1M_2, N'_1N_2 à L_2T_2, puis reportant c_1M de c_2 en M_2, d_1N de d_2 en N_2 et joignant M_2 et N_2, nous avons obtenu la projection M_2N_2 de la droite donnée sur le nouveau plan horizontal.

Comme vérification de ces dernières constructions, on mènera B'_1B_2 perpendiculaire sur L_2T_2, et sur cette perpendiculaire on prendra à partir du point b_2 une longueur $b_2B_2 = bB$; le point B_2 que l'on obtiendra devra se trouver sur la nouvelle projection horizontale M_2N_2 de la droite. De même, si du point A'_1 on abaisse sur L_2T_2 la perpendiculaire A'_1a_2 et si sur cette perpendiculaire on prend $a_2A_2 = A'_1A$, le point A_2 devra encore se trouver sur M_2N_2.

91. *Changer les deux plans de projection par rapport à un plan.*

Examinons d'abord le cas où le plan vertical seul change, le plan horizontal restant le même, et soit à cet effet L_1T_1 (fig. 74) la nouvelle ligne de terre, le plan donné étant d'ailleurs connu par ses traces pP et pP'. Il est clair que la trace horizontale ne changera pas et que le point p_1 où elle rencontre L_1T_1 sera un point de la nouvelle trace verticale ; cherchons donc un second point de cette dernière. Or, si par le point o' nous faisons passer un arc de cercle ayant pour centre le point R, le point o'_1 où cet arc de cercle rencontrera RS_1 sera un second point de la nouvelle trace verticale, qui sera dès lors $p_1P'_1$.

Il arrive quelquefois que le point p_1 se trouve en dehors des limites de l'épure, et qu'il ne peut conséquemment servir à déterminer la nouvelle trace verticale. On est alors obligé d'avoir recours à une horizontale du plan donné, laquelle, ainsi que nous le savons (n° 27), se projette horizontalement suivant MA parallèle à pP, et verticalement suivant M'A' parallèle à LT. Or la projection horizontale de cette horizontale ne changera pas, puisque le plan horizontal reste le même; en outre, cette ligne, en tant qu'horizontale, devra nécessairement percer les deux plans verticaux LT et L_1T_1 en deux points situés à la même hauteur au-dessus du plan horizontal. Donc, si du point a, où MA rencontre la nouvelle ligne de terre L_1T_1, nous élevons sur celle-ci une perpendiculaire, et que sur cette perpendiculaire nous déterminions un point M'_1 distant de a d'une longueur égale à M'M, ce point M'_1 sera un point de la nouvelle trace verticale du plan donné, laquelle sera entièrement déterminée par la droite qui joint ce point M'_1 au point o'_1 obtenu comme précédemment.

Si maintenant nous supposons que, le plan vertical étant changé, le plan horizontal change à son tour en un autre coupant le nouveau plan vertical suivant la ligne de terre L_2T_2 (fig. 75), la nouvelle trace horizontale sera une droite p_2P_2 passant par le point p_2 où la nouvelle trace verticale $p_1P'_1$ rencontre L_2T_2 et par le point Q_2 déterminé comme ci-dessus.

92. Nous terminerons ici ce que nous avions à dire sur le changement des plans de projection, les exemples que nous avons donnés étant plus que suffisants pour faire entrevoir au lecteur le parti que l'on peut tirer d'un tel changement, pour simplifier, dans certains cas, la solution d'un problème, comme, par exemple, de rendre l'un des plans de projection parallèle ou perpendiculaire à une droite donnée, ou bien de rendre l'un de ces plans parallèle à la droite et l'autre perpendiculaire sur cette droite.

Disons cependant que l'on ne doit pas considérer les changements de plans de projection comme une méthode particulière de recherche, dont les quelques numéros qui précèdent seraient la théorie. Ils sont tout simplement, ainsi qu'on le verra dans la suite, un moyen d'arriver plus rapidement au résultat d'une question proposée, qui sans ce moyen nécessiterait l'emploi de constructions souvent fort embrouillées.

Du reste, quelques-uns des problèmes que nous avons résolus jusqu'ici confirment cette assertion : ainsi, dans la figure 52, le plan de profil $P_x p_x P'_x$ qui a servi à déterminer l'intersection des deux plans donnés n'est, à vrai dire, qu'un nouveau plan vertical ayant pour ligne de terre $p_x P_x$. Il en est de même dans la figure 67, où le plan vertical ABB', rabattu sur le plan horizontal suivant ABB", peut être regardé comme un nouveau plan vertical de projection dont AB serait la ligne de terre, et sur lequel le plan qui a servi à trouver l'angle demandé aurait pour trace oq. Les figures 68 et 69 sont dans le même cas.

Méthode des rotations.

93. La méthode des rotations, à l'inverse du changement de plans de projection, consiste en ceci : connaissant les projections d'une figure sur deux plans rectangulaires, trouver les projections de cette figure sur les mêmes plans, après l'avoir fait tourner d'une certaine quantité donnée autour d'un axe fixe.

L'axe peut être quelconque ; mais, comme il est toujours possible, par un changement des plans de projection, de le rendre perpendiculaire à l'un d'eux et *par suite* parallèle à l'autre , nous supposerons toujours qu'il est dans cette position.

94. Avant d'aborder la question des rotations, posons quelques principes qui nous seront indispensables :

1° Lorsqu'une figure tourne autour d'un axe, sa projection sur le plan auquel cet axe est perpendiculaire tourne autour du pied de l'axe, en restant identique à elle-même, tandis que sa projection sur l'autre plan varie, à chaque instant du mouvement, non-seulement de position, mais encore de forme.

2° Toute figure plane, dont le plan est perpendiculaire sur l'un des plans de projection, se projette sur ce plan suivant une ligne droite qui est la trace du plan de la figure ; en outre, les perpendiculaires abaissées de chacun des points de la figure sur le plan de projection sont toutes contenues dans le plan de la figure,

3° Toute figure plane dont le plan est parallèle à l'un des plans de projection, se projette sur ce plan suivant une figure identique.

95. Une figure, si compliquée qu'elle soit, pouvant être considérée (n° 1) comme composée d'une multitude de points réunis les uns aux autres, soit par des lignes, soit par des surfaces, nous allons d'abord chercher ce que deviennent les projections d'un point, quand on le fait tourner autour d'un axe perpendiculaire à l'un des plans de projection.

96. *Faire tourner un point d'un angle donné autour d'un axe perpendiculaire à l'un des plans de projection, et trouver ses projections dans sa nouvelle position.*

1° Supposons d'abord que l'axe est vertical, c'est-à-dire perpendiculaire au plan horizontal. Dans ce cas, il se projettera (n° 16, 5°) horizontalement suivant un point, et verticalement suivant une perpendiculaire à la ligne de terre. Soient donc O (fig. 76) et O'O″ les projections de l'axe, et soient M et M′ les projections du point qu'il s'agit de faire tourner d'un angle donné.

Si du point (M, M') nous abaissons une perpendiculaire sur l'axe de rotation, cette perpendiculaire sera évidemment horizontale et se projettera, par conséquent, horizontalement en vraie grandeur (n° 94, 3°), suivant OM, et verticalement suivant une parallèle oM' à la ligne de terre (n° 27). De plus, cette droite (OM, oM'), lorsque le point (M, M') tournera autour de l'axe, ne cessera pas d'être perpendiculaire sur l'axe, et sera toujours contenue dans le plan horizontal passant par la circonférence qu'il décrit en tournant ; quant à cette circonférence, elle se projettera horizontalement suivant une circonférence égale AMB ayant son centre en O, et verticalement selon une parallèle A'B' à la ligne de terre, laquelle parallèle se confondra avec oM' et sera la trace du plan qui contient la circonférence.

Si l'on suppose maintenant que le point (M, M') tourne autour de l'axe d'un angle MOm égal à l'angle donné, et dans le sens de la flèche F, le rayon OM prendra la position Om, et le point donné se projettera dès lors en m et m'. Si, au contraire, le point (M, M') tourne dans le sens de la flèche F', il prendra, après avoir décrit l'angle donné, la position (m_1, m'_1).

2° L'axe de rotation, au lieu d'être perpendiculaire au plan horizontal, l'est-il au plan vertical, les choses se passent exactement de la même façon, sauf que le cercle décrit par le point donné est dans un plan parallèle au plan vertical et que, par conséquent, l'angle que doit décrire le point donné se projettera en vraie grandeur sur le plan vertical. La figure 77 fait comprendre ce qui a lieu dans ce cas, selon que le point donné (M, M') tourne dans un sens ou dans l'autre.

97. *Faire tourner une droite d'un angle donné autour d'un axe.*

Soient AB et A′B′ les projections de la droite donnée
(fig. 78), et soient O et O′O″ les projections de l'axe de rotation, que nous supposons être perpendiculaire au plan
horizontal. Prenons sur la droite (AB, A′B′) deux points
(M, M′) et (N, N′) et faisons pour chacun d'eux ce que nous
avons fait dans le numéro précédent (fig. 76) pour le point
(M, M′), la rotation devant s'effectuer dans le sens indiqué
par la flèche.

Décrivons du point O comme centre, avec les distances
de ce point O aux points M et N pour rayons, les circonférences MM_1 et NN_1; prenons de M en M_1 un arc correspondant à l'angle donné, et faisons de même de N en N_1;
joignons ensuite par une droite les deux points M_1 et N_1
ainsi obtenus, cette droite M_1N_1 sera la projection horizontale de la droite donnée dans sa nouvelle position.

Quant à la projection verticale, on l'obtiendra en élevant
des points M_1 et N_1 des perpendiculaires sur les parallèles
à la ligne de terre, qui passent par les points M′ et N′, et
en joignant par une droite les points M'_1 et N'_1 où se rencontrent ces perpendiculaires et ces parallèles.

98. Comme vérification des constructions précédentes,
on peut déterminer la nouvelle position (A_1, A'_1) de la trace
horizontale de la droite : le point A_1 devra se trouver sur
la droite M_1N_1, et le point A'_1 sur $M'_1N'_1$.

On pourrait encore, toujours à titre de vérification, chercher ce que devient la trace verticale.

99. La droite donnée (AB, A′B′), au lieu d'être quelconque, comme dans la figure 78, pourrait être parallèle à
l'axe de rotation et par suite perpendiculaire au plan horizontal. Dans ce cas la question serait singulièrement sim-
plifiée, ainsi que le lecteur s'en rendra aisément compte
lui-même.

La droite donnée pourrait encore rencontrer l'axe : dans

ce cas, il suffirait de chercher ce que deviendrait l'une des traces et de joindre le point que l'on obtiendrait à celui où la droite rencontrerait l'axe, lequel ne bougerait évidemment pas pendant la rotation.

100. Lorsque la droite n'est pas parallèle à l'axe et ne le rencontre pas, comme cela a lieu dans la figure 78, elle jouit de propriétés importantes que nous allons mettre en évidence.

Si du point O on abaisse une perpendiculaire OC sur AB, cette perpendiculaire sera la projection horizontale de la plus courte distance qui sépare la droite de l'axe.

En effet, la plus courte distance devant être (n° 68) perpendiculaire à l'axe qui est vertical, est horizontale et, par suite, parallèle à sa projection horizontale ; elle doit d'ailleurs être aussi perpendiculaire à la droite (AB, A'B'), et, puisqu'elle est horizontale, elle le sera aussi au plan qui projette horizontalement cette droite ; conséquemment, son plan projetant sera également perpendiculaire à celui de la droite (AB, A'B'). Ces deux plans projetants étant dès lors perpendiculaires entre eux, leurs traces AB et OC devront être aussi perpendiculaires entre elles ; ce qui démontre bien que OC, perpendiculaire sur AB, est la projection horizontale de la plus courte distance.

Or il est évident que, lorsque la droite (AB, A'B') tourne autour de l'axe, leur plus courte distance ne cesse pas d'être horizontale et ne varie pas de longueur ; donc sa projection horizontale, dans chacune des positions de la droite, passe par le point O et est perpendiculaire sur la projection horizontale de la droite : d'où il résulte que les projections de la droite (AB, A'B'), dans ses positions successives, seront toutes tangentes à la circonférence qui a pour rayon OC. Il est encore évident que les traces horizontales de toutes les positions de la droite sont situées sur la circonférence décrite du point O comme centre avec OA pour rayon.

Il est facile maintenant de se procurer les projections de la droite pour un déplacement angulaire donné, sans pour cela réaliser les constructions dont nous avons parlé au numéro 97. Effectivement, il suffit de prendre sur la circonférence passant par le point A un point A_1 tel, que l'arc AA_1 corresponde au déplacement angulaire donné, puis, par ce point A_1, de conduire une tangente A_1C_1 à la circonférence passant par le point C. La droite A_1C_1 sera la projection horizontale de la droite donnée, dans sa nouvelle position.

Quant à sa projection verticale, on l'obtiendra en élevant du point A_1 une perpendiculaire $A_1A'_1$ sur la ligne de terre, puis du point C_1 une autre perpendiculaire $C_1C'_1$ sur la parallèle à LT qui passe par le point C', et joignant $A'_1C'_1$. La droite $A'_1C'_1$ sera la nouvelle projection verticale de la droite. Le point C' s'obtient d'ailleurs en élevant du point C une perpendiculaire sur LT jusqu'à sa rencontre avec $A'B'$.

Si l'on prolonge CO jusqu'en c, puis que par le point c on mène une tangente à la circonférence CC_1, cette tangente sera parallèle à AB et sera la projection de la droite, après qu'elle aura effectué une demi-révolution autour de l'axe. Si l'on projette verticalement la droite dans cette nouvelle position, on obtiendra une ligne $a'b'$ qui sera symétrique à $A'B'$ par rapport à $O'O''$, et qui par conséquent la coupera au point u où elle rencontre $O'O''$.

Remarquons, en terminant, que deux points situés sur la droite mobile, à égale distance au-dessus et au-dessous du plan qui contient la plus courte distance de la droite à l'axe, se projettent horizontalement sur la même circonférence : tels sont les points (M, M') et (m, m').

101. *Faire tourner un plan* PpP' *d'un angle donné autour d'un axe vertical* (O, O'O") (fig. 79), *le sens du mouvement étant indiqué par la flèche.*

Il est clair que la nouvelle position du plan donné sera parfaitement connue si l'on détermine les positions de deux droites quelconques situées sur ce plan. Mais, puisque les deux traces pP et pP' du plan se trouvent indiquées et qu'elles appartiennent évidemment au plan, prenons-les pour effectuer nos opérations. La droite pP se trouvant dans le plan horizontal, ne quittera pas ce plan pendant la rotation du plan donné, et, à chaque instant du mouvement, elle sera toujours la trace horizontale du plan donné.

Or, si du point O nous abaissons une perpendiculaire Oa sur pP, et que nous décrivions de ce point O comme centre une circonférence ayant Oa pour rayon, toutes les tangentes à cette circonférence seront évidemment les traces horizontales du plan mobile, à chaque instant du mouvement. Donc, si à partir du point a et dans le sens de la flèche nous prenons un arc aa_1 correspondant à l'angle donné, puis que par le point a_1 nous menions une tangente p_1P_1 à la circonférence aa_1a_2, cette tangente sera la trace horizontale du plan donné, lorsqu'il aura effectué autour de l'axe une rotation dont l'amplitude correspondra à l'angle donné.

Il s'agit actuellement de déterminer la trace verticale du plan mobile dans cette nouvelle position, trace dont nous connaissons déjà un point p_1. A cet effet, cherchons ce que devient la droite pP' lorsqu'on la fait tourner autour de l'axe, dans le sens de la flèche, d'un angle égal à l'angle donné.

D'abord, cette droite, avant d'entrer en mouvement, se trouve située sur le plan vertical et, comme telle, se projette horizontalement suivant la ligne de terre LT ; en outre, sa plus courte distance à l'axe se projette horizontalement en vraie grandeur suivant OO', et verticalement en un point unique o. Par conséquent, si l'on fait tourner la droite pP', le point (O, o) décrira autour de l'axe une circonférence qui se projettera verticalement suivant la droite xy parallèle à LT et passant par le point o où pP' rencontre $O'O''$, et horizontalement suivant une autre circonférence $O'b_3b_4$. Si donc nous prenons sur cette circonférence $O'b_3b_1$ un arc $O'b_1$ correspondant à l'angle donné, puis que par le point b_1 nous lui menions une tangente i_1c_1, cette tangente sera la projection horizontale de la seconde droite mobile dans sa nouvelle position; quant à sa projection verticale, elle sera évidemment $i'_1b'_1$, et la trace verticale de cette droite se trouvera au point c'_1. Joignant alors ce point c'_1 au point p_1, on obtiendra la trace verticale $p_1P'_1$ du plan mobile dans sa nouvelle position.

102. Parmi toutes les positions que le plan mobile peut prendre en tournant autour de l'axe, il en est deux qui méritent plus particulièrement d'être remarquées : d'abord celle où la trace horizontale est parallèle à la ligne de terre; ensuite celle où cette même trace horizontale est perpendiculaire sur la ligne de terre.

Dans le premier cas, le plan est lui-même parallèle à la ligne de terre, et sa trace verticale $P'_3P'_3$, qui est aussi parallèle à la ligne de terre (n° 26, 7°), s'obtient en cherchant la position correspondante $i'_3c'_3d'_3$ de la droite pP', ainsi qu'il a été dit.

Dans le second cas, le plan est perpendiculaire au plan vertical, et sa trace verticale $p_2P'_2$ se détermine encore en faisant mouvoir la droite pP'.

103. Il arrive quelquefois que la trace verticale de la droite mobile pP', pour une quelconque de ses positions, se trouve en dehors des limites de l'épure, et qu'alors il n'est plus possible d'en déduire la trace verticale de la position correspondante du plan. Dans ce cas, on est obligé de remplacer la droite $p\mathrm{P}'$ par une autre droite, appartenant toujours au plan mobile et dont la trace verticale ne sorte pas des limites de l'épure.

A cet effet, considérons une horizontale $(\mathrm{AB}, \mathrm{A}'\mathrm{B}')$ du plan $\mathrm{P}p\mathrm{P}'$, et voyons ce qu'elle devient lorsque le plan, après avoir tourné d'une certaine quantité autour de l'axe, prend une position quelconque, comme celle, par exemple où il est perpendiculaire au plan vertical, et où sa trace horizontale $p_2\mathrm{P}_2$ est alors perpendiculaire sur LT. Il est évident que lorsque le plan entre en mouvement, l'horizontale $(\mathrm{AB}, \mathrm{A}'\mathrm{B}')$ ne cesse pas d'être horizontale, qu'elle se projette toujours verticalement suivant $\mathrm{A}'\mathrm{B}'$, et que le point g de sa projection horizontale décrit autour du point O une circonférence gg_2. Par conséquent, si par le point g_2 nous menons à cette circonférence une tangente $\mathrm{A}_2\mathrm{B}_2$, et que par le point A_2 nous élevions une perpendiculaire $\mathrm{A}_2\mathrm{A}'_2$ à la ligne de terre, la droite $p_2\mathrm{P}'_2$ qui joindra le point p_2 au point A'_2 sera la trace verticale du plan mobile, quand il est perpendiculaire au plan vertical.

104. On voit par tout ce qui précède combien la méthode des rotations peut rendre de services, comme, par exemple, lorsqu'il s'agit de rendre une droite, ou bien un plan, parallèle ou perpendiculaire à l'un des plans de projection. Nous aurons, par la suite, souvent occasion de la mettre en usage.

Méthode des rabattements.

105. La méthode des rabattements, ainsi qu'on a déjà pu le voir dans les quelques problèmes où nous l'avons employée, a principalement pour but de faire obtenir certaines figures planes dans leur véritable grandeur, en amenant le plan de ces figures à être parallèle à l'un des plans de projection ou bien à se confondre avec l'un d'eux. Il faut donc que la droite qui sert de *charnière* au rabattement soit elle-même parallèle à l'un des plans de projection ou se confonde avec l'un d'eux.

Cette méthode devant acquérir par la suite une grande importance, nous avons cru nécessaire de présenter sur elle quelques considérations générales, et de compléter ces considérations par quelques exemples un peu moins simples que ceux où nous l'avons déjà mise en pratique.

106. Nous ferons d'abord remarquer, ainsi que l'a fait judicieusement J. Adhémar, qu'une épure, quelle qu'elle soit, n'est elle-même autre chose que le résultat d'un rabattement. En effet, les deux plans de projection devant toujours faire un angle droit dans l'espace, ce n'est qu'au moyen d'un rabattement que l'un de ces plans a pu se confondre avec l'autre.

107. Indépendamment du but que nous lui avons assigné dans le numéro 105, la méthode des rabattements sert encore à exécuter sur un plan oblique les constructions relatives à une question. A cet effet, on rabat le plan sur l'un des plans de projection, on y fait les constructions voulues, puis on le ramène dans sa position primitive, afin de rendre aux points et aux lignes déterminés dans le rabattement la position véritable qu'ils doivent avoir dans l'espace. La figure 57, relative à la plus courte distance d'un point à une droite, est un exemple de cette application de la méthode.

108. Lorsqu'on fait un rabattement, chaque point décrit dans l'espace un cercle qui a son centre sur la charnière, dont le rayon est égal à la distance de cette charnière au point que l'on rabat, et dont le plan est perpendiculaire à la charnière.

Donnons maintenant la solution de quelques problèmes où la méthode de rabattements est mise en pratique.

109. *Etant donnés un plan* PpP' (fig. 80) *et une droite* (AB, A'B') *située dans ce plan, on demande de déterminer les projections d'un carré qui aurait pour côté* (AB, A'B') *et qui serait situé dans le plan* PpP'.

Nous allons d'abord rabattre le plan PpP' sur le plan horizontal, en adoptant sa trace horizontale pour charnière du mouvement. Dans ce mouvement, le point (f, f'), trace verticale de la droite (AB, A'B') prolongée, décrira (n° 108) dans l'espace un cercle ayant son centre sur la charnière pP', dont le rayon sera égal à la distance de cette charnière au point (f, f') et dont le plan sera perpendiculaire à la charnière.

Si donc du point f nous abaissons une perpendiculaire fm sur la charnière, et si nous prenons sur cette perpendiculaire une longueur mf'' égale à $f'n$, qui est la *vraie* distance du point (f, f') au point (m, m'), distance obtenue comme au numéro 28, le point f'' sera le rabattement du point (f, f'), lequel, étant un point de la trace verticale du plan, sera un point du rabattement de cette trace.

Joignant alors ce point f'' au point p qui reste immobile pendant le mouvement, on obtiendra le rabattement pP'' de la trace verticale pP'; joignant de même le point f'' au point g qui reste aussi immobile pendant la rotation, on aura le rabattement de la droite *indéfinie* (AB, A'B').

Conduisons actuellement par les points A et B des perpendiculaires à la charnière pP', ces perpendiculaires intercepteront sur $f''g$ une longueur A''B'' qui sera précisément celle qui doit servir de base au carré qu'il s'agit de construire.

Pour construire ce carré, menons par les points A″ et B″ des perpendiculaires A″C″ et B″D″ sur A″B″; prenons sur ces perpendiculaires des longueurs A″C″ et B″D″ égales à A″B″, puis joignons le point C″ au point D″. Le carré sera ainsi déterminé, et il n'y aura plus, pour compléter la solution du problème proposé, qu'à ramener le plan rabattu PpP″ dans sa position première et à voir ce que deviennent, après cette opération, les différents sommets du carré.

D'abord les sommets A″ et B″ reprendront les positions (A,A′) et (B,B′) qu'ils avaient dans le principe. Quant au côté A″C″, lequel prolongé rencontre la charnière au point a, point qui ne bouge pas pendant le mouvement, il se projettera horizontalement, à partir du point A, suivant la droite qui joint le point a au point A, et verticalement, à partir du point A′, suivant celle qui joint le point a' au point A′; en outre, le sommet C″ se projettera horizontalement au point C, où la perpendiculaire C″C à la charnière rencontre la droite aAc.

De même, et pour des raisons entièrement semblables, les projections du côté B″D″ *relevé* seront BD et B′D′, et le sommet D″ prendra la position (D,D′). Dès lors les projections du quatrième côté du carré seront CD et C′D′. Le carré demandé se projettera donc horizontalement en ABCD et verticalement en A′B′C′D′.

On pourra, à titre de vérification, s'assurer si les points h'' et c'' sont bien avec les points h et c sur les mêmes perpendiculaires à la charnière pP. On fera bien aussi de vérifier si les points h et c sont situés avec les points h' et c' sur les mêmes perpendiculaires à la ligne de terre LT.

110. Pour rabattre le plan PpP′ sur le plan horizontal, nous avons joint le point p au point f'' situé sur la perpendiculaire fm à la charnière, à une distance du point m égale à $f'n$. Au lieu de procéder ainsi, ce qui oblige à chercher d'abord la *vraie longueur* de la distance du point (f, f') au point (m, m'), on peut opérer comme nous l'avons déjà fait (n° 65, fig. 57), en décrivant du point p comme centre, avec pf' pour rayon, un arc de cercle qui déterminera sur la perpendiculaire fm à la charnière un point f'', qui sera évidemment le même que celui obtenu par le moyen précédent. On joindra ensuite le point p au point f'' ainsi déterminé.

111. *Construire les deux projections d'un cercle passant par trois points donnés (a, a'), (b, b') et (c, c') (fig. 81).*

Avant d'aborder cette question, nous allons démontrer un théorème très-important. Toutefois, comme la démonstration de ce théorème est assez délicate, les personnes qui ne voudraient pas se l'approprier n'auraient qu'à la laisser de côté et à passer immédiatement au n° 115, où la question proposée se trouve résolue, sauf à y revenir plus tard lorsqu'elles se seront familiarisées davantage avec la géométrie. Elles pourraient même se dispenser entièrement de la connaître, en admettant le théorème à titre d'axiome.

112. Théorème. — *La projection d'une circonférence sur un plan est une ellipse.*

Soient ABCD (fig. 82) une circonférence, et P un plan sur lequel cette circonférence se trouve projetée suivant la courbe A'B'C'D'; nous disons que cette courbe est une ellipse. Pour le démontrer, conduisons par le centre de la circonférence un plan P' parallèle au plan P; ce plan P' coupera le plan du cercle suivant un diamètre AC; de plus, si l'on réunit par une courbe les différents points A, m, b, C, b' où le plan P' est percé par les droites qui projettent le cercle sur le plan P, on obtiendra une courbe qui, à cause du parallélisme des plans P et P', sera *identique* à la courbe A'M'B'C'D'; par conséquent, si nous démontrons

que cette nouvelle courbe est une ellipse, le théorème sera
démontré.

A cet effet, considérons le diamètre BD du cercle, perpendiculaire sur AC ; il se projette suivant une droite bb' qui,
d'après le théorème des trois perpendiculaires, est elle-même
perpendiculaire sur AC ; d'un autre côté, des droites parallèles ayant sur un même plan des projections parallèles, et
la projection du milieu d'une droite étant le milieu de la
projection de cette droite, la courbe $AmbCb'$, projection du
cercle, a nécessairement pour axes les droites AC et bb'.

Dès lors, si cette projection est une ellipse, son grand
axe sera AC ; en outre, la distance de son centre O à l'un
de ses foyers sera égale à Bb, attendu que cette distance
s'obtient en construisant un triangle rectangle ayant pour
hypoténuse le demi-grand axe, et dont l'un des côtés de
l'angle droit est le demi-petit axe. Portons donc sur AC,
de chaque côté du point O, des longueurs $OF = OF' = Bb$.
Il n'y aura plus qu'à démontrer que la somme des rayons
vecteurs mF et mF' d'un point quelconque m de la projection obtenue, est constante.

Des points M et m, abaissons sur AC des perpendiculaires ; elles se rencontreront, toujours en vertu du théorème
des trois perpendiculaires, en un même point P de AC ;
conduisons le diamètre MOM', et des points F et F' abaissons sur ce diamètre les perpendiculaires FG et F'G'. Les
triangles rectangles FOG, F'OG' étant égaux, on a d'abord
GF = G'F' et OG = OG', d'où l'on conclut que MG = M'G' ;
ensuite, les triangles rectangles FOG, MOP étant semblables
puisqu'ils ont un angle aigu commun, et les triangles
rectangles MPm, BOb étant aussi semblables, puisque
l'angle BOb est égal à l'angle MPm, on a

$$\frac{FG}{OF} = \frac{MP}{OM},$$

c'est-à-dire, à cause de $OF = Bb$ et de $OM = OB$,

$$\frac{FG}{Bb} = \frac{MP}{OB} = \frac{Mm}{Bb},$$

d'où il résulte $Mm = FG$. Les triangles rectangles MmF, MFG, ayant dès lors l'hypoténuse commune et un côté de l'angle droit égal, sont égaux, et

$$mF = MG.$$

Comme d'ailleurs $GF = G'F'$, les triangles rectangles MmF', $MG'F'$ sont aussi égaux, et l'on a

$$mF' = MG' = GM',$$

ou $\qquad mF' = GM';$

donc $\qquad mF + mF' = MG + GM' = MM' = AC,$

ce qui démontre le théorème.

On voit que le grand axe de l'ellipse obtenue est toujours égal au diamètre du cercle donné ; quant au petit axe, il est toujours plus petit que le diamètre, et il dépend de l'angle que comprennent entre eux le plan de l'ellipse et celui du cercle.

113. *Observation.* — Sur notre figure, les droites qui projettent les points A et M se confondent en une seule ; cela provient de ce que le point M est sur le prolongement de AA'. Si nous l'avons pris tel, c'est afin que le dessin ne soit pas trop chargé de lignes. Nous ferons la même observation au sujet des droites qui projettent les points C et M'.

114. Le théorème qui précède fait assez voir, pour qu'il soit inutile de le démontrer, que le grand axe de l'ellipse projection d'un cercle est toujours parallèle à l'intersection du plan de ce cercle avec celui de l'ellipse, et que le petit axe est par suite perpendiculaire sur cette inter-section.

115. Revenons actuellement au problème que nous n'a-vons fait qu'énoncer au numéro 111.

Déterminons d'abord, ainsi que nous avons appris à le faire au numéro 24, les traces du plan passant par les trois points donnés (a, a'), (b, b'), (c, c') (fig. 81); elles seront évidemment pP et pP'; rabattons ensuite ce plan sur le plan horizontal; puis, par les trois points rabattus a'', b'', c'', fai-sons passer une circonférence, dont le centre o'' sera au point d'intersection des perpendiculaires élevées sur les milieux des droites $a''b''$, $b''c''$ et $c''a''$. Cela posé, ramenons le plan dans sa position première, le cercle se projettera alors (n° 112) sur les plans de projection suivant des ellipses ayant même grand axe, mais dont les petits axes seront différents.

Pour avoir les axes de la projection horizontale, consi-dérons (n° 114) les diamètres $A''B''$ et $C''D''$, qui sont res-pectivement parallèle et perpendiculaire à la trace pP; ces diamètres, lorsque le plan sera relevé, se projetteront sui-vant des droites AB et CD, qui seront aussi respectivement parallèle et perpendiculaire à pP. Les deux axes de la projection horizontale étant ainsi déterminés, il est facile de construire la courbe, laquelle doit passer d'ailleurs par les points a, b et c.

Quant aux axes de la projection verticale, on se les pro-curera en cherchant les projections verticales $r's'$, $m'n'$ des diamètres $r''s''$ et $m''n''$, qui sont respectivement parallèle et perpendiculaire au rabattement pP'' de la trace verticale du plan. Ces axes étant alors connus, on construira l'ellipse, laquelle devra passer par les points a', b', c'.

Nous ferons observer que c'est un pur hasard qui fait que les points A, r, A', r' sont sur la même ligne de rappel; il en est de même pour les points s, B, s', B', ainsi que pour les points m, D, m'.

116. Nous pensons qu'il est inutile d'insister davantage sur la méthode des rabattements : l'emploi que nous en avons fait dans quelques problèmes du chapitre II et les deux exemples que nous venons de donner suffisent pour faire comprendre le parti qu'on en peut tirer. D'ailleurs, le lecteur en pourra apprécier par la suite toute la fécondité, en étudiant les nombreuses questions où l'on est forcé de la mettre en pratique.

CHAPITRE IV

DES POLYÈDRES ET DE L'ANGLE TRIÈDRE

Définitions.

117. On a vu en géométrie élémentaire qu'un polyèdre est un corps terminé de toutes parts par des plans. Ces plans, en se coupant mutuellement, déterminent les *arêtes*, les *faces* et les *sommets* du polyèdre. Les angles dièdres et polyèdres formés par les faces sont les angles dièdres et polyèdres du polyèdre, lequel a pour *diagonales* les droites qui unissent deux sommets quelconques non situés sur une même face.

118. Parmi les nombreux polyèdres qui existent, il en est qui offrent un intérèt plus spécial : nous voulons parler de ceux dont toutes les faces sont des polygones réguliers égaux et dont tous les angles polyèdres sont égaux entre eux. Ces polyèdres sont au nombre de cinq, savoir :

1° Le *tétraèdre*, formé par quatre triangles équilatéraux, assemblés trois à trois autour d'un même sommet ;

2° L'*octaèdre*, formé par huit triangles équilatéraux, assemblés quatre à quatre autour d'un même sommet ;

3° L'*icosaèdre*, formé par vingt triangles équilatéraux, assemblés cinq à cinq ;

4° L'*hexaèdre* ou *cube*, formé par six carrés, assemblés trois à trois ;

5° Le *dodécaèdre*, composé de douze pentagones réguliers, assemblés trois à trois.

Ces cinq polyèdres sont les seuls polyèdres *réguliers* qui

existent, attendu qu'un plus grand nombre de triangles, de carrés ou de pentagones que l'on voudrait réunir autour d'un même point donneraient lieu à une somme d'angles plans qui égaleraient ou surpasseraient 360 degrés, ce qui ne peut pas être, ainsi qu'on le démontre dans la géométrie élémentaire. D'un autre côté, un polyèdre régulier ne saurait être formé par des polygones réguliers dont le nombre des côtés surpasserait cinq, parce que, ces polygones ayant des angles pour le moins égaux à 120 degrés, et le nombre des faces groupées autour d'un sommet ne pouvant pas être inférieur à trois, il en résulterait que les angles polyèdres ne seraient pas possibles.

119. On distingue encore parmi les polyèdres le *prisme* et la *pyramide*.

Le *prisme* est un polyèdre compris sous plusieurs parallélogrammes réunis entre eux par deux faces opposées égales et parallèles, appelées *bases* du prisme. Lorsque les parallélogrammes sont des rectangles, le prisme est *droit;* sinon il est oblique. Un prisme *régulier* est un prisme droit, qui a pour bases des polygones réguliers. Suivant que les bases d'un prisme sont des triangles, des quadrilatères, des pentagones, des hexagones, etc., le prisme est dit *triangulaire, quadrangulaire, pentagonal, hexagonal,* etc. Si les bases d'un prisme quadrangulaire sont des parallélogrammes, on lui donne le nom de *parallélipipède;* toutes les faces sont alors des parallélogrammes. Un parallélipipède est *droit* ou *oblique,* selon que ses faces sont des rectangles ou des parallélogrammes n'ayant pas d'angles droits.

La *pyramide* est un polyèdre dont l'une des faces est un polygone quelconque, et dont toutes les autres faces sont des triangles ayant pour bases respectives les différents côtés de la face polygonale et pour sommet *commun* un point extérieur à cette face. Une pyramide est *régulière* quand sa base est un polygone régulier dont le centre se confond avec le pied de la hauteur de la pyramide. Les arêtes latérales d'une pyramide régulière sont nécessairement égales comme obliques s'écartant également du pied de la hauteur; les faces latérales sont alors des triangles isocèles tous égaux entre eux. Suivant que la base d'une pyramide est un triangle, un quadrilatère, un pentagone, un hexagone, etc., la pyramide est dite *triangulaire, quadrangulaire, pentagonale, hexagonale,* etc.

Une pyramide triangulaire, étant un polyèdre formé par quatre triangles assemblés trois à trois autour d'un même sommet, est aussi appelée *tétraèdre.* Les tétraèdres sont dans la géométrie de l'espace ce que sont les triangles dans la géométrie plane. On fixe la position d'un point sur un plan en le rattachant par un triangle à deux points donnés; de même on fixe la position d'un point dans l'espace en le rattachant par un tétraèdre à trois points donnés.

Représentation des polyèdres.

120. Il résulte de la définition d'un polyèdre que ses dimensions seront parfaitement connues dès que l'on connaîtra la position relative de ses sommets, attendu que la position des sommets déterminera celle des arêtes, lesquelles détermineront a leur tour les faces. On voit par là que, pour projeter un polyèdre, il suffit de projeter tous ses sommets.

121. On conçoit très-bien que les figures que l'on obtient par la méthode des projections sont très-différentes de celles sous lesquelles les corps apparaissent à nos yeux. Nous n'avons pas à examiner ici la cause de cette différence, puisque nous ne nous occupons pas ici de perspective. Toutefois, pour faciliter la conception de la forme d'un corps solide à l'inspection de ses projections, on est convenu de tracer en plein les lignes du corps qui sont vues par le spectateur et de ponctuer les lignes cachées. Lorsqu'on projette un polyèdre, il importe donc de savoir parfaitement discerner les parties vues d'avec les parties cachées ; il en est de même quand un corps est donné par ses projections.

Pour cela on suppose, quand on regarde la projection horizontale d'un corps, que l'œil est placé au-dessus de ce corps à une distance *infiniment* grande ; lorsqu'on regarde la projection verticale, on est censé se trouver devant le plan vertical à une distance infiniment grande. De cette façon, tous les rayons partant de l'œil pour aboutir aux différents points d'un corps sont parallèles entre eux et perpendiculaires sur celui des deux plans de projection où se trouve la projection que l'on considère.

Cela posé, on dit qu'une ligne est vue, lorsqu'une droite partant d'un point quelconque de cette ligne peut s'éloigner *infiniment* du plan de projection, dans une direction perpendiculaire à ce plan, sans rencontrer la masse d'aucun corps solide ; dans le cas contraire, la ligne est cachée.

Nous allons faire l'application de ces conventions à la représentation des polyèdres.

122. Représentation du tétraèdre. — Supposons que le tétraèdre qu'il s'agit de représenter ait l'une de ses faces sur le plan horizontal, et que chacune de ses arêtes doive être égale à une longueur donnée *l*. On construira avec cette longueur, et sur le plan horizontal, un triangle équilatéral ABC (fig. 83), dont on joindra chacun des sommets au centre D du cercle qui lui est circonscrit : on obtiendra ainsi la projection horizontale du tétraèdre. Quant à la projection verticale, on se la procurera de la manière suivante :

on projettera les sommets A, B, C sur la ligne de terre LT, puis on joindra les points A′, B′, C′ ainsi obtenus au point D′, distant de LT d'une longueur D′B′ égale à Dm, hauteur du triangle rectangle ADm construit avec AD pour base et Am = AB pour hypoténuse.

123. **Représentation de l'octaèdre.** — Nous supposerons que l'octaèdre ait l'une de ses diagonales perpendiculaire au plan horizontal. On commencera par construire (fig. 84) dans un plan horizontal quelconque, avec le côté l du polyèdre, un carré (ABCD, B′D′); on tracera ensuite les diagonales AC, BD; puis, par leur point d'intersection O, on élèvera une verticale (O, O′O″), sur laquelle on prendra, au-dessus et au-dessous du plan horizontal B′D′, des longueurs oO′ et oO″ toutes deux égales à la moitié de l'une des diagonales AC, BD; enfin on joindra les points O′ et O″ aux quatre points B′, A′, C′, D′. Les deux figures que l'on aura ainsi construites sur les plans de projection seront bien les projections d'un octaèdre, attendu que les huit faces seront évidemment des triangles équilatéraux, et que les angles solides en (A, A′), (B, B′), (C, C′),… seront tous égaux, comme appartenant chacun à une pyramide quadrangulaire identique avec la première (OABCD, O″A′B′C′D′).

124. **Représentation de l'icosaèdre.** — Avec le côté donné l, et dans un plan horizontal quelconque, construisons (fig. 85) un pentagone régulier (ACEGI, I′G′A′E′C′); puis, sur la verticale passant par le centre O de la circonférence circonscrite à ce pentagone, déterminons un point tel qu'en le joignant avec les cinq sommets du pentagone, on obtienne cinq triangles équilatéraux. Pour cela, sur OI comme base, construisons un triangle rectangle IOn ayant pour hypoténuse In = IA = l : nO sera la hauteur inconnue A′O″ de la pyramide pentagonale (OAIGEC, O″I′C′).

Cela fait, traçons dans un autre plan horizontal H′D′, dont nous fixerons tout à l'heure la distance au plan I′C′, un second pentagone KHFDB égal et concentrique avec le pentagone ACEGI, mais disposé de telle façon que ses sommets K, H, F, D, B soient placés sur les milieux des arcs sous-tendus par les côtés AI, IG, GE, EC et CA, dans le cercle circonscrit ; ensuite prenons une distance F′O′ = A′O″ = O*n*, puis joignons le point (O, O′) aux points (K, K′), (H, H′), (F, F′), … : nous obtiendrons ainsi une seconde pyramide pentagonale (OKHFDB, O′H′D′) identique avec la précédente. Enfin joignons par des droites chacun des sommets du pentagone supérieur avec les deux sommets voisins du pentagone inférieur, comme (A, A′) avec (K, K′) et (B, B′), (C, C′) avec (B, B′) et (D, D′), (E, E′) avec (D, D′) et (F, F′)…, les deux plans horizontaux se trouveront ainsi réunis par une zone composée de dix triangles évidemment isocèles, mais que l'on doit rendre équilatéraux en déterminant d'une manière convenable la distance qui sépare les deux plans horizontaux.

Pour obtenir cette distance, on construit un triangle rectangle HG*m* ayant pour hypoténuse une longueur H*m* = HF = *l*, et dont la base soit l'un des côtés du décagone HGFED… : la hauteur G*m* du triangle donnera la distance voulue F′A′.

Nous aurons donc formé un polyèdre composé de *vingt* faces qui sont des triangles équilatéraux tous égaux entre eux, et dont les angles solides sont aussi égaux entre eux, puisque à chaque sommet, celui (I, I′) par exemple, on peut concevoir une pyramide pentagonale (IHGOAK, I′H′G′O″A′K′) identique avec la première (OAIGEC, O″I′C′).

125. Représentation de l'hexaèdre. — Nous n'avons pas

cru devoir donner de figure qui indiquât le moyen de déterminer les projections d'un tel polyèdre, à cause de la simplicité des constructions. Nous conseillons au lecteur d'exécuter lui-même l'épure : ce sera pour lui un moyen de s'exercer.

126. Représentation du dodécaèdre. — Dans un plan horizontal quelconque E'D'C' (fig. 86), traçons un pentagone régulier ABCDE dont les côtés soient égaux à la longueur l que doit avoir chacune des arêtes du dodécaèdre; puis, sur les côtés AB, BC, ... de ce pentagone, construisons des pentagones égaux au premier et inclinés de manière à se raccorder entre eux suivant AZ, BN, CR, DU et EX. Nous obtiendrons ainsi une sorte de calotte concave composée de six pentagones égaux, et ayant pour contour (MNQRSUVXYZ, M'N'Q'R'S'U'V'X'Y'Z'). Nous verrons tout à l'heure le moyen de déterminer les projections de ce contour.

Cela posé, traçons dans un autre plan horizontal F'G'H', distant du premier d'une quantité que nous apprendrons à fixer dans un instant, un second pentagone FGHIK égal et concentrique avec ABCDE, et tourné de telle façon que ses sommets soient respectivement situés au milieu des arcs sous-tendus par les côtés AB, BC, ... dans la circonférence circonscrite; ensuite, sur les côtés FG, GH, ... de ce nouveau pentagone, construisons d'autres pentagones qui lui soient égaux, de manière à former une calotte convexe identique avec la précédente et se raccordant de toutes parts avec elle, ce qui est évidemment possible. En réunissant ainsi ces deux calottes, on formera un polyèdre composé de *douze* pentagones *réguliers* égaux, et dont les angles solides seront aussi égaux entre eux, puisque chacun sera formé par trois pentagones identiques. Il reste actuellement à déterminer la longueur D'G' de la distance qui sépare les deux plans horizontaux F'II' et E'C', ainsi que les positions respectives des différents sommets (M, M'), (N, N'), (Q, Q'), (R, R'), ...

A cet effet, rabattons sur le plan horizontal E'C' les deux pentagones AEXYZ, EDUVX, en adoptant pour charnières les côtés AE et ED. Pendant le mouvement de rotation, le point (X, X'), considéré comme sommet du pentagone AEXYZ, ne cessera pas d'être situé dans le plan vertical $x'n$ perpendiculaire à AE; d'un autre côté, ce même point (X, X'), considéré comme sommet du pentagone EDUVX, ne quittera pas non plus le plan vertical xm perpendiculaire à DE; donc la projection horizontale de ce point devra se trouver à l'intersection des droites xm et $x'n$, respectivement perpendiculaires sur AE et sur ED, et la droite EX qui converge vers le point O sera la projection horizontale de l'une des arêtes du polyèdre.

Quant à la projection verticale X' du point (X, X'), elle s'obtiendra en conduisant par le point X une perpendiculaire à la ligne de terre et en prenant sur cette perpendiculaire, à partir du plan horizontal E'D'C', une longueur fX' égale à la hauteur Xa du triangle rectangle Xan construit sur Xn comme base avec $na = nx'$ pour hypoténuse.

La position du point (X, X') étant ainsi parfaitement déterminée, nous ferons remarquer que les quatre sommets (Z, Z'), (N, N'), (R, R'), (U, U'), étant complétement symétriques au point (X, X'), par rapport au plan horizontal E'C', devront être situés sur une même circonférence concentrique à la circonférence AGBH..., et contenue dans un plan horizontal X'R' passant par le point (X, X'). Si donc, du point O comme centre, avec OX pour rayon, nous décrivons une circonférence; si ensuite nous partageons cette circonférence, à partir du point X, en cinq parties égales $XU=UR=RN=NZ=ZX$, et que par les points U, R, N, Z, nous menions des droites UD, RC..., convergeant vers le point O; si en outre, par les mêmes points U, R, N, Z, nous conduisons des perpendiculaires à la ligne de terre LT jusqu'à leur rencontre en U', R', N', Z' avec X'R', nous aurons les projections horizontales et verticales des quatre sommets en question.

Voyons actuellement quelles doivent être les projections du sommet (Y, Y') qui se trouve rabattu en y : pour cela nous remarquerons que ce point ne quittant pas le plan vertical Oy, sa projection horizontale Y devra être située au point de rencontre de Oy avec la droite issue du point b qui lui est perpendiculaire, le point b étant d'ailleurs situé sur le prolongement de na, à une distance du point n égale à qy; la projection verticale Y' du même point (Y, Y') se trouvera sur la perpendiculaire YY' à la ligne de terre, à une hauteur au-dessus de E'C' égale à db. Quant aux sommets (M, M'), (Q, Q'), (S, S'), (V, V'), comme ils sont symétriques au point (Y, Y') par rapport aux plans horizontaux E'C' et F'H', on obtiendra leurs projections horizontales, en prenant les milieux des arcs ZN, NR..., et en conduisant par ces points des perpendiculaires à la ligne de terre jusqu'à leur rencontre avec Y'Q'. On n'aura plus alors qu'à tracer MG et M'G', QH et Q'H'.... pour avoir les deux projections complètes du dodécaèdre. Il est clair d'ailleurs que la distance st qui sépare les deux plans horizontaux E'C' et F'H' est égale à Y'X' plus deux fois X'f, puisque rt doit être égal à X'f.

Telle est la suite des opérations qu'il est nécessaire d'exécuter pour se procurer les deux projections d'un dodécaèdre. Les raisonnements sur lesquels nous nous sommes appuyés sont peut-être un peu longs, mais nous avons préféré ne rien omettre que de laisser la moindre indécision dans l'esprit du lecteur.

127. Représentation d'un prisme. — On placera l'une des deux bases dans le plan horizontal, puis l'on déterminera bien exactement la *direction* des arêtes, qui, ainsi qu'on le sait, sont toutes parallèles entre elles ; après quoi l'on conduira dans le plan horizontal, et par chacun des sommets du polygone de base, des droites parallèles à la projection horizontale de la *direction* des arêtes, en ayant soin de les limiter au plan horizontal qui se trouve distant du plan horizontal de projection d'une longueur égale à la hauteur donnée du prisme : de cette manière, on se procurera la projection horizontale du prisme.

Quant à sa projection verticale, on l'obtiendra comme il suit : par les différents sommets du polygone de base, on mènera des perpendiculaires sur la ligne de terre, lesquelles rencontreront celle-ci en des points qui seront précisément les projections verticales de ces sommets ; par les points ainsi obtenus, on tracera, dans le plan vertical, des droites parallèles à la projection verticale de la *direction* des arêtes, qu'on limitera au plan horizontal dont nous venons de parler, et qui contient la seconde base du prisme. Le prisme sera dès lors complétement déterminé.

Nous n'avons pas cru devoir donner de figure spéciale à l'appui de ce que nous venons de dire, pensant que le lecteur pourrait facilement y suppléer.

128. Représentation d'une pyramide. — De même que pour un prisme, on placera la base dans le plan horizontal, puis l'on projettera sur la ligne de terre les différents sommets du polygone formant cette base ; ensuite on cherchera les projections du sommet de la pyramide, en ayant égard, pour cela, à la position qui lui est assignée, d'après l'énoncé, relativement à la base. Il n'y aura plus alors qu'à joindre ce sommet à ceux du polygone de base pour que la pyramide soit entièrement déterminée.

Le lecteur trouvera dans la figure 87 toutes les indications susceptibles de le guider dans l'exécution des opérations qui viennent d'être énumérées.

Sections planes des polyèdres.

129. On entend par *section plane d'un polyèdre* le polygone déterminé par l'intersection de ce polyèdre avec un plan.

Comme exemple de section d'un polyèdre, nous allons donner celle d'une pyramide.

130. *Construire la section d'une pyramide par un plan.*

Le moyen le plus simple de résoudre la question est de chercher les points où le plan donné coupe les arêtes de la pyramide, puis de réunir tous ces points deux à deux dans l'ordre convenable. Soit donc (fig. 87) une pyramide ayant pour base un pentagone (ABCDE, A'B'C'D'E') situé dans le plan horizontal et pour sommet le point (S, S') ; on demande de trouver la section de cette pyramide par le plan PpP'.

Cherchons d'abord le point où l'arête (SA, S'A') perce le plan donné ; et, pour cela, considérons le plan qui projette verticalement cette arête, lequel a pour traces les droites S'A' et A'F ; il coupera le plan donné suivant une droite (FM, A'M') qui par sa rencontre avec l'arête (SA, S'A') déterminera le point (a, a') où cette arête perce le plan donné. On exécutera la même opération pour les quatre autres arêtes de la pyramide; de cette manière on se procurera cinq points qui, joints deux à deux, fourniront les deux projections *abcde* et *a'b'c'd'e'* de la section demandée.

Si l'on désirait connaître cette section dans sa véritable grandeur, on n'aurait qu'à rabattre le plan PpP' qui la contient sur le plan horizontal. Dans ce mouvement (n° 108), chaque point de la section décrirait un arc de cercle perpendiculaire à pP et représenté en projection horizontale par une perpendiculaire à pP; par conséquent, il suffirait, pour savoir où chacun d'eux viendrait se placer après le rabattement, de connaître sa distance à la charnière pP. Ainsi, par exemple, pour le point (b, b'), on chercherait (n° 28) la véritable longueur de la ligne $(bn, b'n')$, et cette longueur nm reportée en b'' donnerait la position que prendrait le point (b, b') après le rabattement du plan PpP'. En agissant de même pour les quatre autres sommets de la section, on obtiendrait finalement un polygone $a''b''c''d''e''$ qui serait la véritable grandeur de cette section.

131. Nous avons supposé que la pyramide avait sa base située dans le plan horizontal; il pourrait très-bien se faire qu'il n'en fût pas ainsi et que le plan qui contient cette base fût quelconque. Dans ce cas, on prolongerait les arêtes de la pyramide jusqu'aux points où elles percent le plan horizontal, et l'on procéderait comme précédemment.

132. *Développement.* — On dit qu'un corps est développable, lorsque toutes les parties de ce corps peuvent s'étendre sur un plan sans déchirure. On conçoit aisément, d'après cela, que tous les polyèdres sont développables; et, puisqu'il en est ainsi, proposons-nous de développer la pyramide de la figure 87. A cet effet, supposons qu'elle soit coupée suivant l'arête $(SA, S'A')$, absolument comme on pourrait le faire avec des ciseaux dans une pyramide en carton; puis imaginons que toutes les faces soient mobiles autour des arêtes, de manière à pouvoir se placer les unes à côté des autres sur un plan. On obtiendra alors une figure (fig. 88) composée d'autant de triangles $S''A''B''$, $S''B''C''$....

qu'il y a de faces dans la pyramide, lesquels triangles seront respectivement égaux à celles-ci.

Pour tracer un pareil développement, voici comment
l'on procède : on détermine d'abord la véritable longueur
de chacune des arêtes; puis l'on construit, les uns à la suite
des autres, et en ayant soin de placer leurs sommets au
même point S'', des triangles $S''A''B''$, $S''B''C''$..... respectivement égaux aux faces $(SAB, S'A'B')$, $(SBB, S'B'C')$....
de la pyramide, ce qui est facile, puisque l'on connaît les
trois côtés de chacun de ces triangles. Ainsi par exemple,
dans le triangle $S''A''B''$, on devra avoir $A''B''=AB$, $S''A''$
égal à la véritable longueur de l'arête $(SA, S'A')$ et $S''B''$
égal à la véritable longueur de l'arête $(SB, S'B')$.

133. Si l'on voulait savoir ce que devient dans le
développement la section $(abcde, a'b'c'd'e')$, on n'aurait
qu'à chercher la véritable distance de chaque sommet de
cette section au sommet correspondant de la base ou au
sommet de la pyramide, puis, au moyen de ces distances,
on placerait chacun de ces points sur la droite qui, dans le
développement, représente l'arête qui le contient. Joignant
alors deux à deux les points a'', b'', c''... que l'on obtiendrait
ainsi, on aurait une ligne brisée $a'''b'''c'''d'''e'''a'''$, qui serait la
transformée du polygone suivant lequel le plan PpP' coupe
la pyramide donnée. Nous ferons observer que l'on doit
évidemment avoir dans le développement $S''A''=S'A'_1$ et
$S''a'''=S''a'''_1$.

134. *Trouver la section d'un prisme par un plan.*

Cette question se résout absolument de la même manière
que la précédente, c'est-à-dire en cherchant les points où
le plan donné coupe les arêtes du prisme.

Quant au développement, il s'exécutera en déterminant
la véritable longueur de chacune des arêtes du prisme, ce

qui fournira le moyen de construire, les uns à la suite des autres, les parallélogrammes qui doivent représenter les différentes faces du prisme.

135. *Trouver les points où une droite perce un polyèdre.*

On conduira par la droite un plan quelconque, préférablement l'un de ceux qui projettent cette droite ; on cherchera la section du polyèdre par ce plan, et les points où cette section rencontrera la droite donnée seront les points demandés, lesquels sont toujours au nombre de deux, sans jamais pouvoir être davantage, en ce qui concerne, du moins, les polyèdres *convexes*, c'est-à-dire ceux-là seuls que nous étudions dans cet ouvrage, les autres n'offrant aucun intérêt pour nous.

136. *Etant donnée l'une des projections d'un point situé sur l'une des faces d'un polyèdre, déterminer la seconde projection de ce point.*

Pour résoudre cette question, on considérera la droite qui a servi à obtenir la projection connue du point, puis l'on cherchera (n° 135) l'intersection de cette droite et du polyèdre. On obtiendra ainsi, sur l'autre plan de projection, deux points qui seront les projections, sur ce plan, de deux points appartenant à la surface du polyèdre, et ayant même projection sur le plan qui contient la projection connue, cette projection commune étant précisément celle connue.

On conclut de là que sur la surface d'un polyèdre il existe toujours deux points ayant la même projection sur l'un des plans de projection, tout en ayant des projections différentes sur l'autre plan. D'où il résulte que lorsqu'on voudra fixer la position d'un point situé sur un polyèdre, il faudra toujours assigner ses deux projections.

Intersection des polyèdres.

137. L'intersection de deux polyèdres s'obtient en cherchant les intersections de chacune des faces du premier polyèdre avec les différentes faces du second. Or, pour trouver l'intersection de ces faces deux à deux, on pourra déterminer les traces des plans qui les contiennent, ou bien encore chercher les intersections des arêtes de l'une d'elles avec le plan qui contient l'autre.

La figure qui résulte de l'intersection de deux polyèdres n'est pas toujours une figure plane : les différents côtés qui la composent peuvent être dirigés dans des directions entièrement opposées. Lorsque cette figure se compose de deux parties entièrement distinctes l'une de l'autre et n'ayant aucun point commun, on dit qu'il y a *pénétration* entre les deux polyèdres ; si, au contraire, la figure n'est formée que par une seule partie, on dit alors qu'il y a *arrachement*.

Nous n'avons pas donné de figure à l'appui de nos explications, parce que cette question n'offre qu'un intérêt purement géométrique et qu'elle ne reçoit aucune application dans la COUPE DES PIERRES, seul but vers lequel tendent les principes de géométrie descriptive exposés dans cette première partie. Nous conseillons toutefois aux personnes qui, d'après nos simples indications, voudraient exécuter l'épure, de procéder avec beaucoup d'ordre et de précision, attendu que, sans cela, elles courraient grand risque de jeter la confusion dans le *grand nombre* de lignes qui sont nécessaires pour l'exécution de cette épure.

De l'angle trièdre.

138. On donne le nom *d'angle trièdre* à la figure formée par trois plans qui se rencontrent. On distingue dans tout angle trièdre trois *angles plans* et trois *angles dièdres :* les premiers sont les angles rectilignes formés par les arêtes entre elles, les autres sont les angles que font les plans entre eux. On donne généralement le nom de *faces* aux trois angles plans.

Lorsque trois plans indéfinis se rencontrent, ils forment huit angles trièdres (fig. 21) ayant tous le même sommet. Parmi ces huit angles, ceux qui sont opposés par le sommet, c'est-à-dire qui ont pour arêtes les mêmes droits, sont égaux. Ainsi, par exemple, l'angle trièdre formé par les portions H, S et v de chacun des trois plans qui se coupent est égal au trièdre $H'S'v'$, et ses arêtes ont pour prolongement les arêtes de celui-ci.

139. Si d'un point S' (fig. 89) *pris à l'intérieur* d'un angle trièdre S on abaisse une perpendiculaire sur chacune de ses faces, on forme un nouvel angle trièdre qui est dit *supplémentaire* du premier, parce que les faces et les angles dièdres de l'un sont les suppléments des angles dièdres et des faces de l'autre, ainsi qu'on le démontre dans la géométrie élémentaire.

140. Dans tout angle trièdre, une face quelconque est moindre que la somme des deux autres; en outre, au plus grand angle dièdre est opposée la plus grande face, et la somme des faces est moindre que quatre angles droits. D'où il résulte que, pour qu'il soit possible de construire un angle trièdre avec trois faces données, *il faut* que la plus grande face soit inférieure à la somme des deux autres, et que la somme des trois faces soit moindre que quatre angles droits. Non-seulement ces conditions sont indispensables, mais elles sont aussi *suffisantes.*

141. Il existe entre les trois faces et les trois dièdres d'un trièdre des relations telles que toutes les fois que l'on connaît trois quelconques de ces six éléments, on peut toujours trouver les trois autres, ce qui donne lieu à *six* problèmes.

Si l'on désigne par A,B,C les angles dièdres qui ont respectivement pour arêtes SA, SB, SC (fig. 89) et par a, b, c les faces qui sont opposées à ces angles dièdres, voici les énoncés de ces six problèmes :

1° On donne	a, b, c,	trouver	A, B, C;
2° —	a, b, C,	—	A, B, c;
3° —	a, b, B,	—	A, C, c;
4° —	A, B, b,	—	C, a, c;
5° —	A, B, c,	—	C, a, b;
6° —	A, B, C,	—	a, b, c.

Nous allons donner la solution de chacun de ces six problèmes.

142. *Étant données les trois faces* a, b, c *d'un angle trièdre, trouver les trois angles dièdres* A, B, C (fig. 90).

Supposons que les trois faces données a, b, c soient placées les unes à côté des autres sur un même plan, que nous considérerons comme plan horizontal de l'épure, suivant les angles A′SB, BSC, CSA″. Il est parfaitement évident que si l'on désirait construire l'angle trièdre qui a ces trois faces pour angles plans, il suffirait de faire tourner les deux faces latérales A′SB, CSA″ autour des droites SB et SC, comme charnières, jusqu'à ce que les deux lignes SA′ et SA″ vinssent coïncider l'une avec l'autre, et que la position commune qu'elles occuperaient alors dans l'espace fût celle de la troisième arête du trièdre, arête dont la projection inconnue sera désignée par SA. Pour déterminer cette projection, prenons sur les droites SA′ et SA″ deux distances quelconques, mais égales, SD′ = SD″ ; alors les points D′ et D″, une fois que les faces c et b occuperont les positions propres à la formation de l'angle trièdre, se réuniront en un seul point, dont la projection devra se trouver à l'intersection D des deux droites D'D et D"D perpendiculaires sur SB et SC. Cela résulte de ce que ces points D' et D", pendant la rotation des faces c et b, ne sortent pas des plans verticaux D'ED, D"FD, perpendiculaires sur SB et SC. Il s'ensuit que la troisième arête SA de l'angle trièdre aura pour projection la droite SDA.

Voyons actuellement quelle est la grandeur de chacun des angles dièdres qui composent ce trièdre. Remarquons, pour cela, que le plan vertical ED, perpendiculaire sur SB, coupe les deux faces c et a suivant des droites ED et ED' qui, étant relevées, comprennent entre elles un angle précisément égal à l'angle dièdre formé par ces deux faces; par conséquent, si nous construisons sur ED, comme base, un triangle rectangle ayant pour hypoténuse $Ed' = ED'$, nous obtiendrons ainsi l'angle rectiligne DEd' pour la mesure de l'angle dièdre C qu'il s'agissait de trouver.

De même, le plan vertical FD coupera les deux faces b et a suivant des droites FD" et FD qui, étant relevées, comprendront un angle égal à l'angle dièdre qui a pour arête SC; et comme ces droites forment aussi avec la verticale D un triangle rectangle dont elles sont la base et l'hypoténuse, on pourra facilement construire le rabattement DFd'' de ce triangle, et l'angle dièdre B sera mesuré par l'angle rectiligne DFd''. On remarquera d'ailleurs que les hauteurs Dd' et Dd'' des deux triangles EDd' et FDd'' devront se trouver *égales*, puisque l'une et l'autre expriment la hauteur, au-dessus du plan de projection, du point unique de l'arête SA, qui se projette en D : c'est ce que nous avons indiqué par l'arc de cercle $d'd''$ décrit du point D comme centre.

Quant au troisième angle dièdre A, on l'obtiendra (n° 84)

en menant par le point de l'arête SA, qui se trouve projeté en D, un plan sécant perpendiculaire à cette arête. Ce plan coupera les faces qui se trouvent rabattues en b et c, suivant des droites D'M et D''N, respectivement perpendiculaires sur SA' et SA''; et son intersection avec la face a sera par conséquent une droite MN qui devra évidemment (n° 41) se trouver perpendiculaire sur la projection SA de la troisième arête. Or les trois droites MD', MN et ND'' forment entre elles, quand les deux faces b et c sont relevées, un triangle projeté en MDN, dont MN est la base, et dont l'angle au sommet mesure le troisième angle dièdre A cherché. Par conséquent, si nous rabattons ce triangle sur le plan horizontal, autour de sa base MN, son sommet D, qui ne quitte pas durant ce mouvement le plan vertical SA, viendra s'appliquer en un certain point d''' de SA, déterminé par l'intersection des deux arcs de cercle $D'xd'''$ et $D''yd'''$ décrits des points M et N comme centres, avec MD' et ND'' pour rayons. Nous ferons observer que ces deux arcs de cercle doivent se rencontrer sur SA; s'il n'en était pas ainsi, c'est que les constructions précédentes auraient été mal effectuées.

143. Nous avons dit (n° 140) que l'une quelconque des faces d'un angle trièdre doit *toujours* être plus petite que la somme des deux autres, sans quoi cet angle est impossible. Pour démontrer cette vérité, supposons que la face a (fig. 90), par exemple, soit égale à la somme des faces b et c; les droites SA' et SA'' viendraient alors, après leur relèvement, se confondre en une seule, *située tout entière* sur le plan de la face a, et les points D' et D'' se réuniraient en un seul point appartenant à la circonférence décrite de S comme centre, avec SD' = SD'' pour rayon; par suite, les angles dièdres B et C seraient nuls, l'angle dièdre A vaudrait deux angles droits, et l'angle trièdre serait réduit à un plan.

Si la face a était plus grande que la somme des deux autres, les droites SA' et SA", une fois relevées, ne pourraient plus se confondre en une seule, et l'angle trièdre serait manifestement impossible.

Du reste, si les données renfermaient implicitement quelque condition d'impossibilité, elle se manifesterait toujours pendant la construction de l'épure. Ceci prouve une fois de plus combien les méthodes fournies par la géométrie descriptive sont sûres, puisqu'elles ne manquent jamais de mettre en évidence l'inexactitude d'un *énoncé* ou l'impossibilité d'un problème, soit que ce problème soit réellement impossible par lui-même, ou bien que les données qu'il fournit pour point de départ ne remplissent pas les conditions exigées par la nature de la question.

Passons au second problème auquel donne lieu l'angle trièdre.

144. *Étant données deux faces* a *et* b *(fig. 90)* *d'un angle trièdre, ainsi que l'angle dièdre* C *compris entre ces deux faces, trouver la troisième face* c *et les deux autres angles dièdres* B *et* A *adjacents à cette troisième face.*

Soient $BSC = a$, $CSA'' = b$ les deux faces données, que nous supposerons rabattues sur le plan horizontal. Si l'on fait tourner la seconde autour de SC, comme charnière, jusqu'à ce qu'elle forme avec la face a l'angle dièdre donné C, on obtiendra deux faces de l'angle solide dans leur véritable situation. Or, pendant ce mouvement de rotation, un point D", pris à volonté sur la droite mobile SA", ne sortira pas du plan vertical D"FD perpendiculaire à la charnière SC; si donc on rabat ce plan autour de FD, la droite FD", supposée relevée, prendra la position de la droite Fd", laquelle devra faire avec FD un angle DFd" égal à l'angle dièdre C, et le point d", distant du point F d'une longueur égale à FD″, sera le point D″ rabattu; alors, abaissant du point *d″* une perpendiculaire *d″*D sur FD, le pied D de cette perpendiculaire sera la projection du point D″, lorsque la face mobile *b* fera avec la face *a* l'angle assigné par la question. Joignons maintenant le point D ainsi obtenu au point S, et nous aurons la projection SA de l'arête SA″ relevée.

Mais cette arête appartient à la face inconnue *c;* en sorte que si l'on conçoit celle-ci rabattue autour de SB, le point D devra se trouver, après le rabattement, sur la perpendiculaire indéfinie DE à la charnière SB, au point D′ où elle est rencontrée par l'arc de cercle décrit du point E comme centre avec E*d′* pour rayon. Joignant alors le point D′ au point S, l'angle BSA′ que l'on obtiendra sera la troisième face inconnue *a*. Les trois faces de l'angle trièdre étant maintenant connues, la question se trouve ramenée à celle du cas précédent (n° 142).

Nous ferons observer que, le point D′ étant à la même distance du point S que le point D″, on aurait pu l'obtenir en décrivant, du point S comme centre avec SD″ pour rayon, un arc de cercle jusqu'à sa rencontre avec la droite DE, ce qui l'aurait fait évidemment connaître.

145. *Étant donnés deux faces* a *et* b *d'un angle trièdre, ainsi que l'angle dièdre* B *opposé à l'une d'elles, trouver la troisième face* c *et les deux autres angles dièdres* A *et* C (fig. 91).

Traçons sur le plan horizontal deux angles A′SC et CSB, respectivement égaux aux deux faces données *b* et *a*. Imaginons ensuite un plan vertical EG perpendiculaire sur l'arête SB, il coupera la face inconnue *c* suivant une droite qui dans l'espace formera avec GE un angle égal à l'angle dièdre connu B; par conséquent, si l'on rabat ce plan autour de GE, la droite inconnue devra prendre une position

GII telle, que l'angle EGII soit égal à l'angle dièdre B.

Cela posé, considérons un plan indéfini passant par SG et la droite de l'espace qui se trouve rabattue suivant GII, et désignons-le par la lettre P; ce plan P indiquera évidemment la position de la face inconnue c, et il ne restera plus, pour composer l'angle trièdre, qu'à faire tourner la face b autour de SC jusqu'à ce que l'arête SA′ vienne se placer dans le plan P. Mais, pendant ce mouvement de rotation, le point D′ de l'arête mobile ne sortira pas du plan vertical D′EF mené par le point E perpendiculairement à la charnière SC, et il s'arrêtera sur l'intersection de ce plan vertical avec le plan indéfini P, intersection qu'il s'agit alors de déterminer.

Or, cette intersection part évidemment du point F et doit rencontrer la verticale E au même point que la droite GII relevée ; conséquemment, si au point E nous élevons une perpendiculaire EH sur EG, laquelle rencontrera GII au point H, et si du point E comme centre, avec EH pour rayon, nous décrivons l'arc de cercle III, puis que nous joignions FI, la droite FI sera l'intersection en question rabattue sur le plan horizontal, et c'est sur cette droite FI que devra s'arrêter le point D′ de l'arête mobile. Ainsi, en décrivant avec le rayon ED′ un arc de cercle qui coupe FI en d, on obtiendra dans le plan vertical EF rabattu la position d d'un point de la troisième arête SA, point dont il sera facile de trouver la projection D, en abaissant la perpendiculaire dD sur EF.

Observons maintenant que ce point D, situé dans le plan vertical EF, appartient à la face inconnue c, et que lorsqu'on rabattra celle-ci autour de SB, il ne changera pas de distance par rapport aux points F et S, situés sur la charnière. Or, ces distances sont évidemment dF et SD′; donc, si avec ces longueurs pour rayons on décrit, des points F et S comme centres, deux arcs de cercle, leur point de rencontre D″, joint au point S, déterminera le rabattement de la face c. Nous ferons remarquer que le point D″ devra aussi se trouver sur la perpendiculaire DD″ à SB, pour la raison que nous avons déjà expliquée. La face c étant dès lors connue, on retombe dans le cas du numéro 142.

146. Ce problème peut avoir deux solutions, ainsi que cela a lieu sur notre figure 91. En effet, les données peuvent être telles, que l'arc de cercle décrit avec ED′ comme rayon coupe la droite FI en deux points d et d_1 : la face A′SC, en tournant autour de SC, pourra alors prendre deux positions dans chacune desquelles l'arête mobile SA′ coïncidera avec le plan indéfini P; pour l'une de ces positions, le point D′ se projette en D, et la troisième arête du trièdre est SA; pour l'autre position, le même point D′ se projette en D_1, et la troisième est SA_1. Il résulte de là que la troisième face inconnue c sera BSA″ ou $BSA″_1$, selon que l'on assignera à l'arête mobile SA′ la position SA ou bien la position SA_1. Ce résultat peut être comparé à ce qui arrive dans la construction d'un triangle rectiligne dont on connaît deux côtés et l'angle opposé à l'un d'eux.

Si l'arc $D'dd_1$, au lieu de couper la droite FI en deux points, lui est tangent, le problème n'admet plus alors qu'une seule solution; si l'arc ne rencontre pas FI, il n'y a plus de solution du tout, et le problème est impossible.

147. *Étant donnés deux angles dièdres A et B d'un angle trièdre, ainsi que la face* b *opposée à l'un d'eux, trouver le troisième dièdre C et les deux autres faces* a *et* c.

Ce problème peut être ramené, par la considération de l'angle trièdre supplémentaire, au cas du numéro 145. En effet, on n'aura qu'à construire un angle trièdre pour lequel les données seront :

$$a' = 180° - A,$$
$$b' = 180° - B,$$
$$B' = 180° - b,$$

ce qui conduira à la connaissance de A′, C′ et c′, d'où l'on déduira :

$$C = 180° - c',$$
$$a = 180° - A',$$
$$c = 180° - C'.$$

Le problème sera dès lors résolu.

148. *Etant donnés deux angles dièdres* A *et* B *d'un trièdre, ainsi que la face* c *qui leur est commune, trouver le troisième dièdre* C *et les deux autres faces* a *et* b.

En employant encore l'angle trièdre supplémentaire, on peut ramener ce problème au cas du numéro **144.** On construira pour cela un angle trièdre pour lequel les données seront :

$$a' = 180° - A,$$
$$b' = 180° - B,$$
$$C' = 180° - c,$$

ce qui fera connaître c′, A′, B′, d'où l'on déduira :

$$a = 180° - A',$$
$$b = 180° - B',$$
$$C = 180° - c'.$$

Le problème sera donc résolu.

149. *Étant donnés les trois angles dièdres d'un angle trièdre, trouver les trois faces.*

En ayant toujours recours à l'angle trièdre supplémentaire, on peut ramener ce problème à celui (n° 142) où les trois faces sont connues, et où il s'agit de trouver les trois angles dièdres. On construira en effet un angle trièdre ayant pour données :

$$a' = 180° - A,$$
$$b' = 180° - B,$$
$$c' = 180° - C,$$

ce qui permettra de trouver A′, B′, C′. Les trois dièdres du trièdre supplémentaire étant alors connus, on en déduira :

$$a = 180° - A',$$
$$b = 180° - B',$$
$$c = 180° - C',$$

et le problème sera résolu.

LIVRE II

DES SURFACES ET DE LEURS PLANS TANGENTS

CHAPITRE I

DE LA GÉNÉRATION DES SURFACES. — DU PLAN TANGENT ET DE SES PROPRIÉTÉS. — MODE DE REPRÉSENTATION DES SURFACES.

De la génération des surfaces.

150. Nous avons déjà dit qu'une figure quelconque, et par suite une surface, peut être considérée comme étant composée d'une *infinité* de points aussi rapprochés qu'on voudra les uns des autres, et ayant entre eux une dépendance fixe.

Bien que cette manière d'envisager une surface soit rigoureusement admissible, il ne faudrait pas croire pourtant qu'elle fût *suffisamment* exacte, attendu qu'il faut encore que les points qui composent la surface ou que les lignes qui unissent ces points soient soumis à une liaison *commune* et *continue*. Il importe donc, avant d'aborder l'étude des surfaces, d'en donner une définition qui soit *rigoureuse* et qui en même temps permette de les représenter graphiquement, d'une manière commode et *suffisante*. Par conséquent, on devra dorénavant donner d'une surface la définition suivante :

Une surface est l'ensemble de toutes les positions que

prend successivement dans l'espace une ligne MOBILE *qui change de situation, et quelquefois de forme, d'après une loi déterminée et* CONTINUE.

Par ces mots : *une loi déterminée et continue,* il faut entendre des conditions telles, qu'elles soient les mêmes pour chaque point de la surface, et qu'elles ne laissent plus rien d'arbitraire dans la forme ni dans la position de la ligne mobile que l'on appelle GÉNÉRATRICE. Or, le moyen qui jusqu'ici ait été trouvé le plus commode pour exprimer la loi de ce mouvement, c'est d'assigner une ou plusieurs lignes fixes nommées DIRECTRICES, sur lesquelles devra constamment s'appuyer la génératrice dans toutes les positions qu'elle peut occuper, sans cesser d'obéir à certaines conditions, particulières pour chaque surface.

Il résulte de là que, pour définir d'une manière *complète* une surface spéciale, il faut non-seulement mentionner la nature de la génératrice et la façon dont elle se meut, mais encore indiquer l'espèce de directrices sur lesquelles doit glisser la génératrice dans son mouvement. Vient-on à changer seulement les directrices, on obtient diverses surfaces qui appartiennent toutes, il est vrai, à une même famille, ainsi que nous le verrons plus tard, mais qui sont essentiellement distinctes les unes des autres. Si, au contraire, c'est la génératrice qui change de nature, on a affaire à des surfaces qui forment autant de familles différentes.

151. Mais, comme une ligne ne peut être que droite ou courbe, il en résulte qu'il ne peut aussi exister que deux familles de surfaces : 1° les *surfaces réglées,* qui sont engendrées par une droite ; 2° les *surfaces courbes,* qui n'admettent pas de génératrice rectiligne.

Parmi les surfaces réglées, on doit distinguer les surfaces *développables* de celles qui ne le sont pas et que l'on appelle. pour cela *surfaces gauches;* parmi les surfaces courbes, on doit remarquer les surfaces de révolution, c'est-à-dire celles qui peuvent être engendrées par une ligne quelconque tournant autour d'un axe.

Du plan tangent et de ses propriétés.

152. Une courbe, quelle qu'elle soit, peut être considérée comme *engendrée* par un point se mouvant d'une manière continue suivant une loi parfaitement déterminée, et laissant dans l'espace les traces de ses diverses positions successives.

153. On distingue deux sortes de courbes : les *courbes planes* et les *courbes gauches.*

Les courbes planes sont celles dont tous les points sont situés dans un même plan; les courbes gauches, au contraire, sont celles dont tous les points ne sont pas situés dans un même plan. On donne aussi le nom de *courbes à simple courbure* aux courbes planes, et celui de *courbes à double courbure* aux courbes gauches.

Afin de bien faire comprendre ces dernières dénominations, imaginons une ligne droite que nous supposerons appliquée sur un plan; imaginons en outre que cette droite soit flexible, comme le serait un jonc ou une barre d'acier, et courbons-la de telle sorte qu'elle soit encore contenue tout entière dans le plan où nous l'avons supposée d'abord appliquée : nous obtiendrons ainsi une courbe à *simple* courbure. Si maintenant, tout en conservant à la droite flexible la courbure que nous venons de lui imprimer, nous courbons à son tour le plan qui la contient, comme on pourrait le faire d'une feuille de papier ou d'un métal quelconque, nous obtiendrons une courbe à *double* courbure.

154. Quand un point se meut pour décrire une courbe,

trois de ses positions successives ne sont pas généralement en ligne droite, mais deux le sont *évidemment* toujours ; de sorte que chaque point de la courbe engendrée forme avec celui qui le suit immédiatement une droite *infiniment petite*, composée de deux points *infiniment voisins,* c'est-à-dire tels, qu'il est impossible d'intercaler entre eux, sur la courbe, un troisième point.

Il arrive quelquefois qu'il existe sur une courbe plus de deux points successifs en ligne droite : la courbe offre alors ce que l'on appelle des *affections*. Ainsi, si l'on considère une courbe offrant l'aspect d'un S, on remarque qu'il existe sur cette courbe un point où la courbure cesse de tourner sa concavité vers une certaine direction pour commencer à la tourner vers une autre opposée à la première ; la courbe offre en ce point une affection particulière désignée sous le nom d'*inflexion,* et le point s'appelle *point d'inflexion.* Vient-on à considérer, de chaque côté de ce point d'inflexion, un point infiniment voisin de lui, on obtient trois points qui sont en ligne droite.

155. Cela posé, une courbe peut être considérée comme un polygone formé d'un nombre *infini* de côtés *infiniment petits,* que l'on nomme *éléments rectilignes* de la courbe. Cette manière d'envisager une courbe va nous permettre de donner de la tangente à une courbe, une définition plus exacte que celle qu'on lit dans les traités de géométrie élémentaire.

156. Si une droite passe à la fois par deux points infiniment voisins d'une courbe, elle est dite *tangente* à cette courbe ; si, au contraire, la droite passe par deux points non infiniment voisins, elle est alors *sécante,* et cela quand bien même les deux points seraient très-près l'un de l'autre, sans être toutefois assez rapprochés pour qu'il fût impossible d'intercaler entre eux, sur la courbe, un ou plusieurs autres points.

On voit par là qu'une tangente à une courbe est le prolongement d'un élément rectiligne de la courbe.

157. On peut aussi considérer une tangente comme étant la limite des positions que peut prendre une sécante, lorsque cette sécante, tournant autour de l'un des points où elle rencontre la courbe, l'autre point se rapproche indéfiniment de celui-ci.

158. Cette définition de la tangente à une courbe n'implique nullement que la courbe doive être *tout entière* située d'un même côté de la tangente. Il existe en effet des courbes telles, qu'une droite tangente en un de leurs points peut très-bien être sécante en un ou plusieurs autres points : une courbe ayant des points d'inflexion offre un exemple de cette particularité.

On comprend donc pourquoi la définition que l'on donne de la tangente, dans les traités de géométrie élémentaire, est suffisante pour le cercle, qui est la seule courbe étudiée dans ces traités, tandis qu'elle est fausse dès que l'on passe à l'étude d'autres courbes.

Il ne faudrait pas croire cependant que le cercle fût la seule courbe dont tous les points fussent situés d'un même côté de l'une quelconque de ses tangentes ; l'ellipse et la parabole, par exemple, sont dans le même cas.

159. Lorsqu'une courbe a des branches infinies, comme l'hyperbole, par exemple, la tangente au point situé à l'infini prend le nom d'*asymptote*.

160. Par un point pris sur une surface, on peut toujours faire passer une infinité de courbes situées tout entières sur cette surface ; de plus, si une droite menée par ce point est tangente, en ce point, à l'une des courbes qui y passent, elle est aussi tangente à la surface; dans le cas contraire, elle est sécante.

Partant de là, on dit qu'un plan est tangent à une surface en un point quelconque, lorsqu'il contient les tangentes à toutes les courbes *que l'on pourrait tracer sur cette surface par le point en question*. Cette proposition sera évidemment démontrée lorsque nous aurons prouvé que trois courbes quelconques, tracées sur une surface et passant par un même point, ont toujours leurs trois tangentes en ce point situées dans un seul et même plan.

Soit, à cet effet (fig. 92), SS′ une surface quelconque; soit GMg la forme et la position de la génératrice (n° 150), lorsqu'elle passe par le point donné M; soit DMd une courbe tracée sur la surface, et sur laquelle devra glisser constamment la génératrice, lorsque dans son mouvement elle engendrera la surface; soit enfin XMY une troisième courbe *quelconque* tracée arbitrairement sur la même surface. Si nous faisons mouvoir la génératrice de manière à la transporter dans une autre position G′M′g′, elle coupera la directrice DMd en un certain point M′; en outre, elle coupera également la courbe XY en un point N′, pourvu toutefois que le point M′ soit assez voisin du point M sur la directrice. Joignons alors deux à deux les points M, M′, N′ par des droites indéfinies, qui seront évidemment des sécantes par rapport aux courbes Dd, G′g′, XY; ces trois droites seront évidemment contenues dans un même plan.

Maintenant, supposons que nous fassions mouvoir la génératrice G′g′ sur Dd, de manière à la rapprocher de sa situation primitive Gg, tout en observant la loi qui régit les variations de forme et de position de cette courbe, pendant qu'elle engendre la surface SS′; puis imaginons que, pendant ce mouvement de la génératrice, le plan des trois sécantes tourne autour du point M, de telle sorte qu'il passe toujours par les points où la génératrice rencontre la directrice et la courbe XY : de cette façon, ce plan mobile renfermera constamment les trois sécantes variables.

Or, quand la génératrice sera revenue à la position Gg, le point M' mobile sur Dd se confondra avec le point M, et au même instant le point N', considéré comme appartenant à la courbe XY, se réunira au point N ; de plus, les points M' et N', qui appartiennent en même temps à la courbe variable $G'g'$, se confondront aussi en un seul. Les trois sécantes mobiles seront alors devenues respectivement tangentes aux trois courbes Dd, XY, Gg, et cela en leur point commun M ; et, comme les trois sécantes mobiles étaient, pour chaque position de la génératrice, toujours situées dans un même plan, on en conclura évidemment que, lorsqu'elles sont devenues les tangentes TMt, T'Mt', T''Mt'', elles se trouvent encore dans un plan unique, qui est la limite des positions prises successivement par le plan mobile des trois sécantes.

D'ailleurs, comme la courbe XY a été supposée tracée d'une manière quelconque sur la surface, il s'ensuit que le plan tangent mené par les tangentes de la génératrice Gg et de la directrice Dd renfermera la tangente à toute autre courbe passant en M. Ce plan est donc bien tangent à la surface au point M.

161. Il suit de là que si l'on coupe une surface quelconque par un plan, la tangente en un point de la courbe d'intersection est tout entière située dans le plan tangent à la surface en ce point ; en outre, comme cette tangente doit être dans le plan sécant, elle est l'intersection du plan tangent et du plan sécant.

Il résulte également de là que le plan tangent à une surface, en un point donné, se trouve complétement déterminé par les tangentes à deux courbes quelconques.

162. Nous avons vu (n° 158) qu'une droite peut être tangente en un certain point d'une courbe, sans que pour cela elle n'ait que ce point de commun avec la courbe : il en est de même du plan tangent à une surface. Bien plus, un plan peut être tangent à une surface en un certain point, et la *couper* suivant une courbe qui passe par le point de contact, ainsi que cela a lieu pour le *tore,* surface que nous étudierons plus tard. Cette circonstance n'empêche pas que ce plan ne renferme les tangentes à toutes les courbes tracées sur la surface.par le point de contact. Il est vrai qu'alors le plan est généralement *sécant* pour tous les points de la surface autres que le point en question ; mais il est également vrai que ce plan *touche* réellement la surface en ce point.

163. Une droite est dite *normale* à une surface en un point, lorsqu'elle est perpendiculaire au plan tangent en ce point. Il est donc facile de construire la normale quand on s'est procuré les traces du plan tangent (n° 43).

164. Afin de bien faire sentir le rôle important du plan tangent et de la normale à une surface, non-seulement en géométrie descriptive, mais encore dans la COUPE DES PIERRES, nous allons rapporter textuellement un passage de la *Géométrie descriptive* de l'illustre Monge :

« Les différentes parties dont sont composées les voûtes en pierres de taille se nomment *voussoirs;* et l'on appelle *ioints* les faces par lesquelles deux voussoirs contigus se touchent, soit que ces voussoirs fassent partie d'une même assise, soit qu'ils soient compris dans deux assises consecutives.

« La position des joints dans les voûtes est assujettie à plusieurs conditions qui doivent être nécessairement remplies. Nous ferons connaître successivement toutes ces conditions dans la suite du cours; mais dans ce moment nous ne nous occuperons que de celle qui a rapport à notre objet.

« Une des conditions auxquelles la position des joints doit satisfaire, c'est qu'ils soient perpendiculaires entre eux et que les uns et les autres rencontrent perpendiculairement la surface de la voûte. Si l'on s'écartait sensiblement de cette loi, non-seulement on blesserait les convenances générales, sans lesquelles rien ne peut avoir de la grâce, mais encore on s'exposerait à rendre la voûte moins solide et moins durable : car, si l'un des joints était oblique à la surface de la voûte, des deux voussoirs contigus à ce joint l'un aurait un angle obtus, l'autre un angle aigu; et dans la réaction que les deux voussoirs exercent l'un sur l'autre, ces deux angles ne seraient pas capables de la même résistance; à cause de la fragilité des matériaux, l'angle aigu serait exposé à éclater; ce qui altérerait la forme de la voûte et compromettrait la durée de l'édifice. Ainsi, la décomposition d'une voûte en voussoirs exige donc absolument la considération des plans tangents et des normales à la surface courbe de la voûte...

« Indépendamment de son utilité dans les arts, la considération des plans tangents et des normales est un des moyens les plus féconds que la géométrie descriptive emploie pour la résolution de questions qu'il serait très-difficile de résoudre par d'autres procédés, et nous en donnerons quelques exemples. » (*Géométrie descriptive de G. Monge*, 4ᵉ édit., p. 28.)

Mode de représentation des surfaces.

165. La convention qui sert de base à la méthode des projections est parfaitement propre à exprimer la position d'un point dans l'espace, celle d'une ligne droite indéfinie ou limitée, et par conséquent à représenter la forme et la position d'un corps terminé par des faces planes, par des arêtes rectilignes et par des sommets d'angles solides, comme les polyèdres; parce que, dans ce cas, le corps est entièrement déterminé quand on connaît la position de toutes ses arêtes et celle des sommets de tous ses angles. Mais si le corps est terminé, ou par une surface courbe unique dont tous les points soient assujettis à une même loi, comme dans le cas de la sphère, ou par l'assemblage discontinu de plusieurs parties de surfaces courbes différentes, comme dans le cas d'un corps façonné sur le tour, cette convention est non-seulement incommode et impraticable, mais elle est encore insuffisante et manque de fécondité; de plus, elle a le désavantage de ne donner aucune idée sur la forme du corps.

D'abord, il est facile de voir que la convention qui a été faite serait incommode et même impraticable, si on ne lui en adjoignait une autre; car, pour exprimer la position de tous les points d'une surface courbe, il faudrait non-seulement que chacun d'eux fût indiqué par ses projections horizontale et verticale, mais encore que les deux projections d'un même point fussent liées entre elles, afin qu'on ne fût pas exposé à combiner la projection horizontale d'un certain point avec la projection verticale d'un autre. Or la manière la plus simple de lier entre elles ces deux projections étant de les joindre par une même droite perpendiculaire sur la ligne de terre, on surchargerait les dessins d'un nombre prodigieux de lignes qui ne feraient qu'y jeter une confusion d'autant plus grande, qu'on voudrait approcher davantage de l'exactitude.

Nous allons maintenant faire voir que cette méthode est encore insuffisante et qu'elle manque en outre de la fécondité nécessaire.

Parmi le nombre infini de surfaces différentes, il en existe quelques-unes qui ne s'étendent que dans une partie finie et circonscrite de l'espace, et dont les projections ont une étendue limitée dans toutes les directions : celle de la sphère, par exemple, est dans ce cas. L'étendue de sa projection sur un plan se réduit évidemment à celle d'un cercle de même rayon qu'elle; et l'on peut concevoir que le plan sur lequel on doit la projeter ait des dimensions assez grandes pour la recevoir. Mais toutes les surfaces cylindriques sont indéfinies dans une certaine direction, comme la droite qui leur sert de génératrice. Le plan lui-même, qui est la plus simple des surfaces, est indéfini dans deux sens. Enfin il est un grand nombre de surfaces, ainsi que nous le verrons dans la suite, dont les nappes multipliées s'étendent en même temps dans toutes les régions de l'espace.

Or les plans sur lesquels on exécute les projections ont nécessairement une étendue limitée; si donc on n'avait d'autre moyen, pour faire connaître la nature d'une surface courbe, que les deux projections de chacun des points par lesquels elle passe, ce moyen ne serait applicable qu'à ceux des points de la surface qui correspondraient à l'étendue des plans de projection; tous ceux qui seraient au delà ne pourraient être ni exprimés ni connus; ainsi la méthode serait insuffisante. Enfin elle manquerait de fécondité, parce qu'on ne pourrait rien en déduire de ce qui serait relatif aux plans tangents de la surface, à ses normales, à sa courbure, à tout enfin ce qu'il est nécessaire de considérer dès qu'on veut opérer sur une surface.

Il a donc fallu avoir recours à une convention nouvelle qui fût compatible avec la première et qui pût la suppléer partout où elle est insuffisante. C'est cette convention nouvelle que nous avons exposée au début de ce chapitre, en considérant les surfaces comme engendrées par le mouve-

ment d'une ligne, soit que cette ligne soit constante de
forme tandis qu'elle change de position, soit qu'elle varie
en même temps de forme et de position dans l'espace.

166. Ce n'est donc pas en donnant les projections des
points individuels par lesquels passe une surface que l'on en
détermine la forme et la position, mais en mettant à portée
de construire pour un point quelconque la ligne génératrice, suivant la forme et la position qu'elle doit avoir en
passant par ce point. Nous verrons dans les deux chapitres
suivants, et pour chaque surface qu'il nous est nécessaire
de connaître, comment on arrive à ce résultat.

167. Cela posé, on appelle *contour apparent* d'une surface la ligne qui, sur cette surface, sépare les parties visibles pour l'observateur d'avec celles qu'il ne peut apercevoir. Pour bien concevoir cette ligne, prenons pour exemple
une sphère, et imaginons tous les plans qu'il est possible
de mener par l'œil de l'observateur, tangentiellement à
cette sphère; ils toucheront celle-ci en des points qui formeront une courbe à laquelle aboutiront tous les rayons
visuels partant de l'œil et tangents à la sphère; ainsi cette
courbe séparera sur la sphère la portion que peut apercevoir
l'observateur de celle qui est invisible pour lui : c'est pour
cette raison qu'on lui donne le nom de *contour apparent*.
Mais si l'observateur change de place, les plans tangents à
la sphère conduits par son œil ne sont plus les mêmes, et le
contour apparent change de position. Il existe même des
surfaces pour lesquelles le contour apparent change non-
seulement de position, mais encore de forme, lorsque l'observateur se déplace.

On voit par là qu'il faudrait assigner dans chaque cas la
position du point de vue, puis déterminer le contour apparent correspondant, ce qui donnerait lieu à des opérations
graphiques que l'on apprend, il est vrai, à exécuter dans

la perspective, mais qui compliqueraient inutilement pour nous les dessins. Au lieu que si l'on conserve l'hypothèse déjà admise (n° 121), et d'après laquelle le spectateur, pour toute projection horizontale, est censé placé à une distance infinie au-dessus du plan horizontal, alors les plans tangents dont les points de contact avec la sphère faisaient connaître le contour apparent, deviendront tous verticaux, et leur détermination s'effectuera ordinairement d'une manière très-simple, ainsi qu'on le reconnaîtra plus tard.

168. Il résulte de ce que nous venons de dire que le contour apparent d'une surface projetée sur le plan *horizontal* s'obtient en cherchant les points de contact de tous les plans tangents qui sont *verticaux*. Quant au contour apparent de cette même surface projetée sur le plan *vertical*, il s'obtient en cherchant les points de contact de tous les plans tangents qui sont *perpendiculaires au plan vertical*, attendu que, pour toute projection verticale, le spectateur est censé placé (n° 121) à une distance infinie en avant du plan vertical.

169. Connaissant les contours apparents d'une surface, relativement à chaque plan de projection, il est facile de discerner, par rapport à l'un ou l'autre de ces deux plans, les parties vues d'avec les parties cachées ; car il suit de ce qui précède que les lignes ou portions de lignes qui, situées sur une surface quelconque, se trouveront *au-dessus* du contour apparent relatif à la projection horizontale, seront seules visibles sur cette projection, et devront conséquemment être indiquées en *traits pleins*, tandis que celles qui sont *au-dessous* de ce contour seront invisibles, et devront par suite être *ponctuées*. De même, les lignes ou portions de lignes qui se trouveront situées *en avant* du contour apparent relatif à la projection verticale seront seules visibles sur cette projection, et devront être indi-

quées en *traits pleins;* au contraire, celles qui seront en arrière de ce contour seront invisibles et devront être ponctuées.

On verra par la suite qu'il arrive souvent qu'une même
ligne peut être visible dans l'une des projections, et invisible dans l'autre ; cela provient de ce que le point de vue
est différent pour chaque projection.

Il est bien entendu que les notations précédentes ne s'appliquent pas aux lignes auxiliaires.

170. Et, puisque nous sommes en ce moment sur la question des conventions généralement adoptées par tous les
auteurs, nous ajouterons, afin de n'avoir pas à y revenir
sans cesse, que bien qu'un plan soit une surface, nous ne
le considérerons pas dorénavant dans les épures comme
existant réellement, mais bien comme étant diaphane,
c'est-à-dire comparable à une feuille de verre qui laisse voir
tout ce qui se trouve derrière elle. Cette restriction est excessivement importante, attendu que sans elle il arriverait
souvent qu'un plan cacherait une partie, sinon la totalité de
la surface à laquelle il pourrait, par exemple, être tangent,
ce qui aurait l'inconvénient très-grave de ne plus laisser
distinguer sur la surface, objet principal de l'épure, les
parties supérieures ou antérieures d'avec les parties opposées.

Cependant il se présentera des cas où nous ne tiendrons
pas compte de cette restriction, et où nous regarderons le
plan comme étant parfaitement opaque, et cachant par suite
tout ce qui se trouve derrière lui : c'est qu'alors nous y
trouverons un avantage, que nous ne manquerons jamais,
chaque fois que cela aura lieu, de porter à l'attention du lecteur. La figure 87, relative à la section d'une pyramide par
un plan, en offre d'ailleurs un exemple. Si dans cette figure
nous avons admis que le plan sécant existait réellement,

c'est afin que le lecteur pût mieux distinguer la portion de la pyramide qui se trouvait au-dessus de ce plan, et par suite concevoir plus facilement la forme de la section.

171. Les notions toutes générales que nous avons établies dans ce chapitre étant bien admises, nous allons passer à la description du mode de génération particulier à chacune des surfaces qu'il est indispensable de connaître pour aborder l'étude relative à la COUPE DES PIERRES. Mais avant, nous croyons utile d'avertir le lecteur qu'il est absolument nécessaire qu'il laisse de côté la façon avec laquelle il a appris à considérer les quelques surfaces que la géométrie élémentaire lui a fait connaître, non pas que cette manière soit fausse, mais bien parce qu'elle manque de généralité, et que, quoique suffisante dans cette branche des mathématiques, elle cesse de l'être en géométrie descriptive, où l'on se place à un point de vue beaucoup plus général. Nous ne saurions trop insister sur ce point, attendu que bon nombre d'élèves, pourtant intelligents, sont obligés d'abandonner, dès le début, l'étude de cette science, parce qu'ils négligent de se défaire des vues étroites (nous ne craignons pas de le dire) de la géométrie élémentaire, ressemblant en cela à un enfant qui, devenu homme, envisagerait encore les choses de la vie comme dans son jeune âge.

CHAPITRE II

DES SURFACES DÉVELOPPABLES ET DE LEURS PLANS TANGENTS.

Principes généraux.

172. Une surface est dite DÉVELOPPABLE lorsque, étant supposée flexible, mais inextensible, elle peut être étendue sur un plan, sans éprouver aucun changement dans sa superficie. Pour qu'une surface jouisse de cette propriété, il est nécessaire qu'il y ait dans son mode de génération quelque condition particulière qui lui permette de subir cette transformation. C'est ce que nous allons expliquer.

173. Imaginons qu'une surface soit engendrée par une droite mobile dont les positions consécutives, ou *infiniment voisines*, se trouvent deux à deux *dans un même plan*, et supposons (fig. 93) que AB, A′B′, A″B″, ... soient des positions infiniment voisines de la droite mobile. Alors, puisque ces droites sont deux à deux dans un même plan, elles se couperont nécessairement aussi deux à deux en des points situés à des distances infinies ou finies, selon qu'elles seront parallèles ou non. Supposons qu'elles ne soient pas parallèles, et que leurs points d'intersection soient respectivement placés en M, M′, M″, ...; toutes ces intersections successives donneront lieu à un polygone MM′M″, ... ou plutôt, puisque les génératrices AB, A′B′, A″B″, ... sont supposées infiniment rapprochées, à une courbe continue XMM′M″M‴...Y, à laquelle toutes ces droites seront évidemment tangentes (n° 156), et que l'on appelle l'*arête de rebroussement* de la surface, par une raison que nous verrons bientôt.

174. Cela posé, nous allons prouver que la surface engendrée d'après la loi précédente est développable. En effet, les deux génératrices *infiniment voisines* AMB, A'M'B', étant dans un même plan, comprennent entre elles une zone angulaire de la surface, infiniment étroite, mais indéfinie en longueur, et qui est nécessairement plane. De même, les génératrices A'M'B', A″M″B″ comprennent entre elles un autre *élément superficiel,* qui est *plan* et indéfini en longueur; ainsi de suite des autres. Par conséquent, si l'on fait tourner le premier élément autour de la droite A'M'B' comme charnière, jusqu'à ce qu'il vienne dans le plan et à la suite du deuxième élément, puis que l'on rabatte le système de ces deux premiers éléments autour de A″M″B″, sur le plan et à la suite du troisième élément, on finira, en continuant ainsi, par dérouler sur un seul et même plan toute la surface proposée, sans discontinuité et sans altérer en aucune façon sa superficie totale.

175. Du reste, il est clair que cette transformation n'aura nullement changé les longueurs comprises sur chaque génératrice entre le point où elle coupe la suivante et chacune de ses deux extrémités; il est clair aussi que les longueurs AA', A'A″, … comprises entre deux génératrices consécutives sur une courbe tracée au hasard sur la surface, n'auront pas non plus varié; de plus, les angles MAA' ou MAT, M'A'A″ ou M'A'T', … formés par les génératrices avec les tangentes à la courbe quelconque AA'A″A‴,… resteront *invariables;* enfin, les angles AA'A″, A'A″A‴, … formés par deux éléments consécutifs de la courbe AA'A″A‴ … changeront de grandeur, d'où il résulte que cette courbe se transformera en une autre courbe, qui n'aura plus, il est vrai, la même courbure, mais qui aura conservé le même périmètre.

On voit donc bien par là que toute surface qui satisfait à la condition du numéro 173 est développable.

176. Nous venons de démontrer qu'une surface est développable lorsqu'elle est engendrée par une droite mobile dont les positions consécutives, ou *infiniment voisines*, se trouvent deux à deux *dans un même plan ;* cela ne suffit pas, attendu que rien ne prouve qu'une surface qui serait engendrée d'une autre façon ne serait pas aussi développable. Il importe donc de prouver qu'il est *absolument indispensable*, pour qu'une surface soit développable, qu'elle remplisse cette condition.

Or, pour qu'une surface soit développable, c'est-à-dire pour qu'elle puisse être étendue sur un plan sans déchirure ni duplicature, il faut évidemment qu'elle se compose d'éléments superficiels *plans*, qui soient réunis *deux à deux* par des *droites indéfinies*, afin que ces droites puissent servir de charnières aux mouvements que l'on imprime aux éléments superficiels successifs, pour les amener dans un plan unique à la suite les uns des autres. Si, au contraire, l'intersection de deux éléments contigus, tout en étant une droite, était limitée par la rencontre d'un troisième élément, il existerait en cet endroit un angle trièdre dont les faces ne pourraient être étendues sur un plan sans laisser entre elles des interstices ; et, comme cette circonstance se répéterait pour chaque point où se réuniraient plus de deux éléments superficiels, il n'y aurait plus de continuité dans le développement de la surface, et la superficie en serait altérée. Dès lors, puisque les éléments superficiels doivent se couper deux à deux suivant des droites indéfinies, on voit que la surface sera le lieu des génératrices rectilignes situées deux à deux dans un même plan. Donc, pour qu'une surface soit développable, il est absolument nécessaire qu'elle remplisse la condition précitée.

177. Il résulte de tout ce qui précède qu'un plan tangent à une surface développable est tangent à cette surface tout le long d'une génératrice. En effet, traçons sur la surface une courbe quelconque CV (fig. 93), et considérons l'un des éléments linéaires CC′ de cette courbe; cet élément, ainsi que les éléments AA′ et BB′ des courbes AU et BZ, ayant chacun un point commun avec les génératrices infiniment voisines AB et A′B′, sont tous trois situés dans le plan de ces deux génératrices : d'où il suit que ce plan contient les trois tangentes AT, CR et BS. Conséquemment, le plan tangent à la surface en un point quelconque C est bien tangent tout le long de la génératrice AB qui passe par ce point C; de plus, comme un plan est déterminé par deux droites qui se coupent, il suffira dorénavant, quand on voudra construire un plan tangent à une surface développable, en un point quelconque de cette surface, de le conduire par la génératrice qui passe par ce point et par la droite qui est tangente à une courbe tracée sur la surface, au point où la courbe rencontre celle-ci.

178. On conclut de là que si l'on coupe une surface développable par un plan, la tangente en un point quelconque de la courbe d'intersection sera tout entière comprise dans le plan qui est tangent à la surface le long de la génératrice qui passe par le point de contact; de plus cette tangente sera l'intersection du plan tangent et du plan sécant.

179. Nous avons dit plus haut, à la fin du numéro 173, que la courbe XMM′M″M‴... se nomme *arête de rebroussement*. Cette dénomination se trouve parfaitement justifiée, si l'on regarde chaque génératrice, AB par exemple, comme composée de deux parties MA et MB situées, l'une au-dessus et l'autre au-dessous du point de contact M, et si l'on désigne sous le nom de *nappe supérieure* la portion de surface engendrée par les parties MA, M′A′,... et sous celui de *nappe inférieure* la portion engendrée par les parties MB, M′B′.... Alors, veut-on passer d'une nappe sur l'autre, en cheminant sur la surface d'une manière continue, et dans une direction quelconque, autre que celle d'une génératrice, on s'aperçoit que ce passage ne peut s'effectuer que suivant une courbe xyz présentant, à l'endroit où elle rencontre la ligne XM...Y, ce que l'on appelle un *point de rebroussement,* c'est-à-dire un point tel, que la courbe semble *cassée* en ce point.

180. On voit maintenant qu'une surface développable se trouve complétement déterminée lorsque l'on connaît les projections de son arête de rebroussement, puisqu'il suffit, si l'on veut avoir des génératrices de cette surface, de conduire des tangentes à cette arête. Cette propriété importante, dont jouissent toutes les surfaces développables, est souvent prise pour les définir : on les considère alors comme engendrées par une droite qui se meut de manière à rester constamment tangente à une courbe donnée.

181. L'arête de rebroussement d'une surface développable est une courbe à double courbure. S'il n'en était pas ainsi, et si la courbe était plane, toutes les droites qui lui seraient tangentes se trouveraient alors situées dans un même plan (celui de la courbe) et la surface se réduirait à ce plan.

182. Si tous les points où les génératrices d'une surface développable sont tangentes à l'arête de rebroussement se réunissaient en un seul et même point, on aurait affaire à une surface particulière qui serait un *cône;* et le point suivant lequel l'arête de rebroussement se réduirait alors serait le *sommet* de ce cône.

Seulement, comme un point ne suffit pas pour déterminer une droite, le sommet d'un cône ne suffit pas non plus pour déterminer cette surface, qui exige alors, pour être complétement définie, le concours d'une ligne directrice sur laquelle doivent s'appuyer toutes les génératrices passant par le sommet.

183. Si l'arête de rebroussement, tout en étant réduite à un point, se transporte à une distance *infinie,* la surface est un *cylindre* dont toutes les génératrices seront alors parallèles entre elles et s'appuieront sur une ligne directrice donnée.

184. Enfin, si l'arête de rebroussement est une hélice, courbe que nous définirons plus loin (n° 221), la surface prend le nom d'*hélicoïde développable,* pour n'être pas confondue avec d'autres hélicoïdes qui ne sont pas développables et que nous examinerons plus tard.

185. Le cône, le cylindre et l'hélicoïde développable étant les seules surfaces développables qui offrent de l'intérêt au point de vue de leurs applications, nous n'allons étudier que ces trois surfaces. Mais, avant de passer à cette étude, nous démontrerons un théorème qui nous sera d'un puissant secours.

186. Théorème. — *Quand on projette sur un plan une courbe et sa tangente, les projections de ces deux lignes sont tangentes l'une à l'autre.*

En effet, pour projeter la courbe XY (fig. 94) sur le plan P, il faudra par chacun de ses points X, A, M, B, Y, abaisser des perpendiculaires sur ce plan, lesquelles formeront un cylindre dont l'intersection *xamby* avec le plan P sera la projection de la courbe XY. Quant à la tangente TT′, on obtiendra sa projection en conduisant par TT′ un plan perpendiculaire au plan P, et en cherchant l'intersection *tt′* de ces deux plans ; mais ce plan perpendiculaire contient évidemment la droite M*m*, qui est une génératrice du cylindre projetant la courbe XY ; il passe d'ailleurs par la tangente TT′ au point M de la courbe XY située sur ce cylindre; il est donc tangent (n° 177) au cylindre tout le long de Mm, et doit contenir la tangente au point m de la courbe xy : par conséquent, cette tangente se confond avec la projection tt' de TT', ce qui démontre évidemment le théorème énoncé.

Du cône et de ses plans tangents.

187. Un CÔNE est une surface développable engendrée par une droite mobile (n° 182) assujettie à passer toujours par un point fixe et à s'appuyer constamment sur une courbe *quelconque*. Cette définition, comme on le voit, est beaucoup plus générale que celle que l'on donne habituellement dans les traités de géométrie élémentaire, où un cône est considéré comme étant une surface engendrée par l'hypoténuse d'un triangle rectangle qui tourne autour de l'un des côtés de son angle droit.

188. Il résulte de la définition que nous venons de donner que la courbe directrice d'un cône peut être un cercle, une ellipse, une hyperbole, une parabole, une spirale, en un mot, une courbe quelconque, à simple ou à double courbure (n° 153).

Si, en même temps que la courbe directrice est un cercle, la perpendiculaire abaissée du sommet du cône sur le plan de ce cercle tombe au centre du cercle, elle fait alors avec chacune des génératrices du cône un angle qui est le même pour toutes, et le cône est dit *de révolution*. Cette dénomination vient de ce qu'un tel cône peut être engendré par une droite mobile qui tourne autour d'une droite fixe et qui, dans chacune de ses positions, fait avec celle-ci un angle constant. Le cône de révolution est le cône de la géométrie élémentaire; il n'est, on le voit, qu'un cas particulier du cône défini dans l'article précédent.

On comprend déjà, par ce que nous venons de dire, toute l'importance du conseil que nous avons cru indispensable de donner (n° 171) aux personnes qui débutent dans l'étude de la géométrie descriptive.

189. Nous avons défini (n° 167) ce que l'on entend par contour apparent d'une surface sur l'un et l'autre des deux plans de projection ; nous avons à ce sujet formulé des règles que nous allons appliquer au cône.

Soit, pour cela, un cône ayant pour courbe directrice la courbe plane ACEBD (fig. 95), que nous supposerons située dans le plan horizontal de projection, et pour sommet un point dont les projections sont S et S'; nous commencerons par déterminer le contour apparent de ce cône sur le plan horizontal, en cherchant tous les plans qui lui sont tangents et qui peuvent être verticaux. Or, le cône étant une surface développable, tout plan qui lui est tangent doit l'être (n° 177) tout le long d'une génératrice, et comme toutes les génératrices passent par le sommet, il doit en outre contenir le sommet. Par conséquent, la trace d'un plan *vertical* tangent au cône devra évidemment passer par le point S et être tangente à la courbe ACEBD, que nous considérerons comme base du cône; donc si par le point S nous menons les deux tangentes SA et SB à la base, ces droites seront les traces des plans tangents verticaux.

Quant aux génératrices suivant lesquelles ces plans touchent le cône, elles se projetteront nécessairement, l'une selon SA et S'A', et l'autre selon SB et S'B'; en outre, elles formeront le contour apparent de la surface conique relativement au plan horizontal. De sorte que toute génératrice qui se trouvera au-dessous de celles-là, c'est-à-dire qui aboutira dans la portion BDA de la base, sera invisible sur le plan horizontal, et devra par suite être tracée en ponctué.

190. Cherchons actuellement le contour apparent relatif au plan vertical; il sera fourni (n° 168) par les plans tangents au cône qui se trouveront perpendiculaires au plan vertical, et dont les traces horizontales seront conséquemment perpendiculaires à la ligne de terre LT. Mais ces traces horizontales doivent être tangentes (n° 178) à la base ACBD; de plus, les traces verticales doivent passer par le point S′, projection verticale du sommet; donc si nous menons à la base des tangentes CC′ et DD′ perpendiculaires sur la ligne de terre, et si nous joignons les points C′ et D′ au point S′, les droites C′S′, D′S′ que nous obtiendrons ainsi formeront sur le plan vertical le contour apparent du cône proposé, et seront en même temps les projections verticales des génératrices suivant lesquelles les deux plans CC′S′, DD′S′ sont tangents à la surface. Quant aux projections horizontales de ces deux génératrices, elles seront SC et SD. Cela posé, toute génératrice du cône qui se trouvera *en arrière* des droites (SC, S′C′) et (SD, S′D′), ou qui aboutira dans la portion CAD de la base, sera *invisible* en projection verticale et devra par suite être tracée en ponctué.

191. Si l'on prolonge toutes les génératrices du cône au delà du point (S, S′), on obtiendra la seconde nappe de cette surface, et si l'on réunit par une courbe les points où elles percent le plan vertical, on aura la trace verticale du cône, lequel a déjà pour trace horizontale la courbe ACBD. On comprend facilement que le cône se trouve dès lors complétement déterminé, et qu'il est impossible de ne pas avoir, sur sa forme et sa situation, relativement aux plans de projection, des notions parfaitement arrêtées.

192. Pour obtenir les deux points de la courbe $a'c'f'h'$ qui sont *le plus haut* et *le plus bas,* on construira les deux génératrices qui correspondent aux points de la base I et H, où les tangentes à cette base sont parallèles à la ligne de terre ; les points i' et h', où ces génératrices perceront le plan vertical, seront précisément les points en question. En effet, les plans tangents au cône le long des génératrices (Hh, H$'h'$) et (Ii, H$'i'$) devant avoir pour traces horizontales (n° 178), les tangentes aux points I et H de la base, lesquelles sont parallèles à la ligne de terre, couperont nécessairement le plan vertical suivant des droites passant par les points i' et h', parallèles à la ligne de terre, et qui devront être tangentes en ces points à la courbe $a'c'f'h'$. Les points i' et h' sont donc bien le point le plus haut et le point le plus bas de cette courbe.

193. Remarquons que les génératrices (SA, S$'$A$'$) et (SB, S$'$B$'$) qui forment le contour apparent du cône sur le plan horizontal, sont tout entières visibles sur ce plan, tandis qu'elles ne le sont qu'en partie sur le plan vertical. Nous ferons la même remarque au sujet des génératrices (SC, S$'$C$'$) et (SD, S$'$D$'$) : elles sont tout entières visibles sur le plan vertical et ne le sont qu'en partie sur le plan horizontal.

Passons maintenant aux différents problèmes auxquels donnent lieu les plans tangents au cône.

194. *Mener, par un point donné sur un cône, un plan tangent à cette surface* (fig. 95).

Supposons que le point du cône par lequel il s'agit de conduire un plan tangent ne soit connu que par sa projection horizontale M, et qu'il faille avant tout chercher son autre projection. Pour cela, nous remarquerons d'abord que les deux projections du point donné doivent être situées sur une même perpendiculaire à la ligne de terre ; en outre, comme ce point appartient au cône, il doit se trouver sur l'une de ses génératrices, laquelle ne peut être projetée horizontalement que suivant SM.

Mais cette droite SM se trouve être à la fois la projection horizontale de deux génératrices du cône, ayant pour traces l'une le point E, l'autre le point F, et se projetant verticalement suivant S′E′ et S′F′; par conséquent, le point M se trouve être aussi en même temps la projection horizontale de deux points du cône situés sur une même verticale, et appartenant l'un à la génératrice (SE, S′E′), l'autre à la génératrice (SF, S′F′). Si donc par le point M nous conduisons une perpendiculaire à la ligne de terre, cette perpendiculaire rencontrera les droites S′E′, S′F′, en des points M′ et M″, qui seront précisément les projections verticales des deux points du cône qui ont la même projection horizontale M.

On verrait de la même manière qu'un point de la surface étant donné par sa projection verticale, cette projection correspond à deux points du cône situés sur une même perpendiculaire au plan vertical.

Il résulte de là que lorsqu'on voudra fixer la position d'un point appartenant à une surface conique, il faudra toujours assigner ses deux projections.

195. Cela posé, construisons le plan tangent au cône pour le point (M, M′). Ce plan devra évidemment renfermer la génératrice (SE, S′E′) et toucher le cône tout le long de cette droite (n° 177); par conséquent, il aura pour trace horizontale la ligne Pp, tangente à la base au point E. Quant à sa trace verticale, elle devra passer par le point où la génératrice de contact (SE, S′E′) va percer le plan vertical, et par le point p, où la trace horizontale Pp coupe la ligne de terre; elle sera donc la droite pP′.

Il arrive souvent que le point p est en dehors du cadre de l'épure, et qu'il faut alors y suppléer en conduisant par le point (M, M′), et dans le plan tangent cherché, une horizontale (Mm, M′m') qui va percer le plan vertical en m', et fournit ainsi un nouveau point de la trace demandée *pm'*P'.

196. Construisons maintenant le plan tangent au cône pour le point (M, M''). Ce plan devra toucher le cône tout le long de la génératrice (SF, S'F'); par conséquent, il aura pour trace horizontale la tangente $P_{,}p_{,}$ à la base, au point F; et sa trace verticale sera la droite qui joint le point $p_{,}$ au point où la génératrice (SF, S'F') va percer le plan vertical. Si le point $p_{,}$ est en dehors des limites de l'épure, on conduira, comme tout à l'heure, et dans le plan tangent cherché, une horizontale qui ira percer le plan vertical en un point par lequel devra passer la trace verticale.

197. Nous ferons remarquer que les deux plans tangents PpP' et $P_{,}p_{,}P'_{,}$, que nous venons de déterminer, renfermant chacun une génératrice du cône, passeront tous les deux par le sommet; par conséquent, si l'on construit (n° 47) l'intersection de ces deux plans, les projections OR et O'R' de cette intersection devront passer respectivement par les points S et S', ce qui fournira une vérification des constructions antérieures.

198. Il est d'ailleurs évident que les deux traces verticales pP' et $p_{,}$P'$_{,}$ doivent être tangentes à la courbe suivant laquelle le plan vertical coupe le cône, ce qui fournira une nouvelle vérification.

199. *Par un point donné en dehors d'un cône, mener un plan tangent à ce cône.*

Soit (N, N') (fig. 95) le point donné, et (S, S') le sommet du cône dont la base est la courbe ACEBDF. Le plan tangent que l'on cherche, passant (n° 197) par le sommet (S, S), renfermera la droite (SN, S'N') qui joint ce sommet au point donné, et ses traces devront passer par celles de la droite, tout en étant tangentes aux courbes qui sont les traces du cône. Mais, comme par le point O, trace horizontale de la droite (SN, S'N'), on peut conduire deux tangentes OE et OF à la base du cône, il existe nécessairement deux plans tangents contenant le point donné (N, N'), dont les traces horizontales seront précisément les tangentes OE, OF, et dont les traces verticales s'obtiendront en joignant les points p et p_1 aux points où le plan vertical de projection est rencontré par les génératrices de contact (SE, S'E') et (SF, S'F'), ou bien au point R' où la droite (SN, S'N') perce le plan vertical.

200. Si les points p et p_1 se trouvaient en dehors des limites de l'épure, il faudrait alors, pour se procurer un second point des traces verticales des deux plans tangents, conduire dans chacun d'eux, et par le point donné (N, N'), une horizontale, ainsi que nous l'avons fait précédemment (n° 195).

On voit, par ce que nous venons de dire, que l'on peut toujours, par un point extérieur à un cône, conduire deux plans tangents à cette surface.

201. *Mener à un cône un plan tangent parallèle à une droite donnée.*

Soit encore (fig. 95) (S, S') le sommet du cône dont la base est la courbe ACEBDF, et soit $(xy, x'y')$ la droite donnée.

Le plan tangent demandé devant passer par le sommet du cône, et être parallèle à la droite donnée $(xy, x'y')$, il suffira évidemment de conduire (n° 33) à la droite donnée, et par le point (S, S'), une parallèle (SO, S'O') dont les traces O et R' appartiendront évidemment aux traces du plan cherché; par conséquent, si l'on mène par le point O deux tangentes à la base du cône, et si l'on joint les points p et p_i, où elles rencontrent la ligne de terre, au point R', on aura les traces de deux plans PpP', P$_i p_i$P'$_i$ qui seront tous les deux tangents au cône, le long des génératrices (SE, S'E'), (SF, S'F'), et qui seront parallèles à la droite donnée $(xy, x'y')$.

Il importe de remarquer que les traces verticales pP' et p_iP'$_i$ de ces deux plans tangents devront passer par les points où les génératrices de contact percent le plan vertical ; en outre, elles devront être tangentes en ces points à la courbe suivant laquelle le cône est coupé par le plan vertical.

202. Si la droite (SN, S'N') que l'on conduit par le sommet du cône, parallèlement à la droite donnée $(xy, x'y')$, se trouvait située à l'intérieur du cône, et si, par conséquent, ses traces tombaient à l'intérieur des courbes ACBD et $h'f'c'$, le problème serait alors impossible, attendu que tout plan passant par une telle droite *couperait* le cône.

Mais si les traces de la droite se trouvaient sur les traces mêmes du cône, c'est-à-dire sur les courbes ACBD et $h'f'c'$, et si, conséquemment, la droite se confondait avec l'une des génératrices du cône, il existerait alors un plan tangent au cône parallèle à la droite donnée $(xy, x'y')$, mais il n'y en aurait qu'*un seul*, qui serait tangent à la surface suivant la parallèle à la droite donnée.

203. Il résulte clairement des différents problèmes que nous venons d'examiner qu'on ne pourrait pas exiger qu'un plan fût tangent à un cône et contînt en même temps une droite donnée, à moins cependant que cette droite ne passât par le sommet du cône, dans lequel cas le problème rentrerait dans celui du numéro 199.

Le problème serait encore possible si la droite donnée rencontrait l'une des génératrices du cône et si en même temps ces deux lignes avaient leurs traces situées sur une même tangente à la base du cône.

204. *Déterminer les points où un cône est rencontré par une droite donnée.*

On prendra sur la droite donnée un point quelconque que l'on joindra avec le sommet du cône, puis l'on conduira un plan par cette droite et la droite donnée. Ce plan, passant par le sommet du cône, coupera évidemment la surface suivant deux génératrices, dont les points de rencontre avec la droite donnée seront les points demandés.

205. Si la trace horizontale du plan en question était tangente au cône, on en conclurait que la droite donnée est elle-même tangente au cône; mais si cette trace horizontale ne rencontrait pas celle du cône, cela prouverait que la droite donnée ne rencontre pas non plus le cône.

206. Bien que le cône soit une surface développable, et bien qu'il eût été rationnel d'indiquer ici les moyens de le développer sur un plan, nous prierons le lecteur d'attendre, pour connaître ces moyens, que nous ayons traité les questions relatives aux sections planes du cône. (Voir liv. III, chap. i.)

Du cylindre et de ses plans tangents.

207. Un CYLINDRE est une surface développable engendrée par une droite mobile qui glisse le long d'une courbe donnée *quelconque,* en demeurant toujours *parallèle* à une direction donnée.

Si la courbe directrice est un cercle, et si toutes les génératrices sont perpendiculaires au plan de ce cercle, le cylindre est dit *de révolution,* attendu qu'il peut alors être considéré comme étant engendré par une droite qui tourne

autour d'une autre droite fixe, en lui restant toujours parallèle. La droite fixe est appelée l'*axe du cylindre*.

Le cylindre de révolution est le seul dont la géométrie
élémentaire étudie les propriétés.

208. Voyons d'abord comment on détermine les contours apparents d'un cylindre, relativement à chacun des
plans de projection. Soit pour cela ACBD (fig. 96) la courbe
directrice d'un cylindre, que nous supposerons située dans
le plan horizontal, et soit $(xy, x'y')$ la droite à laquelle la
génératrice mobile du cylindre doit rester constamment parallèle, en glissant sur la courbe ACBD.

Nous commencerons par déterminer le contour apparent
de la surface sur le plan horizontal, en cherchant (n° 168)
tous les plans qui lui sont tangents et qui en même temps
sont verticaux. Or, le cylindre étant une surface développ-
pable, tout plan qui lui est tangent doit l'être (n° 177) tout le
long d'une génératrice, et sa trace doit être tangente (n° 178)
à la courbe ACBD, que nous regarderons comme la base
du cylindre; par conséquent, si l'on mène à cette base les
tangentes Aa et Bb parallèles à xy, ce seront les traces de
deux plans tangents verticaux qui toucheront le cylindre
suivant les génératrices projetées horizontalement sur Aa
et Bb; quant aux projections verticales de ces mêmes génératrices, on les obtiendra en conduisant par les points A'
et B' des droites parallèles à $x'y'$.

Ainsi les deux lignes (Aa, Aa') et (Bb, Bb') formeront le
contour apparent du cylindre sur le plan horizontal; et
toute génératrice de cette surface qui sera au-dessous de
ces droites, c'est-à-dire qui aboutira sur le demi-cercle
AGDB, sera *invisible* en projection horizontale, et devra
être tracée en *ponctué*.

209. Cherchons actuellement le contour apparent relatif
au plan vertical; il sera fourni (n° 168) par les plans tangents

au cylindre qui se trouveront perpendiculaires au plan
vertical, et dont les traces horizontales seront conséquemment perpendiculaires sur la ligne de terre ; mais ces traces
doivent être tangentes à la base du cylindre, elles seront
donc CC′ et DD′. Ensuite, comme ces plans tangents le sont
nécessairement suivant les génératrices qui aboutissent aux
points de contact C et D, et qui sont projetées sur (Cc, C′c′)
et (Dd, D′d′), il s'ensuit que ces deux génératrices formeront
le contour apparent de la surface sur le plan vertical ; de
sorte que toute génératrice qui sera située *en arrière* de ces
deux droites, c'est-à-dire qui aboutira sur le demi-cercle
CAFD, sera *invisible* en projection verticale.

210. Si l'on réunit par une courbe continue les différents points a′, c′, e′, b′, d′, ..., où les génératrices du cylindre rencontrent le plan vertical, cette courbe sera la trace
verticale du cylindre, lequel se trouvera dès lors complétement déterminé.

211. Si l'on veut se procurer les deux points de cette
courbe qui sont *le plus haut* et *le plus bas,* on construira
les deux génératrices qui répondent aux points de la base H
et I, où les tangentes à cette base sont parallèles à la ligne
de terre : les points h′ et i′ où ces génératrices perceront le
plan vertical seront précisément les points en question. En
effet, les plans tangents au cylindre le long des génératrices (Hh, H′h′) et (Ii, H′i′) devant avoir (n° 178) pour traces
horizontales les tangentes aux points H et I de la base, lesquelles sont parallèles à la ligne de terre, couperont nécessairement le plan vertical suivant des droites passant par
les points h′ et i′, parallèles à la ligne de terre, et qui devront être tangentes en ces points à la courbe i″a′c′h′f′. Les
points h′ et i′ seront donc bien le point le plus haut et le
point le plus bas de cette courbe.

212. *Mener, par un point donné sur un cylindre, un plan tangent à cette surface.*

Supposons que le point du cylindre par lequel il s'agit de conduire un plan tangent à cette surface ne soit connu que par sa projection horizontale M (fig. 96), et qu'il faille avant tout déterminer son autre projection. Pour cela, nous remarquerons d'abord que les deux projections du point donné doivent être situées sur une même perpendiculaire à la ligne de terre ; en outre, comme ce point appartient au cylindre, il doit se trouver sur l'une de ses génératrices, laquelle ne peut être projetée horizontalement que suivant une droite EMe parallèle à xy, qui rencontre la base du cylindre au point E, et dont la projection verticale sera E'e' parallèle à $x'y'$. Si donc par le point M on conduit une perpendiculaire à la ligne de terre, elle rencontrera E'e' en un point M' qui sera précisément la projection verticale cherchée.

Mais la droite Ee rencontre la base du cylindre en deux points E et F, le point F est donc la trace d'une autre génératrice projetée également sur Me, et dont la projection verticale est F'f' ; par conséquent, le point M″, où cette génératrice est rencontrée par la ligne de rappel MM', est la projection verticale d'un second point situé sur le cylindre, qui, ainsi que le premier (M, M'), se trouve projeté horizontalement en M.

On verrait de la même manière qu'un point de la surface étant donné par sa projection verticale *seulement*, cette projection correspond à deux points du cylindre, situés sur une même perpendiculaire au plan vertical.

Il résulte de là que si l'on veut fixer la position d'un point sur une surface cylindrique, il faut toujours avoir soin de donner ses deux projections.

213. Résolvons maintenant le problème proposé, en

construisant d'abord le plan tangent pour le point (M, M′). Ce plan devant être tangent tout le long de la génératrice (Ec, E′e′), sa trace horizontale Pp sera tangente au point E à la base du cylindre ; quant à sa trace verticale, on l'obtiendra en joignant le point p au point e′, où la génératrice de contact rencontre le plan vertical.

Mais s'il arrive que le point p se trouve situé en dehors du cadre de l'épure, on conduira par le point M une droite parallèle à la trace horizontale Pp; ce sera évidemment une horizontale de ce plan, et, comme telle, elle se projettera (n° 27) horizontalement suivant une parallèle à Pp, et verticalement selon une parallèle à la ligne de terre ; on déterminera la trace verticale de cette droite auxiliaire, et, par cette trace verticale, on fera passer celle du plan tangent, laquelle doit d'ailleurs contenir le point e′.

Quant au plan tangent relatif au point (M, M″), il aura pour trace horizontale la droite P$_i p_i$ tangente à la base du cylindre, au point F, et pour trace verticale la droite $p_i f$′.

214. Nous ferons observer que les deux plans tangents que nous venons de construire, renfermant chacun une génératrice du cylindre, et les génératrices du cylindre étant toutes parallèles, l'intersection de ces deux plans ne pourra être qu'une droite (OR, O′R′) parallèle aux génératrices.

215. *Mener un plan tangent à un cylindre par un point donné hors de cette surface.*

Conservons pour le cylindre les mêmes données que précédemment (fig. 96) et soit (N, N′) le point donné. Conduisons par ce point une parallèle (OR, O′R′) aux génératrices du cylindre ; elle devra nécessairement être contenue tout entière dans le plan tangent cherché, puisque celui-ci renfermera une génératrice du cylindre ; par conséquent la trace horizontale O de cette droite sera un point de la trace horizontale du plan demandé. Mais cette trace doit être tangente à la base du cylindre, elle sera donc l'une des tangentes OEp, OFp_1, que l'on peut mener à cette base par le point O; d'où il suit qu'il y aura deux plans répondant à la question, plans dont les traces verticales s'obtiendront en joignant le point R', trace verticale de la droite (OR, O'R'), aux points e' et f' où le plan vertical est rencontré par les génératrices de contact (Ee, $E'e'$) et (Ff, $F'f'$). Observons d'ailleurs que ces droites de jonction devront rencontrer la ligne de terre aux points p et p_1, où les droites Pp et P_1p_1 la rencontrent elles-mêmes.

Il se trouve, dans notre épure, que les deux génératrices de contact ont même projection horizontale ; cela provient de ce que nous nous sommes servis de la même figure, qui, dans le problème précédent, avait déjà servi à faire voir ce que sont les plans tangents à un cylindre, en deux points qui ont la même projection horizontale. Mais comme, dans nos raisonnements, nous ne nous sommes nullement appuyés sur cette circonstance particulière, il ne faudra lui attacher aucune valeur.

216. *Mener à un cylindre un plan tangent parallèle à une droite donnée.*

Soit encore le cylindre de la figure 96 et soit (xz, $x'z'$) la droite à laquelle il s'agit de conduire un plan parallèle, tangent au cylindre. Si par un point quelconque de la droite donnée, le point (x, x') par exemple, on conduit une droite (xy, $x'y'$) parallèle aux génératrices du cylindre, ces deux droites détermineront un plan dont la trace horizontale sera yz, et tout plan tangent au cylindre qui sera parallèle à ce plan sera évidemment parallèle à la droite donnée (xz, $x'z'$).

Or, lorsque des plans sont parallèles, leurs traces sont (n° 37) · respectivement parallèles ; de plus, les traces d'un plan tangent à un cylindre doivent être tangentes aux traces de ce cylindre ; par conséquent, si nous conduisons à la courbe ACBD deux tangentes Pp, P_2p_2, parallèles à la droite yz, ces deux tangentes seront les traces horizontales de deux plans tangents au cylindre parallèles à la droite donnée, et les génératrices de contact seront les lignes $(Ee, E'e')$ et $(Gg, G'g')$. Quant aux traces verticales de ces deux plans, on les obtiendra en joignant les points p et p_2, où les traces horizontales rencontrent la ligne de terre, aux points e' et g', où les génératrices de contact rencontrent le plan vertical.

Les deux plans tangents étant tous deux parallèles à un même plan déterminé par les droites $(xy, x'y')$ et $(xz, x'z')$, seront parallèles entre eux, et leurs traces verticales pP', p_2P_2 devront être aussi parallèles.

217. Si les points p et p_2 se trouvaient en dehors du cadre de l'épure, il faudrait alors avoir recours, pour construire les traces verticales, à des horizontales des plans tangents, conduites par un point quelconque des génératrices de contact, point qui cependant devra être *assez près* du plan vertical pour que les traces verticales de ces horizontales ne soient pas encore en dehors des limites de l'épure.

218. Les problèmes que nous venons de résoudre sur les plans tangents au cylindre nous permettent de conclure qu'un plan ne peut être à la fois tangent à un cylindre et passer par une droite donnée, à moins cependant que cette droite ne soit parallèle aux génératrices du cylindre : la question rentrerait alors dans celle du numéro 212.

Un plan tangent à un cylindre pourrait encore contenir une droite donnée, si cette droite rencontrait l'une des génératrices de la surface, et si sa trace se trouvait avec la trace de celle-ci sur une même tangente à la base du cylindre.

219. *Déterminer les points où un cylindre est rencontré par une droite donnée.*

On prendra sur la droite donnée un point quelconque par lequel on conduira une parallèle aux génératrices du cylindre ; cette parallèle et la droite donnée détermineront un plan qui coupera évidemment le cylindre suivant deux génératrices, dont les points de rencontre avec la droite donnée seront les points demandés, et dont les traces se trouveront aux points où la base du cylindre est rencontrée par la trace horizontale du plan que l'on aura construit.

Si cette trace horizontale du plan auxiliaire est tangente à la base du cylindre, cela prouve que la droite donnée est elle-même tangente au cylindre en un point de la génératrice suivant laquelle le plan auxiliaire est alors tangent à la surface.

Enfin, si cette même trace horizontale du plan auxiliaire ne rencontre pas la base du cylindre, on en conclut que la droite donnée ne rencontre pas le cylindre.

220. Ici devraient prendre place les notions relatives au développement d'un cylindre ; mais nous ne traiterons cette question qu'après avoir parlé des sections planes des surfaces cylindriques. (Voir liv. III, chap. ı.)

De l'hélicoïde développable et de ses plans tangents.

221. On donne le nom d'*hélice* à une courbe engendrée par le mouvement d'un point qui, sur un cylindre quelconque, s'éloigne continuellement d'un plan perpendiculaire aux génératrices, d'une quantité proportionnelle à l'arc parcouru par sa projection sur ce plan.

Il est clair que la direction suivie par le point mobile ne peut être celle d'une génératrice du cylindre, car alors l'arc parcouru par la projection du point serait nul, et la ligne engendrée serait la génératrice elle-même.

222. Afin de bien faire comprendre cette définition, imaginons un cylindre droit circulaire, c'est-à-dire un cylindre dont les génératrices sont perpendiculaires au plan horizontal et dont la base est une circonférence. Si nous cherchons les projections d'un tel cylindre, nous voyons que sa projection horizontale se réduit à un cercle ABCD... (fig. 97), qui est son cercle de base, et que sa projection verticale se trouve tout entière comprise entre les deux droites A'A"A''' et I'I'' perpendiculaires à la ligne de terre; par conséquent, une courbe quelconque tracée sur ce cylindre se projettera horizontalement sur le cercle ABCD..., et verticalement sur l'espace compris entre les deux droites A'A''' et I'I''.

Cela posé, supposons qu'un point mobile parte du point (A, A'), et que, tout en tournant autour du cylindre dans le sens de la flèche, il s'éloigne continuellement du plan horizontal, de telle sorte qu'à chaque instant de son mouvement sa distance à ce plan soit proportionnelle à l'arc correspondant compris sur le cercle de base. Il résultera de ce mouvement une courbe qui n'est autre chose qu'une hélice et dont nous allons apprendre à déterminer la projection verticale.

A cet effet, divisons le cercle de base en seize parties égales AB=BC=CD=...; puis partageons la droite A'A''' en un certain nombre de parties égales, et par les points de division conduisons des droites parallèles à la ligne de terre, ainsi qu'on le voit sur la figure; enfin, par les points A, B, C,... R, S, T, qui se trouvent deux à deux sur une même perpendiculaire à la ligne de terre, menons des droites indéfinies perpendiculaires à la ligne de terre, lesquelles rencontreront toutes les parallèles à celle-ci. Si alors nous faisons passer une courbe par les points A′, B′, C′,... I′,... Q′,... A″,... Q″,... où ces droites indéfinies rencontrent les parallèles en question, cette courbe sera évidemment la projection verticale d'une hélice située sur le cylindre ; car on aura bien

$$\frac{B'u}{\text{arc AB}} = \frac{C'v}{\text{arc AC}} = \frac{D'x}{\text{arc AD}} = \frac{E'y}{\text{arc AE}} = \ldots,$$

puisque les arcs AB, BC, CD, ... sont *égaux* entre eux, et que les points A′, B′, C′, ... sont situés sur des parallèles *équidistantes*. Quant à la projection horizontale, elle se trouve tout entière, ainsi que nous l'avons dit, sur la base du cylindre.

223. Nous ferons remarquer que la courbe A′B′C′...I′... doit être tangente aux droites A′A‴ et I′I″, aux points où elles les rencontrent. En effet, les tangentes à la courbe de l'espace, pour les points (A, A′), (I,I′), (A, A″)... sont nécessairement situées dans les plans qui sont tangents au cylindre le long des génératrices A′A‴ et I′I″ ; mais ces plans sont ici perpendiculaires au plan vertical, par conséquent les tangentes en question se trouvent projetées sur leurs traces A′A‴ et I′I″ ; d'ailleurs, nous avons démontré (n° 186) qu'une courbe et sa tangente doivent se retrouver tangentes l'une à l'autre quand on les projette sur un même plan ; donc la courbe A′B′C′... I′... est bien tangente aux droites A′A‴ et I′I″, qui forment le contour apparent du cylindre sur le plan vertical.

224. La distance A′A″ comprise entre deux intersections successives de la courbe avec la même génératrice se nomme le *pas de l'hélice,* et la portion de courbe correspondante à une révolution entière se nomme une *spire.*

225. Imaginons maintenant que l'on coupe le cylindre suivant la génératrice $A'A'''$, de façon à pouvoir le dérouler sur un plan, suivant le rectangle $A'a'''a'''{}_iA'{}_i$, chaque spire de l'hélice se *transformera* alors en une ligne qui sera une ligne droite. Effectivement, si l'on considère la *transformée* $A'I'{}_iA''{}_i$ de la spire $A'I'A''$, on voit que l'on a

$$\frac{B'{}_iu_i}{A'u_i}=\frac{C'{}_iv_i}{A'v_i}=\ldots=\frac{Q_i{}'y_2}{A'y_2}=\ldots=\frac{A''{}_iA'{}_i}{A'A'{}_i}\,,$$

ce qui, d'après un théorème de géométrie élémentaire, prouve que la ligne $A'A''{}_i$ est bien une ligne droite.

Il résulte immédiatement de là qu'un arc quelconque d'hélice est la ligne la plus courte que l'on puisse tracer sur un cylindre entre deux points donnés. On en déduit aussi que l'hélice fait avec chaque génératrice du cylindre un angle constant.

226. Nous avons dit plus haut (n° 156) que la tangente à une courbe n'est autre chose qu'un élément rectiligne prolongé ; par conséquent, la tangente à l'hélice fait aussi avec la génératrice du cylindre qui passe par le point de contact un angle constant, qui est évidemment le même que celui formé par les éléments de la courbe avec les génératrices correspondantes. On conclut de là que l'hélice se transformant en une ligne droite, lorsqu'on développe le cylindre sur lequel elle est tracée, elle doit se confondre sur le développement avec sa tangente ; de plus, la trace de la tangente, pour un point quelconque de la courbe, se confond dans le développement avec le point A'. D'où il résulte que la longueur de la tangente, pour le point (D, D') par exemple, est égale à l'hypoténuse du triangle rectangle $A'D'{}_ix_i$, dont la hauteur $D'{}_ix_i=D'x$ et dont la base $A'x_i$ est égale à l'arc AD rectifié.

Pour construire la tangente au point (D, D'), on commencera donc par mener la tangente en D au cercle de base ; sur cette tangente DV on prendra une longueur $DZ = x_1A'$; on projettera en Z' le point Z, qui sera la trace horizontale de la tangente cherchée ; enfin on joindra le point Z' au point D'. La droite (DZ, D'Z') ainsi obtenue sera la tangente en question. On voit par là qu'il n'est pas nécessaire que la courbe soit tracée pour pouvoir construire la tangente en l'un de ses points.

227. Nous verrons dans les applications, lorsque nous traiterons les questions relatives aux escaliers et aux ponts biais, qu'il arrive souvent que l'on a à tracer sur un même cylindre plusieurs hélices de même pas, mais situées à des hauteurs différentes. Dans ce cas on se servira, pour les tracer, des horizontales déjà existantes, si toutefois la distance qui, sur une même génératrice du cylindre, sépare les hélices, est égale à un certain nombre exact de fois l'espace compris entre deux horizontales. Si cette circonstance n'a pas lieu, on se contentera de porter avec le compas sur la projetante de chaque point de la première hélice, la différence de hauteur entre cette première hélice et celle que l'on veut obtenir, sans tracer de nouvelles horizontales qui embrouilleraient inutilement les constructions.

228. Tout ce qui vient d'être dit au sujet de l'hélice tracée sur un cylindre circulaire droit est applicable à toutes les hélices, quels que soient d'ailleurs les cylindres auxquels elles appartiennent.

229. Ces notions sur l'hélice étant posées, nous allons passer à l'étude de l'hélicoïde développable. Mais nous prévenons le lecteur que si nous abordons cette étude, c'est afin de le familiariser avec les propriétés curieuses de l'hélice, et non pour lui faire connaître une surface qui jusqu'ici n'a reçu aucune application dans la construction des édifices. En conséquence, les personnes qui ne désireraient connaître en fait de théorie que juste ce qu'il faut pour pouvoir comprendre les opérations relatives à la coupe des pierres pourront se dispenser de lire ce qui va suivre et sauter immédiatement au numéro 234.

230. On donne le nom d'*hélicoïde développable* à la surface engendrée par une droite mobile et indéfinie, qui glisse sur une hélice *quelconque*, en lui demeurant constamment *tangente*. On conçoit, d'après cette définition, qu'il doit exister un nombre infini d'hélicoïdes développables, puisque l'hélice pouvant être quelconque, le cylindre auquel elle appartient peut avoir pour courbe directrice un cercle, une ellipse, une hyperbole, une parabole, en un mot, une courbe à simple ou double courbure, définie ou indéfinie.

Mais, comme les propriétés de l'hélicoïde développable sont indépendantes de la nature du cylindre sur lequel est tracée l'hélice qui lui sert d'arête de rebroussement (n° 179), nous considérerons celui dont l'arête est une hélice appartenant à un cylindre circulaire droit qui a pour base le cercle A-2-3-10-16 (fig. 98), le pas de cette hélice étant égal à A'A''.

231. Pour représenter graphiquement la surface, on pourrait tracer d'abord l'hélice, puis construire les droites qui sont tangentes aux divers points de cette courbe; mais il est plus commode et surtout plus exact pour déterminer ces droites de chercher immédiatement leurs traces sur le plan horizontal de projection et sur un autre plan horizontal $a'\mathrm{A}''i'$ situé au-dessus du premier, à une hauteur égale au pas A'A'' de l'hélice. Alors la projection verticale de cette hélice se trouvera directement formée par les intersections successives de ces différentes génératrices, pourvu toutefois qu'elles soient assez multipliées.

Divisons donc le cercle de base du cylindre en seize parties égales $A\text{-}2 = 2\text{-}3 = 3\text{-}4 = \ldots$, puis, par chaque point de division, menons à ce cercle des tangentes qui seront, en vertu du théorème du numéro 186, les projections horizontales des génératrices de la surface qui sont tangentes à l'hélice aux points projetés sur ces points de division. Maintenant, rappelons-nous (n° 226) que ces génératrices devant être limitées au plan horizontal de projection et au plan horizontal $a'A''i'$, distant du premier d'une quantité égale au pas de l'hélice, auront toutes la même longueur, qui sera évidemment égale à une spire de l'hélice. Or, cette spire se trouvant projetée tout entière sur le cercle $A\text{-}2\text{-}3\text{-}16$, les projections horizontales des génératrices devront être égales à la circonférence de ce cercle rectifié ; de plus, les portions de ces projections situées de part et d'autre du point de contact auront respectivement pour longueurs les deux arcs de cercles compris depuis le point de départ A de l'hélice jusqu'au point de contact : ainsi, si nous considérons l'une de ces génératrices, celle par exemple qui a pour projection la droite Kk, on aura :

$$Kk = \text{circ. totale } A\text{-}6\text{-}12 \text{ rectifiée.}$$
$$K\text{-}10 = \text{arc } A\text{-}6\text{-}10 \text{ rectifié,}$$
$$k\text{-}10 = \text{arc } A\text{-}14\text{-}10 \text{ rectifié.}$$

Il importe donc, avant tout, de connaître la longueur de la circonférence $A\text{-}6\text{-}12$, puis de diviser cette longueur en seize parties : pour cela on multipliera le diamètre de cette circonférence par le nombre 3,14 qui est le rapport suffisamment approché de la circonférence au diamètre, et l'on divisera le produit par 16.

Cela posé, on portera la totalité des seize divisions de A en a, sur la tangente Aa qui est la projection de la première génératrice ; sur la tangente Bb, on prendra :

$$B-2 = 1 \text{ division}$$

et
$$b-2 = 15 \text{ divisions};$$

sur Cc, ou prendra

$$C-3 = 2 \text{ divisions}$$

et
$$c-3 = 14 \text{ divisions,}$$

et ainsi de suite jusqu'à la tangente AV, qui devra être égale à seize divisions, de même que Aa. On réunira ensuite les points A, B, C, D, ..., S, U, V par une courbe qui sera évidemment la trace horizontale de la surface, puisque ces points sont les traces horizontales des génératrices ; de même on conduira une courbe par les points a, b, c, ..., s, u, v, et cette nouvelle courbe sera la projection de celle suivant laquelle la surface coupe le plan horizontal $a'A''i'$. Il est aisé de voir qu'à cause de la symétrie de l'épure, ces deux courbes sont identiques.

Enfin, on projettera sur la ligne de terre les points A, B, C, ..., et sur l'horizontale $a'A''i'$, les points a, b, c, ...; puis on conduira des droites par les points A$'$ et a', B$'$ et b', C$'$ et c', ..., lesquelles droites dessineront d'elles-mêmes, par leurs intersections consécutives, la projection verticale de l'hélice ou la courbe A$'$-2$'$-3$'$-4$'$-9$'$-16$'$-A$''$ à laquelle elles doivent être tangentes.

232. Proposons-nous actuellement de construire le plan tangent à la surface au point (X, X$'$). D'abord, la surface étant développable, ce plan sera tangent (n° 177) tout le long de la génératrice (Mm, M$'m'$) qui passe par le point en question ; en outre, sa trace horizontale MP devra être tangente à la courbe ABCMV, au point M où cette génératrice perce le plan horizontal. Connaissant dès lors la trace horizontale du plan tangent et une droite qui y est contenu, il se trouve suffisamment déterminé.

233. Les deux projections de la surface ayant été obtenues comme nous l'avons dit au n° 231, nous allons voir comment on peut développer cette surface. Pour cela on remarquera d'abord que la génératrice $(Ii, I'i')$ étant parallèle au plan vertical doit se projeter sur ce plan en véritable grandeur, et que par suite la longueur I'-$9'$ est précisément égale à la moitié de cette génératrice ; remarquons en outre que cette génératrice étant tangente à l'hélice au point $(9$-$9')$ qui sur cette courbe se trouve situé au milieu d'une spire, la portion I'-$9'$ sera égale au développement de l'arc d'hélice compris entre les deux points (A, A') et $(9$-$9')$; rappelons enfin que les angles formés par deux génératrices consécutives d'une surface développable restant invariables lorsqu'on développe cette surface, on devra, sur le développement de l'hélicoïde, trouver ces angles égaux entre eux, puisqu'ils le sont sur la surface, cette égalité provenant de ce que le cylindre sur lequel se trouve l'hélice directrice est circulaire droit.

Cela posé, on tracera (fig. 99) sur un plan une droite I''-$9''$ égale à I'-$9'$ (fig. 98), que l'on divisera en huit parties égales et sur laquelle on portera, de chaque côté du point 9 , la moitié de l'une de ces divisions. Par les points x et y, ainsi obtenus, on conduira des droites xII'', yK'' ayant respectivement pour longueurs sept divisions et demie et neuf divisions et demie de I''-$9''$, et formant avec celle-ci deux angles $II''xI''$, $I''yK''$, égaux tous les deux à l'angle constant compris entre deux génératrices de la figure 98. On aura eu soin de déterminer d'abord la grandeur de cet angle constant en se servant pour cela de deux génératrices quelconques, et en employant la méthode qui a été exposée au numéro 71. Cela étant fait, on portera sur $K''y$, et à partir du point y, une longueur yz égale à une division de I''-$9''$, puis par le point z on mènera une droite zM'' ayant pour longueur dix divisions et demie, et faisant avec zK'' un angle égal à l'angle constant dont nous venons de parler ; et ainsi de suite jusqu'à ce qu'on ait autant de droites dans la figure 99 qu'il y a de génératrices dans la figure 98 ; enfin on conduira une courbe par les extrémités $A''B''C'',\ldots$ des droites ainsi obtenues.

Il est clair que la figure que l'on formera de cette manière sera le développement de la *nappe inférieure* de la surface, c'est-à-dire de la portion comprise entre le plan horizontal de projection et l'hélice, arête de rebroussement de cette surface. De plus, la courbe qui sera tangente au polygone formé par la rencontre des droites A''- $2''$, B''- $3''$, C''- $4''$, ..., sera celle suivant laquelle cette hélice se sera transformée, courbe qui sera évidemment un cercle, puisque le polygone en question sera un polygone régulier. On se procurera d'ailleurs le centre O'' de ce cercle en cherchant le point d'intersection de deux droites perpendiculaires au milieu de deux quelconques des côtés du polygone.

CHAPITRE III

DES SURFACES DE RÉVOLUTION ET DE LEURS PLANS TANGENTS.

Principes généraux.

234. On donne le nom de SURFACE DE RÉVOLUTION à une surface engendrée par le mouvement d'une ligne quelconque tournant autour d'une droite fixe appelée *axe,* de manière que chacun des points de la ligne mobile décrit un *cercle* dont le plan est *perpendiculaire à l'axe* et dont le rayon est égal à la distance qui sépare ce point de l'axe. Ainsi, la surface engendrée (fig. 100) par la rotation de la ligne ABC autour de la droite fixe XY sera une surface de révolution ayant pour axe cette droite fixe XY.

235. Il résulte de la définition même que nous venons de donner que si l'on coupe une surface de révolution par des plans perpendiculaires à l'axe, ces plans détermineront sur la surface des cercles dont les centres seront sur l'axe et que l'on appelle *parallèles* de la surface, à cause de leur parallélisme.

Les projections des parallèles sur un plan perpendiculaire à l'axe sont des cercles concentriques dont le centre commun est la projection de l'axe.

236. Parmi tous les parallèles d'une surface de révolution, il importe de distinguer ceux qui passent par les points les plus remarquables de la génératrice, tels que ceux qui sont les plus éloignés ou les plus rapprochés de l'axe. Lorsque l'un des parallèles partage la surface en deux parties égales, on le nomme *équateur*.

237. Quand on coupe une surface de révolution par un plan passant par l'axe, on obtient des sections ABC, A′B′C′, A″B″C″ (fig. 100) que l'on appelle *méridiennes* de la surface et qui sont toutes égales entre elles.

238. Lorsqu'une surface de révolution a son axe perpendiculaire au plan horizontal de projection, son contour apparent sur le plan vertical se trouve déterminé par la méridienne dont le plan est parallèle au plan vertical : c'est pour cette raison qu'on donne à ce plan méridien le nom de *méridien principal*.

239. Si la ligne génératrice d'une surface de révolution est une droite et si cette droite rencontre l'axe, la surface engendrée est un cône de révolution, cône dont nous avons déjà parlé au numéro 188.

La droite est-elle parallèle à l'axe, la surface est alors un cylindre de révolution. (Voir n° 207.)

Si la droite et l'axe ne sont pas dans un même plan, la surface engendrée est un hyperboloïde de révolution, surface que nous étudierons plus loin.

240. Nous avons vu au numéro 161 que le plan tangent en un point d'une surface quelconque se trouve déterminé par les tangentes à deux courbes tracées sur la surface et passant par ce point. On déduit de là que pour construire le plan tangent en un point M (fig. 100) d'une surface de révolution, on n'a qu'à chercher le méridien et le parallèle qui passent par ce point et à leur mener des tangentes en ce point.

Or la tangente tt' au parallèle est évidemment perpendiculaire à la fois au rayon MO et à l'axe XY ; donc elle l'est aussi au plan méridien qui passe par le point M, et par suite le plan tangent qui contient tt' sera lui-même perpendiculaire sur ce plan méridien. Cette conséquence étant indépendante de la nature de la courbe A′MB′C′ et de la position du point M, il en résulte que toutes les surfaces de révolution jouissent de la propriété remarquable que nous énoncerons ainsi :

Dans toute surface de révolution, le plan tangent en un point est perpendiculaire au plan méridien qui passe par ce point.

241. Cette propriété du plan tangent à une surface de révolution nous permet de conclure immédiatement que la normale MN à la surface se trouve contenue dans le plan méridien A′MC′, et qu'elle doit, par conséquent, *rencontrer l'axe*. De plus, cette rencontre se fait en un point N qui est le même pour toutes les normales qui répondent au parallèle DME, puisque tous les plans tangents le long de ce parallèle forment avec l'axe un angle évidemment constant.

Des surfaces de révolution les plus importantes.

242. Ellipsoïde de révolution. — On appelle ainsi la surface engendrée par une ellipse qui tourne autour de l'un de ses axes.

L'ellipsoïde est *allongé* ou *aplati,* selon que l'axe de rotation se trouve être le grand axe ou le petit axe de l'ellipse génératrice.

243. Hyperboloïde de révolution. — On donne ce nom à la surface engendrée par une hyperbole qui tourne autour de son axe imaginaire.

244. L'hyperboloïde de révolution peut encore être engendrée par une droite assujettie à tourner autour d'une autre droite fixe non située dans le même plan qu'elle. Ainsi la droite *inclinée* AB (fig. 101) décrira, en tournant autour de la droite *verticale* XY, une surface qui sera une hyperboloïde de révolution, c'est-à-dire une surface dont les sections méridiennes seront des hyperboles identiques.

Nous admettrons cette vérité sans démonstration, attendu que la démonstration exige le concours de considérations analytiques qui sont complétement en dehors de l'esprit de cet ouvrage.

245. Non-seulement l'hyperboloïde peut être engendrée par la droite AB; mais elle peut encore l'être par une droite A'B' symétrique à la première par rapport à l'axe. Autrement dit, une hyperboloïde admet deux systèmes de génératrices ayant la même inclinaison en sens contraire, relativement à l'axe, et dont la plus courte distance à cet axe reste invariable, tout en étant toujours située dans un même plan perpendiculaire à l'axe. Démontrons cette proposition :

A cet effet, considérons les deux droites AB et A'B' qui se coupent au point M et supposons que ce point M soit pour chacune d'elles celui où aboutit la ligne OM qui mesure la plus courte distance qui les sépare de l'axe ; supposons en outre que les angles BMC et CMB', formés par les droites avec la parallèle MC à l'axe, soient égaux. Les droites AB et A'B' étant perpendiculaires à OM, le plan qui les contient est aussi perpendiculaire sur cette ligne, d'où il résulte que la tangente en M, au cercle décrit par ce point, lorsque les droites mobiles tournent autour de l'axe, doit être située dans ce plan, ce qui démontre déjà que AB et A'B' se projettent sur le plan du cercle du point M suivant une même tangente à ce cercle.

Prouvons maintenant que deux points appartenant aux droites mobiles et situés dans un plan perpendiculaire à l'axe décrivent le même cercle : pour cela conduisons un plan perpendiculaire à l'axe et soient B, B', O', C les points où il rencontre les droites mobiles, l'axe et la verticale MC; joignons ensuite le point O' aux points B, C et B'. Les deux triangles rectangles BMC et B'MC ayant un angle aigu égal, angle BMC = angle B'MC, sont égaux, et l'on a

$$B'C = BC,$$

ce qui permet de conclure l'égalité des deux autres triangles rectangles O'CB' et O'CB; donc les points B et B', équidistants de l'axe, décrivent bien autour de lui le même cercle. Il résulte de là qu'il existe sur l'hyperboloïde deux systèmes de droites,

$$AB,\ A_1B_1,\ldots\quad \text{et}\quad A'B',\ A'_1B'_1,\ldots$$

dont le premier se compose des positions successives que prend la génératrice AB et le deuxième des diverses positions occupées par A'B'.

246. On donne le nom de *cercle de gorge* au cercle décrit par le point M, où aboutit la plus courte distance de l'axe aux génératrices AB et A'B'. On l'appelle ainsi parce qu'il est le plus petit parallèle de la surface.

247. Par chaque point K de la surface, il passe une droite de chaque système ; car les génératrices AB et A'B' viendront nécessairement passer, à deux époques différentes de leur révolution, par ce point K, et y occuperont deux positions parfaitement distinctes A_2B_2 et $A'_1B'_1$, puisqu'elles seront situées chacune d'un côté du plan méridien qui passe par le point K.

248. Il suit de là que le plan tangent en un point de la surface sera déterminé par les deux génératrices qui passent par ce point, puisque ces lignes se trouvent sur la surface et qu'elles sont elles-mêmes leurs propres tangentes. Mais il importe d'observer que ce plan ne sera pas tangent tout le long de l'une de ces génératrices, comme cela a lieu pour les surfaces développables, attendu que pour tout autre point de cette génératrice le plan tangent est déterminé par elle et la génératrice du second système qui passe par

ce point, plan qui ne peut coïncider avec le premier. Ainsi en K le plan tangent est le plan des deux droites $A'_1B'_1$ et A_2B_2, tandis qu'en M' le plan tangent est le plan des deux droites A_1B_1 et $A'_1B'_1$; or ces deux plans ne sauraient coïncider, parce que les deux génératrices A_1B_1 et A_2B_2, qui appartiennent au même système, ne peuvent être contenues dans un même plan, ainsi que nous allons le démontrer.

249. *Deux génératrices du même système ne se trouvent jamais dans un même plan.*

Ainsi les droites AB et A_1B_1, qui appartiennent au même système de génératrices, ne sauraient se rencontrer. En effet, ces droites étant projetées sur le plan du cercle de gorge suivant les tangentes T et t qui se coupent en S ne pourraient se rencontrer qu'en un point situé sur la verticale GSH; or cette verticale rencontrera AB en H au-dessous du cercle de gorge et A_1B_1 en G au-dessus de ce cercle, à cause du sens de l'inclinaison de ces deux génératrices relativement à l'axe. Par conséquent, deux génératrices du même système ne se rencontrent jamais; de plus, elles ne peuvent être parallèles, puisque leurs projections sur le plan du cercle de gorge se coupent; donc deux génératrices du même système ne sont jamais dans un même plan; donc aussi le plan tangent à l'hyperboloïde de révolution, bien que renfermant les deux génératrices de systèmes différents qui passent par le point de contact, n'est pas tangent tout le long de ces génératrices, ainsi que nous l'avons démontré dans le numéro précédent.

Il est vrai que les projections de deux génératrices du même système qui sont diamétralement opposées sont parallèles, et que l'on pourrait croire alors que la proposition que nous venons de démontrer est fausse. Mais si l'on remarque que ces deux génératrices ont des inclinaisons différentes relativement au diamètre qui passe par les points de contact de leurs projections, on verra qu'elles sont loin d'être parallèles. D'un autre côté, elles ne pourront évidemment pas se rencontrer, puisque leurs projections sont parallèles.

250. *Une génératrice d'un système rencontre toutes les génératrices de l'autre système.*

Cette proposition se démontre facilement, en observant que la verticale passant par le point de rencontre des projections de deux génératrices de systèmes différents, rencontre ces génératrices du même côté du plan du cercle de gorge, et que cette rencontre doit s'effectuer pour chaque génératrice en un même point situé sur la surface.

On remarquera toutefois que deux génératrices de systèmes différents qui passent par les extrémités d'un même diamètre du cercle de gorge sont parallèles. Mais si l'on considère deux parallèles comme étant deux droites qui se rencontrent à l'infini, la proposition est absolument vraie.

251. Si, par le centre O du cercle de gorge, on conduit des parallèles à toutes les génératrices de l'un et l'autre système, toutes ces parallèles seront situées sur un même cône de révolution ayant pour axe celui de l'hyperboloïde, et que l'on appelle *cône asymptotique*, parce qu'il ne touche la surface qu'à une distance infinie du centre, ainsi qu'on le démontre par l'analyse.

252. Paraboloïde de révolution. On appelle ainsi une surface engendrée par une parabole qui tourne autour de son axe.

253. Tore. — On donne le nom de *tore* à la surface engendrée par un cercle qui tourne autour d'une droite fixe située dans son plan.

Plans tangents aux surfaces de révolution.

254. *Par un point donné sur une surface de révolution conduire un plan tangent à cette surface.*

Supposons que la surface de révolution soit un ellipsoïde ayant son axe $(O, B'A')$ (fig. 102) perpendiculaire au plan horizontal de projection, et dont les contours apparents sur le plan horizontal et sur le plan vertical soient le cercle CGD et l'ellipse A'C'B D'; et soit M la projection horizontale du point de la surface par lequel il s'agit de mener un plan tangent. Occupons-nous avant tout de déterminer la projection verticale de ce point, laquelle doit nécessairement se trouver sur la verticale M, à sa rencontre avec le méridien projeté suivant OG. Par conséquent il faudrait, pour obtenir la projection en question, construire la projection verticale de ce méridien et chercher où elle est rencontrée par la verticale M; mais il est préférable, et surtout plus simple, d'opérer comme nous allons l'indiquer.

Imaginons que le méridien du point M tourne autour de l'axe de la surface, jusqu'à ce qu'il coïncide avec le méridien principal, dont les projections sont CD et A'C'B'D'; dans ce mouvement, le point M décrira un arc projeté sur MF, et la verticale M sera devenue la verticale F; mais cette dernière rencontre le méridien principal en deux points F' et F″ : donc, à une projection horizontale correspondent deux projections verticales. Maintenant, si l'on ramène le méridien mobile dans sa position primitive OG, les points projetés en F' et F″ ne changeront pas de hauteur pendant ce mouvement, et, par suite, une fois le mouvement opéré, ils resteront projetés sur les horizontales E'F', E″F″, aux points M' et M″ où ces horizontales sont rencontrées par la ligne de rappel MM'M″. Ainsi, il existe sur la surface deux points (M, M'), (M, M″) ayant la même projection horizontale. On verrait d'une manière analogue qu'il existe aussi sur la surface deux points ayant même projection verticale.

255. Occupons-nous actuellement de construire le plan tangent à la surface, au point (M, M′). Or nous avons vu au numéro 240 que le plan tangent à une surface de révolution se trouve déterminé par les tangentes au parallèle et au méridien qui passent par le point de contact ; par conséquent la question se trouve ramenée à la recherche de ces deux tangentes, recherche que nous allons effectuer.

Le parallèle qui passe par le point (M, M′) se projette évidemment sur le plan horizontal suivant le cercle EMF, et sur le plan vertical, selon l'horizontale E′F′ ; par conséquent la tangente au point (M, M′) de ce parallèle se projettera horizontalement (n° 186) selon la tangente MS au cercle EMF, et verticalement sur E′F′. Quant à la tangente au méridien qui passe par le point (M, M′), on l'obtiendra de la manière suivante : on imaginera, ainsi qu'on l'a fait tout à l'heure, que le plan vertical OMG tourne autour de l'axe de la surface, de manière à se rabattre sur le plan du méridien principal ; le point (M, M′) se sera alors transporté en (F, F′) et il sera facile de construire la tangente en ce nouveau point, laquelle se projettera horizontalement suivant OD, et verticalement suivant la droite R′F′ tangente en F′ à l'ellipse A′C′B′D′. Si l'on ramène ensuite le plan mobile dans sa position première, la trace horizontale (R, R′) de cette tangente décrira un arc de cercle RQ, tandis que le point de contact F′ reviendra en M′ ; donc en projetant le point Q en Q′, sur la ligne de terre, puis joignant Q′M′, on aura les deux projections de la tangente au méridien qui passe par le point (M, M′), projections qui seront QM et Q′M′. Observons d'ailleurs que les droites R′F′ et Q′M′ rencontreront l'axe de la surface en un même point K′.

Connaissant dès lors les tangentes au méridien et au parallèle qui passent par le point donné, il est facile de trouver les traces du plan tangent en ce point. Effectivement, la trace horizontale sera une droite Pp passant par le point Q et parallèle à MS, puisque (MS, M'S') est une horizontale ; quant à la trace verticale, elle sera la droite pS' qui joint le point p, où la trace horizontale rencontre la ligne de terre, au point S', trace verticale de la tangente (MS, M'S').

Le plan tangent relatif au point (M, M'') s'obtiendra d'une manière entièrement analogue, en conduisant d'abord la tangente K''F'' au point F'' du méridien principal, point sur lequel se rabat le point (M, M''), lorsqu'on rabat le plan vertical OG sur le plan de ce méridien, puis joignant le point K'', où cette tangente rencontre l'axe de la surface, au point M'' ; et, comme la tangente au parallèle se trouve être ici (MS, M''S''), les traces du plan tangent seront $P_{\iota}p_{1}$ parallèle à MS, et $p_{\iota}P'_{\iota}$ qui passe par le point S''.

Il est essentiel de remarquer qu'à cause de la symétrie de la surface, les droites K'M' et K''M'' doivent se couper en un point a' situé sur le prolongement de C'D' ; nous ferons la même remarque au sujet du point de rencontre b', des droites K'F' et K''F'', ainsi qu'au sujet du point c', où les traces verticales des deux plans tangents se coupent.

256. Si l'on voulait se procurer la *normale* de la surface au point (M, M''), on n'aurait pour cela qu'à se rappeler (n° 241) que toutes les normales le long d'un même parallèle rencontrent l'axe en un même point, et que chacune d'elles se trouve contenue dans le plan méridien qui passe par le point de contact, attendu qu'on n'aurait alors qu'à conduire par le point F'' une droite N'F'' perpendiculaire sur la tangente K''F'', puis à joindre le point M'' au point N'' où cette perpendiculaire rencontre l'axe : les projections de la normale seraient ainsi immédiatement trouvées, car elles seraient OM et N'M". Nous ferons observer que, cette normale étant perpendiculaire au plan tangent $P_{,}p_{,}P'_{,}$, les traces de ce dernier devront (n° 41) être respectivement perpendiculaires sur ses projections OI et N'd', ce qui fournira une nouvelle vérification des constructions effectuées précédemment.

257. La méthode que nous venons d'employer pour déterminer le plan tangent et la normale à un ellipsoïde, relatifs à un point donné sur la surface, est applicable à toutes les surfaces de révolution sans exception. Cependant il est plus simple, pour l'hyperboloïde de révolution, de se servir des génératrices rectilignes des deux systèmes qui passent par le point donné (voir n° 248).

258. Avant de passer aux autres problèmes, auxquels donnent lieu les plans tangents aux surfaces de révolutions, nous avertissons le lecteur qui n'a en vue que le côté pratique de la coupe des pierres qu'il peut se dispenser de les lire et passer immédiatement au numéro 270.

259. *Par un point donné en dehors d'une surface de révolution, conduire un plan tangent à cette surface.*

Le problème est indéterminé, car si par le point donné on construit un plan tangent à la surface, il sera toujours possible de faire tourner ce plan autour du point donné, sans qu'il cesse d'être tangent à la surface. Or il est évident que les intersections des positions consécutives qu'occupera ce plan mobile, formeront un cône qui enveloppera la surface, ou mieux, qui lui sera tangent suivant une certaine courbe, et dont le sommet sera le point donné ; par conséquent, tout plan qui sera tangent à ce cône le sera aussi à la surface, en l'un des points suivant lesquels elle est touchée par le cône enveloppant.

Si la courbe qui contient tous ces points, et que l'on appelle *courbe de contact,* était connue, et si en outre on assujettissait le plan qui doit être tangent à la surface, à l'être en l'un des points de cette courbe, le problème serait alors parfaitement déterminé, et sa solution serait ramenée à celle du numéro 254. Mais comme la détermination exacte de cette courbe est assez longue ; comme aussi, le plus souvent, la condition que l'on impose au plan tangent, est d'être tangent sur un parallèle ou sur un méridien donné ; comme enfin il existe deux méthodes particulières pour construire le plan tangent, selon qu'il doit l'être sur un parallèle ou sur un méridien, nous nous abstiendrons de construire la courbe de contact, nous contentant d'indiquer les constructions relatives à ces deux méthodes, qui sont connues sous les noms de *méthode du parallèle* et de *méthode du méridien.*

260. *Méthode du parallèle.* — Supposons que la surface de révolution à laquelle il s'agit de conduire un plan tangent soit encore un ellipsoïde ayant pour axe une perpendiculaire au plan horizontal. Soit (fig. 103) (O, A'B') cet axe ; soient, d'un autre côté, A'C'B'D' et CVD les contours apparents de l'ellipsoïde ; soit encore (EcFd, E'F') le parallèle sur lequel doit s'effectuer le contact ; soit enfin (M, M') le point donné par lequel doit passer le plan tangent demandé.

Au point E' menons une tangente E'N' au méridien principal, et imaginons que cette tangente tourne autour de l'axe N'A'B', de manière à toujours s'appuyer sur le parallèle donné ; il est évident qu'elle engendrera ainsi un cône dont tous les plans tangents seront tangents à l'ellipsoïde le long du parallèle en question ; par conséquent tout plan passant par le point donné (M, M') et tangent à ce cône, satisfera à la question.

Pour construire ce plan, on pourrait employer la méthode que nous avons exposée au numéro 199 ; mais comme le sommet du cône pourrait dans certains cas se trouver en dehors du cadre de l'épure, et qu'alors cette méthode ne serait plus applicable, il est préférable d'avoir recours à une autre qui ne se trouve pas en défaut et que nous allons exposer.

Si par le point donné (M, M') nous conduisons deux tangentes au cercle suivant lequel le cône rencontre le plan horizontal qui contient ce point, il est clair que les droites qui joindront le sommet du cône aux points de contact de ces tangentes, seront les génératrices du cône suivant lesquelles il sera *touché* par les deux plans tangents qui passent par le point donné, car on sait (n° 200) que par un point situé en dehors d'un cône on peut conduire deux plans tangents à ce cône. Or, pour construire les deux tangentes en question, ou mieux, pour avoir leurs points de contact, il suffit, ainsi qu'on le voit dans la géométrie élémentaire, de décrire sur la droite qui joint le point donné au centre du cercle, comme diamètre, une circonférence qui coupera le cercle précisément aux points de contact. Décrivons donc sur OM comme diamètre une circonférence ; elle rencontrera le cercle G*b*H, intersection du cône avec le plan horizontal H'G'M', en deux points a et b qui seront les points de contact des deux tangentes émanant du point M.

Si nous joignons alors ces points a et b au point O, les droites O*a* et O*b* seront les projections horizontales des génératrices suivant lesquelles le cône droit sera touché par les plans tangents qui passent par le point (M, M'). Par conséquent, les points c et d où les droites O*a* et O*b* rencontrent le cercle E*d*F*c*, seront les projections horizontales des points du parallèle donné, où a lieu le contact de l'ellipsoïde et des deux plans tangents ; quant à leurs projections verticales, on les obtiendra en conduisant les lignes de rappel *cc'* et *dd'*. Il sera dès lors facile de se procuror les traces de ces deux plans tangents ; nous avons pensé qu'il était inutile de les indiquer sur notre épure.

Si le parallèle donné, tout en ayant la même projection horizontale E*d*F, avait pour projection verticale E″F″, on tirerait la tangente E″K′ qui, en tournant autour de l'axe vertical, engendrerait un cône droit dont la base, dans le plan horizontal G′H′M′ serait le cercle (I*f*K*e*, I′K′) : celui-ci étant coupé par la circonférence M*b*O en deux points *e* et *f*, les rayons O*e* et O*f* seraient les projections horizontales des arêtes de contact du cône avec les plans tangents qui lui seraient menés par le point (M, M′) ; puis, la rencontre de ces rayons avec le parallèle (E*d*F, E″F″) fournirait les points (*g*, *g*′) et (*h*, *h*′) situés sur ce parallèle et où s'effectuerait le contact de l'ellipsoïde et des deux plans tangents, dont les traces se détermineraient facilement.

261. Il peut arriver que le parallèle donné soit tel, qu'il soit impossible de conduire par le point donné (M, M′) un plan tangent à la surface en l'un des points de ce parallèle. On en est averti lorsque le cône tangent à la surface le long de ce parallèle coupe le plan horizontal ⸢G′H′M′ suivant un cercle qui laisse le point donné à son intérieur, car il est bien évident qu'alors il est impossible de conduire par ce point des tangentes à ce cercle.

262. *Méthode du méridien.*—Supposons que l'ellipsoïde et le point donné soient encore ceux de la figure 103. Pour trouver les points de contact de deux plans passant par le point donné et tangents à la surface sur un méridien quelconque *g*O*x*, imaginons par tous les points de ce méridien des droites perpendiculaires à son plan ; l'ensemble de toutes ces perpendiculaires formera évidemment un cylindre horizontal *tangent* à l'ellipsoïde le long de cette courbe méridienne. Conséquemment, si par le point (M, M') nous menons à ce cylindre un plan tangent, ce dernier se trouvera aussi tangent à l'ellipsoïde dans le point où il touchera la méridienne, laquelle peut être considérée comme base du cylindre. Or, pour construire ce plan tangent au cylindre, il faut (n° 215) conduire par le point (M, M') une parallèle aux génératrices du cylindre, c'est-à-dire une droite (M*f*, M'G') perpendiculaire au plan vertical *g*O*x* qui contient la base du cylindre, puis du point *f*, où cette droite rencontre le plan méridien, mener à cette base des tangentes.

Pour construire ces tangentes, on fait tourner le plan du méridien donné autour de l'axe de l'ellipsoïde jusqu'à ce qu'il coïncide avec le plan du méridien principal; le point *f* se transporte évidemment en (I, I'). Conduisant alors les tangentes I'F″ et I'*k*′ au méridien principal, puis ramenant les points de contact F″ et *k*′, au moyen d'arcs de cercle horizontaux, dans le méridien primitif *g*O*x*, on obtiendra les points (*g*, *g*′) et (*i*, *i*′) pour points de contact des plans tangents demandés.

Nous ferons remarquer que le point (*g*, *g*′) est le même que celui que nous avons obtenu précédemment (n° 260); cela provient de ce que nous avons choisi à dessein le plan méridien qui contenait ce point : si nous avons agi ainsi, c'est afin de nous servir des lignes de l'épure déjà existantes, et de ne pas embrouiller davantage le dessin.

263. Il peut très-bien se faire qu'il soit impossible de conduire par le point donné (M, M') un plan tangent au méridien donné. On est averti de cette impossibilité, lorsque le cylindre horizontal qui est tangent à l'ellipsoïde suivant le méridien donné comprend le point donné dans son intérieur, c'est-à-dire lorsque la perpendiculaire M*f* abaissée du point M sur xOy, tombe dans l'intérieur du cercle CVD.

264. Les opérations que nous venons d'exécuter, pour construire un plan passant par un point donné et tangent sur un parallèle ou sur un méridien assignés d'avance dans un ellipsoïde de révolution, sont applicables, quelle que soit la surface de révolution considérée.

265. *Construire un plan tangent à une surface de révolution parallèlement à une droite donnée.*

Le problème est encore indéterminé, car si l'on imagine une droite parallèle à la droite donnée et s'appuyant sur la surface, et si l'on suppose que cette droite tourne autour de la surface en lui restant continuellement tangente, tout en demeurant toujours parallèle à elle-même, on obtiendra un cylindre qui sera tangent à la surface suivant une certaine courbe, et auquel tout plan tangent sera aussi tangent à la surface en l'un des points suivant lesquels elle est touchée par le cylindre enveloppant.

Si la courbe qui contient tous ces points, et que l'on appelle *courbe de contact,* était connue, et si en outre on assujettissait le plan qui doit être tangent à la surface, à l'être en un point spécial de cette courbe, le problème serait alors parfaitement déterminé. Il faudrait donc d'abord construire exactement cette courbe, et en assigner le point où devrait s'effectuer le contact ; mais il est préférable d'avoir recours aux deux méthodes que nous connaissons déjà, celle du parallèle et celle du méridien, selon que le contact doit avoir lieu sur un parallèle ou sur un méridien donnés.

266. *Méthode du parallèle.*— Nous allons cette fois prendre pour surface de révolution une sphère, surface que nous n'avons pas cru devoir définir, attendu que tout le monde a appris à la connaître dans la géométrie élémentaire. Soit donc (fig. 104) (AB, A′B′) la droite donnée; soit en outre (GKHI, G′D′H′C′) la sphère donnée ; soit enfin (E*a*F, E′F′) le parallèle sur lequel doit s'effectuer le contact.

Imaginons un cône circulaire droit engendré par la tangente N′E′ au méridien principal. Il est clair que ce cône touchera la sphère tout le long du parallèle E′F′, et qu'ainsi tout plan tangent mené à ce cône, parallèlement à la droite donnée (AB, A′B′), touchera la sphère dans le point où l'arête de contact rencontrera le parallèle E′F′. Nous sommes ainsi ramenés à conduire un plan tangent au cône N′E′F′, parallèlement à une droite donnée. Mais, pour ne pas être obligés (n° 201) de recourir au sommet N′ de ce cône, sommet qui pourrait se trouver en dehors du cadre de l'épure, nous opérerons de la manière suivante :

Supposons que le cône descende sans tourner sur lui-même le long de la verticale N′C′D′, de manière que cette verticale ne cesse pas d'être son axe, et jusqu'à ce que son sommet N′ vienne en O′. Il est évident qu'une fois le cône ainsi transporté, chacune de ses génératrices sera parallèle à la position qu'elle occupait avant le mouvement; de plus elles auront toutes conservé la même projection horizontale. Par conséquent, si l'on conduit à ce nouveau cône des plans tangents parallèles à la droite donnée, ils seront aussi parallèles aux plans tangents au cône primitif, lesquels doivent être eux-mêmes parallèles à la droite donnée, et les arêtes de contact sur le nouveau cône auront mêmes projections horizontales que celles du cône primitif. Construisons donc les plans tangents au cône *e′*O*f′*, parallèles à (AB, A′B′) : pour cela, par le sommet (O, O′) de ce cône, menons une parallèle (O*m*, O′*m′*) à (AB, A′B′); puis sur *m*O comme diamètre décrivons une circonférence *cmd*O. Cette circonférence rencontrera la trace *ecfd* du nouveau cône en deux points *c* et *d*, qui seront les points de contact des tangentes à cette trace émanant du point *m*.

Traçant alors les droites O*c* et O*d*, ces droites seront les projections horizontales des arêtes de contact, non-seulement du nouveau cône avec les deux plans tangents que nous venons de déterminer, mais encore du cône primitif avec les plans tangents demandés par l'énoncé. Donc les points *a* et *b*, où les droites O*c* et O*d* rencontrent le cercle E*a*F*b* sont les projections horizontales des deux points de la sphère qui sont situés sur le parallèle donné, et où s'effectue le contact des deux plans tangents à celle-ci, parallèles à la droite donnée ; quant à leurs projections verticales *a′* et *b′*, on les obtiendra en conduisant des droites *aa′* et *bb′* perpendiculaires à la ligne de terre.

267. Il n'est pas toujours possible de construire un plan tangent à une surface de révolution, parallèle à une droite donnée, et dont le point de contact soit situé sur un parallèle également donné. Cette impossibilité se manifeste lorsque le cône droit tangent à la surface de révolution, le long du parallèle donné, est tel, qu'une droite conduite par son sommet, parallèlement à la droite donnée, se trouve tout entière contenue dans son intérieur. Il est en effet bien évident que tout plan qui contiendra cette droite sera un plan sécant relativement au cône, et par suite relativement à la surface.

268. *Méthode du méridien.*— Supposons que les données soient celles de la figure 104, avec cette restriction que le contact, au lieu d'avoir lieu sur un parallèle, s'effectue sur un méridien, celui ROS par exemple.

Pour trouver les points de contact de deux plans parallèles à la droite (AB, A′B′) et tangents à la sphère sur ce méridien, imaginons par tous les points de ce méridien des droites perpendiculaires à son plan ; l'ensemble de toutes ces perpendiculaires formera évidemment un cylindre horizontal *tangent* à la sphère le long de cette courbe méridienne. Conséquemment, si nous construisons un plan tangent à ce cylindre et parallèle à la droite (AB, A'B'), ce plan sera aussi tangent à la sphère dans le point où il touchera la méridienne, laquelle peut être considérée comme la base du cylindre.

Pour construire un tel plan tangent, menons par le point (O, O') situé sur le plan de cette base une droite (Om, O'm') parallèle à (AB, A'B') et du point (m, m'), trace de cette droite, abaissons une perpendiculaire (md, m'd') sur le plan vertical ROS, laquelle perpendiculaire sera évidemment parallèle aux génératrices du cylindre en question ; joignons alors le point (d, d') au point (O, O'), nous obtiendrons ainsi la direction (dO, d'O') suivant laquelle il faudra (n° 246) mener des tangentes à la méridienne RS, base du cylindre proposé.

Afin d'effectuer cette opération, rabattons sur le plan du méridien principal, dans le sens indiqué par la flèche, la méridienne RS ainsi que la droite (dO, d'O') : par ce mouvement, le méridien RS se confond avec le méridien principal, et la droite (dO, d'O') devient la droite (Oe, O'e'). Si nous menons alors, parallèlement à cette dernière, deux tangentes N'E' et N"F" au méridien principal, et si nous ramenons les points de contact E' et F", au moyen d'arcs de cercle horizontaux, dans le méridien primitif ROS, nous obtiendrons les points (b, b') et (g, g'), lesquels seront les points de contact des plans tangents demandés.

Nous ferons observer que le point (b, b') est le même que celui que nous avons obtenu précédemment (n° 266). Cette circonstance provient de ce que nous avons choisi le plan méridien qui contenait précisément ce point. Si nous avons fait ce choix, c'est afin de pouvoir employer les lignes qui sur l'épure existaient déjà, et, par suite, afin de ne pas jeter davantage de confusion dans le dessin.

269. *Par une droite donnée, construire un plan tangent à une surface de révolution.*

Ce problème peut se résoudre par plusieurs méthodes dont nous allons exposer les deux plus importantes, sans toutefois construire d'épure.

Première méthode. On prend sur la droite donnée A (fig. 105) un point quelconque *s* et l'on construit la courbe *mn*, suivant laquelle la surface donnée B est touchée par le cône qui a son sommet en ce point, et qui est tangent à la surface, en employant à cet effet l'une des méthodes des numéros 260 ou 262. Il ne reste plus alors qu'à mener par la droite donnée des plans tangents au cône (voir n° 194 et suivants).

On devra avoir soin de choisir le point *s*, de telle sorte que la trace du cône, sur l'un ou l'autre des deux plans de projections, se trouve comprise dans les limites de l'épure, afin qu'il soit possible de conduire à cette trace des tangentes *ta*, *tb*, passant par celle *t* de la droite donnée, et afin que l'on puisse par conséquent déterminer les génératrices de contact *sa* et *sb*.

Deuxième méthode. Au lieu d'un cône, on pourrait se servir d'un cylindre auxiliaire qui aurait ses génératrices parallèles à la droite donnée : cela reviendrait évidemment à supposer que le sommet du cône s'est transporté à l'infini dans la direction de cette droite.

CHAPITRE IV

DES SURFACES GAUCHES ET DE LEURS PLANS TANGENTS.

Principes généraux.

270. Nous avons déjà dit (n° 151) que l'on donne le nom
de *surface réglée* à toute surface qui est engendrée par le
mouvement d'une ligne droite ; mais il importe de distinguer parmi les surfaces réglées celles qui sont développables de celles qui ne le sont pas et qui, pour cette raison,
ont reçu le nom de *surfaces gauches*. Nous avons vu qu'une
surface est développable lorsque la loi qui régit le mouvement de la génératrice rectiligne satisfait à la condition que
deux positions consécutives de la droite mobile soient situées dans un même plan ; nous avons vu en outre que,
lorsque cette condition est remplie, un plan tangent à la
surface l'est tout le long d'une génératrice, et nous avons
ajouté que c'était là le caractère distinctif des surfaces développables.

Nous allons actuellement étudier les surfaces gauches,
c'est-à-dire celles qui sont engendrées par une droite qui se
meut de telle sorte que deux de ses positions consécutives
ne sont pas dans un même plan. Mais avant d'indiquer les
divers moyens de réaliser cette condition, nous ferons voir
que tout plan tangent en un point quelconque d'une surface gauche contient la génératrice qui passe par ce point,
et n'est tangent qu'en ce point *seulement,* contrairement
aux surfaces développables, où un plan est tangent tout le
long d'une génératrice.

271. Soit en effet la surface gauche représentée figure 106,
et dont les génératrices infiniment voisines sont G, G_1, G_2,
G_3, G_4, ... Si nous considérons l'*élément superficiel* compris entre G_1 et G_2, il est évident que cet élément sera gauche de même que la surface, attendu que pour toutes les
courbes AB, A′B′, A″B″,... tracées sur la surface, les éléments linéaires MN, M′N′, M″N″,... qui sont des droites s'appuyant par leurs extrémités sur G_1 et G_2, ne pourront être
situées dans un même plan, puisque, ces deux génératrices
n'y sont pas. Cela posé, comme les tangentes Tt, $T′t′$, $T″t″$
ne sont autre chose (n° 156) que les prolongements des
éléments linéaires MN, M′N′, M″N″, il est évident qu'elles ne
pourront être situées dans un même plan ; d'où il résulte
que les plans tangents relatifs aux points M, M′, M″, ... d'une
même génératrice, *sont parfaitement distincts les uns des
autres,* bien qu'ils renferment tous la génératrice G_1.

On voit par là que tout plan tangent à une surface gauche, en un point M par exemple, est bien réellement *tangent en ce point,* c'est-à-dire qu'il renferme bien les tangentes à toutes les courbes tracées sur la surface par ce
point, mais qu'il est *sécant* dans tous les autres points
qui lui sont communs avec elle. De plus, l'intersection se
compose d'une part de la génératrice G et de l'autre d'une
ligne passant par le point M, ligne qui peut être droite ou
courbe, selon la forme de la surface gauche considérée.

272. Voyons maintenant de quelle manière on peut réaliser la condition qui caractérise les surfaces gauches. A
cet effet, imaginons trois lignes courbes AB, A′B′, A″B″
(fig. 106) et considérons les deux cônes qui auraient pour
sommet commun le point M, pris au hasard sur AB et pour
bases respectives les courbes A′B′ et A″B″ ; il est clair que
ces deux cônes se couperont suivant une droite G_1 passant

par leur sommet commun M et par le point d'intersection de leurs traces sur les plans de projection, et qui de plus s'appuiera sur les trois courbes données. Dès lors, cette droite peut être considérée comme étant la position déterminée que prendrait une génératrice rectiligne, lorsque, glissant simultanément sur les trois courbes données, elle arriverait au point M.

Si l'on imagine encore deux cônes ayant pour bases $A'B'$ et $A''B''$ et pour sommet commun le point N, infiniment voisin du point M, ces deux cônes se couperont suivant une droite G_2 qui sera une position nouvelle de la droite mobile, lorsqu'elle passera par le point N. En considérant ainsi autant de cônes que l'on voudra, on obtiendra autant de positions correspondantes de la génératrice rectiligne, et il en résultera une surface qui, ainsi que nous allons le prouver, sera en général une surface gauche.

En effet, lorsque la droite mobile passe d'une position G_1MM'' à celle infiniment voisine G_2NN'', elle peut être censée glisser sur les trois tangentes MT, M'T', M''T'', qui sont les prolongements des éléments linéaires MN, M'N', M''N'' appartenant aux trois directrices AB, $A'B'$, $A''B''$: conséquemment, si ces trois tangentes ne sont pas situées dans un seul et même plan, les deux génératrices G_1 et G_2 n'y seront pas non plus, et l'espace compris entre elles formera un élément superficiel qui sera évidemment gauche. Or, pour que ces trois tangentes appartinssent au même plan, et surtout pour que la même circonstance se reproduisît à chaque système de points (M, M', M''), (N, N', N''), (P, P', P''), ... situés trois à trois en ligne droite, il faudrait que les trois courbes directrices AC, $A'B'$, $A''B''$ fussent dans une situation toute particulière les unes relativement aux autres, et que leurs formes fussent encore toutes spéciales, ce qui n'a *presque jamais* lieu lorsqu'on prend trois courbes au hasard. On peut donc affirmer que *la surface engendrée par une droite mobile qui s'appuie continuellement sur trois courbes déterminées est une surface gauche.*

273. Toutefois il peut se faire qu'une surface gauche ait un ou plusieurs éléments superficiels plans : c'est ce qui arriverait si, pour une ou plusieurs génératrices, les tangentes aux trois directrices se trouvaient dans un même plan. La surface n'en serait pas moins gauche; seulement on dirait alors qu'elle offre une ou plusieurs *lignes singulières.*

274. Ce que nous venons de dire fait clairement voir que trois courbes *suffisent* pour diriger le mouvement d'une droite, de telle sorte que la surface résultante soit gauche. Prouvons encore qu'il est nécessaire qu'il y en ait trois : effectivement, s'il n'y en avait que deux, le mouvement de la génératrice ne serait pas complétement déterminé; car, pour chaque point choisi à volonté sur l'une des deux directrices, la génératrice pourrait prendre une infinité de positions, situées toutes sur le cône qui aurait ce point pour sommet et pour base la seconde directrice.

275. Cependant il est des cas, ainsi que nous le verrons plus loin, où deux directrices suffisent; mais il faut alors, pour que la surface engendrée soit gauche, que la droite mobile soit assujettie à demeurer 'constamment parallèle à un plan donné, qui pour cette raison porte le nom de *plan directeur.*

Cela revient évidemment à supposer que la troisième directrice s'est tout entière transportée à une distance infinie; car alors la génératrice ne pouvant rencontrer cette ligne qu'à l'infini, doit rester constamment parallèle au plan qui la contient.

276. On peut remplacer une ou deux des trois directrices par des surfaces auxquelles la génératrice devra être tangente.

Enfin rien ne s'oppose à ce que, parmi les directrices, il y en ait une ou deux qui soient des droites ; bien plus, les trois directrices seraient des droites, que la surface n'en serait pas moins gauche, pourvu toutefois que ces droites ne fussent pas situées sur un même plan.

277. Les principes généraux que nous venons d'établir sur le mode de génération des surfaces gauches étant posés, nous allons faire connaître les principales surfaces gauches qui ont reçu une application dans la COUPE DES PIERRES.

Cylindroïde.

278. On donne le nom de *cylindroïde* à une surface engendrée par le mouvement d'une droite qui glisse constamment sur deux courbes fixes en demeurant toujours parallèle à un plan donné.

Pour apprendre à représenter une pareille surface, supposons que les deux courbes données aient pour projections (fig. 107) AB et $A'B'$, CD et $C'D'$, et que le plan directeur soit le plan vertical de projection. Il est clair que toutes les génératrices devront se projeter horizontalement suivant des parallèles à la ligne de terre ; par conséquent, si l'on trace sur le plan horizontal des droites MN, M_1N_1, M_2N_2, ... parallèles à LT, ces droites seront les projections horizontales d'autant de génératrices. Quant aux projections verticales, on les obtiendra en menant les lignes de rappel MM', NN', $M_1M'_1$, $N_1N'_1$, ... et en joignant $M'N'$, $M'_1N'_1$, $M'_2N'_2$, ...

On devra avoir soin, sur la projection verticale, de ponctuer les portions de génératrices qui sont invisibles pour le spectateur, ainsi que nous l'avons fait sur notre épure ; la surface étant complétement visible sur le plan horizontal, les projections des génératrices sur ce plan seront exécutées en *traits pleins*.

Il est bien évident que la surface obtenue ainsi est une surface gauche, attendu que deux génératrices ne sauraient être comprises dans un seul et même plan. En effet, elles ne sont pas parallèles, puisque leurs projections verticales se coupent deux à deux ; ensuite, elles ne peuvent se rencontrer dans l'espace, parce qu'elles sont situées dans des plans verticaux différents qui tous sont parallèles entre eux.

Conoïde.

279. Un *conoïde* est une surface engendrée par une droite mobile qui s'appuie continuellement sur une courbe et une droite fixes, en demeurant parallèle à un plan donné.

Soit (fig. 108) la courbe AB'C tracée sur le plan vertical comme courbe directrice ; soit en outre la droite verticale (O, O'X') comme droite directrice ; soit enfin le plan horizontal comme plan directeur. Sur le plan vertical, traçons des droites D'F'E', G'I'H', M'S'N', parallèles à la ligne de terre ; ces droites seront chacune la projection verticale de deux génératrices du conoïde. Abaissons ensuite sur la ligne de terre des perpendiculaires D'D, G'G, M'M,..... et joignons les points D, G, M, ... au point O.

La surface que l'on déterminera ainsi sera bien une surface gauche, attendu que deux génératrices consécutives ne sont pas situées dans un même plan. Effectivement, pour deux points de la directrice (D, D') et (G, G'), si rapprochés qu'on les suppose, les génératrices correspondantes (DO, D'F'), (GO, G'I) ne sauraient être parallèles, puisque horizontalement elles se projettent suivant des droites qui convergent au même point O ; d'un autre côté, elles ne peuvent se rencontrer dans l'espace, parce qu'elles sont situées dans des plans horizontaux différents.

280. Nous ferons remarquer que le conoïde possède deux

nappes, séparées l'une de l'autre par la verticale (O, O'X') et comprises dans les espaces angulaires AOC et *mOn*.

Hélicoïde gauche à plan directeur.

281. On appelle ainsi une surface engendrée par une droite mobile qui s'appuie continuellement sur une hélice et sur une droite en restant toujours parallèle à un plan donné.

Pour représenter cette surface, supposons que l'hélice directrice soit (fig. 109) l'hélice à base circulaire (ABCDE..., A'B'C'D'E'...,) et que la droite directrice soit l'axe (O, O'O'') du cylindre auquel appartient cette hélice ; supposons en outre que le plan directeur soit le plan horizontal. Cela posé, si l'on veut construire une des génératrices de la surface, celle qui, par exemple, correspond au point (B, B') de l'hélice directrice, on n'aura qu'à joindre le point B au point O et, par le point B', conduire une parallèle (B'*b*) à la ligne de terre. On agira de même pour toute autre génératrice.

Il est clair que la surface ainsi représentée est bien une surface gauche, attendu que deux génératrices quelconques ne sauraient être parallèles ni se rencontrer. En effet, leurs projections horizontales convergent toutes au même point O ; de plus, leurs projections verticales étant parallèles, cela prouve qu'elles appartiennent à des plans horizontaux différents.

282. Il est facile de voir que l'hélicoïde gauche n'est autre chose qu'un conoïde. On lui donne le nom particulier d'*hélicoïde* à cause de la nature de la courbe directrice.

283. Si l'on considère sur les génératrices de cette surface des points (A_1, A'_1), (B_1, B'_1), (I_1, I'_1), (U_1, U'_1) équidistants de la droite (O, O'O''), il est évident que tous ces points

appartiendront à un même cylindre droit ayant pour base
le cercle $A_1B_1I_1U_1$; en outre, si on les joint par une courbe,
la courbe que l'on obtiendra sera une hélice ayant le même
pas que l'hélice directrice $A'E'I'Q'U'$, puisque chacun de
ses points sera à la même hauteur que les points correspondants de celle-ci.

Il résulte de là que l'hélicoïde gauche à plan directeur
peut aussi être engendrée par une droite qui glisse constamment sur deux hélices concentriques, de même pas, et
sur l'axe commun des deux cylindres auxquels appartiennent ces hélices.

Biais passé dit corne de vache.

284. Cette surface est engendrée par une droite mobile
qui s'appuie constamment : 1° sur un cercle $(C'D', C'R'D')$
situé dans le plan vertical de projection ; 2° sur un second
cercle $(AB, A'R'B')$ égal et parallèle au premier ; 3° sur
une droite oO' tracée dans le plan horizontal, perpendiculaire aux plans des deux cercles précédents et passant par
le centre O du parallélogramme $ABD'C'$.

Cette troisième directrice se projetant verticalement en
un seul point O', les projections verticales de toutes les génératrices devront nécessairement passer en ce point ; par
conséquent, si l'on veut construire une génératrice, celle
qui, par exemple, passe par le point (M, M'), on n'aura qu'à
conduire par ce point une droite $N'M'$ aboutissant au point
O', laquelle sera la projection verticale de cette génératrice ; abaissant ensuite les perpendiculaires $N'N$ et $M'M$,
puis, joignant NM, on aura la projection horizontale. On
agirait de même pour toutes les autres génératrices.

Remarquons que celle qui passe par les deux points des
circonférences qui ont même projection verticale R', est ho-

rizontale, et qu'elle ne rencontre la directrice rectiligne O'o qu'à une distance infinie ; de plus, elle est perpendiculaire au plan vertical et, comme telle, se projette verticalement en un seul point, qui est le point R'; enfin elle a pour projection horizontale la droite oO' elle-même.

235. La surface que nous venons de déterminer ainsi est bien une surface gauche, attendu que deux génératrices quelconques se trouvant dans des plans menés par la droite O'o ne pourraient se couper que sur cette droite ; or, elles vont la rencontrer en des points bien différents, ainsi qu'on peut le voir en examinant les projections horizontales.

236. Si le parallélogramme ABD'C' était un rectangle, les deux cercles A'R'B', C'R'D' auraient la même projection verticale, les génératrices seraient toutes horizontales, et la surface serait un cylindre perpendiculaire au plan vertical de projection.

Si, au contraire, le parallélogramme devenait tel que la diagonale BC' fût perpendiculaire à la ligne de terre, la surface se composerait de deux moitiés de cône qui auraient leurs sommets l'un au point B et l'autre au point C'.

Hyperboloïde à une nappe.

287. On donne le nom d'*hyperboloïde à une nappe* à une surface gauche engendrée par le mouvement d'une droite qui s'appuie constamment sur trois droites fixes, non parallèles à un même plan, et dont deux quelconques ne sont pas situées dans un même plan.

Soit (fig. 111) trois droites B, B', B″ remplissant ces conditions ; voyons comment il est possible de déterminer d'autres droites s'appuyant à la fois sur elles trois. A cet effet, prenons sur la directrice B un point quelconque C et conduisons par ce point deux plans passant l'un par la droite B, l'autre par la droite B″; cherchons ensuite l'intersection de ces deux plans; nous obtiendrons une droite ACDE qui s'appuiera évidemment sur les trois directrices assignées. On arriverait au même résultat en construisant l'intersection de la directrice B″ avec le plan mené par le point C et la directrice B′ et en joignant ce point de section au point C. Cette opération, effectuée pour d'autres points C′, C″,… de la droite B, fournira les diverses génératrices A′, A″,… qui passent par ces points.

288. La surface ainsi obtenue est nécessairement *gauche*, attendu que deux génératrices quelconques A et A′ ne sauraient être dans un même plan qu'autant que les droites B, B′, B″, qui ont chacune un point commun avec A et A′, seraient elles-mêmes situées dans ce plan, ce qui est absolument contraire aux conditions formelles imposées dans la définition. De plus, le raisonnement que nous avons tenu n'étant nullement fondé sur ce que les deux droites A et A′ sont infiniment voisines, il en résulte que dans l'hyperboloïde à une nappe deux génératrices *quelconques* ne se trouvent jamais dans un même plan.

289. Contrairement aux surfaces gauches que nous avons étudiées jusqu'ici, l'hyperboloïde à une nappe jouit d'une propriété très-remarquable, sur laquelle est basée la détermination du plan tangent, ainsi que nous le verrons plus loin : c'est qu'elle admet un second mode de génération, dans lequel les génératrices deviennent des directrices; et réciproquement. Cette propriété est la conséquence de deux théorèmes que nous allons d'abord démontrer.

290. Théorème 1. — *Si une droite* OS *coupe les trois côtés d'un triangle* ABC (fig. 112) *ou bien leurs prolongements, le produit de trois segments non contigus, c'est-à-dire qui n'ont pas d'extrémité commune, est égal au produit des trois autres.*

Il s'agit de démontrer que

$$AS \times CO \times BR = AR \times BO \times CS.$$

A cet effet, menons la droite BD parallèle à OS, et nous aurons, à cause de la similitude des triangles ARS et ABD, CBD et COS,

$$\frac{AR}{BR} = \frac{AS}{SD}$$

et

$$\frac{CO}{BO} = \frac{CS}{SD}.$$

De ces deux égalités on tire facilement

$$SD = \frac{AS \times BR}{AR}$$

et

$$SD = \frac{CS \times BO}{CO},$$

Ces deux valeurs étant nécessairement égales, on a

$$\frac{AS \times BR}{AR} = \frac{CS \times BO}{CO};$$

et en chassant les dénominateurs

$$AS \times CO \times BR = AR \times BO \times CS,$$

ce qu'il fallait démontrer.

291. Théorème II. — *Si dans un quadrilatère gauche* (*) ABCD (fig. 113), *on mène deux droites* PR *et* ST, *s'appuyant chacune sur deux côtés opposés ou sur leurs prolongements et se rencontrant en un point* O, *le produit de quatre segments non contigus sera toujours égal au produit des quatre autres segments; c'est-à-dire que l'on aura*

$$AP \times BT \times CR \times DS = AS \times DR \times CT \times BP.$$

(*) On donne le nom de *quadrilatère gauche* à un quadrilatère dont les quatre côtés ne sont pas dans un même plan. Pour obtenir une pareille figure, il suffit d'assembler (fig. 113) deux triangles ABC, ADC, de façon qu'ils aient un côté commun AC, et que leurs plans ne coïncident pas.

En effet, si nous observons d'abord que les deux sécantes ou transversales PR et ST se rencontrent en un point O, nous en conclurons qu'elles doivent être dans un même plan, qui contiendra nécessairement les droites PT et SR, lesquelles iront conséquemment se couper en un certain point V; mais comme ces droites se trouvent, l'une dans le plan du triangle ABC, l'autre dans le plan du triangle ADC, et que ces deux plans se coupent suivant la diagonale CV, il faudra que le point de rencontre V de PT et de SR se trouve précisément sur cette diagonale.

Cela posé, les droites VPT et VSR étant considérées comme des transversales par rapport aux triangles ABC et ADC, on aura, d'après le théorème précédent,

$$AP \times BT \times CV = AV \times BP \times CT,$$
$$CR \times DS \times AV = AS \times DR \times CV.$$

Multiplions ces deux égalités membre à membre, nous aurons :

$$AP \times BT \times CR \times DS \times CV \times AV$$
$$= AS \times DR \times CT \times BP \times CV \times AV;$$

supprimant ensuite les facteurs communs, nous tomberons sur la relation annoncée

$$(a) \qquad AP \times BT \times CR \times DS = AS \times DR \times CT \times BP.$$

laquelle peut être mise sous la forme

$$(b) \qquad \frac{AP}{PB} \times \frac{CR}{RD} = \frac{AS}{SD} \times \frac{CT}{TB}.$$

292. RÉCIPROQUEMENT (fig. 113), *si deux droites PR et ST coupent les côtés opposés d'un quadrilatère gauche de telle sorte que la relation précédente (a) ait lieu, ces deux droites sont dans un même plan.*

Effectivement, si elles n'y étaient pas, on pourrait conduire par le point S une droite ST' qui y fût avec PR, et l'on aurait, d'après le théorème précédent,

$$AP \times BT' \times CR \times DS = AS \times DR \times CT' \times BP.$$

ce qui ne peut évidemment avoir lieu, puisque l'énoncé suppose que la relation (a) se trouve vérifiée.

295. Revenons maintenant à la propriété dont jouit l'hyperboloïde, propriété que nous avons énoncée au numéro 289, à savoir que cette surface admet deux modes de génération.

Prouvons que toute droite B'''KK'' (fig. 111) qui s'appuie sur trois génératrices quelconques A, A', A'', du premier système, rencontrera toutes les droites de ce système, telles que A''' par exemple; d'où il résultera évidemment que tous les points de B''' appartiendront à l'hyperboloïde engendrée avec les trois directrices B, B', B'', et qu'ainsi les directrices pourront devenir des génératrices et *vice versâ*.

Puisque, par hypothèse, B''' s'appuie à la fois sur A, A', A'', ce qui est toujours possible, on aura, en considérant B''' et A' comme des transversales du quadrilatère gauche CEE''C'', et en appliquant la formule (b),

$$\frac{CK}{KE} \times \frac{E''K''}{K''C''} = \frac{CC'}{C'C''} \times \frac{E''E'}{E'E}.$$

De même, A' et B' se rencontrant, on aura, en les regardant comme des transversales du même quadrilatère,

$$\frac{CD}{DE} \times \frac{E''D''}{D''C''} = \frac{CC'}{C'C''} \times \frac{E''E'}{E'E};$$

ou bien, puisque les seconds membres de ces deux dernières égalités sont identiques,

$$\frac{CD}{DE} \times \frac{E''D''}{D''C''} = \frac{CK}{KE} \times \frac{E''K''}{K''C''}.$$

Enfin, puisque la droite A''' rencontre la droite B', le même quadrilatère fournira encore, en considérant ces deux droites comme des transversales,

$$\frac{CD}{DE} \times \frac{E''D''}{D''C''} = \frac{CC'''}{C'''C''} \times \frac{E''E'''}{E'''E} \,,$$

ou bien, comme le premier membre de cette dernière égalité est identique avec celui de la précédente,

$$\frac{CK}{KE} \times \frac{E''K''}{K''C''} = \frac{CC'''}{C'''C''} \times \frac{E''E'''}{E'''E}\cdot$$

Cette nouvelle égalité prouve (n° 292) que les droites A''' et B''' sont bien dans un même plan, et que par suite elles se rencontrent. Donc, puisqu'une génératrice du premier système est toujours coupée par une génératrice du second système, il en résulte, ainsi que nous nous proposions de le démontrer, qu'une hyperboloïde à une nappe admet bien deux modes de génération. Il en résulte également que par chaque point de la surface il passe toujours une génératrice de chaque système.

294. On pourrait démontrer que l'hyperboloïde à une nappe peut encore être engendrée par une droite tournant autour d'une autre droite fixe non située dans le même plan, et qu'ainsi elle est identique à l'hyperboloïde que nous avons définie au numéro 259. Mais, comme la démonstration de cette vérité exige l'emploi de considérations analytiques qui sont complétement en dehors de l'esprit de cet ouvrage, nous nous abstiendrons de la donner.

Paraboloïde hyperbolique.

295. On donne le nom de *paraboloïde hyperbolique* à la surface engendrée par une droite mobile qui glisse sur deux autres droites non situées dans un même plan, en demeurant constamment parallèle à un plan donné, appelé *plan directeur*.

Pour construire des génératrices de cette surface, il suffira de mener, par chaque point de l'une des deux directrices, un plan parallèle au plan directeur, puis de chercher le point où ce plan ira couper l'autre directrice et de joindre ces deux points par une droite.

296. La paraboloïde hyperbolique est bien une surface gauche, car deux génératrices quelconques A et A′ (fig. 114), infiniment voisines ou non, ne pourraient se trouver contenues dans un plan unique qu'autant que les directrices B et B′, qui ont chacune deux points communs avec les premières, seraient elles-mêmes situées dans ce plan. Or cela est entièrement contraire à la définition que nous venons de donner (n° 295); donc la surface est gauche.

297. On a vu en géométrie élémentaire que les portions de deux droites comprises entre des plans parallèles sont proportionnelles entre elles.

Réciproquement, si deux droites sont coupées par trois autres en parties proportionnelles, ces trois dernières lignes seront parallèles à un même plan.

On peut conclure de là que si une droite s'appuie sur deux autres en la coupant toujours en parties proportionnelles, la surface engendrée sera une paraboloïde hyperbolique.

298. *Si les directrices d'une surface réglée sont trois droites parallèles à un même plan, cette surface sera une paraboloïde hyperbolique.*

Soient les trois droites A, A′, A″ (fig. 115) parallèles au plan P, et supposons que B, B′ B″ soient trois positions de la génératrice.

Les droites A, A′, A″, étant parallèles à un même plan P,

couperont les deux lignes B et B″ en parties proportionnelles (n° 297); de sorte que l'on aura

$$\frac{EE'}{E'E''} = \frac{CC'}{C''C'},$$

d'où l'on tire

$$EE' \times C'C'' = CC' \times E'E''.$$

De plus, la génératrice B′, s'appuyant sur les trois directrices A, A′, A″, coupera la seconde en D′, et l'on aura,
d'après le théorème du numéro 291, en considérant D′ et A′
comme des transversales du quadrilatère gauche ECC″E″,

$$E'E'' \times D''C'' \times C'C \times DE = EE \times E''D'' \times C''C' \times CD.$$

Multiplions cette égalité par la précédente : il viendra

$$D''C'' \times DE = E'D'' \times CD$$

ou bien

$$\frac{C''D''}{D''E''} = \frac{CD}{DE}.$$

Donc la génératrice B′ coupera toujours les directrices A,
A″ en parties proportionnelles ; par conséquent (n° 297), la
surface engendrée sera une paraboloïde hyperbolique ayant
un plan directeur P′ parallèle aux droites B, B″. On peut
donc supprimer l'une des trois directrices A, A′, A″ et la
remplacer par le plan directeur P′.

299. De même que l'hyperboloïde à une nappe, la paraboloïde hyperbolique admet un second mode de génération
qui est l'inverse du premier.

Soit (fig. 115) une paraboloïde ayant pour directrices les
deux droites B et B″, et pour plan directeur le plan P. Les
génératrices A, A′, A″ couperont les directrices en parties
proportionnelles (n° 298) et l'on aura

$$\frac{EE'}{E'E''} = \frac{CC'}{C'C''}.$$

d'où l'on tire

(c) $$EE' \times C'C'' = CC' \times E'E''.$$

Concevons actuellement une seconde paraboloïde hyperbolique qui aurait pour directrices A, A″ et dont le plan directeur serait P′ parallèle aux droites B, B″, lesquelles, par conséquent, seront deux positions de la génératrice.

Si nous supposons que B′ soit une troisième génératrice de cette seconde paraboloïde, nous aurons (n° 297)

$$\frac{E''D''}{D''C''} = \frac{ED}{C},$$

ou bien

(d) $$E''D'' \times DC = ED \times D''C''.$$

Multipliant l'équation (c) par l'équation (d), il viendra

$$EE' \times E''D'' \times C''C' \times CD = ED \times CC' \times C''D'' \times E''E';$$

d'où l'on peut conclure (n° 292) que la génératrice A′ de la première paraboloïde rencontrera la génératrice B′ de la seconde. De plus, comme cette dernière relation est *indépendante* des positions particulières de A′ et de B′, il en résulte que toutes les génératrices de la première paraboloïde rencontreront toutes celles de la seconde, et que par suite ces deux paraboloïdes n'en font qu'une seule.

500. On conclut de tout ce qui précède que dans la paraboloïde hyperbolique, le plan directeur relatif à l'un des modes de génération est parallèle aux directrices du second mode; et, réciproquement, le plan directeur relatif au second mode est parallèle aux directrices du premier mode.

Plans tangents aux surfaces gauches.

301. L'hyperboloïde à une nappe et le paraboloïde (*) hyperbolique sont, parmi les surfaces gauches, les plus simples que l'on puisse concevoir, attendu que leurs directrices sont des lignes droites : aussi la construction de leurs plans tangents est-elle également plus simple que celle des plans tangents aux autres surfaces gauches. C'est précisément à cause de cette simplicité que l'on a cherché à ramener la solution des plans tangents aux surfaces gauches quelconques à la solution des plans tangents à l'hyperboloïde ou au paraboloïde. Il importe donc de parler tout d'abord des plans tangents relatifs à ces deux dernières surfaces.

302. *Du plan tangent à l'hyperboloïde à une nappe.* — Nous avons vu (n° 293) que par chaque point de l'hyperboloïde il passe deux génératrices, l'une du système A, l'autre du système B. Or ces lignes sont évidemment elles-mêmes leurs propres tangentes : elles devront donc se trouver toutes les deux dans le plan tangent relatif au point où elles se rencontrent; par conséquent, elles suffiront pour déterminer ce plan et pour trouver ses traces (n° 21).

Supposons qu'un hyperboloïde étant défini par les trois directrices B, B', B″ (fig. 111), on veuille construire le plan

---

(*) C'est à tort que jusqu'ici les mots *hyperboloïde, paraboloïde* et *hélicoïde* ont été mis au féminin, bien qu'en réalité ils soient du genre masculin. L'erreur provient de ce que le correcteur de l'imprimerie, au lieu de s'en rapporter au manuscrit de l'auteur, a cru devoir consulter le *Dictionnaire de l'Académie,* qui, en dépit de l'usage consacré, dit que ces mots sont du genre féminin. A partir d'à présent, et malgré le *Dictionnaire,* on rendra à ces mots leur genre véritable, qui est le masculin.

tangent en un point K''' de cette surface. On construira d'abord (n° 287) la génératrice A''' qui passe par ce point, ainsi que deux autres génératrices quelconques A et A'; puis, adoptant ces trois lignes A, A''', A' pour directrices, on conduira par le point K''' une droite B''' qui s'appuie sur elles trois. Faisant alors passer un plan pas les droites A''' et B''', ce sera le plan tangent demandé. Nous n'avons pas cru, à cause de la simplicité de cette solution, devoir construire une épure spéciale.

303. *Du plan tangent au paraboloïde hyperbolique.*—On a vu (n° 299) qu'en chaque point du paraboloïde il existe deux droites situées sur la surface et appartenant à chacun de ses deux modes de génération. Or ces deux droites sont elles-mêmes leurs propres tangentes : elles suffiront donc (n° 21) pour déterminer les traces du plan tangent au point où elles se rencontrent. Par conséquent, lorsque le point de contact D' (fig. 115) sera donné sur une génératrice connue A', il suffira de construire seulement une seconde génératrice quelconque A du même mode, en employant le procédé du numéro 295. Cela fait, on coupera les deux génératrices A et A' par un plan passant par le point donné D', et parallèle aux deux directrices B, B'' : la droite B' qui réunira les deux points de section de ce plan avec A et A', sera située sur le paraboloïde et déterminera avec la droite A' le plan tangent demandé.

Nous avons pensé qu'il était inutile de construire une épure spéciale, vu la simplicité des opérations.

304. Nous allons maintenant démontrer une propriété excessivement importante des surfaces gauches, sur laquelle est fondée toute la théorie de leurs plans tangents.

THÉORÈME.— *Lorsque deux surfaces gauches* S *et* S' (fig. 116) *ont une génératrice commune* GABC, *et qu'elles* SE TOUCHENT *en trois points* A, B, C *de cette génératrice, ces deux surfaces* SE RACCORDENT *entièrement tout le long de cette génératrice; c'est-à-dire que pour chaque point de cette droite le plan tangent est commun pour l'une et l'autre surface.*

Puisque les deux surfaces ont leurs plans tangents communs aux trois points A, B et C, trois plans quelconques conduits par ces trois points couperont les deux surfaces S et S' suivant des courbes EF, JH, IK et *ef, jh, ik* qui seront deux à deux tangentes entre elles. Les trois premières de ces courbes, EF, JH, IK, pourront être adoptées pour *directrices* de la droite mobile G, quand elle engendre la surface S, tandis que les trois autres courbes seront les directrices relatives à la seconde surface S'.

Cela posé, faisons glisser la génératrice G sur les trois directrices de la surface S, et amenons-la dans une position *infiniment voisine gabc*. Pendant ce mouvement, cette droite mobile n'aura pas cessé d'être en même temps sur la seconde surface S', attendu que les courbes directrices de celles-ci, qui sont tangentes aux trois autres, ont en commun avec elles les trois éléments rectilignes A*a*, B*b*, C*c;* donc les deux droites infiniment voisines G et *g* sont communes aux deux surfaces, ce qui permettrait déjà de conclure que ces deux surfaces, ayant un élément superficiel commun, *se touchent* tout le long de la droite G qui limite cet élément.

Afin de rendre cette conséquence plus évidente, coupons les surfaces S et S' par un quatrième plan quelconque, mené par le point D choisi au hasard sur G : nous obtiendrons deux nouvelles courbes MN, *mn*, qui toutes deux passeront par les points D et *d* où ce plan rencontrera G et *g*. Ces deux courbes ayant deux points communs infiniment voisins, se toucheront suivant l'élément D*d*, ou bien,

ce qui revient au même, elles auront la même tangente TD*t*.
Par conséquent, les plans tangents des deux surfaces au
point D n'en feront qu'un seul, puisque chacun d'eux devra
contenir la génératrice G et la tangente T*t*, ce qui démontre
rigoureusement le théorème énoncé.

305. Il peut se faire que les deux surfaces proposées
S et S′ aient un plan directeur; dans ce cas, il n'est pas
nécessaire, pour qu'elles se raccordent tout le long d'une
génératrice commune, qu'elles se touchent en trois points
de cette génératrice : il suffit que cela ait lieu pour deux
points seulement, et que le plan directeur soit le même pour
les deux surfaces.

En effet, en adoptant le même mode de démonstration
que précédemment, on obtiendra aux deux points en question A et C (fig. 116) des courbes EF et *ef,* IK et *ik* qui seront respectivement tangentes l'une à l'autre ; dès lors la
droite *g*, qui doit être parallèle au plan directeur commun,
ne pourra pas prendre deux positions différentes sur S et
S′, et sera par conséquent commune aux deux surfaces.

306. *Du plan tangent à une surface gauche quelconque,*
en un point donné de cette surface. — Soient (fig. 117) EF,
JH, IK, les trois directrices d'une surface gauche quelconque S, et M le point d'une génératrice GABC, pour lequel on demande le plan tangent.

Nous commencerons par mener les tangentes AT, BU,
CV aux directrices données ; puis, faisant glisser la droite G
sur ces trois tangentes, nous obtiendrons un hyperboloïde
à une nappe, qui aura évidemment en A, B, C les mêmes
plans tangents que les surfaces proposées. Ces deux surfaces se raccorderont donc tout le long de la génératrice G
(n° 304). Par conséquent, la recherche du plan tangent de
la surface S, au point M, sera ramenée à celle du plan tan-

gent à cet hyperboloïde, problème dont la solution a été donnée au numéro 302. Mais il est beaucoup plus simple d'avoir recours à un paraboloïde, ainsi qu'on va le voir.

507. Dans le plan tangent à la surface proposée S, en A, lequel plan est déterminé par la génératrice GA et la tangente AT, il est toujours possible de mener par ce point A une droite AZ qui soit parallèle au même plan que les deux tangentes BU et CV, car il est clair que cela revient à couper le plan tangent GAT par un plan parallèle à BU et CV, ce qui peut toujours se faire. Si alors on adopte les trois droites CV, BU et AZ, qui se trouvent parallèles à un même plan, pour diriger le mouvement de la génératrice G, on produira (n° 298) un paraboloïde hyperbolique qui, de même que l'hyperboloïde de tout à l'heure, aura trois plans tangents communs avec la surface S, en A, B, C; par conséquent, le plan tangent à cette surface en M sera le même que celui du paraboloïde ainsi formé. Quant à la détermination de ce dernier plan, elle s'effectuera ainsi qu'il a été dit au numéro 303.

508. Si la surface à laquelle il s'agit de mener un plan tangent est une surface à plan directeur P, il suffira, pour diriger le mouvement de la génératrice G, parallèlement au plan P, d'employer deux tangentes seulement; car le paraboloïde que l'on obtiendra alors se *raccordera* bien avec la surface S, et le plan tangent à ce paraboloïde pour le point M sera aussi celui de la surface S en ce même point.

509. Proposons nous actuellement d'appliquer les principes qui viennent d'être exposés ; et, à cet effet, occuponsnous de déterminer le plan tangent au conoïde de la figure 108, pour le point (Q, Q').

Comme cette surface a un plan directeur qui est le plan horizontal de projection, nous emploierons la méthode du numéro 308. Pour cela, traçons d'abord la tangente G'T' au point de la courbe ABC, où aboutit la génératrice (OQG, I'Q'G'), qui contient le point donné (Q, Q'); et, comme l'autre directrice (O, O'X') est une droite qui est sa propre tangente, on pourra l'adjoindre à la tangente G'T' pour servir de directrices à un paraboloïde ayant même plan directeur que le conoïde.

Cela posé, joignons dans le plan horizontal le point O au point T', ce sera évidemment une seconde génératrice de ce paraboloïde; coupons ensuite les deux génératrices OT' et (OG, I'G') par un plan vertical parallèle aux deux directrices et passant par le point (Q, Q'), nous obtiendrons ainsi pour section dans le paraboloïde une droite du second système (Qa, Q'a'). Dès lors, le plan qui passera par les deux droites (Qa, Q'a') et (OG, I'G'), situées l'une et l'autre sur le paraboloïde, sera bien le plan tangent de cette surface auxiliaire et aussi du conoïde proposé, puisque ces deux surfaces se raccordent (n° 305) tout le long de la génératrice (OQG, I'Q'G').

Si l'on veut déterminer les traces de ce plan tangent, on n'aura qu'à mener, pour la trace horizontale, par le point a une droite Pp parallèle à la projection OG de la génératrice du point de contact, laquelle est horizontale (n° 27); quant à la trace verticale, on l'obtiendra en joignant le point p au point G', qui est la trace verticale de cette même génératrice.

On pourra vérifier les constructions précédentes en s'assurant si pP' est bien parallèle à Q'a', la droite (Qa, Q'a') étant une verticale du plan tangent (n° 27).

310. Proposons-nous encore de construire le plan tangent à l'hélicoïde gauche de la figure 109, pour le point (V, V'). Pour cela, nous emploierons la même méthode

que nous avons appliquée dans l'article précédent, et qui
a été décrite au numéro 308.

On construira d'abord (n° 226) la tangente (GT, G'T') à
l'hélice directrice, au point (G, G') où elle est rencontrée
par la génératrice qui contient le point donné (V, V').
Comme la seconde directrice (O, O'O″) de l'héliçoïde est
une droite qui est sa propre tangente, on pourra l'adjoindre à la tangente (GT, G'T') pour servir de directrices à un
paraboloïde de raccordement ayant pour plan directeur
celui de l'héliçoïde, c'est-à-dire le plan horizontal.

Cela posé, si l'on joint dans le plan horizontal le point O
au point T, on aura évidemment une seconde génératrice
de ce paraboloïde ; coupant ensuite les deux génératrices
OT et (OG, O'G') par un plan vertical, parallèle aux deux
génératrices et passant par le point donné (V, V'), on
obtiendra pour section dans le paraboloïde une droite du
second système (Va, V'a'). Dès lors le plan qui passera par
les deux droites (Va, V'a') et (OG, m'G'), situées l'une et
l'autre sur le paraboloïde, sera bien le plan tangent de
cette surface auxiliaire, et aussi de l'héliçoïde proposé,
puisque ces deux surfaces se raccordent (n° 305) tout le
long de la génératrice (OVG, m'V'G').

Si l'on veut déterminer les traces de ce plan tangent, on
n'aura, pour la trace horizontale, qu'à mener par le point a
une parallèle PP à OG ; quant à la trace verticale, on l'obtiendra de la manière suivante : par un point quelconque
(d, d') de (Gg, G'g') on conduira une parallèle (df, $d'f'$) à
(Va, V'a') ; puis, par la trace verticale h' de cette parallèle
et par celle g' de (GO, G'm'), on mènera une droite P'P' qui
sera la trace verticale du plan tangent, et qui devra rencontrer la ligne de terre au même point que PP. Ce point
est ici en dehors des limites de l'épure.

311. Soit maintenant le biais passé de la figure 110, lequel a été décrit au numéro 284, et soit (Q, Q') le point par lequel il s'agit de conduire un plan tangent à cette surface.

Comme ici la surface n'a pas de plan directeur, on sera obligé d'avoir recours au procédé moins simple du numéro 307. On formera donc d'abord un paraboloïde de raccordement ayant pour directrices trois tangentes à la surface qui soient parallèles à un même plan. Deux de ces directrices seront les tangentes N'T' et $(Mt, M't')$ aux deux courbes directrices du biais passé ; la troisième devra être une droite parallèle au plan vertical, menée par le point o où oOO' est rencontré par $(MN, M'N')$, et située dans le plan qui touche la surface en ce point. Or ce plan tangent doit contenir la génératrice $(NMO, N'M'O')$, ainsi que la droite oOO' ; par conséquent, ces deux droites suffisent pour le déterminer : c'est donc le plan $oO'N'$. D'où l'on conclut que la troisième directrice du paraboloïde de raccordement sera la droite $(on, O'N')$.

Cela posé, cherchons une seconde génératrice de cette surface auxiliaire, celle, par exemple, qui passe par le point (t, t'). Pour cela, conduisons par ce point et par la directrice $(on, O'N')$ un plan : il aura évidemment pour trace horizontale la droite ato qui joint le point t au point o, et pour trace verticale une parallèle ab' à O'N' ; puis, comme ce plan rencontre la première directrice $(NT', N'T')$ au point (b, b'), la droite $(btc, b't'c')$ qui joint ce point au point (t, t') sera la seconde génératrice cherchée.

Maintenant, coupons les deux génératrices $(oMN, O'M'N')$ et $(btc, b't'c')$ de notre paraboloïde par un plan vertical, parallèle aux trois directrices et passant par le point donné (Q, Q') ; ce plan rencontrera la génératrice $(btc, b't'c')$ au point (d, d'), et la droite $(Qd, Q'd')$ sera une génératrice appartenant au second mode de génération du paraboloïde ;

par conséquent, le plan qui contiendra les droites (Qd, Q'd') et (oMN, O'M'N') sera le plan tangent du paraboloïde, et par suite du biais passé, pour le point assigné (Q, Q'). Quant aux traces de ce plan, elles seront ofp qui joint le point o au point f, et pN' parallèle à f'Q'.

312. Nous avons vu, au début de ce chapitre, que tout plan tangent en un point quelconque d'une surface gauche contient la génératrice qui passe par ce point, et nous nous sommes appuyés sur cette importante propriété pour construire le plan tangent aux différentes surfaces gauches que nous avons étudiées ; nous allons actuellement prouver que tout plan qui contient une génératrice quelconque d'une surface gauche est un plan tangent, quelle que soit d'ailleurs sa direction.

Soit pour cela une surface S (fig. 118) et un plan P qui contient une génératrice G de cette surface ; nous allons démontrer que le plan P est tangent à la surface S en un certain point de la génératrice G.

Nous savons (n° 161) que pour qu'un plan soit tangent en un point d'une surface, il suffit qu'il contienne deux tangentes en ce point à la surface. Or le plan P contient déjà une génératrice G de la surface gauche S, laquelle génératrice, étant tangente à elle-même, peut être considérée comme une première tangente de la surface ; il contient encore la droite tt', tangente à la courbe mn suivant laquelle il coupe les autres génératrices de la surface : contenant deux tangentes à cette surface, il lui sera donc tangent.

On conclut de là que, pour qu'un plan soit tangent à une surface gauche, le point de contact n'étant pas fixé, il suffit de faire passer ce plan par une génératrice de la surface. Quant au point de contact, il s'obtiendra ensuite en déterminant l'intersection de la génératrice avec la courbe suivant laquelle la surface est coupée par le plan.

313. *Du plan tangent à une surface gauche, mené par un point pris en dehors de cette surface.* — On fera passer (fig. 120) des plans MuG, Mu'G', Mu''G'', ... par le point donné M et chacune des génératrices de la surface, ce qui fera autant de plans tangents à cette surface (n° 312); on construira ensuite les différentes courbes ab, $a'b'$, $a''b''$, ..., suivant lesquelles ces plans coupent la surface; on cherchera enfin les points b, c', c'', ... où ces courbes rencontrent les génératrices correspondantes, lesquels points seront les points de contact des plans tangents. La courbe bd, qui contiendra tous ces points de contact, sera celle suivant laquelle la surface gauche serait touchée par un cône qui aurait son sommet au point donné M. On voit par là que le problème est indéterminé.

314. *Du plan tangent à une surface gauche, mené par une droite donnée en dehors de cette surface.* — On construira (fig. 121) la ligne ab, suivant laquelle la surface gauche serait touchée par un cône ayant son sommet en un point quelconque M de la droite donnée. On construira de même la ligne cd, provenant du contact de la surface gauche avec un second cône ayant son sommet en un autre point quelconque N de la droite donnée. Le point O, où ces deux lignes ab et cd se rencontreront, sera le point de tangence du plan demandé. Il ne restera plus alors qu'à faire passer un plan par les deux droites OM et ON.

315. *Du plan tangent à une surface gauche, parallèle à une droite donnée.* — On fera passer par chacune des génératrices de la surface gauche un plan parallèle à la droite

donnée. Le point de contact se déterminera comme il a été
dit au numéro 312. La courbe qui contiendra tous ces points
de contact sera celle suivant laquelle la surface proposée
serait touchée par un cylindre parallèle à la droite donnée.
Le problème est donc encore indéterminé.

316. Nous terminerons ce chapitre par la démonstration
d'une propriété très-curieuse dont jouissent toutes les surfaces gauches ; voici l'énoncé de cette propriété.

Dans toute surface gauche, QUELLE QU'ELLE SOIT, *les diverses
normales menées par tous les points d'une même génératrice
forment toujours un paraboloïde hyperbolique.*

Soient MOPQ (fig. 119) une surface gauche quelconque,
G l'une de ses génératrices, et AN, A′N′, A″N″, A‴N‴ des
normales à la surface, menées par les divers points de la
génératrice G. Imaginons que la surface formée par toutes
ces normales fasse un quart de révolution autour de G, il est
évident que ces normales, qui sont déjà perpendiculaires
à cet axe de rotation, prendront des positions AT, A′T′,
A″T″, A‴T‴, ... qui formeront des angles droits, non-seulement avec la droite G, mais encore avec leurs positions
primitives AN, A′N′, A″N″, A‴N‴, ... Il est clair aussi que
dans ce mouvement la surface formée par les normales ne
fera que changer de position, et qu'elle restera *identique* à
elle-même. D'ailleurs les droites AT, A′T′, A″T″, A‴T‴, ...
seront tangentes à la surface gauche MOPQ, et situées conséquemment dans les plans tangents à cette surface aux
points A, A′, A″, A‴, ...

Cela posé, cherchons à quel genre de surface peut appartenir celle formée par les tangentes AT, AT′, ... A cet
effet, faisons glisser la droite G sur trois quelconques
AT, A′T′, A″T″ de ces tangentes, lesquelles sont toutes
parallèles à un même plan, nous obtiendrons ainsi (n° 298)

un paraboloïde hyperbolique qui se raccordera avec la surface gauche MOPQ tout le long de la droite G. Nous allons maintenant prouver que toutes les autres tangentes, telles que $A'''T'''$, sont aussi situées sur ce paraboloïde. En effet, si nous le coupons par un plan perpendiculaire à G et conduit par le point A''', nous obtiendrons une droite qui, à cause du raccordement de la surface gauche proposée avec ce paraboloïde, se trouvera contenue dans le plan tangent $GA'''T'''$ de la surface gauche; d'où il résulte que la droite en question et $A'''T'''$ devront coïncider, puisqu'elles sont toutes deux perpendiculaires à GA''' et situées dans le plan tangent en A'''. Donc $A'''T'''$ appartient au paraboloïde formé par les trois premières tangentes. On démontrerait de la même manière que toute autre tangente appartient aussi à ce paraboloïde. On conclut de là que la surface formée par toutes ces tangentes est un paraboloïde, ainsi que celle formée par les normales AN, $A'N'$ ..., puisque ces deux surfaces sont *identiques*.

Nous aurons quelquefois occasion de nous appuyer sur cette propriété des surfaces gauches lorsque nous parlerons des voûtes à *douelle* gauche.

LIVRE III

DES INTERSECTIONS DE SURFACES

CHAPITRE I

DES SECTIONS PLANES.

317. *Déterminer : 1° l'intersection d'un cylindre circulaire droit et d'un plan ; 2° le rabattement de cette intersection et de la tangente en l'un de ses points ; 3° le développement du cylindre, et la transformée de l'intersection avec sa tangente.*

Soit AEBI le cercle de base du cylindre donné, et soit UU′, VV′ les verticales qui déterminent le contour apparent de cette surface sur le plan vertical ; soit enfin P*p*P′ le plan sécant.

Pour trouver la section demandée qui est une ellipse, on *coupera* le plan et le cylindre par une suite de plans horizontaux. Chacun de ces plans auxiliaires coupera le cylindre suivant un cercle, et le plan donné suivant une droite ; ce cercle et cette droite se rencontreront en deux points qui seront précisément des points de la section cherchée. Appliquons cette méthode qui, ainsi qu'on le voit, est excessivement simple ; et, pour cela, considérons un plan horizontal quelconque, 3′-N′F′. Ce plan aura pour section dans le plan donné P*p*P′ une droite horizontale (3-F, 3′-F′), et pour section dans le cylindre un cercle projeté sur la base AEBI ; par conséquent, les points N et F qui sur le plan horizontal sont communs à ces deux sections auxiliaires, seront les projections horizontales de deux points de l'intersection demandée ; quant aux projections verticales de ces mêmes points, on les obtiendra en élevant les perpendiculaires NN' et FF'. On déterminera les autres points d'une manière identiquement semblable.

318. Les mêmes constructions que nous venons d'exécuter peuvent être interprétées différemment. En effet, si l'on mène à volonté des plans auxiliaires qui soient *verticaux et parallèles à la trace horizontale* pP du plan donné, comme 3-NF, on obtiendra dans le plan donné une droite (NF, N'F') qui sera évidemment horizontale, et dans le cylindre deux génératrices qui seront projetées verticalement sur nN' et fF' ; la rencontre de ces deux génératrices avec la ligne 3'–F' fournira deux points (N, N'), (F, F') de l'intersection demandée.

319. Cette seconde méthode offre sur la première l'avantage de permettre de trouver directement certains points *remarquables* de la courbe, points qu'il importe de construire de préférence à d'autres : tels sont le point *le plus haut* et le point *le plus bas,* ainsi que ceux qui se trouvent situés sur les arêtes du cylindre qui forment son contour apparent sur le plan vertical. Déterminons d'abord ces derniers. A cet effet, conduisons par les arêtes (A, UU'), (B, VV') des plans verticaux et parallèles à pP ; ces plans nous fourniront sur le plan vertical les points A' et B', qui séparent la *partie visible* de l'intersection cherchée, d'avec la *partie invisible;* de plus, la projection verticale A'E'B'I' de cette intersection devra être tangente en ces points-là aux deux droites UU' et VV'.

Effectivement, les tangentes à la courbe dans l'espace pour les points (A, A') et (B, B') sont, ainsi qu'on le sait (n° 178), situées dans les plans tangents au cylindre le long des arêtes (A, UU′), (B, VV′); mais ces plans tangents sont ici perpendiculaires au plan vertical, et c'est sur leurs traces que se projetteront conséquemment les tangentes en question. D'ailleurs on a démontré (n° 186) que les projections d'une courbe et de sa tangente sont tangentes l'une à l'autre; donc la courbe A′E′B′I′ est bien tangente aux lignes UU′ et VV′.

320. Cherchons actuellement le point le plus haut et le point le plus bas. Pour cela, nous remarquerons d'abord qu'en ces points la tangente doit être évidemment horizontale; ensuite nous ferons observer que la tangente en un point quelconque de la courbe cherchée s'obtient en déterminant l'intersection du plan tangent au cylindre, le long de l'arête qui contient ce point, avec le plan donné (n° 178).

Cela posé, nous disons que les points en question se trouveront situés sur les arêtes C et D, pour lesquelles le plan tangent au cylindre est parallèle à la trace pP. En effet, si, après avoir conduit les droites C-7 et D-1, tangentes à la base du cylindre et parallèles à pP, et avoir construit comme ci-dessus les points (C, C′) et (D, D′) de la section, on veut trouver les tangentes relatives à ces points, il faudra chercher les intersections du plan donné avec les plans verticaux C-7-7′ et D-1-1′ qui touchent le cylindre en (C, C′) et (D, D′); or ces trois plans, ayant leurs traces parallèles, se couperont nécessairement suivant des horizontales 7′-C′, 1′-D′ qui seront les tangentes aux points C′ et D′, et qui limiteront la courbe dans le haut et le bas.

321. *De la tangente en un point de la courbe d'intersection.* — Si maintenant on veut se procurer la tangente en un point quelconque (F, F′) de la courbe de section ainsi obtenue, on déterminera l'intersection du plan donné PpP′ avec le plan tangent au cylindre le long de l'arête (F, fF′),

et cette intersection sera précisément la tangente demandée. Mais le plan tangent a pour trace horizontale la droite
RF tangente à la base AEBI, laquelle droite rencontre pP
en un point R qui est précisément la trace horizontale de la
tangente demandée. Projetant dès lors cette trace R en R',
sur la ligne de terre, puis joignant le point R' au point F',
on aura les projections de la tangente, lesquelles seront
RF et R'F'.

322. *Rabattement de l'intersection et de la tangente.* —
Pour connaître la véritable forme de la courbe de section,
rabattons le plan sécant PpP' sur le plan vertical, en adoptant sa trace verticale pP' pour charnière. Dans ce mouve-
ment, les horizontales $(1\text{-}D, 1'\text{-}D')$, $(2\text{-}E, 2'\text{-}E')$, … conser-
veront leurs longueurs absolues, qui sont $1\text{-}D$, $2\text{-}E$, …
et deviendront parallèles à la position pP, que prendra la
trace horizontale pP après ce rabattement. Il importe donc
tout d'abord de déterminer cette position : pour cela, considérons la droite $(CD, C'D')$ qui passe par le point le plus
haut et le point le plus bas de la section plane, et déterminons la véritable grandeur $s't''$ de cette droite, ainsi que
nous avons appris à le faire au numéro 28; observons ensuite que cette droite fait partie d'un triangle rectangle
dont les deux autres côtés sont ps' et pt. Si donc avec ces
trois côtés nous construisons le triangle $s'pt''_1$, la base pt''_1P_1
sera le rabattement de la trace ptP'. Dès lors, en tirant
par les points $1'$, $2'$, $3'$, …, qui ne bougent pas pendant la
rotation, des parallèles à pP_1, et en prenant les longueurs

$$1'\text{-}D'_1 = 1\text{-}D, \quad 2'\text{-}A'_1 = 2\text{-}A, \quad 2'\text{-}E'_1 = 2\text{-}E,$$
$$3'\text{-}N'_1 = 3\text{-}N, \quad 3'\text{-}F'_1 = 3\text{-}F, \; …,$$

on obtiendra une série de points qui, réunis par un trait
continu, fourniront la courbe $D'_1E'_1H'_1C'_1M'_1$, laquelle sera
la vraie grandeur de l'intersection du cylindre avec le plan

PpP'. Quant au rabattement de la tangente (RF, R'F'), on se le procurera évidemment en prenant pR$_1$ = pR, au moyen de l'arc de cercle RkR$_1$, puis joignant le point R$_1$ avec F'$_1$ par la droite R$_1$F'$_1$, qui devra être tangente à la courbe D'$_1$G'$_1$C'$_1$M'$_1$.

525. On peut encore déterminer la vraie grandeur de la courbe de section en rabattant le plan sécant PpP' dans le plan horizontal, autour de pP comme charnière. Voici alors comment il importe d'opérer : on construit d'abord un triangle rectangle pts'', dont le sommet s'' est au point de rencontre de l'arc de cercle $s's''$ avec la droite st prolongée, et dont l'hypoténuse ps'', est le rabattement de la trace verticale du plan donné; ensuite, du point p, comme centre on décrit les arcs $1-y$ -$1''$, $2'-x-2''$, $3'-v-3''$, ...; puis par les points $1''$, $2''$, $3''$, ... on conduit des parallèles à pP, qui par leurs rencontres avec les droites MM$_1$, KK$_1$, II$_1$, ..., perpendiculaires à pP, déterminent autant de points du rabattement de la courbe de section. Ces opérations successives se trouvent suffisamment justifiées par ce fait, que chaque point de la courbe de section décrit, pendant la rotation du plan PpP', un arc de cercle dont le plan est perpendiculaire à la charnière pP (n° 108).

Quant au rabattement de la tangente, il n'y a qu'à joindre le point R, qui ne bouge pas pendant toute la durée de la rotation, au point F$_1$; on obtient ainsi une droite RF$_1$ qui doit être tangente à la courbe D$_1$G$_1$C$_1$M$_1$.

524. *Du développement du cylindre et de la transformée de l'intersection.* — Occupons-nous actuellement de développer la surface cylindrique, et cherchons ce que devient dans ce développement la courbe de section que nous venons de déterminer. Imaginons pour cela que le cylindre soit coupé le long de la génératrice D, et ouvrons-le de manière à l'appliquer sur un plan. Il est parfaitement clair que pendant tout le temps que durera cette opération, les génératrices ne cesseront pas d'être perpendiculaires à la courbe de base, et qu'une fois le développement effectué, cette perpendicularité existera encore ; d'ailleurs ces mêmes génératrices resteront toujours parallèles entre elles, et la ligne de base se transformera en une droite qui leur sera perpendiculaire. Par conséquent, si l'on porte sur une droite indéfinie des longueurs (fig. 123)

$$D''E'' = DE, \quad E''F'' = EF, \quad F''G'' = FG, \quad G''H'' = GH,$$

et que par les points D'', E'', F'', G'', ... on élève des perpendiculaires égales à la hauteur VV' du cylindre, on obtiendra pour le développement de cette surface le rectangle $D''ZZ'D'''$.

Cherchons maintenant ce que devient la courbe de section ; et à cet effet remarquons que les portions de génératrices du cylindre comprises depuis la base jusqu'à cette courbe doivent conserver, après le développement, leurs longueurs primitives. Si donc nous portons sur les verticales du développement des distances

$$D''D_2 = dD', \quad E''E_2 = eE', \quad F''F_2 = fF', \quad G''G_2 = gG', \quad ...,$$

et que nous réunissions par un trait continu les points D_2, E_2, F_2, G_2, ... ainsi obtenus, nous obtiendrons, pour la *transformée* de l'intersection, la courbe $D_2E_2F_2G_2C_2D'_2$.

525. La tangente de cette transformée au point F_2 est ce que devient la tangente primitive $(RF, R'F')$, attendu que, le cylindre pouvant être considéré comme un prisme composé d'une *infinité* de faces *infiniment petites en largeur*, contenant chacune un élément de la courbe de section, la tangente à cette courbe, qui n'est autre chose que l'élément de contact prolongé, sera encore tangente à la transformée après le développement, puisque cette transformée se compose des mêmes éléments que la courbe primitive, sauf que les angles qu'ils forment entre eux ne sont plus les mêmes.

Or la tangente (RF, R'F') à la courbe primitive est l'hypoténuse d'un triangle rectangle qui a pour base RF et pour hauteur fF', et dont les angles demeurent invariables pendant toute la durée du développement ; par conséquent, si nous prenons (fig. 123) une longueur $F''R'' = RF$, puis que nous joignions $R''F_2$, la droite que nous obtiendrons sera la tangente au point F_2 de la transformée.

Nous ferons observer que le point le plus haut et le point le plus bas de la courbe de section seront encore le point le plus haut et le plus bas de la transformée, et que les tangentes en ces points seront encore horizontales.

326. *Étant donné un cylindre oblique, déterminer les projections de la section droite de ce cylindre.*

On appelle *section droite* d'un cylindre la courbe résultant de l'intersection de ce cylindre avec un plan perpendiculaire à ses arêtes.

Comme toutes les sections parallèles faites dans un cylindre sont identiques, il est indifférent que le plan qui produit la section droite occupe une position plutôt qu'une autre.

Cela dit, soit (fig. 124) ABCD la courbe directrice du cylindre, courbe que nous supposerons plane et appliquée sur le plan horizontal de projection ; soit en outre, $(FF_1, F'F'_1)$ la direction des génératrices. Conduisant alors à la courbe ABCD des tangentes GG_1 et MM_1 parallèles à FF_1, ces tangentes formeront le contour apparent du cylindre sur le plan horizontal ; menant ensuite les tangentes CC' et AA' perpendiculaires à la ligne de terre, puis traçant les droites $C'C'_1$ et $A'A'_1$ parallèles à $F'F'_1$, ces droites détermineront le contour apparent sur le plan vertical. Nous supposerons que le cylindre n'est pas indéfini en longueur, et qu'il se trouve limité dans sa partie supérieure par un plan horizontal $C'_1A'_1$, qui produira une courbe $A_1B_1C_1D_1$ identique avec celle de base ABCD. Enfin, soit PpP' un plan dont les traces sont respectivement perpendiculaires aux projections des génératrices du cylindre.

Les données étant ainsi bien définies, occupons-nous de trouver la section droite. Pour cela, nous couperons les deux surfaces, le plan et le cylindre, par des plans auxiliaires qui soient tous verticaux et parallèles aux arêtes du cylindre : ces plans détermineront dans chaque surface des droites qui, par leur rencontre, fourniront des points de la courbe cherchée. Soient donc NUS et R'SR″ les traces de l'un de ces plans auxiliaires verticaux ; elles rencontreront celles du plan PpP' aux points U et R', d'où il résulte que l'intersection de ces deux plans sera la droite (US, U'R'). Ce même plan auxiliaire NSR' coupera le cylindre suivant deux arêtes dont les pieds sont en N et D, et qui, par suite, se trouvent projetées verticalement sur $E'E'_1$ et $B'B'_1$; par conséquent, la rencontre de ces deux arêtes avec la droite (SU, R'U') fournira deux points de la section droite demandée. Les projections verticales de ces deux points seront en d' et n', c'est-à-dire aux points où les projections verticales des deux arêtes sont coupées par celles de la droite résultant de l'intersection du plan donné avec le plan auxiliaire ; quant aux projections horizontales de ces mêmes points, on les obtiendra en abaissant des points d' et n', sur la ligne de terre, des perpendiculaires, et les prolongeant jusqu'à leur rencontre en d et n avec la droite NDN_1D_1, qui est sur le plan horizontal la projection commune des deux arêtes en question.

Considérons maintenant d'autres plans sécants *auxiliai-*

res, ceux qui, par exemple, ont pour traces horizontales les droites MM_1 et GG_1. Ils couperont le plan donné PpP' suivant deux droites, dont les projections verticales $u'm'$ et $v'g'$ seront évidemment parallèles à $U'n'$; puis, comme les lignes MM_1 et GG_1 forment le contour apparent du cylindre sur le plan horizontal, ils seront tangents à cette surface suivant les deux arêtes qui ont ces deux lignes pour projections horizontales, et qui verticalement se projettent sur $F'F'_1$ et $G'G'_1$. Or les points m' et g' où les droites $u'm'$ et $v'g'$ sont respectivement rencontrées par $F'F'_1$ et $G'G'_1$ seront les projections verticales de deux nouveaux points de la section droite cherchée, points qu'il restera ensuite à projeter horizontalement sur MM_1 et GG_1, en m et g.

Nous ferons remarquer que, ces points (m, m') et (g, g') appartenant aux génératrices du contour apparent horizontal, les tangentes en ces points à la courbe de section droite seront situées dans les plans verticaux MM_1 et GG_1 et se projetteront conséquemment sur MM_1 et GG_1; donc, en vertu du théorème démontré au numéro 186, la projection horizontale de cette courbe de section devra être tangente en m et g aux droites MM_1 et GG_1. De plus, comme les mêmes tangentes de l'espace aux points (m, m') et (g, g') ne sont autre chose que les droites d'intersection du plan donné avec les plans verticaux auxiliaires MM_1 et GG_1, il en résulte, toujours en vertu du théorème du numéro 186, que la projection verticale de la courbe de section devra aussi être tangente en m' et g' aux droites $u'm'$ et $v'g'$.

En appliquant la même méthode de recherche aux génératrices $(AA_1, A'A'_1)$ et $(CC_1, C'C'_1)$ qui forment le contour apparent sur le plan vertical, on obtiendra les points (a, a') et (c, c'), dans lesquels la projection verticale de la courbe sera touchée par les droites $A'A'_1$ et $C'C'_1$. Ce contact résulte de considérations semblables à celles que nous venons d'exposer pour les points situés sur les génératrices qui forment le contour apparent horizontal.

527. Si l'on veut obtenir le point le plus haut et le point le plus bas de la courbe, c'est-à-dire ceux où les tangentes sont horizontales, on commencera par chercher sur la base ABCD les points E et I où les tangentes à cette base seront *parallèles* à la trace horizontale Pp du plan sécant donné PpP'; on construira ensuite par le procédé général les points (e, e') et (i, i') de l'intersection qui seront situés sur les génératrices $(EE_{1}, E'E'_{1})$ et $(II_{1}, I'I'_{1})$; ces points seront précisément le point le plus haut et le point le plus bas. En effet, les tangentes en ces points doivent être les intersections du plan donné PpP' avec les plans tangents au cylindre le long des génératrices $(EE_{1}, E'E'_{1})$ et $(II_{1}, I'I'_{1})$; mais, par hypothèse, les traces horizontales de ces plans tangents sont parallèles à Pp : donc le plan donné ne peut couper ceux-ci que suivant des droites parallèles à Pp, c'est-à-dire horizontales.

328. *De la tangente en un point de la courbe de section droite.* — Soit (b, b') un point quelconque de la section droite, et supposons que l'on veuille construire la tangente en ce point. Pour cela, nous remarquerons que cette tangente est l'intersection du plan donné PpP' avec le plan tangent au cylindre le long de l'arête $(BB_{1}, B'B'_{1})$, et qu'il suffit, par conséquent, de déterminer le point (V, V') où la trace horizontale Pp du plan donné est rencontrée par celle de ce plan tangent, c'est-à-dire par la droite VB tangente à la base ABCD. Ce point (V, V') étant obtenu, il n'y aura plus qu'à le joindre au point (b, b') et l'on aura la tangente demandée $(Vb, V'b')$.

329. *Rabattement.* — Il est des cas où l'on a besoin de connaître la véritable forme et la grandeur exacte de la section droite d'un cylindre ; il importe alors de la rabattre sur l'un des plans de projection. Voici dans ce cas comment il convient d'opérer : on rabat le plan PpP' sur le plan horizontal, autour de sa trace Pp comme charnière, et l'on cherche ce que deviennent, après ce rabattement, les différents points connus de la section.

Pour effectuer cette recherche, considérons un point quelconque (e, e') de la courbe ; ce point ne sortira évidemment pas du plan vertical EE_1, perpendiculaire à la charnière, et, après le rabattement, il devra se trouver quelque part sur EE_1, à une distance du point x égale à la vraie longueur de $(xe, x'e')$. Pour obtenir cette vraie longueur, rabattons le plan vertical EE_1 sur le plan horizontal ; alors la génératrice $(EE_1, E'E'_1)$, qui est contenue dans ce plan vertical, prendra la position EZ hypoténuse d'un triangle rectangle ZE_1E dont la hauteur ZE_1 est égale à rC'_1 ; d'un autre côté, la droite $(xe, x'e')$ qui est perpendiculaire à la génératrice $(EE_1, E'E'_1)$, le sera encore après le rabattement, en sorte que la droite xz, perpendiculaire sur EZ, sera son rabattement et, par suite, sa vraie longueur. Décrivant donc du point x comme centre, avec xz pour rayon, l'arc ze_1, le point e_1 sera le point (e, e') rabattu.

Si l'on remarque que le plan vertical EE_1 coupe encore le cylindre suivant une seconde génératrice $(II_1, I'I'_1)$, on comprendra aisément que ce plan devra entraîner avec lui cette génératrice dans son rabattement et lui faire prendre une position IY parallèle à EZ. Cette droite IY rencontrera xz en un point y qui, ramené en i_1 sur EE_1 fournira un second point du rabattement de la section.

On exécutera les mêmes constructions pour tous les autres points de la section droite : on obtiendra ainsi la courbe $m_1i_1g_1e_1$ pour le rabattement de cette section.

Quant à la tangente (Vb, $V'b'$) de la courbe primitive, comme son pied V situé sur la charnière Pp reste immobile pendant toute la durée du mouvement de rotation; comme d'ailleurs le point de contact (b, b') s'est transporté en b_1, il s'ensuit que Vb_1 est le rabattement de la tangente, lequel rabattement devra être nécessairement tangent en b_1 à la courbe $m_1 i_1 g_1 e_1$.

330. *Développement.* — Nous ferons maintenant observer que si l'on voulait développer le cylindre, on obtiendrait pour *transformée* de la section droite une *ligne droite* qui serait perpendiculaire aux parallèles qui sur le développement représenteraient les génératrices du cylindre. Cela résulte de ce que, le plan qui contient la section droite étant perpendiculaire aux génératrices, chaque élément rectiligne de cette section forme un angle droit avec les deux génératrices qui passent par ses extrémités, angle qui reste évidemment *invariable* pendant le développement en outre, comme dans le développement, tous ces éléments doivent former une ligne continue, la seule ligne admissible, dont tous les éléments soient perpendiculaires à un même système de parallèles, est nécessairement une ligne droite.

Par conséquent, pour effectuer le développement, on commencera par tracer une ligne droite ayant une longueur égale au périmètre de la courbe $m_1 i_1 g_1 e_1$, puis, sur cette ligne qui représentera la section droite, on élèvera des perpendiculaires distantes les unes des autres, de longueurs respectivement égales aux arcs qui, sur la courbe $m_1 i_1 g_1 e_1$, sont compris entre les points correspondants. Enfin, sur ces perpendiculaires, et pour obtenir la transformée de la base ABCD, on prendra à partir de la ligne qui représente la transformée de la section droite des longueurs égales à celles qui, sur les génératrices correspondantes du cylindre, sont comprises entre la base et la sec-

tion droite. On fera de même pour la base supérieure
$A_1B_1C_1D_1$.

331. *Déterminer : 1° l'intersection d'un cône et d'un plan ;
2° le rabattement de cette intersection et de la tangente en
l'un de ces points ; 3° le développement du cône et la transformée de l'intersection avec sa tangente.*

Soit (fig. 125) un cône ayant pour base la courbe ABCGN
et dont le sommet est en (S, S'). Le contour apparent sur
le plan horizontal sera formé, d'une part, par les tangentes SF et SM à la courbe de base, et d'autre part par la
portion de cette courbe qui se trouve comprise entre les
deux points de contact F et M, c'est-à-dire l'arc FAM ;
quant au contour apparent sur le plan vertical, il sera produit par les deux génératrices S'H' et S'U', qui répondent
aux plans tangents HH'S', UU'S', perpendiculaires au plan
vertical. Soit d'un autre côté PpP' le plan dont il s'agit de
déterminer l'intersection avec la surface conique.

Nous supposons, afin de simplifier les opérations graphiques, que ce plan est perpendiculaire au plan vertical de
projection. S'il n'en était pas ainsi, il serait toujours facile
de le rendre tel, en changeant de plan vertical, comme il
a été dit au numéro 91.

Pour obtenir la courbe de section, nous couperons le
plan et le cône par des plans auxiliaires passant tous par
le sommet du cône, parallèles à la trace horizontale du
plan PpP', et par suite perpendiculaires au plan vertical.
Soit QQ'S' l'un de ces plans : comme la trace horizontale
QQ' de ce plan rencontre la base du cône en deux points Q
et B, on en conclut que ce plan auxiliaire coupe le cône
suivant deux génératrices (SQ, S'Q') et SB, S'Q') ayant
même projection verticale, puisqu'il est perpendiculaire au
plan vertical. Ce même plan auxiliaire coupera le plan

donné P*p*P′ suivant une droite qui sera horizontale, perpendiculaire au plan vertical, et projetée en (*q*′, *xbq*). La rencontre de cette droite avec les deux génératrices fournira, sur le plan horizontal, deux points *b* et *q* qui seront les projections horizontales de deux points de la section demandée, lesquels points auront d'ailleurs pour projection verticale commune le point *q*′, où la trace verticale du plan donné est coupée par celle du plan auxiliaire.

En répétant les mêmes constructions pour d'autres plans auxiliaires, on obtiendra autant de points que l'on voudra de l'intersection du cône et du plan P*p*P′; mais on devra avoir soin, afin de rendre plus facile le développement ultérieur du cône, de faire passer les traces horizontales de ces plans auxiliaires par des points U, A, B, C, D, ... qui divisent le cercle de base en parties égales. Parmi ces plans se trouveront les plans MM′S et JFS′, qui, chacun, contiennent l'une des deux génératrices du cône, lesquelles forment le contour apparent de cette surface sur le plan horizontal. Ces deux plans auxiliaires feront connaître les points *m* et *f* situés sur ces génératrices, et l'on sait qu'en ces points la courbe *abcd*... doit être tangente à ces génératrices.

Nous ferons observer que, puisque le plan donné est perpendiculaire au plan vertical, tous les points de la section demandée se projetteront verticalement sur la trace verticale P*p*′ de ce plan.

552. *De la tangente.* — Construisons maintenant la tangente de l'intersection pour un point quelconque (*e*, *k*′). Cette tangente devant se trouver, d'une part, dans le plan donné, et d'autre part dans le plan tangent au cône le long de l'arête (SE, S′K′), sera fournie par l'intersection de ces deux plans. Or le plan tangent a pour trace horizontale la droite VE tangente à la base ABCD... du cône; par conséquent, le point V où cette trace rencontre *p*P est un point de la tangente cherchée. Joignant donc ce point au point *e*, on aura la projection horizontale V*e* de cette tangente, dont la projection verticale se trouvera sur la trace verticale *p*P′ du plan donné.

333. *Rabattement.*— Si l'on veut connaître la courbe de section en vraie grandeur, il faut rabattre le plan sécant P*p*P′ sur le plan horizontal, autour de sa trace horizontale P*p*, comme charnière. Dans ce mouvement, chaque point de la courbe, tel que (u, u'), décrira un arc de cercle dont le plan sera perpendiculaire à la charnière, et qui verticalement se projettera suivant un arc de cercle identique $u'z$. Donc, pour trouver le rabattement du point (u, u'), on abaissera du point u une perpendiculaire uu'' sur la charnière P*p*; on décrira du point p comme centre, avec pu' pour rayon, un arc de cercle uz; on conduira par le point z une droite zu'' perpendiculaire à la ligne de terre : le point u'' où cette dernière perpendiculaire rencontrera la première sera précisément le rabattement du point u. En procédant de la même manière pour tous les autres points de la courbe, on se procurera le rabattement de chacun d'eux. Joignant alors par un trait continu les points u'', r'', q'', … ainsi obtenus, on aura une courbe qui sera la vraie grandeur de la section du cône par le plan P*p*P′.

334. *Développement.*— Nous allons actuellement donner le moyen de développer le cône et de trouver ce que devient la courbe de section dans ce développement.

On considérera le cône comme étant une pyramide ayant pour faces les triangles formés par les génératrices et les cordes des arcs compris sur la base entre ces génératrices : ainsi le triangle (SQR, S′Q′R′) sera l'une des faces de cette pyramide, laquelle pyramide se confondra d'autant mieux avec le cône que les génératrices seront plus rapprochées et que les cordes des arcs de la base seront, par conséquent, plus près de se confondre eux-mêmes avec ces arcs.

Cela posé, on construira sur un plan (fig. 126) tous ces triangles dans leur *véritable grandeur*, en les plaçant les uns à côté des autres, dans l'ordre convenable, et leur donnant le même point S_1 pour sommet (*). Nous avons supposé dans notre épure que le cône avait été coupé suivant la génératrice (SI, S'I').

Pour construire tous ces triangles, il est nécessaire de connaître toutes les génératrices dans leur véritable grandeur. A cet effet, on les fait tourner autour de la verticale qui passe par le sommet du cône, jusqu'à ce qu'elles soient parallèles au plan vertical de projection ; elles se projettent alors sur ce plan dans leur véritable grandeur. Nous n'avons pas effectué cette rotation sur notre épure dans la crainte d'y introduire une trop grande confusion ; du reste nous avons pensé que le lecteur y suppléerait facilement en se reportant au n° 28, où se trouvent décrites les constructions relatives à cette opération.

Nous ferons remarquer qu'il est important, lorsqu'on opère la rotation dont nous venons de parler, de chercher ce que devient le point de la courbe de section, qui est situé sur la génératrice que l'on fait tourner, parce que, prenant alors la distance de ce point au sommet du cône, et la portant, à partir du point S_1, sur la droite correspondante du développement, on se procurera tous les points de la courbe de section dans le développement. La base du cône est représentée sur ce développement (fig. 126) par la courbe $I_2 J_1 K_1 M_1 N_1 \ldots$, et la section par la courbe $i_2 j_1 k_1 m_1 n_1 \ldots$

335. Quant à la tangente au point e_1 de la *transformée*, on l'obtiendra en menant à la courbe $I_2 J_1 A_1 I_1$ une tangente $V_1 E_1$,

(*) Ce point S_1, sommet commun de tous ces triangles, ne se trouve pas indiqué dans notre épure, parce que nous nous sommes trouvés limités par les dimensions du cadre.

au point E_1 où aboutit la génératrice qui contient le point de contact, puis prenant sur cette tangente une longueur $E_1 V_1$ égale à EV (fig. 125), et joignant le point V_1 au point e_1.

336. Les trois exemples de sections planes que nous venons d'étudier suffisent pour faire comprendre la marche à suivre dans la détermination d'une pareille section, quelle que soit d'ailleurs la surface coupée. Nous ferons seulement observer qu'il sera toujours avantageux de choisir les plans auxiliaires, de manière que les sections auxiliaires soient, s'il est possible, des *droites* ou des *cercles*, parce que ces lignes se tracent facilement. Nous recommanderons en outre aux commençants de s'exercer au tracé des courbes par de *nombreux* exercices, afin d'acquérir le sentiment de la *continuité* dans ces courbes ; nous leur conseillerons encore de ne pas trop multiplier les constructions auxiliaires qui conduisent à la connaissance des divers points d'une section, parce que les petites erreurs *inséparables* de toute opération manuelle, portant alors sur des points très-rapprochés, produisent des sinuosités ou d'autres défauts choquants qui n'eussent pas été sensibles sur de plus grandes distances. Il faut donc être très-prudent dans la répartition de ces constructions, et les multiplier seulement dans les parties où la courbe paraît devoir offrir quelque forme particulière qu'il est nécessaire de bien connaître.

La détermination des tangentes est un excellent moyen de vérification pour savoir si, en un certain point, une courbe est bien ou mal tracée, parce que la connaissance de la tangente fait aisément sentir si l'arc qui précède ou qui suit le point de contact a besoin d'être modifié, afin de rendre ce contact plus intime. Au reste, nous engageons le lecteur à consulter de bons modèles, ou mieux, à demander des conseils à un praticien exercé.

CHAPITRE II

DES INTERSECTIONS DE DEUX SURFACES.

Intersection de deux cylindres.

337. Soient (fig. 127) AEFB la courbe de base du premier cylindre, et $(AA_1, A'A'_1)$ l'une de ses génératrices; soient CDG et $(QQ_1, Q'Q'_1)$ les données analogues pour le second cylindre : on en déduira aisément le contour apparent de chacune de ces surfaces sur le plan horizontal et sur le plan vertical.

Les données une fois établies, on déterminera l'intersection demandée en coupant les deux cylindres par des plans auxiliaires qui soient parallèles à la fois aux génératrices de l'un et de l'autre cylindre. Ces plans produiront, dans ces deux surfaces, des sections qui seront évidemment rectilignes, et qui par leur rencontre fourniront des points de la courbe cherchée. Pour déterminer la direction commune de ces plans auxiliaires, menons par un point quelconque de l'une des génératrices du premier cylindre, celle $(AA_1, A'A'_1)$ par exemple, une droite $(OZ, O'Z')$, parallèle aux génératrices du second cylindre; cette droite, avec la génératrice $(AA_1, A'A'_1)$, détermineront un plan qui aura pour trace horizontale la ligne ABCD. Si nous traçons alors une série de parallèles à ABCD, elles seront les traces de plans qui seront eux-mêmes parallèles au plan que nous venons de déterminer, et qui tous couperont les deux cylindres suivant des génératrices.

Considérons le plan auxiliaire qui a pour trace la droite ABCD : il coupera le premier cylindre suivant deux génératrices qui auront pour projections horizontales les deux droites AA, et BB, ; il coupera également le second cylindre suivant deux génératrices aboutissant aux points C et D, mais dont l'une seulement, celle du point D, est représentée sur notre épure. Ces trois génératrices étant situées dans un même plan fourniront par la rencontre de leurs projections deux points c et d appartenant à la projection horizontale de l'intersection des deux cylindres. Si nous projetons ensuite sur la ligne de terre les pieds A, B, C, D, de ces génératrices, nous en conclurons leurs projections verticales, lesquelles par leurs rencontres naturelles fourniront quatre points c', d', e', f', appartenant à la projection verticale de l'intersection cherchée. Il est bien évident que les deux points c' et d' devront se trouver avec les points c et d sur les mêmes perpendiculaires à la ligne de terre.

On exécutera les mêmes constructions pour tous les autres plans sécants auxiliaires ; mais il sera bon de commencer l'épure par la détermination des points *remarquables*, parce qu'il est essentiel de connaître ceux-là, et parce qu'il sera possible ensuite de répartir d'une manière convenable des plans auxiliaires intermédiaires, en se basant sur les intervalles qui resteront entre les points ainsi obtenus. Les points remarquables sont de deux sortes : ceux qui sont situés dans les plans auxiliaires limites, et ceux qui se trouvent sur les contours apparents des deux cylindres. Livrons-nous d'abord à la recherche des premiers.

558. Si nous menons parallèlement à AD des droites EFG et HIJ tangentes au cercle CJDG, ces droites seront les traces des deux *plans limites* entre lesquels seront compris tous les points de l'intersection demandée ; car il est bien évident que tout plan qui se trouvera en dehors de ces limites ne coupera plus le cylindre de droite. Considérons le plan HIJ ; il fournira deux points (g, g') et (h, h') dans lesquels les génératrices (HH$_1$, H'H'$_1$) et (II$_1$, I'I'$_1$) se trouveront tangentes à la courbe d'intersection dans l'espace ; par suite les projections de ces génératrices devront aussi (n° 186) être tangentes aux projections de l'intersection, ainsi que cela a lieu sur notre épure.

Pour démontrer l'existence de ce contact, remarquons que la génératrice (HH$_1$, H'H'$_1$) appartient en même temps, d'une part au plan sécant auxiliaire HIJ, qui est tangent au cylindre CDG le long de l'arête (JJ$_1$, J'J'$_1$), et d'autre part au plan qui serait tangent au cylindre ABFE au point (g, g') ; donc cette génératrice (HH$_1$, H'H'$_1$) n'est autre chose que l'intersection de ces deux plans tangents. Or la courbe d'intersection de deux surfaces quelconques se trouve à la fois située sur chacune de ces deux surfaces ; d'un autre côté, une droite, tangente à une courbe tracée sur une surface, est comprise dans le plan (n° 160) qui *touche* cette surface au point de contact de la droite et de la courbe ; par conséquent, la tangente en un point de l'intersection de deux surfaces doit appartenir en même temps aux deux plans tangents aux deux surfaces, d'où l'on conclut qu'elle est l'intersection de ces deux plans. Il résulte immédiatement de là que la génératrice (HH$_1$, H'H'$_1$), qui est l'intersection des deux plans tangents aux deux cylindres, au point (g, g'), est bien tangente à la courbe d'intersection de ces deux surfaces.

On prouverait de la même manière que l'arête (II$_1$, I'I'$_1$) doit être tangente à la même courbe d'intersection au point (h, h').

Le plan limite EFG fournira pareillement deux points (i, i') et (n, n') dans lesquels la courbe sera touchée par les génératrices (EE$_1$, A'A'$_1$) et (FF$_1$, F'F'$_1$).

539. Occupons-nous maintenant de déterminer les points de la courbe qui sont situés sur les contours apparents de l'un et l'autre cylindre, en commençant par ceux qui se trouvent sur le contour apparent relatif au plan horizontal. A cet effet, conduisons des plans auxiliaires parallèles à AD, par les points K, Q, N, où aboutissent les arêtes qui forment le contour apparent de chaque cylindre sur le plan horizontal (*) : ces plans couperont les cylindres suivant des génératrices qui, en se rencontrant, fourniront des points de l'intersection demandée, lesquels points se projetteront horizontalement en r, u, y, s, v, x, ... Nous ferons remarquer qu'en ceux de ces points qui, ainsi que s et u, appartiennent aux contours apparents, la courbe devra être tangente, mais sur le plan horizontal seulement, aux arêtes correspondantes. En effet, au point s, par exemple, le plan tangent au cylindre ABFE est évidemment vertical ; il renferme d'ailleurs la tangente à la courbe au point s ; donc la projection horizontale de cette tangente se confond avec celle de la génératrice KK_1 ; par conséquent, KK_1 devra (n° 186) être tangente à la projection de la courbe sur le plan horizontal ; mais il n'en sera pas de même sur le plan vertical.

De même, si par les pieds des arêtes qui forment le contour apparent de chaque cylindre sur le plan vertical, on mène des plans sécants parallèles à AD, on obtiendra des points tels que (m, m'), dans lesquels la courbe sera tangente, mais seulement sur le plan vertical, aux arêtes correspondantes telles que $(SS_1, S'S'_1)$. En effet, cette génératrice et la tangente de la courbe au point (m, m') sont toutes deux dans le plan qui est tangent au cylindre ABF le long de $(SS_1, S'S'_1)$, lequel plan est perpendiculaire au plan vertical de projection ; donc les projections verticales de ces deux droites se confondent en une seule, ce qui n'a pas lieu sur le plan horizontal.

(*) Il est inutile de mener un plan auxiliaire par le point V, attendu que ce point se trouve en dehors des plans limites.

540. *De la tangente.* — Nous avons dit au numéro 338 que la tangente en un point de l'intersection de deux surfaces est fournie par l'intersection des deux plans qui sont tangents à ces surfaces au point considéré.

Soit t la projection horizontale d'un point de la courbe par lequel on veut faire passer une droite tangente à celle-ci. Pour déterminer cette droite, menons des plans qui touchent les cylindres le long des arêtes YY, et UU,; ces plans auront pour traces horizontales les lignes YR et UM. Si nous connaissions le point où ces traces se rencontrent, il n'y aurait plus qu'à le joindre au point t pour avoir la tangente cherchée; mais ce point inconnu se trouve ici en dehors des limites de l'épure : nous sommes donc obligés d'avoir recours à un autre moyen pour déterminer la tangente.

Le plan auxiliaire ABD, qui est parallèle aux génératrices des deux cylindres à la fois, doit nécessairement couper le plan tangent YR suivant une droite RX parallèle à Yt, et le plan tangent UM suivant une autre droite MX parallèle à Mt; le point X où se rencontrent ces deux droites RX et MX est donc un point commun aux deux plans tangents, il est donc aussi un point de la tangente cherchée. Par conséquent, il n'y a qu'à joindre ce point X au point t pour avoir cette tangente.

Quant à la projection verticale de cette tangente, elle se confondra avec U'U',, attendu que le point (t, t') se trouve situé sur l'une des deux génératrices qui, sur le plan vertical, forment le contour apparent du cylindre CDG. Si nous avons choisi ce point de préférence à tout autre, c'est parce que nous tenions à rendre les constructions aussi claires que possible. Au reste, dans tout autre cas, il suffira, pour se procurer la projection verticale de la tangente, de projeter sa trace horizontale sur la ligne de terre et de le joindre avec la projection verticale du point choisi; ou bien de projeter verticalement les droites auxiliaires RX et MX, et de joindre leur point de rencontre au point donné.

541. Nous allons maintenant poser des règles qui vont servir à distinguer sur la courbe d'intersection des deux cylindres les parties visibles d'avec les parties invisibles, et cela pour chacune des deux projections de cette courbe.

Considérons d'abord la projection horizontale. Nous ferons observer que si le cylindre VAKF existait *seul* dans l'épure, les génératrices qui aboutissent sur l'arc VAK seraient toutes visibles, tandis, au contraire, que celles qui tombent sur l'arc KFV ne le seraient pas. De même, si le cylindre QDNU subsistait *seul,* à l'exclusion de l'autre, les génératrices aboutissant sur l'arc QDN seraient visibles, tandis que toutes les autres ne le seraient pas. Mais lorsque les deux cylindres existeront en même temps, il pourra arriver qu'une génératrice visible sur l'un se trouve en partie cachée par l'autre ; toutefois, si cette génératrice, après avoir été cachée, vient à rencontrer une génératrice aussi visible sur cet autre, elle redeviendra alors visible en cet endroit. D'un autre côté, lorsqu'un point se trouvera sur une génératrice qui serait invisible, en ne considérant que le cylindre auquel elle appartient, il est clair que ce point sera à plus forte raison invisible quand les deux cylindres subsisteront en même temps. De là les deux règles suivantes :

Un point de la courbe d'intersection sera visible lorsqu'il sera fourni par la rencontre de deux arêtes visibles l'une et l'autre sur chaque cylindre considéré isolément.

Au contraire, *un point de l'intersection sera invisible quand il résultera de la rencontre de deux génératrices dont une, au moins, sera invisible sur le cylindre auquel elle appartient.*

Ces deux règles, que nous venons d'établir pour la projection horizontale, sont aussi applicables à la projection verticale, pourvu toutefois que l'on se rappelle que, relativement à cette projection, les seules arêtes visibles sur le premier cylindre sont celles qui aboutissent sur l'arc PIS, et que les arêtes visibles du second cylindre sont celles qui rencontrent sa base sur l'arc UJW.

342. La rencontre de deux cylindres peut s'effectuer de deux manières, soit par *pénétration,* soit par *arrachement.*

Il y a *pénétration* lorsque l'un des deux cylindres pénètre dans l'autre et s'y trouve entièrement engagé ; alors l'intersection se compose de deux courbes séparées, l'une d'entrée, l'autre de sortie, comme on le voit dans la figure 128, où nous n'avons conservé que l'un des deux cylindres, celui qui se trouve pénétré. Au contraire, il y a *arrachement* lorsque l'un des cylindres n'est pas entièrement engagé dans l'autre, c'est-à-dire quand il existe sur chaque cylindre des génératrices qui ne contiennent aucun point de l'intersection ; alors l'intersection se compose (fig. 129) d'une courbe *unique* et non interrompue, qu'un point mobile peut parcourir d'un mouvement continu, sans cesser d'être situé sur les deux cylindres à la fois.

Dans la question que nous venons de résoudre, il y avait pénétration.

343. Il est facile de prévoir à l'avance, avant même la construction de l'épure, quand il doit y avoir pénétration ou arrachement. Ainsi, dans la figure 130, où les bases des deux cylindres sont les courbes A et B, il y aura pénétration, parce que le cylindre B est tout entier compris entre les deux plans limites P et P' et que toutes ses génératrices entreront conséquemment dans l'autre cylindre. Tandis que sur la figure 131 on voit, par la disposition des deux plans P et P', que les génératrices du cylindre A, qui ont leurs pieds sur l'arc *ab,* ne rencontreront pas le cylindre B, et que les génératrices du cylindre B, qui ont leurs pieds sur l'arc *cd*, ne rencontreront pas le cylindre A.

Ainsi il y a pénétration lorsque les traces des deux plans limites sont tangentes à la trace du même cylindre ; il y a au contraire arrachement quand les traces des deux plans limites sont tangentes, l'une à la base du premier cylindre, et l'autre à la base du second cylindre.

Intersection d'un cylindre et d'un cône.

344. Soient (fig. 132) ACK la courbe de base du cylindre et $(AA_1, A'A'_1)$ l'une de ses génératrices ; soient, d'un autre côté, BFHG la courbe de base du cône et (S, S') son sommet. On déduira facilement de ces données le contour apparent de chacune de ces surfaces sur le plan horizontal et sur le plan vertical.

Cela posé, on déterminera l'intersection demandée en conduisant par le sommet (S, S') du cône une droite $(SO, S'O')$ parallèle aux génératrices du cylindre, et l'on fera passer par cette droite des plans qui détermineront évidemment, dans chacune des deux surfaces, des sections rectilignes. Soit OAD la trace horizontale de l'un de ces plans ; elle rencontrera les bases du cylindre et du cône en quatre points A, B, C, D, qui seront précisément ceux où aboutiront les génératrices de ces surfaces, suivant lesquelles celles-ci sont coupées par le plan qui a cette droite OAD pour trace. Ces quatre génératrices, étant situées dans un même plan, fourniront par la rencontre de leurs projections horizontales trois points *a*, *b*, *c* appartenant à la projection horizontale de l'intersection du cylindre et du cône. Si nous projetons ensuite sur la ligne de terre les pieds A, B, C, D de ces génératrices, nous en conclurons leurs projections verticales, lesquelles, par leurs rencontres mutuelles, fourniront trois points a', b', c' appartenant à la projection verticale de l'intersection cherchée. Il est bien évident que ces trois derniers points devront se trouver deux à deux avec les trois premiers a, b, c sur les mêmes perpendiculaires à la ligne de terre.

On exécutera les mêmes constructions pour autant d'autres plans sécants auxiliaires que l'on voudra ; mais il sera bon de commencer l'épure par la détermination des points remarquables, qui sont ceux situés dans les plans limites et sur les contours apparents du cylindre et du cône.

345. Les plans limites s'obtiendront en menant par le point O des tangentes OF et OR à la base du cône. Considérons le plan limite OF ; il fournira deux points (e, e') et (f, f') dans lesquels les génératrices $(MM_1, M'M'_1)$ et $(NN_1, N'N'_1)$ se trouveront tangentes à la courbe d'intersection dans l'espace ; par suite, les projections de ces génératrices devront aussi (n° 186) être tangentes aux projections de l'intersection, ainsi qu'on le voit sur l'épure. Ce contact résulte de considérations en tout semblables à celles que nous avons développées au numéro 338. Le plan limite OR fournira pareillement deux points, dans lesquels la courbe sera touchée par les génératrices correspondantes du cylindre. L'un de ces points se trouvant ici sous le plan horizontal n'est pas représenté sur l'épure.

346. Quant aux points de la courbe qui sont situés sur les contours apparents des deux surfaces, on les obtiendra en menant des plans auxiliaires par les pieds des génératrices qui forment ces contours, tels que le plan OVU, lequel passe par le point V, où aboutit l'une des génératrices du cône, formant le contour apparent de cette surface sur le plan vertical. On se procurera ainsi les points situés sur ces contours, points dans lesquels l'intersection devra être tangente aux génératrices correspondantes, mais seulement sur le plan de projection où ces génératrices servent de contour apparent. Ainsi, au point (s, s') l'intersection devra être tangente à la projection verticale de l'arête $(SV, S'V')$.

347. *De la tangente*. — Proposons-nous actuellement de construire la tangente en un point quelconque de la courbe, celui, par exemple, qui a pour projection horizontale le point n. Pour déterminer cette tangente, menons des plans qui touchent le cylindre et le cône le long des arêtes YY, et SX ; ces plans auront pour traces horizontales les lignes YT et XT, qui se rencontreront au point T, lequel point T sera précisément la trace horizontale de la tangente demandée. Il n'y aura donc plus, pour avoir la projection horizontale de cette tangente, qu'à joindre ce point T au point assigné n. Quant à la projection verticale, on se la procurera en projetant le point T sur la ligne de terre et en joignant le point ainsi obtenu à la projection verticale du point assigné. Nous n'avons pas jugé nécessaire de construire cette projection verticale, laissant au lecteur le soin d'y suppléer.

348. En appliquant les deux règles du numéro 341, on distinguera aisément les parties de l'intersection qui sont visibles d'avec celles qui ne le sont pas.

Nous ferons d'ailleurs observer qu'il y a pénétration entre le cylindre et le cône, attendu que les traces des deux plans limites sont toutes deux tangentes à la courbe de base ou trace du cône (n° 344).

Enfin, on remarquera que les points tels que x, où les bases des deux surfaces se rencontrent, sont des points de l'intersection.

Intersection de deux cônes.

349. Soient, sur le plan horizontal, $VMYM_1$ (fig. 133) la courbe de base du premier cône, et (S, S') son sommet ;

soient UDXD, et (R, R') les données analogues pour le second cône.

Menons aux deux courbes de bases des tangentes perpendiculaires à la ligne de terre, nous obtiendrons les droites S'V' et S'Y', R'U' et R'X', pour les contours apparents des deux surfaces sur le plan vertical. Quant au contour apparent du cône (R, R'), relatif au plan horizontal, il sera formé par la courbe de base elle-même, puisque pour ce cône le sommet se trouvant projeté à l'intérieur de la base, il est impossible de mener à cette courbe des tangentes partant du point R. Il n'en est pas de même pour le cône (S, S'); car, pour celui-ci, le contour apparent sur le plan horizontal sera formé, d'une part, par une portion de la courbe de base, et d'autre part, par les tangentes SG et SG$_1$ à cette courbe.

Pour obtenir l'intersection demandée, nous aurons recours à des plans sécants auxiliaires, conduits tous suivant la droite (SO, S'O') qui joint les sommets des deux cônes. Ces plans, dont les traces horizontales devront toutes passer par le point O, couperont chacune des deux surfaces selon des *droites* qu'il sera facile de construire. Considérons l'un de ces plans, celui, par exemple, qui a pour trace la droite OABCD : il coupera le cône (S, S') suivant deux génératrices dont les projections horizontales SA et SC aboutiront aux points A et C, où la base de ce cône est rencontrée par la droite OD ; il coupera de même le cône (R, R') suivant deux génératrices projetées sur RB et RD. Les projections horizontales de ces quatre génératrices, en se rencontrant, fourniront deux points *i* et *r* appartenant à la projection horizontale de l'intersection cherchée. Projetant ensuite sur la ligne de terre les pieds A, B, C, D, de ces quatre génératrices, nous obtiendrons leurs projections verticales S'A', S'C', R'B', R'D', lesquelles procureront par leurs rencontres les points i' et r' de la projection verticale de l'intersection. Il est clair que ces deux nouveaux points i' et r' devront se trouver, avec les points i et r, sur les mêmes perpendiculaires à la ligne de terre.

En exécutant les mêmes constructions pour d'autres plans auxiliaires, on se procurera de nouveaux points de l'intersection. Toutefois, nous recommandons de commencer le tracé de l'épure par la recherche des points remarquables, c'est-à-dire des points situés dans les plans limites et sur les contours apparents des deux cônes. On sait en effet que ces points sont essentiels à construire.

350. Pour obtenir les points qui sont dans les plans limites, nous n'aurons qu'à mener par le point O des droites OMP, OM_1P_1, tangentes à la courbe $VMYM_1$, et sécantes par rapport à l'autre courbe $UDXD_1$: ces deux droites seront les traces horizontales des deux plans auxiliaires *limites*, attendu que tout autre plan auxiliaire mené par les sommets des deux cônes, et qui se trouverait avoir sa trace en dehors de l'espace angulaire DOD_1, ne rencontrerait plus qu'un seul cône, et, par suite, ne renfermerait aucun point de l'intersection demandée.

Considérons donc celui de ces deux plans limites qui a pour trace la droite OMP, et appliquons-lui le mode de construction décrit dans le numéro précédent : nous obtiendrons ainsi deux nouveaux points $(h,\ h')$ et $(c,\ c')$ de l'intersection, dans lesquels les génératrices (RP, R'P') et (RN, R'N') devront être tangentes à cette intersection dans l'espace. Ce contact ayant lieu dans l'espace, il devra encore se produire sur les deux plans de projections, comme on le voit dans l'épure, et ainsi qu'il a été démontré au numéro 186.

Pour prouver l'existence de ce contact, il suffit de remarquer que les génératrices (RP, R'P') et (RN, R'N') ne sont autre chose que les droites suivant lesquelles le plan limite OMP, qui est tangent au cône (S, S') le long de la génératrice (S*h*cM, S'*h'c'*M') est rencontré par les plans tangents au cône (R, R '), aux points (*h*, *h'*) et (*c*, *c'*) ; or il a été déjà dit (n° 338) que lorsque deux plans sont tangents à des surfaces qui se rencontrent, et que le contact a lieu en un point de l'intersection de ces deux surfaces, la droite suivant laquelle ces deux plans tangents se coupent est tangente à l'intersection des deux surfaces, et cela, précisément au point où les deux plans *touchent* les deux surfaces ; par conséquent, les deux génératrices (RP, R'P') et (RN, R'N') sont bien tangentes à l'intersection des deux cônes, aux points (*h*, *h'*) et (*c*, *c'*).

En appliquant les mêmes constructions au second plan limite OM$_1$P$_1$, on se procurera deux nouveaux points (*m*, *h'*) et (*b*, *c'*) de l'intersection cherchée, dans lesquels les génératrices (RP$_1$, R'P') et (RN$_1$, R'N') devront être tangentes à cette intersection.

On remarquera que les points *h'* et *c'* sont chacun la projection verticale de deux points de l'intersection. Cela résulte de ce que les deux cônes ont pour bases des cercles (*) dont le diamètre commun UY est *parallèle* à la ligne de terre et *contient* les projections des deux sommets (R, R'), (S, S').

551. Occupons-nous actuellement de trouver les points de l'intersection qui appartiennent aux contours apparents des deux cônes ; et, pour cela, proposons-nous d'abord de déterminer ceux qui sont situés sur le contour apparent relatif au plan vertical. A cet effet, nous remarquerons que les génératrices qui forment ce dernier contour se

---

(*) Il est parfaitement clair que si les bases, au lieu d'être des cercles, étaient des courbes quelconques, le mode de construction que nous avons employé pour trouver l'intersection ne changerait en aucune façon.

projettent horizontalement suivant une même droite UY, attendu qu'elles se trouvent toutes contenues dans un même plan vertical ; il n'est donc pas possible de déterminer directement, sur le plan horizontal, les points de l'intersection fournis par ces génératrices, ainsi que nous l'avons fait précédemment. Mais les projections verticales de ces mêmes génératrices, se rencontrant en des points s', n', a', appartenant à la projection verticale de l'intersection, nous n'avons qu'à abaisser de ces points des perpendiculaires sur la ligne de terre, et les points s, n, a, où ces perpendiculaires rencontreront la droite UY seront les projections horizontales des mêmes points de l'intersection projetés sur s', n' et a'.

Si maintenant nous menons des droites OH et OH$_1$ par les pieds G et G, des génératrices qui, sur le plan horizontal, forment le contour apparent du cône (S, S$'$), ces droites seront les traces de deux nouveaux plans auxiliaires qui nous fourniront les points (q, q') et (k, q') situés sur les génératrices (SG, S$'$G$'$) et (SG$_1$, S$'$G$'$). On observera d'ailleurs que ces deux points ont la même projection verticale, pour la raison que nous avons exposée à la fin du numéro précédent.

Enfin, on remarquera que les points e et f, où se rencontrent les bases des deux cônes, sont nécessairement des points de l'intersection de ces deux surfaces.

352. Dans l'intersection de deux cônes, comme dans celle de deux cylindres (n° 341), il peut y avoir *pénétration* ou *arrachement*. Il y a pénétration, ainsi que cela arrive dans l'épure, lorsque les traces des deux plans limites sont tangentes à la même base. On est averti qu'il y a arrachement quand l'une des traces des plans limites est tangente à l'une des bases, tandis que l'autre trace est tangente à l'autre base (n° 343).

353. *De la tangente.*— Si l'on veut se procurer la tangente en un point quelconque (i, i') de l'intersection, voici comment il importe de procéder : on conduit deux tangentes Du et Cv aux courbes de bases des deux cônes par les points D et C, où aboutissent les génératrices qui passent par le point assigné (i, i'); ces tangentes seront les traces horizontales de plans tangents aux cônes, au point (i, i'). Joignant ensuite le point de rencontre de ces deux tangentes au point i, on aura la projection horizontale de la tangente demandée. Mais, comme ici ce point de rencontre se trouve en dehors des limites de l'épure, nous sommes forcés d'avoir recours à un autre moyen.

A cet effet, nous remarquons que le plan tangent Du et le plan limite OP se coupent suivant une droite projetée sur Ru; de même, le plan tangent Cv se rencontre avec le plan limite OP suivant une autre droite ayant pour projection Sv. Ces deux droites Ru et Sv étant situées dans un même plan, se couperont en un point projeté en y et qui sera évidemment un point de la tangente en question ; par conséquent, en joignant ce point y au point i, on aura la projection horizontale de la tangente. Quant à sa projection verticale, on se la procurera en projetant verticalement les deux lignes d'intersection du plan limite OP avec les deux plans tangents Du et Cv, et en conduisant une droite par leur point de rencontre ainsi que par le point i'.

354. En appliquant les règles du numéro 341, règles qui sont vraies, non-seulement pour l'intersection de deux cylindres, mais encore pour celle de deux surfaces réglées quelconques, on discernera aisément sur l'une et l'autre projection de l'intersection, les parties visibles d'avec celles qui ne le sont pas.

355. Avant d'aller plus loin, et avant d'entrer plus avant dans l'étude des intersections de surfaces, nous ferons connaître les procédés imaginés par les géomètres pour conduire des tangentes aux courbes planes en général, les problèmes que nous avons passés en revue jusqu'ici étant plus que suffisants pour faire apprécier au lecteur l'importance de cette question.

La géométrie descriptive a pour but de ramener toutes les questions relatives aux figures de l'espace à l'exécution de constructions plus ou moins simples sur une surface plane. Par conséquent, la détermination de la tangente à une courbe de l'espace se trouve réduite à la détermination des projections de cette tangente, lesquelles projections, ainsi que nous le savons (n° 186), doivent être tangentes à celles de la courbe. Il résulte immédiatement de là que la seule chose importante pour nous, en ce qui concerne du moins les tangentes aux courbes, est de savoir la règle à suivre pour tracer une tangente à une courbe *plane*.

Sans doute, la géométrie élémentaire enseigne que la tangente au cercle doit être perpendiculaire à l'extrémité du rayon qui aboutit au point de contact, ce qui, pour cette courbe, constitue un moyen suffisant de construire la tangente ; sans doute aussi, elle apprend que la tangente à l'ellipse ou à l'hyperbole doit être la bissectrice de l'angle formé par les rayons vecteurs du point de contact ; sans doute encore, elle montre que la tangente à la parabole est la bissectrice de l'angle formé par le rayon vecteur du point de contact et par la perpendiculaire abaissée de ce point sur la directrice. Mais le cercle, l'ellipse, l'hyperbole et la parabole sont des courbes parfaitement connues et *définies*, dont les propriétés, étudiées avec soin, ont conduit à la connaissance immédiate des procédés usités pour construire leurs tangentes.

Il n'en est plus de même lorsqu'il s'agit de deux surfaces quelconques : la courbe qui résulte de leur intersection est en effet généralement à double courbure, et ses projections offrent le plus souvent des sinuosités plus ou moins nombreuses, plus ou moins irrégulières, qui s'opposent à la connaissance exacte de leurs propriétés. Il importe alors d'avoir en sa possession des moyens de déterminer les tangentes, qui s'appliquent à toutes les courbes planes ; ce sont ces moyens que nous allons faire connaître au lecteur.

356. Supposons d'abord qu'il s'agisse de mener une tangente à une courbe par un point extérieur à cette courbe. Soient à cet effet (fig. 134) ABC la courbe donnée, et M le point extérieur. On approchera une règle de la courbe, de manière que la ligne tracée avec le crayon passe en même temps par le point donné et sur la courbe sans augmenter l'épaisseur du trait avec lequel celle-ci est formée. Ce procédé tout naturel, qui à coup sûr se présentera à l'esprit de chacun, fait bien connaître la direction de la tangente demandée, mais il laisse de l'incertitude sur la véritable position du point de contact. Pour obtenir ce point, on construit plusieurs cordes ab, cd, ef,... parallèles à la tangente, et par les points x, y, z, ... milieux de ces cordes, on fait passer une courbe qui viendra rencontrer la courbe donnée en un point B, lequel sera le point de contact.

L'exactitude que comporte cette méthode est suffisante dans les applications. Du reste, elle sera d'autant plus grande, que les cordes seront plus rapprochées les unes des autres, en même temps que de la tangente.

357. La même méthode peut encore être employée pour conduire une tangente à une courbe, parallèlement à une droite donnée. Soient en effet (fig. 134) ABC la courbe donnée et GH la droite donnée. On appliquera l'un des côtés d'une équerre le long de la droite donnée, puis, la faisant glisser sur une règle, on l'amènera dans une position telle, que la ligne MB, parallèle à GH, n'augmente pas l'épaisseur du trait de la courbe. Cela fait, on déterminera le point de contact comme précédemment, c'est-à-dire en faisant passer une courbe par les milieux $x, y, z,\ldots$ d'une série de cordes parallèles à MB, et cherchant le point d'intersection B de cette courbe avec la courbe donnée ABC.

558. Le moyen que nous venons d'indiquer pour construire une tangente ne peut être usité avec avantage qu'autant que la direction de la tangente se trouve déterminée par un point extérieur ou par toute autre condition. Si le point donné est sur la courbe, il est clair que la plus petite erreur commise, d'un côté ou de l'autre de ce point, peut exercer une influence très-notable sur la direction de la tangente, et par suite sur la position de tous les points qui dépendent immédiatement de la direction de cette ligne. On est alors forcé d'avoir recours à un autre procédé.

Soit (fig. 135) ABC la courbe donnée, et soit B le point de cette courbe, par lequel il s'agit de faire passer une tangente. On prendra deux points a et b, *très-près*, et à *égale distance* du point B; puis, ayant mené la corde ab, on élèvera en son milieu x une perpendiculaire BD qui rencontrera la courbe au point B, et qui sera la normale de cette courbe au point B. Cela posé, on conduira par le point B une droite perpendiculaire sur BD; cette dernière droite sera la tangente demandée.

Cette nouvelle méthode rapproche d'autant plus de l'exactitude que les points a et b sont plus près du point B.

559. Proposons-nous encore de construire une tangente commune à deux courbes données ABC et DEF (fig. 136). On approchera une règle de ces deux courbes de manière que la ligne tracée EB paraisse passer sur les courbes, sans

augmenter l'épaisseur de leurs traits. Cela fait, on déterminera les points de contact E et B comme il a été dit au numéro 356.

Intersection d'un cylindre et d'une sphère.

360. Soit, sur le plan horizontal, AGBE (fig. 137) la courbe de base du cylindre, et soient O, O' les projections du centre de la sphère.

Le contour apparent du cylindre sur chacun des deux plans de projection se déterminera comme il a été dit au numéro 208 ; quant à la sphère, elle se projettera évidemment sur les deux plans de projection suivant un cercle d'un diamètre égal à celui de l'un de ses grands cercles.

Cela posé, pour obtenir l'intersection demandée, il faut couper le cylindre et la sphère par des plans tels, que les sections qu'ils produisent dans l'une et l'autre surface soient des lignes faciles à construire. Or les plans qui répondront le mieux à cette condition seront des plans verticaux parallèles aux génératrices du cylindre, attendu qu'ils couperont le cylindre suivant des génératrices, et la sphère suivant des cercles. Il est vrai que ces derniers se projetteront verticalement suivant des ellipses dont la construction serait assez laborieuse ; mais si l'on a soin de changer le plan vertical de projection et de le remplacer par un autre plan vertical, parallèle aux génératrices du cylindre et par suite aux plans sécants auxiliaires, il est clair que les cercles se projetteront alors sur ce nouveau plan vertical suivant des cercles identiques, et que les constructions se trouveront considérablement simplifiées.

361. Soit donc AA, la nouvelle ligne de terre. Cherchons d'abord quelle sera la projection de la sphère sur ce nouveau plan vertical. Il est bien évident qu'elle sera un cercle égal à celui qui se trouve sur l'ancien plan vertical, et dont le centre O'' devra se trouver sur la droite OO'' perpendiculaire à AA_1; d'ailleurs, ce centre O'' devra aussi être distant de AA_1 d'une longueur $o'O''$ égale à oO'. Donc la projection de la sphère sur le nouveau plan vertical sera le cercle qui a pour diamètre $I''J''$.

Voyons maintenant quelle sera la nouvelle projection verticale du cylindre. Toutes les génératrices d'un cylindre étant parallèles, leurs projections sont aussi parallèles; si donc nous déterminons la direction de l'une de ces projections sur le nouveau plan vertical, nous n'aurons plus qu'à lui mener des parallèles pour avoir les projections des autres génératrices sur ce même plan. Considérons, à cet effet, la génératrice $(AA_1, A'A'_1)$; il est clair qu'un point quelconque (M, M') de cette génératrice aura pour nouvelle projection verticale un point M'', distant de la nouvelle ligne de terre d'une quantité $M''M$ égale à $M'm$, et situé sur la perpendiculaire MM'' à cette nouvelle ligne de terre. Joignant dès lors le point M'' au point A, on aura la nouvelle projection verticale de la génératrice.

362. Les projections du cylindre et de la sphère sur le nouveau plan vertical étant ainsi déterminées, conduisons un premier plan sécant FF_1 perpendiculaire au plan horizontal et parallèle aux génératrices du cylindre. Ce plan coupera le cylindre suivant deux génératrices et la sphère suivant un cercle, lesquelles lignes se projetteront sur le nouveau plan vertical suivant les droites $D''c''$, $H''d''$ et suivant le cercle $a''b''d''c''$. Les intersections de ces droites avec le cercle fourniront quatre points a'', b'', c'', d'' de l'intersection des deux surfaces données. Si l'on abaisse ensuite, de chacun de ces points, des perpendiculaires sur AA_1, on aura leurs projections horizontales a, b, c, d. Quant à leurs projections verticales a', b', c', d', on les obtiendra au moyen des lignes de rappel aa', bb', cc' et dd'.

En exécutant les mêmes constructions pour d'autres plans sécants auxiliaires, on se procurera autant de points que l'on voudra de l'intersection demandée.

Dans l'exemple que nous avons choisi, l'intersection se compose de deux courbes : cela prouve que la sphère se trouve *pénétrée* par le cylindre.

363. *De la tangente.* — Si l'on voulait construire la tangente en un point de l'intersection, on n'aurait qu'à chercher la droite suivant laquelle se rencontrent les plans tangents au cylindre et à la sphère en ce point. Nous laissons au lecteur, à titre d'exercice, le soin d'exécuter cette opération.

Intersection d'un cône et d'une sphère.

364. On coupera le cône et la sphère par des plans verticaux passant par le sommet du cône. Chacun de ces plans déterminera dans le cône deux génératrices et dans la sphère un cercle ; les points de rencontre de ces génératrices avec le cercle fourniront des points de l'intersection demandée. Seulement, pour déterminer ces points d'une manière simple, il faudra rabattre les plants sécants auxiliaires sur le plan horizontal, autour de leurs traces horizontales ; de cette façon, on évitera de construire sur le plan vertical les ellipses suivant lesquelles se projettent les cercles de la sphère, ce qui est toujours une opération laborieuse.

Intersection de deux surfaces de révolution.

365. Il se présente deux cas, selon que les axes des deux surfaces se rencontrent, ou ne se rencontrent pas. Nous n'examinerons ici que celui où les axes se rencontrent, l'autre n'offrant aucun intérêt au point de vue des applications.

566. Comme on est toujours maître de choisir les plans
de projection, nous les supposerons tels, que le plan vertical soit parallèle au plan des deux axes et que le plan
horizontal soit perpendiculaire à l'un de ces axes: en sorte
que l'axe de l'une des surfaces aura pour projections la
verticale $o'V'$ (fig. 138) et le point O, tandis que celui de
l'autre surface sera projeté suivant $V'U'$ et OU parallèle à
la ligne de terre. Les méridiens principaux, c'est-à-dire
ceux qui se trouvent dans le plan des deux axes, sont
donnés par la question et se projettent verticalement selon
leur véritable grandeur $A'B'C'D'$ et $v'I'x'F'$; nous supposons que ces courbes, qui forment en même temps les
contours apparents des deux surfaces sur le plan vertical,
sont deux ellipses, ce qui n'a pas d'importance capitale,
puisque la méthode que nous allons exposer est indépendante de la nature des méridiens.

Quant aux projections horizontales de ces deux ellipsoïdes, on aura pour le premier d'entre eux un cercle $BKDk$;
pour le second, on obtiendra une courbe que nous ne ferons
pas figurer ici, parce que son tracé exige la recherche de
la courbe de contact de cette surface avec un cylindre circonscrit *vertical,* question longue à résoudre et qui compliquerait sans utilité le problème que nous nous proposons
d'aborder.

Les données étant ainsi fixées, nous ferons remarquer
que si l'on coupe une surface de révolution quelconque par
une sphère ayant son centre sur l'axe de cette surface, l'intersection ne pourra se composer que d'un ou plusieurs
cercles perpendiculaires à cet axe. Si donc on imagine une
série de sphères sécantes, ayant toutes pour centre le point
(O, V') où se rencontrent les axes des deux ellipsoïdes,
chacune de ces sphères coupera ces surfaces suivant deux
cercles perpendiculaires aux axes et par suite au plan ver-

tical, et qui se projetteront conséquemment sur ce dernier selon des lignes droites. Les points de rencontre de ces deux cercles seront des points de l'intersection cherchée.

Cela posé, imaginons une première sphère auxiliaire ayant pour projection verticale le cercle G'E'II'F' qui rencontre les méridiennes données aux points G' et H', E' et F'. Cette sphère, d'après ce que nous venons de dire, coupera les deux ellipsoïdes suivant deux cercles qui auront pour projections verticales les deux droites G'H' et E'F'. Or, les plans de ces deux cercles se coupant suivant une droite perpendiculaire au plan vertical et projetée sur Mm et M', on peut affirmer que leurs circonférences se couperont elles-mêmes en deux points projetés verticalement sur le même point M', et horizontalement en M et m, à la rencontre de la droite mM avec le cercle mGMII, qui est la projection horizontale de celui suivant lequel la sphère coupe le premier ellipsoïde. Ces deux points étant évidemment communs aux deux ellipsoïdes, appartiendront à leur intersection. En exécutant les mêmes opérations pour d'autres sphères, on se procurera autant de points que l'on voudra de cette intersection, laquelle aura pour projections les courbes

$$S k m RMK \quad \text{et} \quad S'K'M'R'.$$

On devra spécialement appliquer la méthode précédente à la sphère qui coupe le premier ellipsoïde suivant son équateur (kBKD, B'D'), attendu qu'on déterminera ainsi les deux points (K, K') et (k, K') à partir desquels la courbe passe au-dessous de l'équateur pour devenir invisible sur le plan horizontal. D'ailleurs, bien que cette courbe ne soit pas tangente à l'équateur dans l'espace, les tangentes de ces deux lignes pour les points (K, K') et (k, K') se trouvant en même temps dans les plans tangents à l'ellipsoïde, qui

pour ces points sont verticaux, les projections horizontales de ces tangentes se confondront néanmoins en une
seule droite : d'où il résulte que la courbe S*km*RMK sera
tangente au cercle HBKD*k* aux points K et *k*.

367. On remarquera que chaque point de la courbe
S'K'M'R' est la projection de deux points de l'intersection
situés symétriquement de part et d'autre du plan OZ des
deux axes; d'où il suit que les deux parties de l'intersection, situées l'une en avant et l'autre en arrière de ce plan
OZ, se confondent en projection verticale. On remarquera
en outre que les points S' et R', où se coupent les méridiennes des deux ellipsoïdes, appartiennent nécessairement
à la projection verticale de l'intersection, et qu'ils en sont
les limites extrêmes. On conclut de là que toute sphère qui
aurait un rayon moindre que V'S' ou plus grand que V'R'
ne procurerait aucun point de l'intersection.

368. *De la tangente.* — Occupons-nous actuellement de
construire la tangente en un point quelconque (M, M') de
l'intersection. Deux méthodes peuvent être employées à
cet effet.

Première méthode.— On construira les plans qui touchent
les deux surfaces au même point (M, M'), puis on cherchera
leur intersection, qui sera la tangente demandée. Or le
plan tangent relatif à l'ellipsoïde (BKD*k*, A'B'C'D') s'obtiendra, ainsi qu'on l'a vu au numéro 255, en transportant le
point M' en G' sur le méridien principal, puis en traçant la
tangente G'a' à ce méridien; si l'on ramène alors le pied *a*
de cette tangente en *g* sur le méridien du point (M, M'), la
droite *tg* perpendiculaire à OM sera la trace horizontale du
plan cherché.

Quant au plan tangent relatif à l'autre ellipsoïde, on ramènera d'abord le point M' en E' sur le méridien principal;
on construira ensuite la normale N'E', c'est-à-dire une droite

perpendiculaire sur la tangente $n's'$, d'où l'on conclura (n° 241) la normale (NM, N'M') relative au point (M, M'). Cette dernière normale étant obtenue, il suffira évidemment, pour se procurer le plan tangent en question, de lui mener par le point (M, M') un plan perpendiculaire. Pour cela, imaginons dans ce plan, et par le point (M, M'), une droite parallèle à sa trace verticale ; cette droite aura évidemment pour projection verticale la ligne M'b' perpendiculaire (n° 41) sur N'M', et pour projection horizontale Mb parallèle à la ligne de terre LT. Cela posé, si par le point b on abaisse une perpendiculaire bh sur MN, ce sera la trace horizontale du plan tangent au second ellipsoïde.

Les deux plans tangents étant dès lors connus, le point t, où se rencontrent leurs traces horizontales, sera la trace horizontale de la tangente demandée, laquelle aura pour projections tM et t'M'.

569. *Deuxième méthode.* — Cette seconde méthode est fondée sur un principe que nous allons d'abord exposer : si, par l'un des points de l'intersection de deux surfaces, on mène des normales à chacune de ces surfaces, il est évident que le plan conduit par ces deux normales se trouvera perpendiculaire aux plans tangents des deux surfaces, relatifs au même point. Or, lorsqu'un plan est perpendiculaire sur deux autres, il est aussi perpendiculaire sur leur intersection ; donc le plan des deux normales sera perpendiculaire à l'intersection des deux plans tangents, c'est-à-dire à la tangente de l'intersection des deux surfaces, au point considéré.

Cela posé, nous allons construire le plan des deux normales du point (M, M'), et nous n'aurons qu'à lui mener par ce point une perpendiculaire pour avoir la tangente demandée. Mais nous connaissons déjà la normale (NM, N'M') du second ellipsoïde ; quant à celle du premier, nous élèverons au point G′ une perpendiculaire G′O′ sur la tangente G′a′, ce qui nous procurera le point O′, d'où l'on conclut que OM et O′M′ sont les projections de cette nouvelle normale. Les deux normales étant ainsi obtenues, il serait aisé de déterminer la trace verticale du plan qui les contient ; mais comme nous n'avons besoin que de connaître la direction de cette trace, nous nous contenterons de réunir par une droite les points N′ et O′ où les deux normales rencontrent le plan des deux axes, lequel est par hypothèse parallèle au plan vertical : la droite N′O′, que nous nous procurerons ainsi, sera évidemment parallèle à la trace verticale du plan des deux normales. Menant alors par le point M′ une perpendiculaire M′t′ sur N′O′, on aura la projection verticale de la tangente demandée.

Pour obtenir l'autre projection, prolongeons jusqu'au plan horizontal deux quelconques des droites qui réunissent les trois points (M, M′), (N, N′), (O, O′), lesquels sont tous trois situés dans le plan des deux normales. Or on voit sur l'épure que la droite (NO, N′O′) perce le plan horizontal au point *f*, et que la droite (NM, N′M′) le rencontre en *d*; donc la ligne *fd* est la trace horizontale du plan des deux normales. Conduisant alors par le point M une perpendiculaire M*t* sur *fd*, on aura la projection horizontale de la tangente cherchée.

Intersection d'un cylindre avec une surface de révolution.

370. Supposons que la surface de révolution donnée soit encore un ellipsoïde ayant son axe vertical et dont les projections soient l'ellipse A′B′D′C′ et le cercle *v*B*x*C ; supposons en outre que le cylindre donné ait pour base la courbe *gdmc*, et que ses contours apparents sur les plans de projection soient déterminés par les droites *ef* et *ik*, *p′q′* et *r′s′*.

Cela posé, si nous imaginons une série de cylindres parallèles au cylindre donné, et ayant pour directrices des parallèles de l'ellipsoïde, ces cylindres couperont évidemment le cylindre donné suivant des génératrices qui, par leur rencontre avec les parallèles correspondants adoptés comme directrices, fourniront des points de l'intersection demandée. Soit donc EbF et E'F' les projections de l'un des parallèles de l'ellipsoïde ; supposons que ce parallèle soit la directrice d'un cylindre remplissant la condition que nous venons d'énoncer ; il est clair que ce cylindre aura pour trace horizontale un cercle, dont le centre I sera situé sur une droite OZ parallèle à la projection horizontale des génératrices du cylindre donné, et dont le rayon IK sera égal à celui du parallèle choisi ; en d'autres termes, la trace horizontale de ce cylindre sera un cercle *identique* au parallèle qui sert de directrice, et dont le centre sera situé au point où le plan horizontal de projection est rencontré par la droite (OÏ, P'I'), menée parallèlement aux génératrices du cylindre donné, par le centre du parallèle choisi.

Le cylindre donné sera coupé par ce premier cylindre auxiliaire suivant deux génératrices qui auront leurs pieds aux points c et d, où les traces horizontales de ces deux cylindres se rencontrent ; et les points a et b, où les projections horizontales de ces deux génératrices coupent le cercle EbF, seront des points de la projection horizontale de l'intersection des deux surfaces proposées. Menant ensuite les lignes de rappel aa' et bb', on aura les projections verticales a' et b' des mêmes points de l'intersection. On obtiendra par le même moyen autant de points que l'on voudra de l'intersection cherchée.

Nous ferons remarquer que les centres de toutes les traces horizontales des cylindres auxiliaires devront se trouver situés sur la même droite OZ, parallèle aux projections horizontales des génératrices du cylindre donné, et passant par le point O où l'axe de l'ellipsoïde perce le plan horizontal.

571. Occupons-nous actuellement de déterminer les points le plus haut et le plus bas de l'intersection. A cet effet, on remarquera que si sur chacun des cercles de bases des cylindres auxiliaires on prend le milieu de l'arc compris dans l'intérieur de la base du cylindre donné, on obtiendra une courbe *gnm* qui rencontrera la base du cylindre donné en des points *g* et *m*. Cela posé, si par le point *g* on mène une normale à cette base, cette normale rencontrera la droite OZ en un point S qui sera le centre de la trace V*g* du cylindre auxiliaire, sur la surface duquel se trouve le point le plus élevé de la courbe. Il est clair que ce cylindre et le cylindre donné seront tangents l'un à l'autre le long de la génératrice (*gu*, *g'u'*), et que le point (*h*, *h'*), où cette génératrice rencontrera le parallèle correspondant de l'ellipsoïde, sera le point le plus élevé.

Quant au point le plus bas, on l'obtiendra de même en menant par le point *m* une normale à la base du cylindre donné, et en exécutant les constructions que nous venons de décrire pour le point le plus élevé.

572. Tout ce que nous avons dit jusqu'ici, relativement à l'une des deux courbes qui composent l'intersection résultant de la *pénétration* des deux surfaces proposées, est entièrement applicable à l'autre courbe. On construira donc pour cette dernière de nouveaux cylindres auxiliaires ayant pour directrices des parallèles de l'ellipsoïde compris dans des limites convenables. Faisant ensuite passer une courbe par le milieu de chacun des arcs de cercle, qui résultent des intersections de la trace du cylindre donné avec les traces de ces nouveaux cylindres auxiliaires, on obtiendra

le point le plus élevé et le point le plus bas, ainsi qu'on l'a
vu dans le numéro précédent.

Intersection d'un cône avec une surface de révolution.

373. On adoptera pour surfaces auxiliaires des cônes
ayant pour sommets celui du cône donné, et pour directrices
des parallèles de la surface de révolution. Ces cônes auxiliaires couperont le cône donné suivant des génératrices
qui, par leur rencontre avec les parallèles correspondants
de la surface de révolution, fourniront des points de l'intersection cherchée. On obtiendra, comme dans le problème
précédent, le point le plus élevé et le point le plus bas de
cette intersection, en construisant la courbe qui passe par
le milieu de chacun des arcs de cercle, qui résultent des
rencontres de la trace du cylindre donné avec celles des
cônes auxiliaires, et en cherchant les points où cette courbe
coupe la base du cône donné.

On voit par ce qui précède que cette question présente
une très-grande analogie avec celle que nous venons d'é-
tudier. C'est pour cela que nous n'avons pas cru nécessaire
de donner une épure.

Intersection d'une surface de révolution avec une surface gauche.

374. Nous choisirons comme exemple le cas d'un tore
et d'un conoïde, attendu que dans la COUPE DES PIERRES nous
aurons à appliquer les résultats auxquels nous serons conduits.

Soit donc (fig. 140) un tore engendré par la révolution du
demi-cercle $B'z'y'$ qui, relevé dans le plan vertical $Oy'B'$,
tourne autour de la verticale du point O. Soit, d'un autre

côté, un conoïde compris tout entier entre les deux plans verticaux O*hg*, O*mn*, et ayant pour plan directeur le plan horizontal de projection, et pour directrices la verticale O, ainsi
qu'une courbe formée de la manière suivante : on rectifie
l'arc *g*B*n* suivant sa tangente *ef* en B, tangente que nous
supposerons transportée parallèlement à elle-même en LT ;
sur cette droite, comme grand axe, on décrit une demi-ellipse $g''z''n''$ dont le demi-petit axe $o''z''$ est égal au rayon v'B$'$
du demi-cercle qui engendre le tore ; puis, faisant coïncider
le plan de cette ellipse avec le plan vertical *ef*, on imagine
que ce plan soit roulé sur le cylindre vertical A*g*B*n*C, l'ellipse deviendra ainsi une ligne à double courbure projetée tout entière sur *g*B*n*. C'est cette ligne que l'on adopte
pour seconde directrice du conoïde.

Les données de la question étant ainsi bien établies, on
se procurera l'intersection du tore avec le conoïde en coupant ces deux surfaces par des plans horizontaux : on obtiendra pour sections, dans le conoïde des génératrices
rectilignes, et dans le tore des cercles ayant pour centre
commun le point O ; les points de rencontre de ces cercles
et de ces droites seront des points de l'intersection demandée. Imaginons donc un premier plan horizontal passant
par le point *d'* du méridien B$'z'y'$; il coupera le tore suivant
deux cercles décrits avec les rayons O*u'* et O*x'*. Si l'on détermine ensuite sur l'ellipse $g''z''n''$ les points *d''* et *a''* qui
sont à la même hauteur que le point *d'*, et si l'on prend les
arcs BG et BN égaux aux longueurs $o''u''$ et $o''x''$, les points
G et N seront évidemment les projections des points où la
courbe directrice du conoïde est rencontrée par le plan
horizontal auxiliaire ; donc les sections faites par ce plan
dans le conoïde seront deux droites qui auront pour projections horizontales les lignes OG et ON. Or ces deux droites
rencontrent les deux sections circulaires du tore en quatre

points *a*, *b*, *c*, *d*, qui sont les projections horizontales d'autant de points de l'intersection des surfaces proposées.

En imaginant d'autres plans horizontaux auxiliaires, on se procurera de nouveaux points de l'intersection, laquelle se composera de deux branches à double courbure, projetées sur *havcn* et *mbvdg*. On remarquera que les deux plans horizontaux limites, c'est-à-dire ceux entre lesquels devront se trouver compris tous les points de l'intersection, seront ceux qui passent par la tangente *ef* à l'arc *g*B*n* et par le point le plus élevé de la courbe directrice du conoïde, lequel point est projeté horizontalement en B. On observera également que les deux courbes *havcn* et *mbvdg* devront, vu la symétrie de la figure, se couper au point *v*, où la droite OB est rencontrée par le parallèle le plus élevé du tore, parallèle qui a pour projection horizontale le cercle *v'v*.

375. Proposons-nous actuellement de déterminer la tangente en un point quelconque *d* de l'intersection des deux surfaces. On sait que cette tangente sera fournie par l'intersection du plan tangent au tore avec le plan tangent au conoïde. Or le premier de ces plans a pour trace horizontale la droite P*s*, perpendiculaire au méridien OG, laquelle s'obtient en ramenant en *s* le pied H de la tangente H*d* du demi-cercle générateur B'*z'y'*. Quant au second plan tangent, il faudra d'abord construire (n° 308) un paraboloïde qui se *raccorde* avec le conoïde tout le long de la génératrice O*d*G.

Pour cela, nous mènerons d'abord une tangente *d″*K″ par le point *d″* de l'ellipse *g″z″n″*; puis, imaginant que l'ellipse s'enroule sur le cylindre vertical ABC, la tangente *d″*K″ deviendra la tangente GK à la courbe directrice· du conoïde, et sa trace horizontale K sera à une distance du point G égale à K″*u″*. Cette droite GK sera l'une des deux directrices du paraboloïde de raccordement, dont l'autre

directrice sera la verticale O, cette verticale pouvant être
considérée comme sa propre tangente. Si l'on joint alors
le point O au point K, on obtiendra une droite qui sera
évidemment une seconde génératrice du paraboloïde, attendu que c'est vers elle que tendra la première génératrice
OG, lorsqu'elle glissera le long de la verticale O et de la
tangente GK.

Cela posé, coupons ces deux génératrices par le plan dR
parallèle aux deux directrices O et GK, nous obtiendrons
ainsi pour section dans le paraboloïde une droite dR. Dès
lors le plan qui contiendra les deux droites dR et OG, situées l'une et l'autre sur le paraboloïde, sera bien le plan
tangent de cette surface de raccordement, et aussi du conoïde proposé, puisque ces deux surfaces se raccordent
(n° 305) tout le long de la génératrice OG. Ce plan tangent
aura donc pour trace horizontale la ligne RQ, parallèle
à OG. Enfin, les traces RQ et Ps des deux plans tangents au tore et au conoïde se coupant au point t, il en résulte que la tangente demandée sera la droite td.

Intersection d'un cylindre avec une surface gauche.

376. On coupera les deux surfaces par des plans parallèles aux génératrices du cylindre et passant par celles de
la surface gauche. A cet effet, par un point quelconque de
l'une des génératrices de la surface gauche, on mènera une
droite parallèle au cylindre ; puis, par cette droite, on conduira un plan qui sera évidemment parallèle au cylindre, et
qui le coupera suivant une de ses génératrices. Le point où
cette génératrice et celle de la surface gauche se rencontreront sera un point de l'intersection demandée.

On voit que la question revient à chercher les points où
le cylindre est percé par chacune des génératrices de la

surface gauche, problème que nous avons résolu au numéro 249.

377. Nous pourrions multiplier à l'infini les questions relatives à l'intersection de deux surfaces; mais nous nous arrêterons ici, attendu que les exemples que nous avons choisis sont plus que suffisants pour faire comprendre facilement les problèmes que nous aurons à étudier plus tard dans la COUPE DES PIERRES.

On voit d'ailleurs que tout se réduit à choisir d'une manière convenable les surfaces *auxiliaires* qui doivent conduire à la connaissance de l'intersection que l'on se propose de déterminer.

Malheureusement on ne peut donner des règles générales sur le choix de ces surfaces auxiliaires : dans tel cas il faudra employer des plans, tandis que dans tel autre on devra avoir recours à des sphères, des cylindres ou des cônes. Cela dépend non-seulement de la nature des surfaces dont on cherche l'intersection, mais encore de leurs positions relativement aux deux plans de projection. C'est donc à celui qui a une question de cette nature à résoudre, de l'étudier d'abord avec le plus grand soin et de se rendre bien compte quelles devront être les surfaces auxiliaires qu'il aura à adopter, de façon à rendre les constructions aussi simples que possible, c'est-à-dire de telle sorte qu'il n'entre dans ces constructions que des droites ou des cercles, lignes qu'il est toujours facile de tracer.

Il faudra quelquefois, il est vrai, changer de plans de projection; mais il sera toujours préférable d'effectuer un tel changement que de courir le risque d'avoir à exécuter une épure où les lignes auxiliaires seraient des courbes qui, pour être déterminées, nécessiteraient des opérations longues, laborieuses, et dont le moindre inconvénient serait souvent de rendre l'épure inintelligible, à cause du grand nombre de lignes dont elle serait surchargée. Nous ne saurions trop insister sur ce point et engager les débutants à s'inspirer de bons modèles, ou mieux, à prendre conseil auprès de personnes compétentes et exercées.

CHAPITRE III

De la courbure des lignes.

378. Soit AB (fig. 142) une courbe plane quelconque ; imaginons qu'elle soit divisée en éléments égaux $CC' = C'C'' = C''C''' = \ldots$, et par le milieu de chacun de ces éléments élevons des perpendiculaires MO, M'O', M''O'', ... Ces perpendiculaires formeront par leurs intersections successives une courbe OO'O''..., à laquelle elles seront toutes tangentes, et qui porte le nom de *développée* de la courbe primitive AB, tandis que celle-ci s'appelle la *développante* de la courbe GH.

Si l'on examine l'un des points de la courbe GH, le point O, par exemple, où se coupent les deux normales consécutives MO et M'O', on voit qu'il se trouve à égale distance des trois points C, C', C'', et qu'il est par conséquent le centre d'un cercle qui aurait avec la courbe donnée AB *deux éléments communs* CC' et C'C''. Or, comme une circonférence ne peut être assujettie à passer par plus de trois points, ce cercle est donc celui qui approche le plus de se confondre avec la courbe AB ; on l'appelle le *cercle osculateur* de la courbe AB au point C.

Quant au rayon du cercle osculateur, il est égal à $OC = OC' = OC''$, rayon du cercle circonscrit au polygone CC'C'', ou bien à $OM = OM'$, rayon du cercle inscrit dans le même polygone, ces deux cercles se confondant pour des éléments *infiniment petits* de la courbe AB. La droite

MO porte le nom de *rayon de courbure* de la courbe AB pour le point M, parce que sa longueur, plus ou moins grande, selon que le point M occupe telle ou telle position sur la courbe AB, indiquera une courbure plus ou moins faible.

579. Les dénominations de *développante* et de *développée* se trouvent justifiées par le fait suivant : supposons qu'un fil flexible soit enroulé sur la développée GH, de telle sorte que l'une de ses extrémités soit fixée en un point de cette courbe, au point V, par exemple, et que sa partie libre, c'est-à-dire celle qui ne se trouve pas en contact avec la développée, soit tendue suivant la direction de la normale OM, la longueur totale du fil étant telle, que l'extrémité de cette partie libre tombe au point M. Imaginons ensuite que l'on déroule ce fil, en ayant toujours soin de le tenir tendu, il est clair alors que l'extrémité du fil qui coïncidait avec le point M parcourra exactement la courbe AB. En effet, lorsque le fil se sera déroulé d'une quantité telle, que sa partie libre coïncide avec la normale infiniment voisine $O'M'$, cette partie se sera accrue de OO' et aura pour longueur totale $M'O + OO' = M'O'$, puisque $MO = M'O$; donc l'extrémité mobile M aboutira précisément au point M'. Il en serait de même pour toutes les positions successives du fil, qui peut ainsi servir à décrire la développante, en le déroulant de dessus la développée. Il résulte de là qu'un arc quelconque $OO'O''$ de la développée est égal à la différence des deux rayons de courbure MO et $M''O''$ qui aboutissent à ses extrémités.

Les mêmes considérations font aisément voir qu'une courbe déterminée AB n'admet jamais qu'*une seule développée,* tandis qu'une même développée correspond à une infinité de développantes. En effet, si l'on prend sur le fil $MOO'V$ divers points M, M_1 ..., tous ces points décriront individuellement une courbe qui sera une développante de la même développée GII, attendu que toutes ces développantes auront évidemment leurs normales communes et se trouveront partout équidistantes dans la direction de ces normales.

580. On fait usage dans les arts de quelques développantes, et principalement de celle du cercle que nous allons faire connaître. Soit (fig. 141) un cercle ayant pour centre le point O; divisons ce cercle en un certain nombre de parties égales, seize par exemple, et par chacun des points de division menons-lui une tangente. Cela fait, portons sur ces tangentes $5\text{-}ae''$, $6\text{-}bf''$, $7\text{-}cg''$, ... des longueurs respectivement égales à $\frac{1}{16}$, $\frac{2}{16}$, $\frac{3}{16}$, ... de la circonférence, nous obtiendrons ainsi une série de points a, b, c, d, ... qui, réunis par un trait continu, fourniront une courbe $abcd...$, laquelle sera une développante du cercle donné. On pourra employer, pour tracer cette courbe, de petits arcs de cercle décrits avec les rayons $5\text{-}a$, $6\text{-}b$, $7\text{-}c$, ..., ces rayons étant précisément ceux des cercles osculateurs de la développante $abcd...$

La développante ainsi obtenue sera une spirale indéfinie ayant pour origine le point 4, et dont la spirale symétrique $a_1b_1c_1d_1$ ... doit être regardée comme une seconde branche. Ces deux spirales ne forment en effet qu'une seule et même courbe offrant un rebroussement au point 4, et dont toutes les parties sont décrites par le mouvement continu d'un point unique; car, si au lieu d'un fil enroulé sur le cercle, on conçoit une droite rigide et indéfinie Ah_1hm'' qui, tout en demeurant tangente au cercle, roule sans glisser sur la circonférence de ce cercle, il est clair qu'un point h_1 situé sur cette droite viendra successivement se placer en g_1, f_1, e_1,... a_1, 4. Si, une fois qu'il sera rendu au point 4, le mou-

vement de la droite continue, il décrira la courbe *abcd*...,
qui dès lors sera bien une seconde branche de la spirale
$a_1b_1c_1d_1$... Ce nouveau mode de génération équivaut évidemment à celui produit par un fil.

Si maintenant on suppose que plusieurs points de la
droite mobile laissent simultanément les traces de leur passage, on obtiendra pour chacun de ces points une développante, ainsi qu'on le voit sur la figure.

Les courbes (fig. 98) ABC...SUV et *abc...suv*, dont nous
avons indiqué la construction au numéro 231, ne sont autre
chose que des développantes du cercle A-1-2-10-16.

381. Jusqu'ici nous n'avons parlé que de la courbure des
lignes planes ; nous allons actuellement passer aux courbes
à double courbure, telles que celles qui résultent de l'intersection de deux surfaces courbes.

Supposons donc que la courbe AB de la figure 142 soit
une courbe à double courbure ; partageons-la en éléments
égaux $CC' = C'C'' = C''C''' = ...$, et élevons sur les milieux
de deux éléments consécutifs deux normales MO et M'O'
situées dans le plan $CC'C''$ *de ces deux éléments*, lequel plan
ne contient évidemment pas les autres éléments, puisque la
courbe est à double courbure. Les deux normales se couperont en un point O qui sera le centre d'un cercle passant
par les trois points C, C', C'', et ayant deux éléments CC' et
C'C'' communs avec la courbe proposée AB : ce sera le *cercle
osculateur* de la courbe AB pour le point C. Le rayon de ce
cercle sera l'une des trois longueurs égales OC, OC', OC'',
ou bien encore l'une des deux normales égales OM, OM'
(n° 378).

Il ne faut pas confondre le cercle osculateur du point C,
avec tous les cercles tangents au même point ; il est le seul
qui soit contenu dans le plan des deux éléments CC', C'C'',

et c'est à cela qu'on le reconnaît ; cependant il variera de position et de grandeur en passant d'un point à un autre, puisque pour un autre point il faudra exécuter les mêmes constructions que précédemment, ce qui changera nécessairement le centre et le rayon.

582. Le plan où se trouve contenu le cercle osculateur, et qui est le plan formé par deux éléments consécutifs, ou mieux par deux tangentes infiniment voisines, se nomme le *plan osculateur* de la courbe AB pour le point C. Ce plan, qui pour une courbe plane est le même en chacun de ses points, varie pour une courbe gauche en passant d'un point à un autre.

583. Les courbes planes et les courbes gauches offrent, en ce qui concerne la ligne qui joint leurs centres de courbure, une différence importante que nous allons mettre en évidence. Et d'abord, on donne le nom de *normale principale* d'une courbe, pour un point de cette courbe, à celle qui est située dans le plan osculateur du point considéré, et suivant laquelle est dirigé le rayon de courbure. Or, lorsque la courbe est plane, toutes les normales principales relatives aux divers points se trouvent dans son plan, et se coupent consécutivement de manière à former une autre courbe à laquelle elles sont toutes tangentes.

Au contraire, quand la courbe est gauche, les normales principales ou rayons de courbure ne se coupent plus consécutivement. Soit en effet une courbe gauche AB (fig. 143) partagée en éléments égaux $CC' = C'C'' = C''C''' = \ldots$; concevons par les milieux M, M', M'',... des divers éléments, des plans PSR, P'S'R', P''S''R'',... qui leur soient normaux ; ces divers plans se couperont deux à deux suivant des droites RS, R'S', R''S'', ... qui seront les arêtes d'une surface développable (n° 173) dont les éléments superficiels seront formés par les portions de plans comprises entre deux consécutives de ces droites. Si l'on coupe alors les plans P et P' par le plan osculateur CC'C" qui leur est perpendiculaire à tous deux, on obtiendra pour sections les normales MO, M'O, dont le point de rencontre O sera le centre du cercle osculateur correspondant au point C ; de plus la normale MO sera le rayon de courbure relatif à ce même point C. De même, si l'on coupe les plans normaux P' et P" par le second plan osculateur C'C"C''', on obtiendra pour sections les nouvelles normales M'O' et M"O' dont la première sera le rayon de courbure relatif au point C'. Or ce rayon M'O' ne saurait coïncider avec l'autre normale M'O, puisque ces deux droites résultent de l'intersection du même plan P' avec deux plans *distincts* CC'C" et C'C"C''' ; donc M'O' rencontre RS en un point a différent du point O ; par conséquent les deux rayons de courbure consécutifs MO et M'O', n'ayant pas de point commun sur l'intersection RS des deux plans P et P' qui les contiennent, ne peuvent se rencontrer.

Il résulte de là que la courbe que l'on ferait passer par les centres de courbure O, O', O", ... ne saurait avoir pour tangentes les rayons de courbure M'O', M"O"...; d'où l'on conclut que la courbe qui passe par les centres de courbure d'une courbe gauche n'est point la développée de cette dernière ligne.

584. Cependant la courbe gauche AB (fig. 143) admet une infinité de développées, ainsi que Monge l'a démontré. En effet, traçons dans le premier plan normal P une droite quelconque MD issue du point M, cette droite sera toujours normale à la courbe AB, puisqu'elle est contenue dans un plan qui lui-même est normal à cette dernière ; menons ensuite dans le second plan normal une droite M'D' passant par le point D, puis dans le troisième plan normal une droite M"D" passant par le point D', et ainsi de suite ; il est clair que la

courbe DD'D″... résultant des intersections successives de toutes ces droites, lesquelles lui sont toutes tangentes, sera une développée de la courbe proposée AB, attendu qu'elle pourra servir à décrire cette dernière par le développement d'un fil enroulé autour d'elle. Pour le prouver, nous allons faire voir que DM est égal à DM′, et que le point D est par conséquent à égale distance des trois points C, C′, C″.

La droite RS étant l'intersection des deux plans P et P′ perpendiculaires *sur les milieux* des éléments égaux CC′ et C′C″, est elle-même perpendiculaire sur le plan CC′C″ de ces deux éléments, et chacun de ses points est à égale distance des trois points C, C′, C″ ; donc DM = DM′. Monge a donné le nom de *ligne polaire* à la droite RS, et celui de *rayons de développée* aux distances DM, D′M′, D″M″, ... rayons qu'il ne faut pas confondre avec les rayons de courbure OM, O′M′, O″M″, ...

Nous avons dit que la droite MD avait dans le plan P une direction arbitraire ; on peut donc, en lui donnant une infinité de directions différentes, obtenir une infinité de développées qui toutes seront situées sur la surface développable formée par l'assemblage des droites RS, R′S′, R″S″, ..., surface que l'on appelle *surface polaire,* pour rappeler son origine.

385. Les droites RS, R′S′,... (fig. 143) étant deux à deux situées dans un même plan, se coupent évidemment aussi deux à deux, ce qui, on se le rappelle (n° 173) est le caractère distinctif des surfaces développables ; donc la surface polaire formée par toutes ces droites est bien développable, et a pour arête de rebroussement (n° 179) la courbe GH qui leur est tangente. Dès lors les lignes RS, R′S, R″S″,... sont des génératrices de cette surface développable, ainsi que nous l'avions annoncé plus haut (n° 383).

386. Nous ferons remarquer que la courbe GH, arête

de rebroussement de la surface polaire, a pour plans osculateurs les plans normaux de la courbe primitive AB, attendu que deux tangentes consécutives telles que CRS,
C'R'S' sont toutes deux situées dans le même plan normal P'.

De la courbure des surfaces.

587. Deux courbes sont dites *osculatrices entre elles*, lorsqu'elles ont le même rayon de courbure. Cela posé, deux
surfaces sont *osculatrices* l'une de l'autre, quand tout plan
mené par la normale commune les coupe suivant deux
courbes osculatrices entre elles.

588. Ces définitions étant données, nous allons aborder
la théorie de la courbure des surfaces, en adoptant à cet
effet la marche suivie par Monge, marche qui nous a paru
la plus simple.

Soit donc (fig. 144) un cylindre droit ayant pour base la
courbe quelconque AGB, et soit M un point pris au hasard
sur ce cylindre. Concevons par ce point la génératrice GG',
ainsi que la section droite CMD ; puis menons la droite MR
normale à la surface : cette normale sera évidemment perpendiculaire à la génératrice GG' et se trouvera située dans
le plan de la section droite CMD ; en outre elle sera perpendiculaire à la tangente MT de cette section au point M.

Cela posé, si l'on prend sur le cylindre deux points a et b
infiniment voisins du point M et situés, l'un a sur la génératrice GG', l'autre b sur la section droite ; puis, si par chacun
de ces points on mène une nouvelle normale à la surface,
ces deux normales bR et aS seront chacune dans un même
plan avec la première normale MR. En effet, le plan tangent
à la surface en M étant aussi tangent en a, les deux droites
MR et aS sont perpendiculaires au même plan et par suite
sont parallèles entre elles ; donc elles sont bien dans un

même plan et peuvent être considérées comme se rencontrant à l'infini ; quant aux normales MR et *b*R, elles sont évidemment comprises dans le plan de la section droite, et concourent en un certain point R de ce plan : ainsi les deux plans qui contiennent la normale MR avec chacune des normales *a*S, *b*R sont non-seulement différents, mais encore perpendiculaires entre eux.

389. Nous allons maintenant prouver que toute normale menée par un point situé en dehors de la génératrice du point M ou en dehors de la section droite qui passe par ce point, ne peut rencontrer la normale MR. Soit en effet un point *c* infiniment voisin du point M, mais non situé sur GG′ ou sur CMD ; menons la normale *c*S, et concevons la nouvelle section droite E*c*F, laquelle coupe la génératrice GG′ en un certain point *a;* il est clair que la normale *c*S sera contenue dans cette section droite, d'où il suit que *c*S et MR se trouveront dans deux plans parallèles, et ne pourront appartenir à un même plan qu'autant qu'elles seront parallèles, ce qui n'a pas lieu, puisque *a*S parallèle à MR coupe *c*S en un point S.

390. On voit par là que si, après avoir mené par un point quelconque d'une surface cylindrique une normale à la surface, on veut passer à un point infiniment voisin pour lequel la nouvelle normale soit dans un même plan avec la première, et puisse par conséquent la rencontrer à une distance finie ou infinie, on ne peut le faire que dans deux sens parfaitement distincts, savoir : 1° en suivant la direction de la génératrice de la surface, et alors la nouvelle normale rencontre la première à l'infini ; 2° en suivant la section droite, et alors la nouvelle normale rencontre la première en un point dont la distance dépend de la courbure de la section droite du cylindre dans le point considéré. Ces deux directions sont perpendiculaires entre elles.

Les deux points de rencontre des trois normales sont donc les seuls centres de courbure possibles de l'élément que l'on considère sur la surface ; les deux plans différents qui passent par la première normale et par chacune des deux autres indiquent le sens de ces courbures ; les distances du point M de la surface aux deux points de rencontre des normales sont les rayons des deux courbures ; et l'on voit que, dans les surfaces cylindriques, un de ces rayons étant toujours infini, et la grandeur de l'autre dépendant de la nature de la base de la surface pour chacun des points, il n'y a qu'une courbure finie ; l'autre est toujours infiniment petite, c'est-à-dire nulle.

591. Tout ce que nous venons de dire s'applique à toutes les surfaces développables, attendu que deux éléments consécutifs de ces surfaces peuvent toujours être considérés comme faisant partie d'une certaine surface cylindrique.

Passons maintenant au cas d'une surface quelconque.

592. Soit ADBC (fig. 145) une surface quelconque, sur laquelle on considère un point M pris au hasard ; menons par ce point une droite GG′ tangente à la surface, droite dont la direction pourra être quelconque dans le plan tangent de la surface au point M. Imaginons ensuite que cette droite se meuve parallèlement à elle-même sans cesser d'être tangente à la surface, elle engendrera ainsi un cylindre qui sera tangent à la surface suivant une certaine courbe AMB, laquelle sera plane ou gauche selon la nature de la surface considérée. Mais comme la droite GG′ a été menée d'une manière arbitraire dans le plan tangent à la surface au point M, si par ce point on conduit la tangente MT à la courbe de contact AMB, cette tangente fera avec la génératrice GG′ du cylindre un angle G′MT, dont la grandeur dépendra et de la nature de la surface ADBC, et de la direction arbitraire donnée à la droite GG′.

Vient-on à changer, ce qui est toujours possible, la direction de la droite GG', sans que pour cela elle cesse d'être tangente à la surface au point M, elle engendrera alors un autre cylindre circonscrit à la surface, qui la touchera suivant une autre ligne. Cette ligne passera encore par le point M, et sa tangente en ce point fera, avec la nouvelle direction de la génératrice, un angle différent du premier angle G'MT. On voit par là que l'on est maître de donner à la droite GG' une direction telle, que le cylindre qu'elle engendrera touche la surface ADBC suivant une courbe, dont la tangente en M fasse un angle voulu avec cette direction.

Supposons donc que cet angle soit droit, et soit (fig. 146) GG' la direction de la génératrice du cylindre, qui pour le point M d'une surface quelconque répond à cette condition. Le cylindre engendré touchera la surface proposée suivant une certaine courbe qui en général sera à double courbure, mais dont l'élément au point M se confondra nécessairement avec l'élément MN de la section droite CNMD du cylindre. Les deux extrémités M et N de cet élément, se trouvant sur la ligne de contact des deux surfaces, appartiendront en même temps aux deux surfaces; et si par ces points M et N on mène deux normales MR et NR à la surface cylindrique, elles seront aussi normales à la courbe. Or ces deux normales sont dans le plan de la section droite du cylindre et doivent (n° 388) se rencontrer quelque part en un point R qui est le centre de courbure de l'arc MN. Donc, si sur une surface courbe quelconque on prend deux points M et N, qui soient placés sur la ligne de contact de cette surface avec le cylindre dont la génératrice soit perpendiculaire à l'élément MN de cette ligne de contact, les normales à la surface courbe, menées par ces deux points, seront dans un même plan, et se rencontreront en un point qui sera le centre de la courbure de la surface, dans le sens du plan qui contient les deux normales.

593. Considérons maintenant la courbe AMB suivant laquelle la surface courbe est coupée par le plan déterminé par la droite GG′ et la normale MR, et prenons sur cette courbe un point P *infiniment voisin* du point M; menons ensuite par ce point P une tangente gg' à la courbe AMPB, puis supposons que cette tangente se meuve parallèlement à elle-même, de façon à engendrer un cylindre tangent à la surface courbe. Ce nouveau cylindre différera infiniment peu du premier cylindre, et touchera la surface courbe suivant une nouvelle courbe C′OPD′.

Cela posé, si au point P nous menons une normale PT au nouveau cylindre, elle sera aussi normale à la surface courbe; de plus, elle sera située dans un même plan avec la normale MR, puisqu'elles appartiennent toutes les deux au plan de la courbe AMPB, ou, ce qui revient au même, au plan des deux droites GG′ et gg', lequel plan est perpendiculaire à celui des normales MR et NR. Les deux normales PT et MR se rencontreront donc en un certain point S, qui sera le centre de courbure de l'arc MP, et par conséquent le centre de la courbure de la surface proposée, dans le sens du plan qui passe par les droites GG′, gg'.

Il résulte de là et du numéro précédent que si l'on considère sur une surface courbe quelconque un point quelconque M, et si l'on conçoit une normale à la surface en ce point, on peut toujours passer, suivant deux directions différentes, à un autre point P ou N, pour lequel la nouvelle normale soit dans un même plan avec la première, et que ces deux directions étant dans des plans normaux rectangulaires entre eux, elles se coupent elles-mêmes sur la surface suivant un angle droit.

594. Pour que la démonstration que nous venons de

donner soit complète, nous allons prouver que ces deux directions sont, sauf quelques cas particuliers que nous examinerons dans un instant, les seules pour lesquelles cet effet puisse avoir lieu, c'est-à-dire que si sur la surface courbe on passe dans toute autre direction à un point O, infiniment voisin du point M, et que si par ce point on mène à la surface la normale OT, cette normale ne sera pas dans un même plan avec la normale MR, et ne pourra conséquemment la rencontrer.

En effet, supposons que la seconde surface cylindrique ait été inclinée de telle sorte que sa ligne de contact avec la surface courbe proposée passe par le point O; l'arc infiniment petit OP de cette ligne de contact se confondra avec l'arc de la section droite C'OPD' du cylindre; les deux normales en O et en P à la surface seront aussi normales au cylindre, et seront dans le plan de la section droite; elles se rencontreront donc quelque part en un point T. Mais la normale OT ne rencontrera pas la normale MR; car pour que cette rencontre eût lieu, il faudrait que le point T coïncidât avec le point S où PT rencontre MR, ce qui ne peut avoir lieu *en général,* attendu que cela suppose une égalité entre les courbures des deux arcs MP et PO. Nous verrons tout à l'heure que cette égalité ne se produit que pour certains points, appelés *ombilics,* de quelques surfaces particulières.

Il suit de là qu'en général une surface quelconque n'a, dans chacun de ses points, que deux courbures : que chacune de ces courbures a son centre particulier, son rayon particulier, et que les deux arcs sur lesquels se prennent ces deux courbures se coupent sur la surface à angle droit. On démontre en outre que ces deux courbures sont celles qui ont les rayons maximum et minimum ; mais nous admettrons cette dernière vérité sans démonstration, c'est-à-dire à titre de *postulatum*.

595. On donne le nom de *lignes de courbure* d'une surface à la suite des points pour lesquels les normales de la surface vont se rencontrer consécutivement. Il existe en chaque point d'une surface deux lignes de courbure se coupant à angle droit et sur lesquelles sont situés les arcs de courbure de la surface qui correspondent à ce point.

596. Si l'on considère la normale en un point d'une surface, et si par cette normale on conduit un plan, ce plan coupera la surface suivant une courbe évidemment plane que l'on appelle *section normale*. Mais comme une droite ne suffit pas pour déterminer la direction d'un plan, il s'en suit qu'en un même point il existe une infinité de sections normales, parmi lesquelles il importe de distinguer les *sections principales*, qui sont perpendiculaires entre elles et tangentes aux lignes de courbure du point considéré.

597. Après avoir démontré généralement l'existence de deux lignes de courbure pour chaque point d'une surface quelconque, il est bon de citer quelques exemples où la détermination de ces lignes s'effectue immédiatement.

Dans une surface de révolution décrite par une courbe plane tournant autour d'une droite située dans son plan, telle que l'ellipsoïde de révolution, un méridien est lui-même une première ligne de courbure pour chacun de ses points, attendu que toutes les normales qui correspondent à ce méridien étant situées dans son plan, se couperont nécessairement sur une ligne qui sera la développée de la courbe méridienne. La seconde ligne de courbure relative à chacun des points de ce méridien sera le parallèle qui passe par ce point, puisque toutes les normales de la surface qui partent des différents points de ce parallèle vont se rencontrer en un même point de l'axe.

598. Dans les surfaces développables, parmi lesquelles se trouvent compris le cylindre et le cône, la génératrice rectiligne qui passe par le point considéré sera une première ligne de courbure (n° 390), laquelle courbure sera nulle. Quant à la seconde ligne de courbure, elle sera fournie par la courbe qui, passant par le point considéré, coupe toutes les génératrices à angle droit ; en d'autres termes, cette seconde ligne de courbure sera une développante de l'arête de rebroussement de la surface.

399. Nous avons dit plus haut (n° 394) qu'il existe des surfaces présentant des points pour lesquels le nombre des lignes de courbure est infini. Par exemple, la courbure de la sphère étant la même dans tous les sens, quelle que soit la direction dans laquelle on passe d'un point à un autre infiniment voisin, les normales menées par ces deux points sont toujours dans un même plan ; et cette surface est la seule pour laquelle cette propriété convienne à tous les points. Dans les surfaces de révolution où la courbe génératrice coupe l'axe à angle droit, la courbure au sommet est encore la même dans tous les sens, et deux normales *consécutives* sont toujours dans un même plan ; mais cette propriété n'a lieu que pour le sommet, qui alors est un *ombilic* (n° 394).

Il ne faudrait pas croire cependant que ces cas particuliers fissent exception à la règle générale. Il arrive seulement que pour ces cas les deux courbures sont égales entre elles, et que les directions suivant lesquelles on doit les estimer sont indifférentes.

400. Bien que les deux courbures d'une surface soient liées l'une à l'autre par la loi de génération de cette surface, elles éprouvent néanmoins, d'un point de la surface à un autre, des variations qui peuvent se produire dans le même sens ou dans des sens contraires. Il n'est guère possible d'entrer à cet égard dans de très-grands détails sans le secours de l'analyse mathématique : aussi nous contenterons-nous d'observer que pour certaines surfaces, telles que l'ellipsoïde de révolution, les deux courbures sont pour chaque point dans le même sens, c'est-à-dire qu'elles tournent leurs convexités d'un même côté de l'espace ; dans d'autres surfaces, au contraire, les deux courbures se produisent suivant des sens différents, c'est-à-dire que l'une présente sa concavité et l'autre sa convexité du même côté : la surface formée par la gorge d'une poulie est dans ce cas ; il en est de même de l'hyperboloïde à une nappe (n° 287).

401. Passons maintenant à quelques conséquences qui résultent de tout ce qui précède, et dont il est bon de bien se pénétrer.

Supposons (fig. 147) qu'à partir d'un point M, pris à volonté sur une surface quelconque, on cherche, parmi les points infiniment voisins, les deux seuls M′ et K pour lesquels les normales vont couper celles de M ; puis qu'à partir de M′, on fasse la même recherche qui fournira les points M″ et K′, et que l'on continue à opérer semblablement pour les points M″, ..., K, K′, ..., R, R′, ...; on obtiendra ainsi deux séries de lignes de courbure MM′U, KK′U′, RR′U″, ... et MKV, M′K′V′, M″K″V″, ..., lesquelles partageront la surface proposée en quadrilatères curvilignes, dont les côtés se couperont toujours à angles droits, et indiqueront les directions des deux courbures de la surface.

Si maintenant, par tous les points d'une des lignes de la première courbure, MU par exemple, on conçoit les diverses normales de la surface proposée, ces droites, qui se rencontreront consécutivement, formeront une surface développable dont l'arête de rebroussement, tangente à toutes ces normales, sera la suite des centres de la première courbure de la surface, relativement à la ligne MU. Observons d'ailleurs que cette arête de rebroussement sera une développée de la ligne MU, et que cette dernière se trouvera à son tour une ligne de courbure de la surface développable formée par les normales en question. En opérant ainsi pour chaque ligne KU′, RU″, TU‴, …, de la première courbure, on obtiendra une série de surfaces développables qui toutes seront normales à la surface proposée, et dont les arêtes de rebroussement formeront, par leur ensemble, une surface S sur laquelle se trouveront tous les centres de la première courbure de la surface proposée, et à laquelle toutes les normales relatives à cette courbure seront tangentes. Il existe de même une seconde surface S′ sur laquelle seront situés tous les centres de la seconde courbure de la surface proposée, et qui sera formée par les arêtes de rebroussement de toutes les surfaces développables produites par les normales menées le long de chaque ligne de la seconde courbure MV, M′V′, M″V″, …; et cette surface S′ sera encore touchée par les mêmes normales que S.

402. Dans quelques cas particuliers, les surfaces S et S′ sont distinctes, c'est-à-dire qu'elles peuvent être engendrées séparément. On en a un exemple dans les surfaces de révolution, pour lesquelles une de ces surfaces S ou S′ se réduit à l'axe même de rotation, et pour lesquelles l'autre surface est une surface de révolution engendrée par la rotation de la développée du méridien autour du même axe. Mais le plus souvent, et dans le cas général, S et S′ ne sont point distinctes et ne peuvent être engendrées séparément; en d'autres termes, elles sont deux nappes différentes d'une seule et même surface. Observons d'ailleurs que S et S′ sont, relativement à la surface proposée, ce que sont les développées par rapport aux lignes courbes.

403. Il est essentiel d'observer que les surfaces développables qui sont normales à la surface proposée le long des lignes de première courbure MU, KU′, RU″, …, sont

tangentes à S′, tandis que les surfaces développables qui
sont normales le long des lignes de seconde courbure MV,
M′V′, M″V″, ..., sont tangentes à S. En effet, les normales
issues des points M, M′, M″,... se coupent sur la surface S;
de même, les normales issues des points K, K′, K″, ... se
coupent aussi sur la surface S, et ainsi de suite. Mais la
rencontre des normales de M et K, de M′ et K′, de M″ et
K″, se fait sur la seconde surface S′ : donc cette dernière
surface est le lieu des intersections consécutives de toutes les
surfaces développables de la première série, et conséquemment elle se trouve tangente à chacune d'elles. On verrait
de même que les intersections consécutives de toutes les
surfaces développables, relatives aux lignes de la seconde
courbure, sont situées sur la surface S.

404. Il résulte de ce qui précède que deux surfaces
développables normales à la surface proposée, et qui passent par deux lignes de courbure de la même espèce,
comme MU et KU′, se coupent suivant une courbe qui est
située sur la surface S′ des centres de l'espèce opposée.
Mais si l'on compare deux surfaces développables de séries
différentes, passant toutes deux par un même point de la
surface proposée, le point M par exemple, on verra qu'elles
se coupent suivant une droite normale à la surface proposée
et passant par le point M. En outre, cette intersection se
fait toujours à angle droit, puisque les plans tangents à ces
deux surfaces développables au même point M qui leur est
commun, se trouvent perpendiculaires l'un sur l'autre, attendu que les éléments MM′ et MK des deux lignes de courbure sont perpendiculaires entre eux et à la normale du
point M (*).

405. « Voyons actuellement, dit Monge, quelques exem-

(*) Les numéros 401, 402, 403 et 404 sont presque textuellement em-
pruntés au *Traité de Géométrie descriptive* de Leroy.

ples de l'utilité dont les généralités qui précèdent peuvent être dans certains arts. Le premier exemple sera pris dans l'architecture.

« Les voûtes construites en pierres de taille sont composées de pièces distinctes auxquelles on donne le nom générique de *voussoirs*. Chaque voussoir a plusieurs faces qui exigent la plus grande attention dans l'exécution : 1° la face qui doit faire parement, et qui devant être une partie de la surface visible de la voûte, doit être exécutée avec la plus grande précision ; cette face se nomme *douelle*; 2° les faces par lesquelles les voussoirs consécutifs s'appliquent les uns contre les autres : on les nomme généralement *joints*. Les joints exigent aussi la plus grande exactitude dans leur exécution, car la pression se transmettant d'un voussoir à l'autre perpendiculairement à la surface du joint, il est nécessaire que les deux pierres se touchent par le plus grand nombre possible de points, afin que pour chaque point de contact la pression soit la moindre possible, et que pour tous elle approche le plus de l'égalité. Il faut donc que dans chaque voussoir les joints approchent le plus de la véritable surface dont ils doivent faire partie ; et pour que cet objet soit plus facile à remplir, il faut que la surface des joints soit de la nature la plus simple et de l'exécution la plus susceptible de précision. C'est pour cela que l'on fait ordinairement les joints plans ; mais les surfaces de toutes les voûtes ne comportent pas cette disposition, et dans quelques-unes on blesserait trop les convenances dont nous parlerons dans un moment, si l'on ne donnait pas aux joints une surface courbe. Dans ce cas, il faut choisir parmi toutes les surfaces courbes qui pourraient d'ailleurs satisfaire aux autres conditions, celles dont la génération est la plus simple et dont l'exécution est plus susceptible d'exactitude. Or, de toutes les surfaces courbes, celles qu'il est le plus facile d'exécuter sont celles qui sont engendrées par le mouvement d'une ligne droite, et surtout les surfaces développables ; ainsi, lorsqu'il est nécessaire que les joints des voussoirs soient des surfaces courbes, on les compose, autant qu'il est possible, de surfaces développables.

« Une des principales conditions auxquelles la forme des joints des voussoirs doit satisfaire, c'est d'être partout perpendiculaires à la surface de la voûte que ces voussoirs composent. Car, si les deux angles qu'un même joint fait avec la surface de la voûte étaient sensiblement inégaux, celui de ces angles qui excéderait l'angle droit serait capable d'une plus grande résistance que l'autre ; et dans l'action que deux voussoirs consécutifs exercent l'un sur l'autre, l'angle qui est plus petit que l'angle droit serait exposé à éclater, ce qui, au moins, déformerait la voûte et pourrait même altérer sa solidité et diminuer la durée de l'édifice. Lors donc que la surface d'un joint doit être courbe, il convient de l'engendrer par une droite qui soit partout perpendiculaire à la surface de la voûte ; et si l'on veut de plus que la surface du joint soit développable, il faut que toutes les normales à la surface de la voûte, et qui composent pour ainsi dire le joint, soient consécutivement deux à deux dans un même plan. Or nous venons de voir que cette condition ne peut être remplie, à moins que toutes les normales ne passent par une même ligne de courbure de la surface de la voûte ; donc, si les surfaces des joints des voussoirs d'une voûte doivent être développables, il faut nécessairement que ces surfaces rencontrent celle de la voûte dans ses lignes de courbure.

« D'ailleurs, avec quelque précision que les voussoirs d'une voûte soient exécutés, leur division est toujours apparente sur la surface ; elle y trace des lignes très-sensibles, et ces lignes doivent être soumises à des lois géné-

rales et satisfaire à des convenances particulières, selon la
nature de la surface de la voûte. Parmi les lois générales,
les unes sont relatives à la stabilité, les autres à la durée
de l'édifice ; de ce nombre est la règle qui prescrit que les
joints d'un même voussoir soient rectangulaires entre eux,
par la même raison qu'ils doivent être eux-mêmes perpendiculaires à la surface de la voûte. Aussi les lignes de division des voussoirs doivent être telles, que celles qui
divisent la voûte en assises soient toutes perpendiculaires
à celles qui divisent une même assise en voussoirs. Quant
aux convenances particulières, il y en a de plusieurs sortes,
et notre objet n'est pas ici d'en faire l'énumération ; mais il
y en a une principale, c'est que les lignes de division des
voussoirs qui, comme nous venons de le voir, sont de deux
espèces, et qui doivent se rencontrer toutes perpendiculairement, doivent aussi porter le caractère de la surface à
laquelle elles appartiennent. Or il n'existe pas d'autre
ligne, sur la surface courbe, qui puisse remplir en même
temps toutes ces conditions, que les deux suites de lignes
de courbure, et elles les remplissent complétement. Ainsi,
la division d'une voûte en voussoirs doit donc toujours
être faite par des lignes de courbure de la surface de la
voûte, et les joints doivent être des portions de surfaces
développables formées par les normales à la surface, normales qui, considérées consécutivement, sont deux à deux
dans un même plan ; en sorte que pour chaque voussoir les
surfaces des quatre joints et celle de la voûte soient toutes
rectangulaires.

« Avant la découverte des considérations géométriques
sur lesquelles tout ce que nous venons de dire est fondé,
les artistes avaient un sentiment confus des lois auxquelles
elles conduisent, et ordinairement ils avaient coutume de
s'y conformer. Ainsi, par exemple, lorsque la surface de la

voûte était de révolution, soit qu'elle fût en sphéroïde, soit qu'elle fût en berceau tournant (tore), ils divisaient ses voussoirs par des méridiens et par des parallèles, c'est-à-dire par les lignes de courbure de la surface de la voûte. Les joints qui correspondaient aux méridiens étaient des plans menés par l'axe de révolution ; ceux qui correspondaient aux parallèles étaient des surfaces coniques de révolution autour du même axe ; et ces deux espèces de joints étaient rectangulaires entre eux et perpendiculaires à la surface de la voûte. Mais lorsque les surfaces des voûtes n'avaient pas une génération aussi simple, et quand leurs lignes de courbure ne se présentaient pas d'une manière aussi marquée, comme dans les voûtes en sphéroïdes allongés et dans un grand nombre d'autres, les artistes ne pouvaient plus satisfaire à toutes les convenances, et ils sacrifiaient, dans chaque cas particulier, celles qui leur présentaient les difficultés les plus grandes.

« Il serait donc convenable que, dans chacune des écoles de géométrie descriptive, le professeur s'occupât de la détermination et de la construction des lignes de courbure des surfaces employées ordinairement dans les arts, afin que dans le besoin les artistes, qui ne peuvent pas consacrer beaucoup de temps à de semblables recherches, pussent les consulter avec fruit et profiter de leurs résultats.

« Le second exemple que nous rapporterons sera pris dans l'art de la gravure.

« Dans la gravure, les teintes des différentes parties de la surface des objets représentés sont exprimées par des hachures, que l'on fait d'autant plus fortes ou plus rapprochées que la teinte doit être plus obscure. Lorsque la distance à laquelle la gravure doit être vue est assez grande pour que les traits individuels de la hachure ne soient pas aperçus, le genre de la hachure est à peu près indifférent; et, quel que soit le contour de ces traits, l'artiste peut toujours les forcer et les multiplier, de manière à obtenir la teinte qu'il désire et à produire l'effet demandé. Mais, et c'est le cas le plus ordinaire, quand la gravure est destinée à être vue d'assez près pour que les contours des traits de la hachure soient aperçus, la forme de ces contours n'est plus indifférente. Pour chaque objet et pour chaque partie de la surface d'un objet, il y a des contours de hachures plus propres que tous les autres à donner une idée de la courbure de la surface; ces contours particuliers sont toujours au nombre de deux, et quelquefois les graveurs les emploient tous deux à la fois, lorsque, pour forcer plus facilement leurs teintes, ils croisent les hachures. Ces contours, dont les artistes n'ont encore qu'un sentiment confus, sont les projections des lignes de courbure de la surface qu'ils veulent exprimer. Comme les surfaces de la plupart des objets ne sont pas susceptibles de définition rigoureuse, leurs lignes de courbure ne sont pas de nature à être déterminées, ni par le calcul, ni par des constructions graphiques. Mais si, dans leur jeune âge, les artistes avaient été exercés à rechercher les lignes de courbure d'un grand nombre de surfaces différentes et susceptibles de définitions exactes, ils seraient plus sensibles à la forme de ces lignes et à leur position, même pour les objets déterminés; il les saisiraient avec plus de précision, et leurs ouvrages auraient plus d'expression.

« Nous n'insisterons pas sur cet objet, qui ne présente peut-être que le moindre des avantages que les arts et l'industrie retireraient de l'établissement d'une école de géométrie descriptive dans chacune des principales villes de France. »

DEUXIEME PARTIE

COUPE DES PIERRES

LIVRE I

MURS, PLATES-BANDES ET VOUTES PLATES

CHAPITRE I

DES MURS.

Généralités.

406. La *coupe des pierres* est l'art de donner aux pierres
une forme que l'on a déterminée d'avance par des considérations géométriques et qui varie, non-seulement pour
les différentes parties de l'édifice que l'on se propose de
bâtir, mais encore pour les diverses pierres qui composent
une même partie.

La première chose dont on doive se préoccuper dans
la construction d'une voûte, quelle que soit d'ailleurs sa
forme et sa destination, c'est de connaître la résistance des
matériaux que l'on a à sa disposition et de savoir quelle
sera la charge qu'aura à supporter cette voûte, afin de
pouvoir déterminer l'épaisseur que l'on devra lui donner.
Cette première question étant résolue pour chacune des
parties de l'édifice que l'on a en vue, on cherche à concilier
les résultats fournis par elle avec les règles de l'architecture, c'est-à-dire avec les principes de symétrie et de bon
goût qui sont le résultat de l'expérience acquise par nos
devanciers. Les formes et les dimensions de l'édifice se

trouvant dès lors parfaitement arrêtées, non-seulement dans leur ensemble, mais encore dans tous leurs détails, on passe à la question qui fait l'objet de cet ouvrage, c'est-à-dire à l'*appareillage* des différentes parties qui composent cet édifice.

Les deux premières questions, relatives à la résistance des matériaux et aux règles architecturales, rentrent dans le domaine des sciences de la mécanique et de l'architecture, sciences qui sont tout à fait en dehors de notre objet. C'est à l'ingénieur ou à l'architecte chargé de dresser les plans du monument projeté qu'il appartient de connaître ces sciences et de les mettre en pratique; l'appareilleur, lui, ne doit avoir qu'une seule chose en vue, c'est l'application des principes de géométrie descriptive que nous avons exposés dans la première partie de cet ouvrage, et dont la connaissance doit lui être familière.

407. Nous admettrons donc toujours que la forme et les dimensions de chacune des parties de l'édifice projeté sont assignées d'avance, d'après les lois de la mécanique et les règles de l'architecture; en sorte qu'un problème de coupe des pierres consistera seulement dans les trois opérations suivantes :

1° Tracer l'appareil de la voûte, c'est-à-dire trouver le moyen qui, répondant le mieux aux exigences des règles admises, permette de partager cette voûte en fragments tels, que sous un volume relativement petit ils puissent être réunis par simple juxtaposition, de manière à se soutenir mutuellement et à former par leur ensemble un seul corps parfaitement résistant;

2° Déterminer exactement les contours et les dimensions de toutes les faces de chacun des fragments qui composent la voûte, faces qui toutes sont formées par des portions de surfaces étudiées dans la première partie de cet ouvrage, et dont les contours sont le résultat de l'intersection de ces diverses surfaces ;

3° Exécuter les résultats fournis par les deux premières opérations, c'est-à-dire donner aux pierres brutes qui arrivent de la carrière les formes précédemment trouvées, formes qui dépendent nécessairement de celles des faces. Cette troisième opération porte le nom d'*application du trait sur la pierre*.

408. Le mode employé pour partager une voûte en fragments susceptibles d'être maniés devant évidemment changer avec la forme de la voûte, nous indiquerons dans chaque cas quel système il est préférable d'adopter.

Pour effectuer la seconde opération, il faut avoir à sa disposition un mur aussi plan que possible, sur lequel on applique une couche de plâtre que l'on dresse avec beaucoup de soin. C'est sur ce mur ainsi préparé que l'on trace les données de l'épure, dans des dimensions *égales* à celles que doit avoir la voûte que l'on a en vue. Ensuite on détermine les contours de toutes les faces de chacun des fragments qui composent la voûte, d'abord en projection, puis en vraie grandeur, au moyen de rabattements ou de toute autre méthode.

Quant à la troisième opération, c'est-à-dire l'application du trait sur la pierre, elle varie, ainsi que la première, suivant les différents cas qui peuvent se présenter ; c'est pourquoi nous n'en dirons rien ici, nous réservant d'expliquer, à la fin de chacune des questions que nous passerons en revue, les procédés que l'on doit mettre en pratique.

409. Nous allons maintenant donner quelques définitions qui faciliteront au lecteur la compréhension de ce qui va suivre.

On donne le nom de *voussoir* à chacune des pierres taillées qui composent une voûte.

Le *lit de pose* d'une pierre est la face suivant laquelle elle doit s'appliquer sur les pierres qui ont été posées avant elle. Chaque rang de pierres se nomme une *assise*.

Les *joints de lit* sont les faces par lesquelles un voussoir est en contact avec celui de l'assise inférieure et avec celui de l'assise supérieure ; les *joints d'assise* ou *joints montants* sont les faces de contact de deux voussoirs d'une même assise, lorsque cette dernière est trop longue pour être formée d'une seule pierre.

On appelle *parements* d'une pierre celles de ses faces qui restent à découvert et qui, par conséquent, contribuent à former la partie vue d'une voûte, d'un mur ou de toute autre construction.

Lorsqu'un voussoir termine une assise et que l'une de ses faces fait parement, cette face reçoit le nom de *tête* du voussoir.

On nomme *intrados* ou *douelle* d'une *voûte* la surface intérieure et visible de cette voûte ; l'*extrados* est la surface extérieure, laquelle est visible ou non, suivant que la voûte est isolée ou fait corps avec d'autres constructions.

Enfin les *pieds-droits* d'une voûte sont les murs, piliers, pilastres ou colonnes qui, en montant jusqu'à la naissance de la voûte, supportent de chaque côté de celle-ci les premiers voussoirs. Quant à ces derniers, on les appelle *sommiers*.

410. Dans les carrières, la pierre se trouve disposée par couches sensiblement parallèles : aussi l'en extrait-on sous forme de prismes droits plus ou moins volumineux, dont les bases sont précisément les deux *lits de carrière*. Ceci posé, on sait que c'est dans le sens perpendiculaire à ses lits de carrière qu'une pierre offre la plus grande résistance à la compression ; par conséquent, il faudra toujours avoir soin, dans un ouvrage quelconque, qu'elle soit placée de telle sorte que la charge qu'elle aura à supporter s'exerce à angle droit sur ses lits.

Afin de rendre le fait que nous venons d'énoncer plus saisissant, considérons un livre et imaginons que les feuillets de ce livre représentent les couches successives d'une pierre. Il est certain que, le livre étant posé à plat, on pourra lui faire supporter une charge considérable sans qu'il soit pour cela détérioré en aucune façon; au contraire, combien ce même livre ne serait-il pas abîmé si, l'ayant mis debout sur ses tranches, on venait à le charger d'un fardeau même assez faible? Eh bien! ce qui a lieu pour un livre se produit également pour une pierre, dans des proportions qui toutefois sont moindres, attendu que les feuillets de celle-ci sont adhérents les uns aux autres.

Dans les chantiers, l'appareilleur a soin, afin de guider le *poseur,* de marquer d'un signe particulier le lit de pose et d'un autre signe le lit de dessus.

411. Pour que les pierres d'un ouvrage offrent le plus de résistance possible, il faut que les joints de lit soient taillés avec le plus grand soin, afin que le contact entre les différentes assises ait également lieu partout. L'expérience a prouvé qu'en effet deux pierres posées l'une sur l'autre résistent avec d'autant plus de force, que les faces en contact se touchent par un plus grand nombre de points.

412. Lorsqu'on exécute un ouvrage, on place d'abord dans toute la longueur d'une même assise les diverses pierres qui la composent, puis on vérifie avec la règle et le niveau si leurs lits de dessus sont bien tous dans un même plan. S'ils n'y sont pas, il faut que le tailleur de pierres *rase le tas,* c'est-à-dire vienne retoucher sur place. Ceci fait, on procède à la pose de l'assise suivante. Pour cela, on assoit chaque pierre sur des *éclisses* ou cales de bois très-minces, choisies de telle sorte qu'elles maintiennent parfaitement le niveau; puis, en soulevant la pierre autour de l'une de ses arêtes, on introduit au-dessous une couche de mortier clair et fin, de façon qu'en laissant retomber la pierre sur les éclisses, elle fasse souffler le mortier tout autour du joint de lit. Ensuite on abreuve les joints montants avec du mortier très-liquide.

Cet usage de poser sur cales est sans doute beaucoup plus commode pour les ouvriers, puisqu'il leur permet de parer aux inconvénients d'une mauvaise taille; mais il peut être la source d'accidents fort graves pour les parties des constructions qui sont appelées à supporter de fortes charges. En effet, la dessiccation faisant éprouver au mortier un retrait assez considérable, il en résulte que la pierre finit par ne plus porter que sur les éclisses qui se trouvent à ses quatre coins et rompt sous les efforts de la charge.

Les accidents survenus lors de la construction du Panthéon de Paris sont dus à des causes de cette nature.

413. Nous allons actuellement passer à l'étude des murs, sans craindre de nous étendre assez longuement sur cette question. De cette façon, le lecteur pourra se familiariser dès à présent avec les termes employés dans la coupe des pierres, ainsi qu'avec certains procédés pratiques mis en usage, avant que les problèmes deviennent plus complexes.

Afin de jeter plus de clarté dans notre sujet, nous distinguerons parmi les murs trois espèces bien distinctes :

1° Les murs à surfaces planes ;

2° Les murs à surfaces cylindriques ;

3° Les murs à surfaces coniques.

MURS A SURFACES PLANES.

Murs droits.

414. Un *mur droit* est celui qui se trouve tout entier compris entre deux plans verticaux parallèles, plans que l'on appelle *les deux parements du mur,* expression que nous connaissons déjà (n° 409). Pour édifier un tel mur, on emploie des combinaisons d'appareil qui varient suivant la grosseur des matériaux dont on dispose, et suivant les dimensions ainsi que la destination du mur. Avant de faire connaître ces diverses combinaisons d'appareil, nous allons donner quelques définitions.

415. On appelle *parpaing* une pierre qui tient toute l'épaisseur d'un mur, dans le sens de sa largeur et non de sa longueur (fig. 148).

Au contraire, une *boutisse* est une pierre dont la longueur est perpendiculaire aux faces du mur, comme B, B (fig. 149). La boutisse et le parpaing ont deux parements qui se confondent avec ceux du mur.

Le *lancis* est une boutisse qui n'a qu'un seul parement et qui, par conséquent, ne tient pas toute l'épaisseur du mur B, B (fig. 152).

Le *carreau* est une pierre qui, de même que le lancis, n'a qu'un seul parement, mais dont la longueur, au lieu d'être perpendiculaire aux faces du mur, leur est parallèle, ainsi que cela a lieu pour les pierres C dans la figure 149.

Enfin on nomme *libage* une pierre sans parement qui, telle que L (fig. 149), se trouve tout entière située dans l'épaisseur de la maçonnerie et qui, une fois le mur achevé, se dérobe entièrement à la vue. Les libages sont des pierres qui servent à remplir les intervalles qui peuvent exister entre les carreaux et les boutisses.

Passons maintenant à la description des divers modes d'appareil usités pour les murs droits.

416. Supposons d'abord que le mur n'ait pas une épaisseur considérable et que les pierres dont on dispose aient des dimensions assez grandes pour que l'on en puisse tirer des blocs susceptibles de tenir toute l'épaisseur du mur.

S'il est possible de donner à toutes les pierres les mêmes dimensions, sans pour cela occasionner un trop grand déchet, il conviendra de les poser de manière que les joints montants ou verticaux de chaque assise correspondent exactement au milieu de la longueur des pierres de l'assise inférieure, ainsi qu'on le voit dans la figure 148. Cette forme d'appareil, qui est la plus régulière de toutes, porte le nom d'*appareil à joints alternatifs*.

Mais il est rare qu'on soit placé dans des circonstances assez favorables pour que ce mode d'appareil puisse être mis en usage, sans qu'il en résulte un déchet de pierre considérable : aussi ne le met-on presque jamais en pratique ; toutefois on s'efforce de ne s'en éloigner que le moins possible en évitant de superposer des assises de hauteurs trop différentes et en ayant soin qu'un joint montant d'une assise ne tombe *jamais* sur un joint montant de l'assise inférieure. L'observation de cette dernière précaution est de la plus haute importance, car c'est d'elle que dépend en partie la solidité du mur.

417. Imaginons actuellement que l'épaisseur du mur soit trop grande pour qu'il soit formé par une seule largeur de pierre, ou, ce qui revient exactement au même, que les matériaux que l'on a à sa disposition aient de trop petites dimensions pour qu'ils puissent occuper toute l'épaisseur du mur.

On installera d'abord, si cela est possible, une première assise de boutisses, sur laquelle on posera une assise formée de deux rangs de carreaux tenant ensemble toute l'épaisseur du mur, en ayant soin que les joints verticaux des deux rangs de carreaux d'une même assise ne se correspondent pas entre eux et qu'ils ne correspondent pas non plus à ceux des boutisses dont sont formées les deux assises entre lesquelles ces carreaux sont compris, ainsi que le fait voir la partie gauche de la figure 149.

Si les deux rangs de carreaux ne pouvaient pas former toute l'épaisseur du mur, il conviendrait alors de remplir l'intervalle que les carreaux laisseraient entre eux au moyen d'un ou plusieurs rangs de libages ayant la même hauteur que les carreaux, comme on le voit dans la partie droite de la figure 149. On pourrait encore, si l'on désirait faire des économies, combler ce même intervalle avec une maçonnerie en moellons posés à bain de mortier, bien battus et arasés au niveau des carreaux.

Il arrive souvent que, par suite de raisons spéciales, il n'est pas possible, sur deux assises consécutives, d'en faire une entièrement en boutisses ; on peut alors faire alterner une boutisse avec deux carreaux (fig. 150). On pourrait encore, si l'on était forcé de rendre les boutisses plus rares, mettre entre deux pierres de cette espèce un plus grand nombre de carreaux (fig. 151). On pourrait même n'employer aucune boutisse et les remplacer par des carreaux, des lancis et des libages disposés convenablement, de telle sorte que les liaisons fussent bien observées, c'est-à-dire que les joints verticaux ne se correspondissent nulle part (fig. 152).

Si l'on désirait tirer profit de tous les matériaux et faire le moins de perte possible, on ferait des entailles sur le derrière des carreaux ou lancis, et l'on remplirait les intervalles que ceux-ci pourraient laisser entre eux avec des libages convenablement taillés, ou avec une maçonnerie de moellons arasée de niveau (fig. 153).

19

418. Jusqu'ici nous n'avons considéré qu'un mur isolé. Occupons-nous actuellement d'appareiller deux murs qui, se rencontrant sous un angle quelconque, forment l'encoignure d'une clôture ou d'un édifice.

Si les deux murs sont construits en parpaings, on disposera l'appareil comme le montre la figure 154, en ayant soin d'arranger les pierres qui forment l'encoignure dans les assises successives, de telle sorte que le côté le plus long soit alternativement dirigé dans le sens de l'un des murs et dans le sens de l'autre. Il est préférable, afin que les murs soient mieux reliés entre eux, d'éviter les joints à l'intersection AB des parements intérieurs des murs, et de tailler les pierres d'encoignure de manière qu'elles forment un coude, en ayant encore soin de faire alterner dans deux assises consécutives les parties les plus longues. Cette seconde disposition se trouve indiquée dans la figure 155.

Si les deux murs qui se rencontrent sont formés de carreaux, on pourra adopter l'appareil représenté dans la figure 156, en remarquant qu'il faudra toujours choisir pour l'encoignure les pierres qui auront la plus grande base, afin que les deux murs soient moins susceptibles de se séparer.

419. Si les deux murs, au lieu de former une encoignure, sont tels que l'un d'eux se prolonge au delà de leur point de rencontre, il conviendra d'employer l'un des modes d'appareil représentés dans les figures 157, 158 et 159. Si les deux murs se prolongent au delà de leur point de rencontre, on aura recours à l'un des appareils indiqués dans les figures 160, 161 et 162.

420. Nous terminerons ce que nous avions à dire sur les murs droits par une observation excessivement importante.

Lorsque deux murs se rencontrent de manière à former

l'encoignure extérieure d'un édifice ou celle des distributions intérieures, les assises correspondantes de ces deux murs *doivent se trouver dans les mêmes plans horizontaux,* de manière qu'il y ait partout le même nombre de joints de lit et que, par suite, le tassement s'effectue uniformément dans toutes les parties de l'édifice.

Murs en talus.

421. Un mur est dit *en talus* lorsque l'une des faces est inclinée vers l'autre par le haut, celle-ci restant verticale ; quelquefois les deux faces sont inclinées en même temps. On voit par cette définition que l'épaisseur d'un mur en talus est plus grande à sa base qu'à son sommet. Les murs de cette espèce sont généralement destinés à soutenir des terrains et à empêcher leur éboulement, ainsi que cela a lieu pour les murs des bastions et des courtines d'un front de fortification.

422. Soit donné à construire un mur en talus. Voyons quel mode d'appareil il sera convenable d'employer. Imaginons pour cela une section ABCD (fig. 163) faite dans le mur par un plan vertical perpendiculaire à sa direction, et supposons que la ligne AB représente le niveau du sol. La droite AD figurera la face verticale et intérieure du mur ; la droite BC représentera la face extérieure en talus, et la droite DC le lit supérieur de la dernière assise. Il est clair que la droite AD sera perpendiculaire à la ligne de terre AB, et que la droite BC fera avec cette même ligne de terre un angle CBA qui sera précisément égal à celui que la face en talus fait avec le plan horizontal.

Il ne faudrait pas croire que cet angle mesurât, ainsi que le disent certains auteurs, la grandeur du talus, puisque s'il était de 90 degrés, le talus, au contraire, serait nul.

Il est d'usage d'indiquer la grandeur d'un talus, non pas en degrés, mais par une fraction : $\frac{1}{4}$, $\frac{1}{5}$, ..., $\frac{1}{10}$, qui exprime le rapport du reculement FM à la hauteur MB.

Cela posé, conduisons des droites EF, GH, etc., parallèles à la ligne de terre AB, et distantes les unes des autres de longueurs AE, EG, etc., respectivement égales aux hauteurs que l'on veut donner aux assises : on obtiendra ainsi une épure contenant tout ce qu'il faut pour l'application du trait sur la pierre.

423. Supposons, en effet, que l'on veuille tailler l'une des pierres de la première assise. On se procurera d'abord un bloc de pierre ayant au moins la largeur AB, la hauteur AE et la longueur que l'on jugera convenable; soit ABMEE'A'B'M' (fig. 164) un tel bloc. On fera d'abord avec beaucoup de soin le lit de pose ABB'A'; puis, d'équerre à ce lit, on fera la face verticale AEE'A'; ensuite on exécutera les deux joints montants ABME et A'B'M'E', lesquels devront être en même temps d'équerre au lit de pose et à la face verticale précédemment taillés.

Cela fait, on exécutera le lit de dessus EMM'E', d'équerre à la face verticale et à une distance AE du lit de pose égale à la hauteur d'assise AE (fig. 163). Il ne restera plus alors qu'à tailler le parement en talus. Pour cela, on prendra sur chacune des deux faces devant former les joints montants des longueurs AB et A'B' égales à la longueur correspondante AB de la figure 163, laquelle se trouve être la largeur du lit de pose de la première assise; par les points B et B' on mènera des droites BM et B'M' perpendiculaires au lit de pose, qui rencontreront le plan du lit de dessus aux points M et M'; on fera ensuite dans chaque joint montant les distances FM et M'F' égales au reculement MF (fig. 163) du talus de la première assise. Enfin on tracera les droites BB', BF, B'F',

FF′, et l'on fera disparaître par la taille le prisme triangulaire BB′MM′FF′. La pierre sera dès lors complétement
terminée.

On s'y prendrait d'une manière identiquement semblable
pour tailler les pierres d'une autre assise, en ayant soin toutefois de prendre les mesures relatives à la largeur du lit
de pose et au reculement du talus sur les lignes correspondantes de l'épure, relatives à l'assise à laquelle pourrait appartenir la pierre que l'on se propose de tracer.

424. Il est des appareilleurs qui, au lieu de se servir du
reculement du talus pour tracer l'inclinaison du parement
qui doit le former, déterminent cette inclinaison au moyen
d'une fausse équerre avec laquelle ils prennent l'ouverture
de l'angle ABC (fig. 163), que forme le talus avec l'hori-
zon, pour le porter ensuite sur les faces formant les joints
montants, en se guidant sur les droites AB et A′B′.

Cette manière d'opérer est vicieuse, attendu qu'il peut
arriver que la fausse équerre change d'ouverture tandis
qu'on la transporte de l'épure à la pierre. Nous avons vu
dans des chantiers des pierres totalement manquées par
suite d'un accident de cette nature : aussi voudrions-nous
voir cet instrument mis complétement de côté par les appareilleurs. Du reste, dans la suite de cet ouvrage, jamais
nous n'indiquerons de procédé de taille où la fausse équerre
soit employée.

425. Si le mur en talus est un peu long et si chaque
assise se compose d'un certain nombre de pierres, on peut
avoir recours à un procédé de taille plus expéditif, et qui
évite pour chaque pierre de revenir prendre des mesures
sur l'épure. Voici en quoi consiste ce procédé : supposons
qu'il s'agisse d'une pierre faisant partie de la première assise ; on construira un *panneau* en carton, en bois ou en
zinc, que l'on découpera suivant le contour ABFE (fig. 163),

puis on l'appliquera sur la face de la pierre qui est destinée à former l'un des joints montants, laquelle face a dû préalablement être bien dressée; on indiquera alors sur cette face le contour du panneau, au moyen d'un crayon ou d'une pointe quelconque : soit ABFE (fig. 164) la configuration de ce contour. Cela fait, suivant les quatre droites AB, BF, FE, EA, on exécutera les quatre faces destinées à former les deux joints de lit et les deux parements, en ayant soin que ces quatre faces soient bien d'équerre au joint montant ABFE; puis enfin, parallèlement à ce dernier et à la distance que l'on jugera convenable, on taillera le second joint montant.

Le même panneau peut servir pour toutes les pierres d'une même assise.

426. Lorsque le talus est peu considérable, l'angle constant que fait le parement extérieur avec les joints de lit diffère peu d'un angle droit; mais, au fur et à mesure que le talus augmente, cet angle diminue et est aigu pour chaque pierre, circonstance que l'on doit éviter, parce qu'un tel angle offre très-peu de résistance et se détériore promptement. Pour remédier à cet inconvénient, on arrête les joints horizontaux à une distance de 5 à 8 centimètres du parement extérieur, puis on les dirige perpendiculairement au talus, ainsi que cela a lieu dans la figure 165, où les lignes brisées ECF, GDH, etc., expriment les traces verticales des lits des assises. On voit que par cette disposition l'angle aigu a disparu. Quant à la première assise, on pourrait la terminer par un plan vertical mené du point N où le talus rencontre le sol ; mais il est préférable, pour ne pas diminuer l'épaisseur du mur à sa base, d'employer la face verticale BM et la face horizontale MN, cette dernière coïncidant avec le plan du sol.

427. Supposons actuellement qu'il s'agisse de tracer une pierre de la première assise. On prendra un bloc de pierre qui ait la hauteur *maxima* BI, la largeur AB (fig. 165) et la longueur que l'on jugera convenable : soit *abqpa'b'q'p'* (fig. 166) ce bloc. On commencera par dresser la face inférieure qui doit former le lit de pose, sur laquelle on tracera un rectangle *abb'a'*, dont deux des côtés *ab* et *a'b'* seront égaux à AB (fig. 165) et dont les deux autres *aa'* et *bb'* seront égaux à la longueur que l'on veut donner à la pierre. Ensuite on dressera une face plane *abqp* qui soit perpendiculaire au lit de pose et qui passe par l'arête *ab*, ce qui s'exécutera aisément au moyen de l'équerre; puis, sur cette seconde face, on tracera le contour *aecfnmb* identique avec AECFNMB (fig. 165) au moyen d'un panneau découpé sur l'épure suivant ce dernier. Cela fait, il sera facile de tailler toutes les faces perpendiculaires à *aecfnmb*, en abattant la pierre le long de ce contour, et appliquant une équerre de manière qu'une de ses branches s'appuie bien sur la face *aecfnmb*, en même temps que son autre branche devra coïncider avec la face que l'on exécute; puis on donnera à toutes ces faces nouvelles une longueur égale à celle que l'on veut donner à la pierre, ce qui permettra d'exécuter aisément la face opposée *a'e'c'f'n'm'b'*.

Si l'on veut apporter plus d'exactitude dans l'exécution, on dresse non-seulement la face *abqp*, mais aussi la face *a'b'q'p'*, d'équerre sur le lit de pose, et l'on trace encore sur cette dernière le contour *a'e'c'f'n'm'b'* identique avec *aecfnmb*. De cette manière, pour chacune des faces perpendiculaires à celles-là, l'ouvrier aura deux directrices situées dans un même plan, telles que *ae* et *a'e'*, *ec* et *e'c'*, *cf* et *c'f'*, etc.; et en promenant sa règle sur ces deux directrices, il pourra exécuter ces faces planes avec plus de facilité et de précision.

428. Nous avons vu (n° 426) que, pour éviter l'angle aigu que fait le talus avec les joints de lit, il fallait changer la direction de ces derniers, et d'horizontaux qu'ils étaient les rendre perpendiculaires au talus. Nous verrons par la suite que les angles aigus sont toujours préjudiciables dans une construction, et qu'il faut toujours avoir soin de les éviter, du moins autant que cela sera possible sans tomber dans d'autres inconvénients plus graves. Car, dans le talus de la figure 165, par exemple, le joint brisé ECF produira un angle saillant dans la seconde assise et un angle rentrant dans la première; or ce dernier angle se taille difficilement avec une grande exactitude, et il est très-rare que les deux pierres adjacentes acquièrent des angles parfaitement égaux, quand ils ne sont pas droits; d'où il résulte qu'elles ne le toucheront que par un petit nombre de points qui seuls seront communs aux faces correspondantes. Cela aurait, il est vrai, peu d'importance s'il s'agissait d'un joint vertical par lequel les deux pierres seraient simplement juxtaposées; mais quand elles reposent l'une sur l'autre par ce joint brisé, comme dans notre exemple, et que la charge générale est considérable, il arrive alors que le tassement fait porter la compression sur quelques points isolés, au lieu de la répartir uniformément sur toute l'étendue de la face de contact, et par suite l'angle rentrant se brise d'une manière irrégulière, qui compromet fortement la stabilité de la construction.

Cette remarque prouve que les appareilleurs ne sauraient trop bien surveiller la bonne exécution des joints brisés, lorsqu'il s'en présente par hasard dans un ouvrage.

MURS A SURFACES CYLINDRIQUES.

429. Les murs cylindriques sont ceux dont un ou deux
des parements sont des surfaces cylindriques ayant leurs
génératrices verticales, quelle que soit d'ailleurs la forme
de la courbe qui sert de base aux cylindres. Ce genre de
mur convient parfaitement au raccordement de deux murs
droits, lorsqu'on veut éviter l'angle formé par la rencontre
de ces deux murs; il convient aussi pour la construction
d'une tour ronde, ainsi que nous le verrons plus tard.

Occupons-nous d'abord des murs dont les deux parements sont des cylindres circulaires à bases concentriques,
c'est-à-dire des murs tels que la margelle d'un puits.

430. Soient ACBD (fig. 167) et EGFH deux circonférences concentriques et ayant leur centre commun au
point O. La projection horizontale du mur sera tout entière
située dans l'espace annulaire compris entre ces deux circonférences; quant à la projection verticale, on l'obtiendra
en menant les droites AA′A″, BB′B″ perpendiculaires sur la
ligne de terre LT, et en traçant une horizontale A″B″ distante
de cette même ligne de terre d'une quantité égale à la hauteur que doit avoir le mur cylindrique. Cela fait, on divisera
la circonférence ACBD en un certain nombre de parties
égales, huit par exemple, puis par les points de division on
conduira des droites AE, MN, CG, etc., convergeant toutes
vers le centre O, et qui seront les projections horizontales
des joints montants de l'assise supérieure, ainsi que de
toutes celles qui occupent un rang impair, cette dernière
étant considérée comme la première assise. Ensuite on divisera de nouveau la circonférence ACBD en huit parties
égales, de telle sorte que les points de division tombent
au milieu des arcs de cercle formés par la première divi-

sion, et l'on mènera par ces nouveaux points de division des droites convergeant aussi vers le centre O : ces droites seront les projections horizontales des joints montants appartenant aux assises qui occupent un rang pair.

Ces premières constructions étant exécutées, on tracera entre la ligne de terre LT et l'horizontale A″B″ un certain nombre d'autres horizontales, telles que PQ, distantes les unes des autres de quantités égales aux hauteurs que l'on veut donner aux assises ; ces horizontales représenteront les joints de lit de ces différentes assises. On mènera ensuite par les points de division de la circonférence ACBD des perpendiculaires à la ligne de terre, ce qui permettra d'indiquer sur la projection verticale les joints montants. On possédera dès lors toutes les données nécessaires à l'application du trait sur la pierre.

431. En effet, supposons que l'on veuille tailler la pierre qui a pour projection horizontale le quadrilatère curviligne MNGC et dont le parement extérieur se trouve représenté verticalement par le rectangle M′M″C′C″. On commencera par découper un panneau sur le quadrilatère MNGC, et l'on prendra la hauteur M′M″ de l'assise. Cela fait, on choisira une pierre dont la hauteur soit égale à M′M″ et dont les autres dimensions soient telles, que le panneau puisse y être appliqué suivant l'un des deux lits de carrière *ptsc′* (fig. 168). On tracera ensuite sur ce lit, au moyen du panneau, le contour *m′n′g′c′;* puis, par les points *m′*, *n′*, *g′*, et sur chaque face correspondante de la pierre on mènera les droites *m′m*, *n′n*, *g′g′* de façon qu'elles soient bien perpendiculaires aux deux lits de carrière. Cela fait, on appliquera le panneau sur la face *qurc* de telle sorte que ses quatre sommets tombent aux points *m*, *n*, *g*, *c*, et l'on tracera le contour *mngc*.

Il n'y aura plus alors qu'à procéder à la taille. Les joints montants, qui sont des surfaces planes, seront faciles à exécuter, puisque, pour chacun d'eux, on aura quatre droites sur lesquelles on pourra appuyer la règle. Quant aux deux parements $m'c'cm$ et $n'g'gn$, qui sont des surfaces cylindriques, on les taillera en faisant en sorte que la règle s'appuie toujours sur les deux arcs de cercle qui les limitent en haut et en bas, et en observant que cette règle soit toujours parallèle à elle-même, dans chacune des positions qu'on lui fera occuper. Pour obtenir ce dernier résultat, on partagera les deux arcs mc, $m'c'$ (nous supposons qu'il s'agit du parement extérieur) en un même nombre de parties égales $c'x = cy$, $xv = yz$, $vm' = zm$, et l'on posera la règle de manière qu'elle occupe les positions indiquées par les lignes xy, vz. En d'autres termes, la règle devra toujours être dirigée suivant l'une des génératrices du cylindre qui forme le parement extérieur et dont les directrices sont les arcs mc, $m'c'$. Le parement intérieur se taillera de la même façon.

432. Le procédé de taille que nous venons d'indiquer offre un inconvénient : il est trop coûteux, en ce sens qu'il occasionne un déchet qui est relativement assez considérable. Aussi conseillons-nous d'en employer un autre, tout aussi rapide au point de vue de l'exécution, et qui nécessite l'emploi d'une quantité de matériaux beaucoup moindre. Voici ce second procédé : on prend une pierre ayant même hauteur que l'assise à laquelle appartient la pierre que l'on veut tailler, et dont la largeur et l'épaisseur soient telles, que le panneau puisse y être appliqué dans la position $m'n'g'c'$ (fig. 169); on mène les droites $m'm$, $n'n$, $g'g$, $c'c$ perpendiculaires aux deux lits de carrière, et l'on achève comme il a été dit dans le numéro 432.

Il est clair qu'avec ce nouveau procédé, on n'aura pas besoin d'employer des pierres ayant d'aussi grandes dimensions. Si l'on veut se rendre un compte exact de la diffé-rence des déchets occasionnés par l'un et l'autre procédé, il suffit de jeter les yeux sur la figure 170, où cette diffé-rence est mise en évidence. Dans le premier cas, le lit de carrière doit avoir les dimensions du rectangle *ptsc'*; dans le second cas, il suffit qu'il soit égal au second rectangle *p't's'c''*, lequel est manifestement plus petit que le premier.

435. Supposons actuellement qu'il s'agisse d'un mur cylindrique à base elliptique.

Si l'on veut que le parement intérieur du mur soit un cylindre ayant pour base une ellipse *semblable* à celle qui détermine le parement extérieur, on tracera une ellipse qui remplisse cette condition, ce qui est très-facile en fai-sant les axes de cette nouvelle ellipse proportionnels à ceux de la première. Le mur qui aura ces deux ellipses pour directrices sera évidemment plus épais dans le sens de leurs grands axes que dans celui de leurs petits axes.

Quant aux joints montants de ce mur, ils ne pourront plus, comme dans le cas d'un mur cylindrique à base cir-culaire, converger vers le centre commun des deux pare-ments, attendu qu'ils ne seraient perpendiculaires ni à l'une ni à l'autre des deux ellipses, si ce n'est toutefois lorsqu'ils viendraient à se confondre avec les axes. De plus, si ces mêmes joints sont normaux à l'une des deux ellipses, celle extérieure, par exemple, ils feront des angles inégaux avec celle intérieure. Pour éviter cet effet, on pourra faire des joints brisés tels, que l'une de leurs parties soit perpen-diculaire à la courbe extérieure, et l'autre à la courbe in-térieure. Il est vrai que nous avons dit plus haut (n° 428) que les joints brisés devaient être évités autant que pos-sible, lorsque les pierres reposaient l'une sur l'autre par ces joints; mais comme ici ces joints sont simplement des joints montants, et comme il n'existe entre eux qu'un simple contact, il n'y a aucun inconvénient de les faire brisés. Cependant, si le mur était appelé à résister à la poussée de certaines voûtes, il serait préférable d'employer des joints plans perpendiculaires à une ellipse moyenne située entre les deux autres. Dans ce cas, les angles formés par les joints avec les deux surfaces du mur différeraient fort peu de l'angle droit.

434. Si l'on veut que le parement intérieur du mur ait pour base une courbe qui soit partout équidistante de l'ellipse extérieure, on construira un certain nombre de normales à cette ellipse, sur chacune desquelles on portera une longueur égale à l'épaisseur que l'on veut donner au mur.

435. Quant à la taille des pierres qui composent un mur elliptique, elle s'exécute identiquement comme s'il s'agissait d'un mur circulaire, en employant l'une ou l'autre des deux méthodes que nous avons expliquées plus haut (nᵒˢ 431 et 432).

MURS A SURFACES CONIQUES.

436. Supposons que l'on ait à raccorder deux murs en talus ayant la même pente, et que dans ce raccordement on veuille éviter l'angle formé par la rencontre de ces murs, il conviendra d'employer une surface conique formée de la manière que nous allons expliquer.

Soient (fig. 171) les projections horizontales de deux murs en talus ayant même pente, avec la section droite de l'un d'eux. On raccordera les parements extérieurs de ces deux murs par une surface conique dont le sommet sera projeté horizontalement en S, au point où se rencontrent les deux droites AB et CD, et verticalement au point d'intersection des deux autres droites A'E' et C'F'. Ce dernier point se trouve ici en dehors du cadre de l'épure ; mais cela ne gêne en rien le tracé des constructions.

La surface conique sera évidemment un cône droit à base circulaire, lequel sera coupé par les plans formant les lits des différentes assises des deux murs, suivant des portions de cercles horizontaux dont les centres, situés sur l'axe du cône, se projetteront tous horizontalement au même point S, qui est déjà la projection horizontale du sommet de cône : tous ces cercles seront donc concentriques en projection horizontale.

On indiquera les joints montants ainsi que nous l'avons fait dans notre épure, en ayant soin de les alterner en passant d'une assise à l'autre. Si l'on tient absolument à éviter les angles aigus que les faces horizontales des pierres font avec la face extérieure du mur, on fera, à une certaine distance du talus, des coupes perpendiculaires à sa surface, lesquelles coupes seront aussi des surfaces coniques ayant toutes leurs sommets sur l'axe du cône qui forme le parement extérieur du mur. Mais il est extrêmement rare que l'inclinaison du talus soit assez considérable pour que l'on soit forcé d'avoir recours à ce moyen, qui offre, nous le savons (n° 428), de très-grands inconvénients, surtout dans le cas d'un mur conique. Il est clair d'ailleurs que le parement intérieur de la partie conique sera un cylindre circulaire droit ayant pour rayon SB et se raccordant avec les parements des deux murs en talus.

Tel est le moyen d'appareiller un mur conique. Passons à l'application du trait sur la pierre.

437. Supposons que l'on veuille tailler la pierre, dont la projection horizontale se trouve limitée par le quadrilatère curviligne GHNM (fig. 171). On prendra un bloc de pierre, dont la distance entre les deux lits de carrière soit égale à la hauteur M'M″ de l'assise à laquelle appartient la pierre à tailler. Sur le lit inférieur de ce bloc, on tracera, au moyen d'un panneau découpé suivant GHNM, le contour *ghnm* (fig. 172); par les points *m* et *n*, on conduira des droites perpendiculaires aux lits de carrière, et sur le lit supérieur on appliquera un second panneau découpé suivant IMNK, avec lequel on tracera le contour *im'n'k*; enfin on joindra *ig* et *kh*. Le parement intérieur, qui est cylindrique, se taillera, comme nous l'avons dit, pour les murs cylindriques (n° 431), c'est-à-dire que l'on se guidera, dans l'opération, au moyen d'une règle que l'on fera glisser sur les arcs *mn*, *m'n'*, de manière que, dans chacune de ses positions, cette règle soit toujours parallèle aux droites *mm'* et *nn'*. Quant au parement extérieur qui est conique, on l'exécutera en se servant, pour vérifier le travail, d'une règle que l'on fera passer par les points de division correspondants des arcs *ik*, *gh*, arcs que l'on aura préalablement divisés en un même nombre de parties égales. Les joints de lit et les joints montants qui sont plans se feront facilement.

438. De même que pour les murs cylindriques, il existe un second mode de taille plus économique au point de vue de la pierre employée. Nous pensons que l'inspection de la figure 173 sera suffisante pour faire comprendre en quoi consiste ce second procédé; nous n'entrerons donc dans aucun détail à ce sujet.

439. Dans tout ce qui précède, nous avons supposé que les deux murs en talus avaient la même pente, ce qui nous a conduits à adopter pour le raccordement de ces deux murs un cône circulaire droit. Nous allons maintenant supposer que les deux talus aient des pentes différentes, ce qui va nous forcer de prendre pour surface de raccordement un cône oblique à base circulaire.

Soient AB et AC (fig. 174), les traces horizontales des

deux faces en talus, DE et DF les projections horizontales des arêtes supérieures de ces mêmes faces en talus ; soient, en outre, GH et GI les traces horizontales des faces verticales des deux murs ; soient enfin BHH'E' et ICF'I' les sections droites des deux murs. Cela posé, par le point A, menons une droite Ao, qui partage l'angle CAB en deux parties égales. On sait que tout point pris sur cette bissectrice sera également distant des deux côtés de l'angle, et que, par conséquent, toute circonférence qui aura son centre sur cette bissectrice sera tangente aux deux côtés de l'angle : si donc l'on prend un point o, distant des deux côtés AB et AC, d'une quantité égale au rayon de la circonférence que l'on veut donner pour base au cône oblique, l'arc de cercle MN, qui aura ce point pour centre, sera tangent aux deux côtés AB et AC.

De même, partageons l'angle EDF en deux parties égales, et sur la droite Do_4 ainsi obtenue, prenons un point o_4, distant des côtés DE et DF d'une quantité égale au rayon de la circonférence qui doit raccorder les arêtes supérieures des deux faces en talus ; ensuite de ce point o_4, comme centre, traçons l'arc de cercle PQ ; enfin menons les droites MP et NQ. Ces deux dernières droites se rencontreront en un point S, qui sera la projection horizontale du sommet du cône oblique qui doit raccorder les deux talus, lequel cône sera effectivement tangent aux deux faces en talus. Si l'on conduit alors une droite par les points o et o_4, cette droite passera par le point S, attendu que dans tout cône oblique à base circulaire, toutes les sections planes faites dans ce cône sont des cercles, ayant leurs centres sur une même droite passant par le sommet. Il ne faut pas croire cependant que oS soit cette droite elle-même, elle n'en est que la projection horizontale.

Nous savons donc maintenant que les arcs de cercle qui,

dans notre épure, doivent raccorder les arêtes des assises auront leurs centres sur oS, entre le point o et le point o_4. Par conséquent, si l'on partage l'espace oo_4 en quatre parties égales (nous supposons ici que toutes les assises ont même hauteur; si les hauteurs étaient différentes, on partagerait en parties proportionnelles à ces hauteurs), les points de division o_1, o_2 et o_3 seront les centres des arcs de cercles qui doivent raccorder les arêtes des trois lits intermédiaires.

440. Les joints montants de la partie conique pourront être déterminés par des plans verticaux perpendiculaires à la trace du cône; mais il sera préférable de les rendre perpendiculaires à la section horizontale faite à la moitié de la hauteur de chaque assise.

441. Supposons actuellement que l'on veuille tailler l'une des pierres de ce mur conique, celle qui, par exemple, se trouve projetée horizontalement suivant *mnqtrp* (fig. 174). On dressera d'abord les deux lits de carrière destinés à former les deux joints de lits; on appliquera ensuite sur le lit inférieur un panneau découpé sur l'épure, avec lequel on indiquera le contour *mntr* (fig. 175) et l'on achèvera le tracé, comme nous l'avons dit au numéro 437. Toutefois, pour la face conique, on l'exécutera en ayant le soin de marquer sur la pierre les points où les arêtes *pq*, *qn*, *nm* et *mp* sont rencontrées par les génératrices du cône (fig. 174) et en joignant ces points deux à deux. Sur notre dessin (fig. 175), nous avons indiqué en lignes pointillées les positions de différentes génératrices. C'est suivant ces lignes que l'on devra appliquer la règle sur la pierre, afin de vérifier l'exactitude de la taille.

De la pose et du ravalement des murs.

442. Nous nous proposons de présenter ici au lecteur quelques observations importantes sur la taille, la pose et le ravalement des murs, conseillant à l'appareilleur de les lire attentivement.

Nous dirons tout d'abord que l'appareilleur doit veiller avec le plus grand soin à ce que les tailleurs de pierres dressent parfaitement les lits, les coupes et généralement toutes les faces portantes des pierres, afin qu'une fois mises en place, il n'existe entre elles que le moins de vide possible. Cette précaution est de la plus haute importance, attendu que si on néglige de la prendre, la stabilité de l'édifice peut se trouver gravement comprise. Quant aux faces apparentes, on se contentera de les ébaucher à environ 1 centimètre de la véritable surface que l'on doit avoir en définitive, quand il s'agit de pierres tendres, et à un peu moins de 1 centimètre si la pierre est dure. Ce simple ébauchage est suffisant, parce que, quelle que soit la précaution que l'on prenne à tracer les pierres, à les tailler et à les poser, l'exécution de ces diverses opérations n'est jamais assez parfaite pour qu'il ne soit pas nécessaire d'opérer un ravalement.

Dans tous les cas, il ne faut jamais unir les parements au riflard ou à la ripe, et encore bien moins au grès ; car non-seulement cette main-d'œuvre serait perdue, puisqu'on est obligé de refaire ces parements lors du ravalement, mais encore l'action de l'air et de la pluie exerce, sur les surfaces ainsi unies, une influence qui a pour résultat de provoquer la formation d'une croûte qui s'enlève difficilement sans dégrader l'ouvrage. Ce dernier inconvénient n'a pas lieu quand on laisse subsister la marque des coups de marteau provenant de la taille.

443. Il pourrait se faire que l'excès de pierre qu'on laisse sur les parements induisît en erreur, soit l'appareilleur, soit le tailleur de pierre, soit même le poseur. Pour faire disparaître toute cause d'erreur en ce sens, l'appareilleur aura grand soin, en exécutant ses épures, de tenir compte de cet excédant de pierre, ainsi que lorsqu'il découpera ses panneaux et prendra ses mesures ; bien plus, il devra diriger les opérations absolument comme si les choses devaient rester dans cet état et qu'un ravalement ne dût pas être effectué. Grâce à cette précaution, il n'y aura pas d'erreur possible.

L'excès de pierre qu'on laisse ainsi offre d'ailleurs un avantage, attendu que si dans la taille du parement, l'ouvrier n'y a pas apporté tout le soin désirable et qu'une imperfection en ait été la conséquence, cette imperfection disparaîtra lors du ravalement.

444. Afin d'éviter de revenir sans cesse à l'épure en grand, l'appareilleur réduira cette épure sur une feuille de papier, qu'il aura toujours sur lui, et sur laquelle il indiquera toutes les mesures qui lui sont nécessaires pour le tracé des pierres, mesures qu'il prendra, bien entendu, sur l'épure en grand. A cette épure en petit, que l'on a coutume d'appeler *calepin*, il joindra tous les panneaux et tous les renseignements qui peuvent lui être nécessaires. Il évitera ainsi la perte de temps occasionnée par des courses trop souvent répétées.

Cela fait, il débitera sur le chantier tous les blocs qu'il aura à sa disposition, en ayant grand soin d'éviter le déchet par tous les moyens possibles, après quoi il pourra commencer à faire tailler les pierres. A mesure qu'une pierre sera exécutée, il l'indiquera sur son calepin au moyen d'un signe particulier, dont il marquera également la pierre.

Nous recommandons aux appareilleurs d'apporter la plus grande attention à tout ce qu'ils font. L'ordre et l'économie sont pour eux les qualités les plus importantes. Un bon appareilleur doit toujours pouvoir dire instantanément si telle ou telle pierre est taillée ; si elle l'est, il doit également savoir dans quel endroit du chantier elle a été déposée. Nous pourrions citer des constructions qui, à peine achevées, ont dû être retouchées par suite de l'incapacité des appareilleurs qui avaient conduit les travaux. Tout le monde a vu le bel escalier qui se trouvait dans la cour d'honneur de l'hôtel de ville de Paris avant qu'il fût incendié. Eh bien! cet escalier a coûté beaucoup plus qu'il n'aurait dû coûter réellement, et cela à cause du peu de soin qui a été apporté dans le débit des matériaux.

L'appareilleur, on peut le dire, est l'âme d'une construction : avec un bon appareilleur, un monument sera solide, et les dépenses qu'il occasionnera seront relativement faibles ; au contraire, avec un mauvais appareilleur, il sera peu stable, et les dépenses auxquelles il donnera lieu seront exagérées.

Malheureusement, il en est pour les constructions comme pour tout ce que l'on fait aujourd'hui : les architectes se préoccupent beaucoup plus de leur donner de l'apparence que de la solidité. Pourvu qu'un monument soit d'un bel aspect, cela suffit ; quant à sa stabilité, c'est une question parfaitement secondaire. Nous serions curieux de savoir si la plupart des maisons que l'on bâtit aujourd'hui seront encore debout dans cinquante ans ; nous en doutons.

D'ailleurs, les architectes ignorent généralement les premiers éléments de la coupe des pierres, et ne peuvent conséquemment vérifier le travail des appareilleurs ; mais cela ne serait qu'à demi mal si ces derniers étaient réellement capables. Malheureusement il n'en est pas ainsi, et l'on rencontre journellement des individus qui, se donnant pour appareilleurs, se trouvent fort embarrassés dans la plupart des cas, sans pouvoir souvent en sortir. Nous pourrions citer un certain escalier du nouveau Louvre qui a donné bien du mal à ceux qui étaient chargés de le construire ; encore ces derniers ont-ils été obligés d'avoir recours au savoir d'un simple commis plus sérieux qu'eux.

Il est facile de comprendre combien un tel état de choses est peu fait pour offrir des garanties sérieuses ; tandis que si les architectes étaient moins ignorants des choses essentielles, ils ne surchargeraient pas les monuments d'autant de sculptures et reporteraient une partie de la dépense qu'elles occasionnent sur les travaux d'appareil. Les constructions y gagneraient ainsi en solidité et, ma foi ! nous ne craignons pas de le dire, elles n'y perdraient pas en beauté ; car tout ce que l'on fait maintenant n'est qu'un affreux fouillis de sculptures où l'œil ne découvre aucune de ces grandes lignes qui impriment un ceractère si imposant aux monuments des siècles passés.

Notre intention n'est pas de faire ici une critique sur l'architecture moderne, ce qui d'ailleurs sortirait entièrement de notre sujet ; mais nous n'avons pu résister au désir d'exprimer notre opinion sur la façon peu sérieuse dont on procède aujourd'hui. Nous souhaiterions que ces quelques réflexions pussent faire comprendre à certains architectes qu'il ne suffit pas, pour bâtir un édifice, de savoir faire de beaux plans ressemblant à des aquarelles ; mais qu'il faut encore connaître les règles fondamentales de la construction.

Nous nous plaisons toutefois à constater que depuis quelques années un cours sérieux de géométrie descriptive et de coupe de pierres a été créé à l'Ecole des beaux-arts.

Mais cela ne suffit pas ; il faudrait que l'on en créât d'autres essentiellement pratiques, à l'usage des appareilleurs et des tailleurs de pierre qui veulent devenir eux-mêmes appareilleurs.

445. Lorsqu'on a un mur droit à construire, on commence par consolider le terrain des fondations en employant des procédés dont l'exposition se trouve en dehors de notre sujet. Cela fait, on pose une première assise de moellons d'une largeur plus grande que l'épaisseur du mur, afin de former empattement sur chaque face de ce mur. Cette première assise étant posée en ligne droite et bien de niveau, on procède à la pose d'une seconde assise, en liaison sur la première, et dont les pierres seront assises sur un bain de mortier fin d'environ 1 centimètre et demi d'épaisseur, bien serrées les unes contre les autres et placées en ligne droite. Pour bien asseoir ces pierres, on les bat au moyen d'une demoiselle en bois jusqu'à ce qu'il ne se produise plus aucun tassement : de cette manière le mortier reflue sur les bords du lit, et celui qui reste se trouve fortement comprimé, ce qui est une garantie contre les tassements ultérieurs. La seconde assise étant posée, on en dérase le lit de dessus bien de niveau, et l'on procède à la pose de nouvelles assises en employant toujours les mêmes précautions, jusqu'à ce que l'on arrive à 15 centimètres environ au-dessous du niveau du sol. Il est bien entendu que si l'on a à bâtir des murs qui se rencontrent, leurs fondations devront être composées d'un même nombre d'assises ayant leurs lits dans les mêmes plans horizontaux, afin de rendre les tassements uniformes et d'éviter les dislocations.

Lorsque les fondations sont terminées, on dérase bien de niveau le lit de dessus de la dernière assise, sur lequel on trace exactement des lignes indiquant la position que doit occuper le mur, afin de guider la pose des assises qui doivent se trouver au-dessus du sol. Pour établir convenablement ces assises, on commence par poser les pierres des encoignures dont les parements doivent être dirigés suivant les lignes tracées sur le lit supérieur des fondations, en ce qui concerne du moins la première assise ; pour les autres assises on raccorde leurs parements avec ceux des assises déjà posées. On doit toujours avoir soin que le lit de dessus soit bien horizontal. On assoit les pierres sur un bain de mortier dont l'épaisseur varie suivant l'importance de la construction. Une fois les pierres mises en place, il est indispensable de les battre avec la demoiselle, si l'on veut obtenir une bonne stabilité. Malheureusement il est des appareilleurs qui ne veillent pas assez à l'exécution de cette opération.

446. Dès que les pierres d'encoignures sont installées, on tend fortement une ficelle, que l'on appelle *cordeau*, en la faisant porter sur les parements de celles-ci. Ce cordeau a pour but de guider le poseur dans l'alignement des pierres qui se trouvent entre les pierres des encoignures.

Au lieu de faire porter les cordeaux sur les parements des encoignures, parements qui ne sont pas toujours parfaits d'exécution, il est préférable d'opérer de la manière suivante : on fixe une forte règle à chaque extrémité des murs, de telle sorte que le côté dressé de la règle se trouve dans un plan parfaitement parallèle au plan de la face du mur auquel la règle correspond, et à une distance de ce dernier plan, égale à un peu plus que l'épaisseur du cordeau, de façon que ce cordeau ne touche pas le mur et qu'il ne soit pas gêné dans sa direction.

47. La construction des murs en talus ne diffère de

celle des murs droits que dans la manière de placer les règles directrices qui, pour ces derniers, doivent être verticales, tandis que pour les murs en talus elles doivent
avoir une inclinaison égale à celle du talus. A part cette
différence, les précautions à prendre dans l'éxécution du
travail sont identiquement les mêmes.

448. Passons aux murs cylindriques, pour lesquels on
s'y prendra de la façon suivante : on commencera par déraser bien de niveau le lit de dessus de l'assise supérieure
des fondations, sur lequel on indiquera les courbes circulaires, elliptiques ou autres qui servent de base aux cylindres qui forment les deux parements du mur ; ensuite on
fixera des règles dans une position verticale, de telle sorte
que l'une des extrémités de leur côté dressé se trouve exactement sur les courbes tracées : ces règles seront autant de
génératrices des cylindres et serviront à guider le poseur.
Cela fait, on taillera des cerces (*) sur chaque portion de
courbe comprise d'une règle à l'autre. Une même cerce
servira dans toute la hauteur du mur pour l'intervalle
compris entre deux règles, mais non pour deux intervalles
différents, à moins que le mur ne soit à base circulaire,
dans lequel cas une seule cerce suffira, non-seulement pour
toute la hauteur du mur, mais encore dans tout son pourtour.

On doit avoir bien soin, lorsqu'on emploie une cerce, de
s'en servir dans le sens qui lui est propre, c'est-à-dire de
ne pas la retourner de façon que l'extrémité qui doit être
à droite soit à gauche, et réciproquement. Cette remarque
n'a d'importance que pour les murs non circulaires, ou
dont la base est une courbe quelconque, puisque, pour ces

(*) On donne le nom de *cerce* à un morceau de volige découpée suivant
une certaine courbe.

murs, la courbure varie dans toute l'étendue de la courbe de base.

449. S'il s'agit d'un mur conique, quelle que soit d'ailleurs la courbe de base du cône, on tracera d'abord cette courbe sur le lit de dessus de la dernière assise des fondations, après quoi on fixera les règles directrices de manière que leurs pieds soient sur cette courbe, et en donnant à chacune d'elles l'inclinaison qu'elle doit avoir, inclinaison fournie par l'épure et qui varie d'une règle à l'autre lorsque le cône est oblique, ou bien lorsque, tout en étant droit, sa base n'est pas un cercle. Cela fait, on taillera *pour chaque assise* du mur une cerce qui devra aller d'une règle à l'autre. Si le cône est droit et circulaire, une même cerce pourra servir pour toute une assise ; dans le cas contraire il faudra autant de cerces différentes qu'il y aura d'entre-deux de règles directrices : en sorte que s'il y a douze assises et sept entre-deux de règles, il faudra quatre-vingt-quatre cerces. Quant à la longueur et à la courbure de chacune de ces cerces, on se les procurera en déterminant sur l'épure les projections horizontales des règles directrices, lesquelles projections couperont celles des arêtes des parements des assises en des points qui partageront ces arêtes en un certain nombre de parties qui, chacune, fourniront la courbure et la longueur de la cerce correspondante.

450. Nous allons actuellement dire quelques mots des procédés mis en usage pour ravaler les murs. Nous commencerons d'abord par les murs droits.

Lorsqu'on aura reconnu les défauts que présente la face que l'on veut ravaler, ce que l'on fera au moyen d'un fil à plomb et d'un cordeau, on pratiquera à chaque extrémité du mur, dans le haut ou dans le bas, un petit trou, de telle sorte que le plan vertical qui passera par le fond de ces deux trous de repère atteigne les endroits les plus creux de la face à ravaler. Cela fait, on fera descendre un fil à plomb depuis le haut jusqu'en bas du mur et bien en face du repère, en le maintenant écarté du mur de la quantité qu'on jugera convenable. Une fois que le fil aura cessé d'osciller, on le fixera, sans le déranger de sa position, à deux broches en fer plantées dans les joints des lits des assises. Ensuite on donnera à un morceau de bois la forme représentée par la figure 176, en ayant soin que la longueur *ab* soit égale à la distance comprise entre le fil à plomb et le fond du repère, plus l'épaisseur du fil. On donne généralement à ce petit morceau de bois le nom d'*échantillon* ou de *gigadon*. On ne saurait apporter trop de soin à la confection de l'échantillon, puisque c'est de lui seul que dépend la bonne exécution du ravalement.

Au moyen de cet échantillon, qu'on approchera du fil, sans le toucher, dans la crainte de l'agiter, on fera de nouveaux repères, espacés de 2 mètres environ, et dans toute la hauteur du mur. On exécutera les mêmes opérations a chaque extrémité du mur; puis on réunira par une rigole verticale tous les repères qui sont à une même extrémité, en ayant la précaution de dresser cette rigole à la règle. Ces deux rigoles étant exécutées, on tendra horizontalement un cordeau de telle sorte que ses extrémités soient distantes du fond des rigoles d'une longueur égale à l'arête *ab* (fig. 176) de l'échantillon. Ensuite on fera de nouveaux repères le long de ce cordeau, et on les réunira par une rigole dressée à la règle. On pratiquera ainsi dans la hauteur du mur plusieurs rigoles horizontales et d'autres verticales; puis, au moyen de toutes ces rigoles qui serviront de directrices, on achèvera de dresser la face du mur en se servant simplement pour cela d'une règle.

451. Pour opérer le ravalement des murs en talus, on procède de la même manière que pour les murs droits, c'est-à-dire au moyen de rigoles ; seulement les rigoles des extrémités s'exécutent d'une manière différente. On commence par faire un repère à chaque extrémité du mur, à la partie supérieure ; puis, au moyen d'un fil à plomb qu'on laisse tomber librement le long du talus, on pratique au-dessous de l'un des repères et au bas du mur un autre repère, tel que la ligne qui joint le fond de ces deux repères ait bien l'inclinaison que le talus doit avoir. Ensuite, on tend fortement un cordeau au-dessus de ces deux repères, de manière qu'il soit à la même distance du fond de chacun d'eux ; et, avec un échantillon, on fait des repères intermédiaires, que l'on réunit par une rigole dressée à la règle. On pratique dans les mêmes conditions une rigole à l'autre extrémité du mur.

Quant aux rigoles horizontales, on ne pourra plus les exécuter avec l'échantillon, à cause de la courbure que prend le cordeau par l'effet de son poids, quelque tendu qu'il soit : il faut faire usage de voyants, c'est-à-dire de trois morceaux de bois ayant la même hauteur. Une personne place l'un des voyants dans l'une des rigoles des extrémités, en le maintenant perpendiculaire à la surface du talus ; une seconde personne ayant le coup d'œil exercé place le second voyant dans la rigole de l'autre extrémité du talus, à la même hauteur que le premier voyant et perpendiculairement au talus ; une troisième personne pratique alors entre les deux voyants, ainsi installés, des repères dont la seconde personne vérifie l'exactitude, en regardant si l'extrémité libre du troisième voyant installé au fond de ces repères, perpendiculairement au talus, forme avec les extrémités libres des deux autres voyants une seule et même ligne droite. Ce moyen de faire des rigoles fournit des résultats satisfaisants lorsque la personne qui vise est habituée à ce genre d'opération.

Les voyants peuvent également être employés pour les rigoles horizontales d'un mur droit.

452. Le ravalement des murs cylindriques ne peut être effectué avec exactitude que si l'on a eu la précaution de faire, sur les deux parements de la première assise et aussi près que possible du lit de pose, des repères propres à faire retrouver la courbure exacte de la trace horizontale de chaque face du mur, courbure que l'on a indiquée sur le lit supérieur des fondations. Il sera facile alors de pratiquer avec un fil à plomb autant de rigoles verticales qu'il y aura de ces repères, après quoi on fera des rigoles horizontales, en se servant pour cela de cerces levées sur la trace horizontale de chaque face du mur, cerces qui auront déjà servi à la pose des pierres. Toutes ces rigoles étant creusées, on achèvera le ravalement au moyen d'une règle que l'on maintiendra verticale et dont les extrémités devront s'appuyer sur le fond de deux rigoles horizontales.

453. Pour pouvoir ravaler les murs coniques droits ou obliques, il faudra non-seulement pratiquer, lors de la pose, des repères qui permettent de retrouver la courbure de la trace horizontale de chaque face du mur, mais encore laisser les règles directrices en place. Alors, le long de chacune de ces règles, on fera une file de repères, en se servant d'un échantillon ; puis on réunira tous ces repères à la règle par des rigoles, qui se trouveront dirigées suivant des génératrices des faces du mur. Ensuite, grâce à ces rigoles directrices, et au moyen des cerces qui auront servi à la pose, on pourra faire des rigoles horizontales, ce qui permettra d'achever le ravalement avec une règle.

CHAPITRE II

DES PLATES-BANDES.

454. On donne le nom de *plate-bande* à la partie qui recouvre la baie d'une porte ou d'une fenêtre, lorsque cette
partie est plane. Les deux murs verticaux qui supportent
la plate-bande se nomment *pieds-droits* ou *jambages*.

455. Comme il est rare que les circonstances permettent
de former les plates-bandes d'une seule pierre posée horizontalement sur les jambages des portes ou des fenêtres,
soit parce que les matériaux dont on dispose sont d'un
volume restreint, soit parce que la charge qu'elles doivent supporter est trop considérable, on a coutume de
les faire de plusieurs morceaux qui se soutiennent mutuellement. L'expérience a montré, en effet, qu'une plate-
bande formée de plusieurs pierres offrait bien plus de résistance, dans les mêmes circonstances, qu'une autre faite
d'une seule pierre. Il n'entre pas dans notre sujet de développer les motifs pour lesquels ce fait a lieu : nous n'avons
à nous occuper que d'une chose, c'est de savoir comment on
construit un ouvrage, en mettant à profit les résultats fournis par la théorie ou l'expérience, sans nous inquiéter où
ces résultats ont pris leur source.

Les différentes pierres qui composent une plate-bande
s'appellent *claveaux*.

456. Les claveaux d'une plate-bande devant se soutenir
les uns les autres, il est nécessaire de donner à leurs joints
ou coupes une direction générale, qui leur permette de

remplir cette condition essentielle. Voici à cet effet le procédé qui est employé depuis les temps les plus reculés. Sur la droite AB (fig. 177), qui représente la trace verticale du plan qui forme le dessus de la porte, on construit un triangle *équilatéral* OAB ; puis par le sommet O de ce triangle on construit un certain nombre de lignes OFE, OHG, OKI, etc., telles, qu'elles coupent la droite AB en des points F, H, K, etc., partageant cette droite en parties égales AF = FH = HK = etc. : les portions de ces lignes comprises entre AB et CD seront les traces verticales des coupes par lesquelles les claveaux sont en contact.

457. On doit toujours avoir soin de faire en sorte de diviser la droite AB en un nombre *impair* de parties égales, afin d'éviter qu'il y ait un joint au milieu OZ de la porte, ce qui compromettrait la stabilité de la plate-bande, ainsi qu'on va le voir dans un instant. Quant au nombre des claveaux, il est proportionné à la largeur de la porte, c'est-à-dire à l'espace compris entre les deux jambages, ainsi qu'à la grosseur des pierres que l'on a à sa disposition.

458. L'expérience a prouvé que lorsqu'une plate-bande vient à se rompre sous la charge qu'elle supporte, c'est par l'effet d'une rotation qui s'opère et qui a pour résultat de faire ouvrir par le bas les deux joints contigus au claveau du milieu qui s'appelle *clef*, et par le haut ceux qui sont situés vers les pieds-droits, tandis que les coupes intermédiaires qui se trouvent de chaque côté de la clef ne cessent pas d'être en contact. La figure 178 est la reproduction de ce fait.

Pour s'opposer à cette tendance au renversement, on donnera aux coupes de la clef le plus de longueur que l'on pourra, en augmentant s'il le faut, à ce point, l'épaisseur de la plate-bande ; on pourra encore disposer au-dessus, des arcs en pierre ou en brique, dont l'effet sera de supporter la pression des parties supérieures de l'édifice, et de détourner cette pression des joints qui correspondent à l'ouverture de la porte ; enfin on reliera tous les claveaux avec les sommiers au moyen d'un *tirant* en fer pénétrant dans l'intérieur de ceux-ci par un trou foré, et se fixant à chaque bout au moyen d'un écrou fortement serré.

459. On empêche quelquefois le premier claveau de la plate-bande de glisser sur le sommet du pied-droit, c'est-à-dire sur la pierre qui forme la partie supérieure de ce dernier, en brisant la coupe extrême suivant un plan horizontal ab (fig. 177). La forme de cette coupe lui a fait donner le nom de *crossette*. Il est facile de voir que grâce à cette forme, la pression des parties supérieures de l'édifice s'exerçant sur la portion Mdba, cette portion sera maintenue sur le sommier par l'effet même de la pression. Aussi augmenterait-on la solidité de la plate-bande en prolongeant le second claveau de manière à lui faire former crossette sur le premier, et ainsi de suite, en ayant soin de ne pas donner trop de longueur aux parties horizontales de toutes ces crossettes, afin qu'elles résistent mieux à l'inégalité de pression produite par le tassement.

Toutefois, il ne faudra jamais employer les crossettes pour la clef, parce qu'en posant celle-ci on doit l'abandonner à son propre poids, et la laisser descendre jusqu'à ce qu'elle se trouve parfaitement en contact avec les joints des deux contre-clefs, lesquels joints doivent être entièrement plans.

460. On peut remplacer les crossettes par des coupes brisées, comme le représente la ligne brisée *fghn* (fig. 177), de manière que chaque claveau s'accroche sur le claveau adjacent par une petite crossette *ghn*. Mais comme l'effet produit par cette dernière est désagréable à l'œil, on ne la fera que dans une partie de l'épaisseur de la plate-bande, comme on le voit par les figures 179 et 180.

461. Lorsque la largeur de la plate-bande est un peu considérable, les joints voisins des deux sommiers forment des angles assez aigus avec l'intrados, ce qui peut occasionner la rupture de leurs arêtes. Pour éviter cet inconvénient, on fera par les points de division de la droite AB (fig. 177) des coupes verticales telles que xy, jusqu'à la rencontre d'une ligne horizontale pq distante de quelques centimètres de la droite AB, puis on continuera les coupes en les dirigeant comme précédemment vers le point O.

Pas plus que les crossettes, et pour les mêmes motifs, ces coupes verticales ne devront être employées pour la clef.

462. Tous ces préliminaires étant posés, occupons-nous de faire l'épure d'une plate-bande établie sur des jambages à ébrasement, après quoi nous indiquerons les moyens de tracer et de tailler les claveaux de cette plate-bande.

Soient, à cet effet, uv et xy (fig. 181) les traces horizontales des deux faces du mur droit au travers duquel on veut pratiquer la plate-bande; soient en outre AA'' la trace horizontale du tableau du jambage (*), qui doit être perpendiculaire à la direction du mur, CA'' celle du recouvrement de la feuillure, CC'' celle de la profondeur de cette même feuillure, et $C''E$ celle de l'ébrasement du jambage; soient enfin $A'B'$ la projection verticale de la moitié de l'intrados de la plate-bande, et $A'P'$ celle du tableau du jambage.

On commencera par mener les droites $C'D'$, $C'K'$ respectivement parallèles aux droites $A'B'$, $A'P'$, et distantes de celles-ci d'une quantité égale au recouvrement CA'' de la

(*) Notre figure ne comprend qu'une moitié de la baie recouverte par la plate-bande, l'autre moitié étant identiquement semblable.

feuillure ; ensuite, du point E qui limite l'ébrasement en projection horizontale, on élèvera une verticale indéfinie, dont la portion V'E' sera la projection verticale de l'arête de l'ébrasement ; puis du point E″ situé au-dessus de la ligne C'D' d'une quantité dictée par les convenances, on mènera une parallèle à A'B', laquelle parallèle sera la projection verticale de l'arête de l'ébrasement de la plate-bande.

Cela fait, on divisera la droite A'B' qui représente l'intrados, en autant de parties égales qu'il doit y avoir de claveaux dans la plate-bande (dans notre épure nous en supposons cinq), et par les points de division on élèvera des verticales telles que A'L' et M'G' ; après quoi on mènera les droites L'T', G'Q', etc., en les faisant converger toutes vers le sommet O du triangle équilatéral dont nous avons parlé plus haut (n° 456).

On mènera alors par le point T' une horizontale T'S', de manière à former une crossette T'S'R'Q' ; et enfin, au moyen de lignes de rappel, on se procurera les projections horizontales des lignes suivant lesquelles les coupes rencontrent l'intrados, ainsi qu'on le voit en ALJ, MGH, etc.

463. *Tracé et taille des claveaux.* — Voyons maintenant la manière de tracer et de tailler les claveaux d'une plate-bande, en prenant pour exemple celui qui a pour projection verticale le contour R'Q'G'M'A'L'T'S' (fig. 181).

Après avoir choisi une pierre dont la longueur égale au moins l'épaisseur *vy* du mur et dont les deux autres dimensions soient capables de contenir le panneau de tête R'Q'G'M'A'L'T'S', on fera dresser exactement le lit de carrière *uyy'n'* (fig. 182) que l'on destine, par les motifs que nous avons exposés (n° 410), à devenir l'un des joints, celui Q'G' (fig. 181) par exemple ; ensuite, d'équerre sur ce lit, on exécutera les deux faces *uvxy* et $u'v'x'y'$ (fig. 182); puis, sur l'une de ces faces, on appliquera le panneau de tête, au moyen duquel on tracera le contour $rqdcfbts$, après quoi l'on conduira par les points r, q, c, s, qui se trouvent sur les arêtes de la face $uvxy$, des droites rr', qq', cm', ss' qui rencontreront celles de l'autre face en des points r', q', m', s' qui serviront de points de repère pour appliquer le panneau de tête sur cette autre face et y tracer le contour $r'q'g'm'a'l't's'$. Cela fait, on taillera la pierre comme s'il n'y avait pas d'ébrasement, c'est-à-dire que l'on exécutera un prisme ayant pour bases les deux contours tracés au moyen du panneau de tête.

Ce prisme étant taillé, on portera la largeur du tableau de a' en a et de m' en m; on mènera la droite am, et par les points a et m, on conduira d'équerre aux arêtes de la douelle (*) deux droites al' et mg' dans la largeur des facettes des coupes; on fera ensuite ll' et gg' égales à la profondeur de la feuillure et l'on joindra le point l au point g; puis l'on tracera la droite hj parallèlement à l'arête cf, à une distance de celle-ci égale à B$'$Z (fig. 181); enfin on joindra le point j au point l et le point h au point g. Il ne restera plus alors, pour achever la taille du claveau, qu'à faire l'ébrasement, lequel se composera des trois faces $hjlg$, $gll'g'$ et $g'l'am$.

464. Supposons actuellement qu'il s'agisse de tailler le sommier de la plate-bande.

On commencera par tailler la pierre comme s'il n'y avait pas d'ébrasement, ainsi que nous venons de l'indiquer pour l'un des claveaux, ce qui donnera un prisme dont les bases $uxalt$ et $u'x'a'l't'$ (fig. 183) auront été indiquées préalablement au moyen d'un panneau découpé sur le contour U$'$X$'$A$'$L$'$T (fig. 181). Cela fait, on tracera sur le lit de pose de la pierre le contour $xe'y'ya''a'x'$, au moyen d'un panneau

---

(*) On donne le nom de *douelle* à la face d'une pierre qui, dans une plate-bande ou dans une voûte, fait partie de l'intrados.

pris sur la projection horizontale du sommier, c'est-à-dire sur le contour $XEC''CA''AU$ (fig. 181); par le point e' (fig. 183) on mènera la droite $e'e$ d'équerre sur l'arête ax; on fera ee' égale à $E'E''$ (fig. 181); par le point e (fig. 183) on mènera la droite ej parallèle à l'arête ax; par le point a'', on tracera $a''n$ d'équerre à la droite $a'a''$ sur la facette de la coupe; on fera nm égale à la profondeur de la feuillure, et par les points j et m on mènera la droite jm : le sommier sera alors entièrement tracé. Pour le terminer on fera l'évidement, ainsi qu'on le voit dans la figure 183.

465. Tels sont les procédés que l'on emploie pour tracer et tailler les claveaux et les sommiers d'une plate-bande, procédés qui, ainsi qu'on le voit, sont excessivement simples.

Nous ferons remarquer que, vu la symétrie des diverses parties d'une plate-bande, relativement à son axe, le même panneau de tête sert au tracé de deux pierres situées de part et d'autre et à égale distance de l'axe. La clef seule fait exception à cette règle, et le panneau qui sert à la tracer ne peut être employé pour d'autres pierres : cela provient de ce que la clef se trouve à cheval sur l'axe.

466. Il peut se faire que la plate-bande, au lieu d'être pratiquée dans un mur droit, le soit dans un mur en talus. Dans ce cas, on commencera par tailler les claveaux absolument comme s'il s'agissait d'une plate-bande droite, puis l'on donnera à la face qui forme parement du côté du talus une inclinaison égale à celle de ce talus, en opérant comme nous l'avons indiqué pour les pierres courantes d'un mur en talus (voir la figure 164).

467. Si la plate-bande est pratiquée dans un mur cylindrique, ou bien dans un mur conique droit ou oblique, on opérera de la même façon, c'est-à-dire que l'on commencera encore par tailler les claveaux comme s'il s'agissait d'une plate-bande droite, après quoi l'on fera participer leurs deux parements à la courbure des deux faces du mur, en procédant de la manière qui a été expliquée aux numéros 431, 437 et 441.

Du reste, le lecteur comprendra mieux ce qu'il y a à faire en pareil cas, lorsqu'il aura étudié les problèmes relatifs aux portes pratiquées dans une voûte, problèmes qui viendront plus loin.

468. Nous terminerons ici ce que nous avions à dire sur les plates-bandes en faisant remarquer que l'extrados de ce genre de construction doit toujours se raccorder avec les assises qui composent le mur, c'est-à-dire que le joint supérieur des claveaux doit se trouver dans le même plan horizontal que l'un des lits qui séparent deux assises consécutives du mur.

De la pose des plates-bandes.

469. Après avoir monté les deux jambages jusqu'au niveau de l'intrados de la plate-bande, d'après les procédés expliqués plus haut pour les murs, on posera les deux sommiers par les mêmes procédés, en ayant soin que leurs lits soient bien de niveau et leurs coupes dans la direction qu'elles doivent avoir, tant dans le sens de leur inclinaison que dans celui de l'épaisseur du mur.

Cela fait, on construira entre les deux jambages deux châssis identiques, situés chacun auprès de l'un des parements du mur. Ces châssis se composeront simplement d'une pièce de bois AB (fig. 184) soutenue horizontalement au moyen de deux étais DC, FE, et dont la face supérieure devra se trouver de quelques centimètres au-dessous de l'intrados de la plate-bande, de façon qu'il soit possible de placer sur ces châssis des planches destinées à supporter les claveaux jusqu'à ce que la plate-bande soit complétement achevée.

470. Dès que les châssis seront installés, on posera les deux premiers claveaux qui, de chaque côté, portent sur les sommiers, puis les deux suivants et ainsi de suite jusqu'aux deux contre-clefs. Tous ces claveaux devront être placés de telle sorte, que la douelle de chacun d'eux se trouve bien de niveau dans le sens de l'épaisseur du mur, ainsi que dans celui de la largeur de l'ouverture. Le niveau dans le sens de l'épaisseur du mur dépendra du soin avec lequel auront été installés les deux châssis, et de la bonne horizontalité des planches sur lesquelles reposent les claveaux ; quant au niveau dans le sens de la largeur de l'ouverture, on le vérifiera au moyen d'une règle assez longue pour que ses extrémités puissent porter sur les pieds-droits, et que l'on dirigera de manière que l'un de ses bords passe par les points M et N : l'intrados et ce bord de la règle devront se trouver dans un même plan. Si l'un ou l'autre des deux niveaux n'existe pas, et si ce défaut provient de ce que les coupes auront été mal taillées, il faudra corriger ces coupes en enlevant de la pierre aux endroits où on le jugera nécessaire, afin qu'elles portent également bien dans toute leur étendue. Ces retouches ne devront pas être faites sur le tas, et l'appareilleur devra veiller à ce que les poseurs, pour remédier aux défauts de taille, n'emploient pas de cales en en mettant aux endroits où les coupes ne sont pas en contact. Enfin, on raccordera les têtes des claveaux avec les faces des murs, absolument comme nous l'avons expliqué en parlant de la pose des murs.

471. Il ne restera plus alors qu'à poser la clef de la plate-bande, laquelle devra entrer bien exactement dans l'espace compris entre les deux contre-clefs. Pour obtenir ce résultat, on aura recours à un procédé très-simple que nous allons expliquer.

Une fois les deux contre-clefs en place, on mettra de petits étais entre leurs coupes, afin de les maintenir dans leur écartement jusqu'à ce que la clef soit posée. Ensuite, pour connaître exactement les dimensions de cette clef, on appuiera le bord d'une planche *mnrs*, bord qui aura été préalablement dressé, sur les extrémités des deux contre-clefs, de manière que la planche soit verticale ; au moyen d'une règle qu'on appliquera sur les coupes *uv*, *xy*, de ces contre-clefs, on tracera sur la face de la planche deux lignes qui devront se trouver dans le prolongement des coupes, après quoi on transportera la planche sur la pierre destinée à fournir la clef ; ce qui permettra d'indiquer les coupes, en traçant des lignes qui devront être dans le prolongement de celles existant sur la planche. Ce moyen très-simple de tracer la clef est préférable à celui qui consiste à découper un panneau sur l'épure, parce qu'il peut se faire que par suite des retouches qu'auront pu subir les coupes des claveaux précédemment posés, l'espace compris entre les deux contre-clefs n'ait plus les mêmes dimensions que celles fournies par l'épure.

Lorsque la clef sera taillée, on enlèvera les étais qui auront servi à soutenir les contre-clefs, et on la fera entrer avec précaution dans le vide qui lui est destiné ; puis, pour la forcer un peu, on la frappera à petits coups par-dessus, jusqu'à ce que sa douelle se raccorde bien avec celles des autres claveaux, en ayant soin, tandis qu'on la frappera ainsi, de jeter de l'eau sur la plate-bande, de manière à entraîner toutes les poussières qui pourraient se trouver entre les coupes, afin que le contact des claveaux entre eux soit plus intime.

472. Nous n'avons absolument rien à dire sur le ravalement des plates-bandes, si ce n'est qu'il s'exécute absolument comme celui des murs. Or comme ce dernier a été
traité à la fin du chapitre précédent, il est inutile que nous
revenions sur cette question.

CHAPITRE III

473. On donne le nom de *voûte plate* à une voûte dont l'intrados est une surface plane.

Ainsi qu'on va le voir, le mode d'appareil des voûtes plates a une certaine analogie avec celui des plates-bandes : c'est pourquoi nous avons pensé qu'il était bon de placer l'étude de ces voûtes immédiatement après celle des plates-bandes.

Les voûtes plates sont ordinairement employées pour former le plafond d'une salle carrée, polygonale ou circulaire. Elles peuvent encore être établies sur la rencontre de deux galeries recouvertes elles-mêmes par une voûte plate.

474. Si l'on suppose une plate-bande prolongée dans le sens parallèle à ses arêtes de douelle, on aura, au lieu d'une porte, une galerie, et la plate-bande deviendra une voûte plate ; quant aux deux jambages de la porte, ils seront remplacés par deux murs parallèles, et la voûte sera formée de claveaux absolument semblables à ceux de la plate-bande et placés bout à bout. Tout ce que nous avons dit sur les plates-bandes est donc entièrement applicable aux voûtes plates : l'épure se construit de la même manière, et les pierres d'une même rangée se tracent au moyen du même panneau de tête. Toutefois, nous ajouterons que les joints de tête des claveaux qui composent une rangée doivent correspondre au milieu de la longueur des claveaux dont sont formées les rangées adjacentes, ou, en d'autres termes, une voûte plate doit être à joints alternatifs, ainsi que nous l'avons expliqué pour les murs.

Il résulte de là que les claveaux qui forment les extrémités de la voûte plate devront avoir, de deux en deux rangées, une longueur double de celle des claveaux qui terminent les rangées intermédiaires.

475. Supposons maintenant que l'on ait une salle carrée et que l'on veuille la recouvrir d'une voûte plate. Voici pour cela comment il faudra opérer :

Soit le carré ABCD (fig. 185) la trace horizontale des faces intérieures des murs qui forment la salle, et soit EFGH le carré formé par les traces horizontales des faces extérieures des mêmes murs : l'espace compris entre ces deux carrés représentera l'épaisseur de ces murs.

Imaginons un plan vertical conduit par la droite xy, et prenons ce plan pour plan vertical de projection : dès lors les deux murs se trouveront représentés par les verticales $E'E''$, $A'A''$, $B'B''$, $F'F''$. Menons une droite $A''B''$, et supposons que cette droite soit la trace verticale de l'intrados de la voûte ; menons en outre une droite $E''F''$ distante de la première droite $A''B''$ d'une quantité égale à l'épaisseur que l'on veut donner à la voûte : cette seconde droite sera évidemment la trace verticale de l'extrados. Ensuite on divisera la droite $A''B''$ en autant de parties égales qu'il devra y avoir d'assises dans la voûte ; puis l'on disposera les coupes en crossettes, ainsi que le fait voir la figure, en ayant soin que toutes ces coupes convergent vers le sommet du triangle équilatéral construit sur $A''B''$, comme il a été dit pour les plates-bandes (n° 456).

On obtiendra les projections horizontales des arêtes de l'intrados et des coupes en abaissant des lignes de rappel et en construisant des carrés tels que STUV. Enfin on aura soin, pour que les liaisons soient bonnes, de disposer l'appareil des claveaux de chaque assise de façon que les joints soient alternatifs (*).

476. Il est facile de voir que les voûtes plates n'ont aucune poussée, si l'on fait une crossette tout autour de chaque rangée de claveaux, attendu qu'on pourra considérer ces voûtes comme composées de châssis rectangulaires s'emboîtant les uns dans les autres, et portant sur les parties horizontales des crossettes.

On peut encore, pour obtenir plus de stabilité, tailler les claveaux d'une même rangée de manière qu'ils se soutiennent mutuellement. Pour cela, on fera sur la tête de chaque claveau une crossette, au moyen de laquelle il s'appuiera sur le claveau qui le précède. Grâce à cette combinaison, chaque claveau étant accroché sur celui qui le précède et sur le claveau adjacent de la rangée contiguë, ne tendra nullement à glisser et à descendre du côté de la clef. Aussi dans ces sortes de voûtes peut-on supprimer non-seulement la clef, mais encore plusieurs rangées de claveaux concentriques pour éclairer la salle.

477. Quant à la manière de tracer et tailler les claveaux d'une voûte plate, elle est identique à celle qui a été donnée au sujet des plates-bandes, sauf en ce qui concerne les claveaux d'angles. Aussi allons-nous indiquer la façon dont il faut s'y prendre pour obtenir ces derniers.

Imaginons un prisme droit qui aurait pour base la pro-

(*) Dans cette épure, comme dans toutes celles qui viendront par la suite, nous supposons que le spectateur se trouve placé sous la voûte et qu'il ne peut voir que ce qui est apparent sur l'intrados de cette voûte. Tout ce qui sera au-dessus de l'intrados sera donc invisible pour lui: c'est pourquoi, dans notre épure, les lignes de joints qui appartiennent à l'intrados sont seules indiquées en traits pleins, tandis que toutes les autres le sont en ponctué.

jection horizontale MVRKLQ (fig. 185) du claveau que l'on veut tailler, et pour hauteur la distance zZ comprise entre l'intrados et l'extrados ; puis, après avoir choisi un bloc de pierre susceptible de contenir un pareil prisme, faisons dresser la face supérieure pour y tracer le conteur $lkjrpq$ (fig. 186) identique avec le polygone LKJGPQ, lequel est la projection horizontale de la face du claveau qui fait partie de l'extrados ; ensuite, au moyen du panneau de tête P'M'B"Q' (fig, 185), traçons sur la face $kyvu$ du bloc le contour $kcdeihfgsj$ (fig. 186), dont le côté sj devra rencontrer l'arête ky du bloc au point j où aboutit la droite rj précédemment tracée ; de même, traçons sur la face $yqxv$ du bloc de pierre, et au moyen du même panneau renversé, le contour $qc'd'e'nmf'g's'p$, dont le côté $s'p$ devra rencontrer l'arête yq du bloc, au point p où aboutit la droite rp.

Cela fait, il n'y aura plus qu'à tailler le claveau, ce qui sera facile, puisqu'il ne se compose que de surfaces planes. Ainsi, pour chacune des faces $rjso$ et $rps'o$, on aura deux directrices rectilignes qui seront pour la première rj, js, et pour la seconde rp, ps' ; mais ces deux faces devant se raccorder suivant une droite ro, il faudra faire bien attention, en les taillant, de ne pas abattre trop de pierre. Pour cela, le meilleur moyen est de les tailler en même temps et de voir de temps à autre si elles ont les dimensions voulues, c'est-à-dire si les arêtes so et $s'o$ sont bien égales aux longueurs correspondantes de l'épure. Il en sera de même pour toutes les autres faces du claveau, lesquelles devront être exécutées simultanément deux à deux.

On voit par là que les claveaux d'angle d'une voûte plate n'offrent aucune difficulté comme exécution ; ils ne demandent que de l'attention de la part de celui qui est chargé de les tailler.

478. Si la salle que l'on veut recouvrir, au lieu d'être carrée, comme dans l'exemple précédent, se compose d'un plus grand nombre de faces, de huit, par exemple, l'épure se construira de la même façon, avec cette seule différence que les claveaux d'angle, au lieu de former un angle droit, feront un angle de 135 degrés. La figure 187 représente une voûte plate recouvant une salle octogone. Dans cette figure, la projection verticale est le résultat d'une section verticale faite dans la voûte suivant la droite xy.

479. Si l'on suppose que dans la figure 187 les différents octogones, qui sont les projections horizontales des arêtes des joints de lit, se trouvent remplacés par des circonférences concentriques ; si l'on suppose en outre que les deux octogones, traces horizontales des murs formant la salle, soient aussi remplacés par des circonférences concentriques aux premières, la salle sera circulaire, et les joints de lit des claveaux, au lieu d'être des surfaces planes, appartiendront à une série de cônes à bases circulaires, ayant tous le même axe, celui de la salle, et ayant leurs sommets en un même point de cet axe, point qui sera situé en dessous de l'intrados, à une distance telle, qu'en joignant ce point par deux droites aux extrémités d'un même diamètre de la voûte, on obtienne un triangle équilatéral.

480. Imaginons maintenant deux galeries qui se rencontrent, ainsi que cela a lieu dans la figure 188, et supposons que ces galeries soient couvertes par une voûte plate. On disposera l'appareil comme on le voit dans la figure, de manière que les arêtes des douelles soient parallèles aux faces des murs, et que celles de l'une des galeries se raccordent à angle droit avec celles de l'autre galerie. Tous ces raccordements devront s'effectuer sur les diagonales du carré ABCD ; mais, pour que cela puisse avoir lieu, il est nécessaire que la voûte qui recouvre chaque galerie soit formée d'un même nombre d'assises.

481. Au lieu de procéder comme nous venons de l'indiquer, on peut le faire d'une façon différente, qui est préférable au point de vue de la solidité, et qui se trouve représentée dans la figure 189. Les deux portions de chaque galerie se terminent par des plates-bandes dont les projections horizontales sont comprises dans les rectangles ABCD, EFGH, IKLM, NPQR. Ces quatre plates-bandes laissent entre elles un vide carré que l'on ferme par une voûte plate tout à fait semblable à celle d'une salle carrée (fig. 185), et que l'on construit comme il a été dit au numéro 475.

Si la voûte plate devait être soutenue par quatre piliers ou colonnes isolées, il serait indispensable de réunir ces quatre supports par des plates-bandes, qu'il faudrait consolider au moyen de tirants en fer passant au milieu de chacune d'elles et fixés à des ancres enfoncées solidement dans le milieu de ces piliers ou colonnes.

Quant à la manière de tailler les claveaux, elle n'offre rien de particulier et est absolument identique à celle du numéro 477, en ce qui concerne du moins les claveaux d'angles. Les autres claveaux s'exécutent comme il a été dit pour ceux d'une plate-bande ordinaire (n° 463).

482. Aux voûtes plates se rattachent les voûtes plates pyramidales qui, ainsi que leur nom l'indique, sont de véritables pyramides recouvrant une salle polygonale. L'abbaye de Saint-Denis offre l'exemple d'une flèche ou voûte pyramidale à huit pans.

La taille des voussoirs qui composent ces sortes de voûtes ne présente aucune difficulté. On commence par équarrir les pierres au moyen d'un panneau de projection horizontale, et on achève de les tracer au moyen d'un panneau de tête.

De la pose des voûtes plates.

483. Supposons d'abord qu'il s'agisse d'une salle carrée ou rectangulaire. On commencera par disposer horizontalement, suivant les diagonales de la salle, deux pièces de bois que l'on assemblera par des entailles à mi-bois, et que l'on soutiendra par des étais verticaux à leurs extrémités ainsi qu'à leur point de rencontre. Sur ces pièces en diagonale viendront s'appuyer, par leurs extrémités, les couchis destinés à supporter les claveaux, et que l'on aura soin de diriger suivant les arêtes de douelle de chaque assise. Cela fait, on dérasera bien de niveau le lit de dessus de la dernière assise des murs qui forment la salle, après quoi on posera tout autour l'assise des sommiers, en ayant soin que leurs lits de dessus soient bien de niveau, et que leurs coupes et leurs crossettes soient aussi bien dressées. On posera ensuite la première assise de claveaux, en commençant par ceux d'angle ; puis l'on coulera du mortier clair dans la coupe adjacente aux sommiers, ainsi que dans les joints d'assise. On redressera alors la coupe de dessus, ainsi que la crossette ; on posera la seconde assise ; on coulera du mortier dans les joints par lesquels cette seconde assise est en contact avec la première, et l'on continuera la même série d'opérations jusqu'à ce qu'on arrive à la clef.

On devra nécessairement veiller à ce que la douelle de chaque assise soit dans le plan de l'intrados de la voûte. Il serait même bon, dans la crainte d'un léger affaissement de la voûte, lors du décintrement, de donner un peu de relèvement aux douelles de chaque assise, de telle sorte que la clef se trouvât de 1 ou 2 centimètres au-dessus du plan de l'intrados.

L'appareilleur devra veiller avec la plus grande attention à ce que les poseurs n'emploient pas de cales pour rectifier les coupes vicieuses.

484. Le ravalement des voûtes plates s'effectue comme celui des murs plans (n° 450).

LIVRE II

DES BERCEAUX ET DES PORTES

CHAPITRE I

CONSIDÉRATIONS GÉNÉRALES SUR LES VOUTES EN BERCEAU.

485. On donne le nom de *berceau* à une voûte dont l'intrados est une surface cylindrique, quelle que soit d'ailleurs la forme de la courbe qui sert de directrice à ce cylindre.

Lorsque les génératrices du berceau ont une longueur très-restreinte, égale à l'épaisseur d'un mur, le berceau prend alors simplement le nom de *porte*.

486. On appelle *cintre principal* d'un berceau la courbe résultant de l'intersection du berceau et d'un plan perpendiculaire aux génératrices. C'est celle à laquelle on donne, en géométrie descriptive, le nom de *section droite* ou *section orthogonale* (n° 326).

487. Lorsque le cintre principal d'un berceau est une demi-circonférence de cercle, ce berceau est dit en *plein cintre*. Si la section droite est une demi-ellipse dont le petit axe est vertical, ou bien une anse de panier ou courbe à plusieurs centres, le berceau est *surbaissé*. Il serait *surhaussé* dans le cas où le cintre principal étant encore une ellipse, ce serait le grand axe de cette courbe qui serait vertical. On doit ranger dans cette dernière classe le cintre en ogive, lequel est composé de deux arcs de cercle décrits des points A et B comme centres (fig. 191).

488. On appelle *plan de naissance* le plan horizontal à partir duquel la voûte commence. La *hauteur sous clef* est la distance comprise entre la douelle de la clef et le plan de naissance. D'après cette dernière définition, une voûte surbaissée est celle dont la hauteur sous clef est plus petite que le demi-diamètre du berceau ; une voûte surhaussée est celle dont la hauteur sous clef est plus grande que ce demi-diamètre.

489. Une *voûte en arc de cercle* est celle dont le cintre principal est un arc moindre qu'une demi-circonférence (fig. 190).

490. Quelle que soit la nature de la courbe de section droite d'un berceau, il faut diviser cette section en un nombre *impair* de parties égales, afin qu'il y ait toujours un voussoir qui fasse clef, ainsi que nous l'avons dit pour les plates-bandes (n° 457). Cette division étant effectuée, on tire par les points de division C, D, E, etc. (fig. 192), des droites perpendiculaires au cintre principal de l'intrados, et les différents plans conduits suivant ces droites et les génératrices correspondantes du cylindre forment les joints des voussoirs, lesquels joints se trouvent ainsi perpendiculaires à l'intrados, ce qui doit toujours avoir lieu.

491. Quant à l'épaisseur des voussoirs, c'est-à-dire la distance comprise entre l'intrados et l'extrados, il n'y a rien d'absolu à cet égard. Certains ingénieurs ont bien cherché à établir des formules empiriques plus ou moins compliquées ; mais, indépendamment que ces formules cessent d'être vraies lorsqu'on les applique à des ouvrages autres que ceux pour lesquels elles ont été établies, elles offrent entre elles des discordances souvent considérables. Aussi se borne-t-on le plus souvent à *extradosser* les berceaux ordinaires de la manière suivante :

Après avoir fixé l'épaisseur Bb (fig. 195) que l'on veut donner à la clef, épaisseur qui varie nécessairement avec la largeur AC de la voûte, avec la charge que cette voûte doit supporter et le degré de résistance qu'offre la pierre dont on dispose, on prend sur la verticale BO une longueur BO′ comprise entre les deux tiers et les trois quarts de l'ouverture AC ; puis, avec le rayon O′b on décrit un arc de cercle *abc*, lequel limitera les joints et servira de directrice au cylindre horizontal qui doit former l'extrados.

Si le berceau est de peu d'importance, ou bien s'il s'agit d'une porte pratiquée dans un mur avec lequel elle fait corps, on pourra se contenter d'extradosser parallèlement, c'est-à-dire que l'on donnera pour directrice à l'extrados une courbe parallèle à celle de l'intrados.

492. Le plus souvent on termine chaque voussoir par une face horizontale PQ (fig. 194) et une face verticale QR telles, que les joints des voussoirs se raccordent avec ceux des assises du mur dans lequel le berceau est pratiqué.

Quelquefois on ajoute des crossettes, ainsi que cela a lieu dans la figure 194 (partie gauche), et les voussoirs de ce genre sont dits en *tas de charge ;* mais nous avons déjà vu (n° 428) que cette disposition offre de graves inconvénients.

493. Nous diviserons l'étude des berceaux en deux chapitres : dans le premier, nous traiterons des berceaux ordinaires, dont les génératrices sont horizontales, et que pour cette raison nous appellerons *berceaux horizontaux ;* dans le second, nous parlerons des berceaux dont l'intrados a pour génératrice une droite inclinée relativement au plan horizontal. Ces derniers berceaux sont appelés *berceaux en descente* ou simplement *descentes*.

494. Comme un berceau ne diffère d'une porte que par le prolongement plus ou moins grand des génératrices, tout ce que nous dirons des portes s'appliquera aux berceaux, exactement comme tout ce qui a été dit sur les plates-bandes s'applique aux voûtes plates qui couvrent une galerie.

CHAPITRE II

DES BERCEAUX HORIZONTAUX.

Porte droite.

495. On appelle *porte droite* un berceau horizontal pratiqué dans un mur droit dont les faces sont perpendiculaires aux génératrices du berceau.

Pour construire l'épure de cette voûte, on prend un plan vertical perpendiculaire à l'axe de la porte, et l'on y trace le cintre principal, que nous supposons être ici une demi-circonférence ACDB (fig. 192). Après avoir divisé cette demi-circonférence en un certain nombre *impair* de parties égales, sept par exemple, on conduit par chacun des points de division C, D, E, etc., des droites perpendiculaires à la courbe, lesquelles devront nécessairement toutes converger vers le centre O ; puis on termine chacun des voussoirs par des plans horizontaux et des plans verticaux, ainsi qu'on le voit sur l'épure. De cette manière, on obtient pour projections verticales de ces voussoirs des polygones tels que CDPNM. Cette seule projection suffit pour le tracé de la pierre, attendu que chaque voussoir a la forme d'un prisme droit ayant cette projection pour base, et dont la longueur est égale à l'épaisseur du mur.

496. *Tracé et taille des voussoirs.* — Occupons-nous actuellement de mettre à exécution les résultats fournis par l'épure, et supposons pour cela qu'il s'agisse de tailler le voussoir qui a pour projection le polygone MNPDC (fig. 192).

On choisira un bloc ayant une longueur au moins égale à l'épaisseur du mur, et dont la base *xudt* (fig. 193) puisse contenir le panneau de tête MCDPN (fig. 192). On dressera avec soin la face *xudt*, de façon à pouvoir y tracer le contour *mcdpn* au moyen du panneau de tête pris sur l'épure. On devra faire en sorte, en indiquant ce contour, que l'arête de l'un des joints coïncide avec le lit de carrière *uvd'd*, pour les raisons que nous avons exposées plus haut (n° 410).

Maintenant, par la droite *dp*, et perpendiculairement à la face de tête, on fera passer un plan *dpp'd'* qu'on exécutera au moyen de l'équerre, et sur lequel on marquera le contour exact du joint supérieur DP en formant des angles droits *p'pd*, *pdd'* dont les côtés *pp'*, *dd'* soient égaux à l'épaisseur du mur. On agira de même pour le joint inférieur MC, en faisant passer par le côté *mc* un plan perpendiculaire à la face de tête, et en y traçant le contour de ce joint, qui est un rectangle *mm'c'c* dont la longueur est aussi égale à l'épaisseur du mur.

Cela fait, on dressera la seconde face de tête *m'c'd'p'n'*, ce qui sera facile, puisqu'on connaîtra deux droites *p'd'*, *m'c'* contenues dans ce plan, lequel devra d'ailleurs se trouver perpendiculaire aux deux joints précédemment exécutés, ce qui se vérifiera au moyen de l'équerre. Cette seconde face de tête une fois dressée, on y appliquera le panneau de tête MCDPN (fig. 192), de façon que ses quatre sommets M, C, D, P tombent bien sur les extrémités des lignes correspondantes des deux joints; puis on tracera le contour *m'c'd'p'n'*. La face supérieure *npp'n'* et la face latérale *nmm'n'* pourront dès lors être taillées facilement, puisque pour chacune d'elles on connaîtra trois droites sur lesquelles on appuiera la règle. Du reste, ces deux faces devront être perpendiculaires sur les têtes des voussoirs.

Quant à la douelle cylindrique, elle s'exécutera avec une

règle que l'ouvrier fera passer par des points de repère convenablement choisis sur chacun des arcs de tête, arcs que l'appareilleur aura eu soin de partager à l'avance en un même nombre de parties égales.

497. Dans ce qui précède, nous avons supposé que la porte était pratiquée dans un mur en maçonnerie et qu'il n'y avait pas lieu de s'inquiéter si les faces horizontales et verticales des voussoirs se raccordaient ou non avec les assises du mur. Il n'en est plus de même lorsque ce dernier est en pierre de taille : il faut alors disposer les faces des voussoirs de l'une des deux manières indiquées sur la figure 194, ce qui force à prolonger les joints de lit d'une certaine quantité.

Malgré cette légère modification, le tracé de la pierre s'effectue identiquement comme nous venons de le dire (n° 496).

498. Si, au lieu d'une simple porte, il s'agit d'un berceau dont chaque assise ne peut plus être formée d'une seule pierre, l'épure se construira de la même façon, et tous les voussoirs d'une même assise s'exécuteront avec le même panneau de tête. Quant aux joints d'assise, ils devront être alternatifs et perpendiculaires aux génératrices de l'intrados.

499. Il est bien évident que si le cintre principal du berceau ou de la porte était une courbe autre qu'un cercle, les choses ne se passeraient pas moins de la même façon que pour un berceau en plein cintre, puisque dans tout ce que nous avons dit nous n'avons nullement pris en considération la forme du cintre principal.

**Porte pratiquée dans un mur biais en talus, et rachetant
un berceau en maçonnerie.**

500. Afin que le lecteur se fasse une idée bien nette de
la question que nous nous proposons de résoudre, il se représentera un grand berceau en maçonnerie ayant pour
cintre principal un demi-cercle vertical et reposant sur
deux murs dont les parements intérieurs sont des plans
verticaux parallèles, tandis que les parements extérieurs
sont en talus, et biais par rapport au berceau, ce qui veut
dire que les traces horizontales de ces derniers ne sont
point parallèles à celles des parements intérieurs.

Cela posé, il s'agit de pratiquer dans ce berceau une
porte qui soit comprise entre deux plans verticaux et perpendiculaires au berceau. Cette porte aura pour cintre
principal un demi-cercle et son plan de naissance sera à la
même hauteur que celui du berceau en maçonnerie.

Il est facile de voir que la voûte qui recouvrira la porte
rencontrera le mur en talus suivant une ellipse, et le grand
berceau suivant une courbe à double courbure : c'est entre
ces deux courbes que seront compris tout entiers les différents voussoirs qui composent cette petite voûte que nous
nous proposons de construire.

501. Pour l'exécution de l'épure, nous adopterons pour
plan horizontal le plan de naissance qui est commun à la
porte et au berceau, et pour plan vertical un plan perpendiculaire à l'axe de la porte.

Les plans de projection étant ainsi parfaitement déterminés, traçons sur le plan vertical la demi-circonférence
F'G'E' (fig. 196) qui représentera le cintre principal de la
porte, et sur le plan horizontal les droites DFEC, D"F"E"C"
qui seront, l'une la trace du mur en talus, et l'autre la pre-

mière génératrice du berceau dans lequel doit être pratiquée la porte en question.

Cela posé, divisons le cercle F'G'E' en un nombre *impair* de parties égales, cinq par exemple ; faisons passer par les points de division et par l'axe O'O″ du cylindre d'intrados des plans M'O'O″, N'O'O″, etc., que nous adopterons pour former les coupes des voussoirs et qui couperont l'intrados de la porte suivant des génératrices rectilignes qui seront les arêtes de douelle. On limitera ces joints M'R', N'P', etc., à un cercle D'R'C' concentrique avec le premier, et l'on terminera chaque voussoir par une face horizontale et une face verticale telles que R'Q' et Q'P' (*).

D'après ce que nous venons de dire, l'un des voussoirs sera tout entier projeté verticalement sur le polygone M'N'P'Q'R', et il occupera dans le prisme droit, qui aurait ce polygone pour base, l'espace compris entre le talus FE et l'intrados du berceau qui commence à la génératrice F″E″. Il nous reste donc deux choses à faire : 1° trouver l'intersection de toutes les faces du prisme avec le talus FE ; 2° déterminer l'intersection de ces mêmes faces avec le cylindre qui forme l'intrados du berceau en maçonnerie.

502. Pour trouver la première intersection, imaginons par le point D un plan vertical perpendiculaire à la trace DE du talus. Ce plan coupera le talus suivant une droite projetée horizontalement en DA, et qui fera avec la verticale du point D un angle qui mesurera précisément l'inclinaison du talus (n° 422). Or cet angle étant assigné par

(*) Nous limitons ainsi chaque voussoir, parce que le berceau que rachète la porte est en maçonnerie, c'est-à-dire construit en moellons, briques ou meulières, que la voûte de la porte ainsi que les pieds-droits sont seuls exécutés en pierre, et qu'il n'y a pas lieu de chercher à raccorder les voussoirs de cette porte avec ceux d'un berceau ; mais s'il en était autrement, il faudrait un peu modifier ces dispositions, comme nous l'indiquerons plus tard.

la question, nous pouvons le représenter rabattu à gauche sur le plan vertical de projection : soit ZD'A' cet angle rabattu.

Cela posé, on se procurera la projection horizontale d'un point situé sur le talus, du point qui, par exemple, a pour projection verticale le point M, en concevant par ce point une horizontale située dans la face du talus, horizontale qui rencontrera la droite D'A' en un point m' projeté horizontalement en m sur DA″. On ramènera ensuite ce point dans le plan DA au moyen d'un arc de cercle $mm″$; puis, par le point $m″$ que l'on obtiendra, on conduira une parallèle $m″$M à la trace du talus, laquelle parallèle rencontrera la perpendiculaire abaissée du point M' en un point M qui sera précisément la projection horizontale demandée. On se procurera de la même manière les points où le talus est rencontré par les autres arêtes des voussoirs. Supposons tous ces points connus ; on les réunira par une courbe ENMF ; après quoi on tracera les droites MR, RQ, QP, PN : on formera ainsi un polygone MNPQR qui sera la projection horizontale de la tête du voussoir qui fait parement sur le talus.

On remarquera que la droite RQ devra être parallèle à la trace DC du talus, attendu que la face qui a cette droite pour arête est horizontale ; on observera en outre que la face verticale qui se trouve projetée verticalement sur P'Q' étant perpendiculaire au plan vertical, toutes ses arêtes devront se trouver projetées horizontalement sur une même droite perpendiculaire à la ligne de terre.

505. La seconde tête du voussoir, celle qui fait parement sur l'intrados du berceau, s'obtiendra d'une manière tout à fait semblable, c'est-à-dire que l'on tracera dans le plan vertical un arc de cercle C'Y ayant pour rayon une longueur égale au rayon du cintre principal du berceau en maçonnerie; puis par les différents points tels que N', Q', etc., on mènera des horizontales N'n', Q'q' qui rencontreront l'arc de cercle C'Y en des points n', q', lesquels points se projetteront horizontalement en n et q; enfin, au moyen d'arcs de cercle on ramènera les points n et q dans le plan vertical CC", après quoi on conduira par les points ainsi ramenés des parallèles à D"C", ce qui fournira les projections horizontales N et Q que l'on se proposait de trouver. On se procurera de la même manière autant de points que l'on voudra.

Comme les coupes des voussoirs rencontrent le berceau suivant des courbes qui sont des portions d'ellipses, il sera bon de déterminer directement les projections de quelques-uns des points de ces courbes, autres que ceux situés sur les arêtes : c'est ce que nous avons fait pour le point X', ce qui nous a donné le point X. Si nous ne l'avons pas fait pour les autres arcs d'ellipses, c'est dans la crainte de trop embrouiller l'épure ; du reste, ce que nous avons dit est suffisant pour que l'on sache ce qu'il y aurait à faire si l'on voulait se procurer plus de points qu'il n'y en a sur notre épure, afin d'obtenir plus d'exactitude.

504. Puisque tous les plans qui forment les joints passent par l'axe OO" de la porte, il est clair que toutes les droites telles que MR et NP devront concourir au point O; les arcs d'ellipse M"R", N"P", etc., devront, pour la même raison, passer par le point O", où ils devront en outre être tangents à la droite D"C".

505. *Panneaux de développement.* — La porte se trouve actuellement déterminée, puisque nous connaissons les projections de chacune des faces des voussoirs qui la composent. Mais cela ne suffit pas, car il faut encore, pour le tracé de la pierre, connaître chacune de ces faces en vraie grandeur, en ce qui concerne du moins les douelles et les joints. Or les douelles font partie d'un même cylindre (cylindre d'intrados) dont la section droite ou cintre principal F'M'E' doit, ainsi que nous l'avons vu en géométrie descriptive (n° 330), devenir rectiligne après le développement du cylindre. Si donc nous développons ce cylindre, il est clair que nous connaîtrons toutes les douelles en vraie grandeur.

Pour effectuer ce développement, nous allons rectifier le cintre principal en prenant sur une droite indéfinie ef (fig. 197) des distances en, nm, etc., égales aux longueurs des arcs E'N', N'M' (fig. 196), ce qui s'exécute généralement au moyen d'une très-petite ouverture de compas que l'on porte sur chacun des arcs E'N', N'M', etc., autant de fois que cela est nécessaire (*); puis, après avoir élevé par tous ces points de division des perpendiculaires indéfinies sur ef, on prendra sur ces perpendiculaires les distances

$$ee' = \text{IE}, \quad nn' = \text{HN}, \quad mm' = \text{KM}, \quad ..., \quad ff' = \text{LF}.$$

Cela fait, par les points e', n', m', ..., f', ainsi obtenus, on conduira une courbe $e'n'm'f'$ qui sera la transformée de l'arc de tête projeté suivant FMNE, laquelle transformée se

---

(*) On obtiendra plus exactement la vraie longueur ef du cintre principal, lorsque toutefois ce cintre est un arc de cercle, ce qui a le plus souvent lieu, en opérant de la manière suivante :

On sait que la longueur d'une circonférence est exprimée par la formule générale

$$C = 2\pi R,$$

C étant la circonférence, R le rayon de cette circonférence, et π le rapport du diamètre à la circonférence, rapport qui est le même pour toutes les circonférences et qui a pour valeur numérique la quantité 3,14. Si donc nous appliquons cette formule à l'exemple qui nous occupe, elle deviendra, en supposant que le rayon du cintre principal soit $1^m,05$:

$$C = 2 \times 3,14 \times 1^m,05 = 6^m,594 ;$$

mais, comme nous n'avons affaire qu'à une demi-circonférence et non à une circonférence entière, on aura pour longueur de la droite ef $3^m,297$, tracera plus exactement si l'on a eu soin de se procurer directement des points compris entre les points e', n', m', ... f'. On se procurera directement ces points en considérant des génératrices de l'intrados comprises entre celles qui forment les arêtes des douelles, en cherchant ce que deviennent ces génératrices dans le développement, et en prenant sur chacune d'elles les distances convenables, ainsi que nous l'avons fait pour celles des points n', m', etc.

De même, on prendra les distances

$$ee'' = \text{I'E''}, \quad nn'' = \text{HN''}, \quad mm'' = \text{KM''}, \quad ..., \quad ff'' = \text{LF''},$$

et par tous les points e'', n'', m'', ... f'', que l'on obtiendra ainsi, on fera passer une courbe $e''n''m''f''$ qui sera la transformée de l'arc de tête de la porte sur le berceau en maçonnerie, lequel avait (fig. 196) pour projection horizontale la courbe E''N''M''F''.

La vraie grandeur et la forme exacte de toutes les douelles seront dès lors parfaitement connues et seront représentées par les quadrilatères curvilignes $e'n'n''e''$, $n'm'm''n''$, etc...

Quant aux panneaux des joints qui sont des surfaces

c'est-à-dire la moitié de $6^m,594$. Divisant ensuite cette longueur en cinq parties égales chacune à $0^m,659$, on aura la position exacte des points n, m, etc.

Si le cintre principal, au lieu d'être une demi-circonférence, était un arc de cercle de 95 degrés, par exemple, on chercherait d'abord la longueur de la circonférence tout entière ; on la diviserait ensuite par 360, nombre de degrés compris dans une circonférence; puis on multiplierait le résultat par 95, nombre de degrés compris dans l'arc. Ainsi, en supposant que le rayon de l'arc fût $2^m,47$, on aurait pour longueur totale de cet arc :

$$\frac{2 \times 3,14 \times 2^m,47 \times 95^o}{360} = \frac{15,512 \times 95}{360} = 4^m,093.$$

Quant à la valeur de l'arc en degrés, on se la procurerait en cherchant au moyen d'un rapporteur la grandeur de l'angle compris entre les deux rayons extrêmes de cet arc.

planes, on les obtiendra en prenant sur la droite *ef* et à partir de chacune des arêtes de douelles des distances

$$np = \text{N'P'}, \quad mr = \text{M'R'}, \quad \text{etc.,}$$

et en élevant par chacun des points p, r, etc., ainsi obtenus des perpendiculaires sur lesquelles on prendra

$$pp' = \text{WP}, \quad pp'' = \text{WP''},$$
$$rr' = \text{TR}, \quad rr'' = \text{TR''},$$
$$\text{etc.} \qquad \text{etc.}$$

et les droites $n'p', m'r'$, etc., seront les côtés extérieurs des joints. Pour avoir les autres côtés qui sont des courbes, on se procurera pour chacun d'eux au moins un point entre n'' et p'', m'' et r'', etc., ce qui s'effectuera en appliquant le procédé ci-dessus aux droites horizontales qui (fig. 196) passent par les milieux des joints N'P', M'R', etc., lesquelles horizontales ont déjà servi à trouver les projections horizontales N''P'', M''R'', etc. des mêmes courbes.

506. *Tracé et taille des voussoirs.* — Deux méthodes parfaitement distinctes peuvent être employées pour tracer les voussoirs qui composent la porte que nous venons d'étudier. Ces deux méthodes sont connues sous les noms de *méthode par dérobement* ou *par équarrissement,* et de *méthode par beuveaux.* Nous allons les expliquer toutes les deux, en recommandant à l'appareilleur d'employer de préférence la première, celle par dérobement, attendu qu'elle offre plus de précision et qu'elle fournit des résultats beaucoup plus exacts. Nous supposerons dans cette explication qu'il s'agit d'exécuter le voussoir qui est projeté verticalement sur le pentagone M'N'P'Q'R' (fig. 196).

507. *Méthode par équarrissement.* — On choisira d'abord un bloc de pierre ayant au moins pour longueur la plus grande dimension $Q''v$ (fig. 196) de la projection horizontale du voussoir, et dont les autres dimensions soient telles que le panneau de tête M'N'P'Q'R' puisse être contenu tout entier sur les deux faces perpendiculaires à la longueur.

On commencera par dresser l'une de ces bases de manière qu'elle soit exactement plane, et on y tracera le contour $m_1N_1p_1q_1r_1$ (fig. 198) au moyen d'un panneau levé sur la projection verticale M'N'P'Q'R' (fig. 196), en ayant soin de tourner ce panneau de telle sorte que le côté M'R' de l'un des joints coïncide, autant que possible, avec le lit de carrière $m_1r_1R_2M_2$, par la raison que nous avons donnée au numéro 410.

Cela fait, on abattra la pierre carrément le long de la droite m_1r_1, c'est-à-dire que l'on exécutera suivant cette droite un plan qui soit exactement perpendiculaire à la base déjà taillée, ce qui se fera au moyen de l'équerre; puis, sur cette face on appliquera le panneau $m'r'r''m''$ (fig. 197) du joint supérieur, en le plaçant aux distances $m_1M_1 = Mu$, $r_1R_1 = Rz$ (fig. 196), uN étant une parallèle à la ligne de terre; par le moyen de ce panneau on tracera le contour $R_1M_1M_2R_2$ du joint. On en fera autant pour l'autre joint qui passe par la droite N_1p_1 et qui est d'équerre sur la base; et l'on y appliquera le panneau correspondant $n'p'p''n''$ (fig. 197) pour y tracer le contour $P_1N_1N_2P_2$ du joint inférieur.

Quant à la douelle, c'est une portion de cylindre qui passe par la courbe m_1N_1 et dont les génératrices sont perpendiculaires à la base $m_1N_1p_1q_1r_1$: l'équerre suffira donc pour tailler ce cylindre. Mais si les branches de l'équerre ne sont pas assez longues, ce qui arrive le plus souvent, on pourra employer une cerce découpée suivant l'arc M'N', que l'on promènera sur les deux droites déjà tracées m_1M_2, n_1N_2, de manière qu'elle soit toujours parallèle au plan de l'arc m_1N_1. Dès que la douelle sera taillée, on y appliquera le panneau de douelle $m'n'n''m''$ de la figure 197, lequel devra être en carton, en zinc ou en toute autre matière flexible, afin qu'en appuyant sur ce panneau on puisse le faire coïncider exactement avec la surface concave de la douelle, ce qui permettra de tracer sur cette douelle les deux courbes M_1N_1 et M_2N_2 qui la limitent du côté des têtes du voussoir.

La face latérale $q_1p_1P_2Q_2$ et la face supérieure $q_1r_1R_2Q_2$, étant des plans qui passent chacun par deux droites connues et ces plans étant en outre perpendiculaires à la base du prisme, il sera facile de les tailler en se servant simplement pour cela d'une règle. Une fois qu'elles seront taillées, on prendra les distances q_1Q_1 et q_1Q_2 respectivement égales aux longueurs vQ et vQ'' de la figure 196, ce qui permettra de tracer les droites R_1Q_1, Q_1P_1, ainsi que l'arc de cercle Q_2P_2 au moyen d'une cerce découpée suivant la courbure de la section droite $C'Y$ du berceau en maçonnerie (fig. 196).

508. Il ne reste plus qu'à tailler la tête du voussoir relative au berceau, tête dont nous connaissons maintenant le contour $M_2N_2P_2Q_2R_2$. Or cette tête faisant partie du berceau est une surface cylindrique : elle se taillera donc en promenant une règle sur le contour $M_2N_2P_2Q_2R_2$, de manière qu'elle passe en même temps par les points de repère a et b, a' et b', M_2 et b''', etc., qui correspondent à une même génératrice de ce cylindre. Ces points de repère se détermineront aisément en traçant sur la base $m_1n_1P_1Q_1R_1$ diverses droites parallèles à q_1r_1, telles que a_1b_1, et en ramenant les points a_1 et b_1 en a' et b', au moyen de droites a_1a' et b_1b' parallèles aux arêtes du voussoir. Quant à l'autre tête, comme elle est entièrement plane, et qu'on en connaît le contour exact, elle sera excessivement facile à dresser, en employant pour cela une règle et en abattant l'excédant de pierre qui se trouve compris entre cette tête et la base $m_1N_1p_1q_1r_1$.

509. On peut faire subir à la méthode que nous venons de décrire une modification qui dispense d'exécuter les constructions de la figure 197, c'est-à-dire de déterminer les panneaux des douelles et des joints ; d'où il résulte que l'appareilleur n'a plus besoin d'établir une multitude de panneaux, puisque chacune des faces de chacun des voussoirs exige un panneau particulier.

L'appareilleur prend soin de noter, sur une figure grossièrement dessinée dans son carnet, les longueurs en millimètres des diverses droites Mu, $M''u$, Rz, $R''z$, Pv, $P''v$, etc., ainsi que quelques autres intermédiaires, telles que nous les avons indiquées sur l'épure. Alors quand le tailleur de pierres aura équarri un prisme droit ayant pour base le contour $m_1N_1p_1q_1r_1$ (fig. 198), l'appareilleur viendra marquer sur la pierre les distances r_1R_1, r_1R_2, m_1M_1, m_1M_2, etc., respectivement égales aux longueurs correspondantes qui se trouvent inscrites sur son carnet. Cela fait, il tracera à la main les courbes M_2R_2, M_2N_2, etc., dont il connaîtra un ou deux points intermédiaires, afin de rendre ce tracé plus exact.

Ce second procédé est, selon nous, de beaucoup préférable au premier ; d'abord, comme nous venons de le dire, il n'oblige pas l'appareilleur à avoir avec lui une multitude de panneaux, au risque de se tromper dans le choix de celui qui lui est nécessaire ; ensuite il est peut-être plus exact, attendu que toutes les données nécessaires au tracé se prennent directement sur l'épure. Avec les panneaux, au contraire, on est forcé de construire une nouvelle figure, en se servant pour cela des résultats fournis par l'épure, résultats qui peuvent déjà être entachés des erreurs inhérentes à tout dessin exécuté sur une grande échelle. Le peu que l'on commette de nouvelles erreurs en faisant cette nouvelle figure, ce qui arrive assez souvent lorsqu'on cherche la vraie grandeur du cintre principal, erreurs aux-

quelles pourraient encore s'ajouter les défectuosités d'une
taille peu soignée, on voit facilement que les voussoirs que
l'on obtiendra finalement seront assez loin d'offrir toute
l'exactitude que l'on est en droit d'exiger.

510. *Méthode par beuveaux.* — Après avoir dressé l'un des
lits de carrière et y avoir tracé le contour $M_1M_2R_2R_1$ (fig. 198)
du joint supérieur, on conduira par la droite M_1M_2 un plan
indéfini qui fasse avec ce joint un angle égal à l'angle
$R'M'N'$ (fig. 196) ; ce plan est celui de la *douelle plate* qui
serait menée par les deux arêtes de la douelle cylindrique
et par la corde $M'N'$, et que l'on substitue provisoirement à
la véritable douelle.

Pour tailler cette douelle plate, on se servira d'un beuveau, instrument formé par deux règles de bois assemblées
à frottement et susceptibles de comprendre entre elles tel
angle que l'on veut ; on donnera au beuveau une ouverture égale à l'angle $R'M'N'$ et on le maintiendra dans un
plan toujours perpendiculaire à l'arête M_1M_2, s'en servant
comme d'une équerre ordinaire. Lorsqu'on aura exécuté
le plan indéfini qui est destiné à former la douelle plate,
on y tracera le contour rectiligne $M_1M_2N_2N_1$, dont la vraie
grandeur est un trapèze qu'il est facile de déduire de l'é-
pure. Il est vrai que cette douelle plate couperait le berceau en maçonnerie suivant une courbe, et non suivant la
droite M_2N_2 ; mais il est complétement inutile de chercher
cette courbe, puisque la douelle plate est destinée à disparaître pour être remplacée par la douelle cylindrique.

De même, au moyen d'un beuveau formant un angle égal
à $M'N'P'$ (angle qui est ici égal à $N'M'R'$), dont une des branches se promènera sur la douelle plate et dont le plan de-
meurera toujours perpendiculaire à l'arête N_1N_2, on taillera le
joint inférieur sur lequel on indiquera le contour $N_1N_2P_2P_1$,
en se servant pour cela du panneau relatif à ce joint.

Il sera alors facile d'exécuter la tête du voussoir qui fait parement sur le talus, puisque c'est un plan passant par les trois droites R_1M_1, M_1N_1, N_1P_1, droites qui sont actuellement connues ; et l'on y tracera le contour $M_1N_1P_1Q_1R_1$, dont on ne connaît, il est vrai, que la projection, mais qu'il sera aisé de se procurer en vraie grandeur au moyen d'un simple rabattement. Ce contour étant ainsi tracé, et l'arc M_1N_1 étant dès lors connu, on creusera la douelle cylindrique en se servant d'une cerce découpée suivant la courbure de $M'N'$ (fig. 196), c'est-à-dire suivant la courbure du cintre principal. Appliquant ensuite sur ce cylindre le panneau de douelle développée, on indiquera l'arc M_2N_2 qui limite la douelle du côté du berceau.

Il ne restera plus alors à tailler que les deux faces planes $R_1Q_1Q_2R_2$ et $P_1Q_1Q_2P_2$, ainsi que la seconde tête du voussoir. Les deux faces planes s'exécuteront simplement, puisque l'on connaît pour chacune d'elles deux droites directrices.

Sur les arêtes R_1R_2 et Q_1Q_2 de la première de ces faces, on prendra des distances $R_1R_2 = RR''$ et $Q_1Q_2 = QQ''$, puis l'on joindra les points R_2 et Q_2 au moyen d'une droite qui devra être perpendiculaire aux arêtes ; de même, sur les arêtes Q_1Q_2 et P_1P_2 de la seconde face, on prendra des longueurs $Q_1Q_2 = QQ''$ et $P_1P_2 = PP''$, et, par les points Q_2 et P_2 ainsi obtenus, on fera passer une courbe que l'on tracera au moyen d'une cerce découpée suivant la courbure du cintre principal relatif au berceau en maçonnerie qui se trouve racheté par la porte.

Quant à la seconde tête du voussoir, laquelle appartient à une surface cylindrique connue, et dont le contour $M_2N_2P_2Q_2R_2$ est entièrement déterminé, on la taillera au moyen d'une règle que l'on maintiendra toujours parallèle à l'arête R_2Q_2.

511. Si l'on compare attentivement la méthode par beuveaux à celle par équarrissement, on ne tarde pas à voir que cette dernière l'emporte de beaucoup sur l'autre pour la précision. Il est vrai qu'elle a l'inconvénient d'obliger à tailler des faces qui doivent disparaître plus tard ; mais il reste à savoir si cet inconvénient ne se trouve pas amplement racheté par le degré d'exactitude qu'elle offre ; et d'ailleurs, en employant la méthode par beuveaux, n'est-on pas aussi forcé d'exécuter une face destinée à disparaître? Nous voulons parler de la douelle plate que remplace dans la suite la douelle cylindrique.

Du reste, les beuveaux conservent très-rarement l'ouverture qu'on leur a donnée d'abord, ce qui est déjà un inconvénient fort grave; d'un autre côté, comme les faces contiguës se déduisent successivement les unes des autres, au moyen de leurs inclinaisons mutuelles, il est facile de comprendre que chacune de ces faces est passible des défectuosités des faces précédentes, auxquelles viennent encore s'ajouter celles qui proviennent directement de sa taille.

Nous n'ignorons pas que de grands architectes ont préconisé fortement la méthode par beuveaux, et que quelques praticiens, se fondant sur la haute autorité de ces hommes de l'art, n'ont pas craint d'abuser de cette méthode, qui, selon nous, ne devrait jamais être employée. Si nous l'avons expliquée avec quelques détails, c'est afin de mieux mettre en évidence les avantages incontestables qui se rattachent à la méthode par équarrissement ; c'est aussi afin de satisfaire aux exigences de quelques esprits routiniers qui ne feraient que voir une lacune inconcevable là où il n'y aurait en réalité qu'une abstention calculée. On ne s'étonnera donc pas si dans la suite nous revenons quelquefois sur cette méthode; mais, nous le répétons une dernière fois, nous voudrions la voir passer complétement à l'état d'oubli.

512. REMARQUE I. — Si le mur dans lequel se trouve pratiquée la porte, au lieu d'être en talus, était simplement biais, les têtes des voussoirs, au lieu d'être inclinées, seraient verticales, ce qui simplifierait singulièrement non-seulement l'exécution de l'épure, mais encore la taille des pierres.

Si, maintenant, le mur était un mur droit, la question serait réduite à toute sa simplicité, et les voussoirs se tailleraient comme ceux d'une porte droite.

Toutefois, dans un cas comme dans l'autre, les têtes des voussoirs qui font partie de l'intrados du berceau s'exécuteraient absolument comme nous l'avons expliqué plus haut.

513. REMARQUE II. — Nous avons déjà dit (n° 461) qu'il est très-important d'éviter dans un ouvrage les angles aigus que pourraient former entre elles les faces contiguës d'un même voussoir ; or dans la figure 196 les faces horizontales des voussoirs forment avec les têtes de ces voussoirs situées sur le berceau des angles qui sont d'autant plus aigus que le voussoir que l'on considère est plus rapproché de la clef, et que le rayon de la porte diffère moins de celui du berceau. Il faudrait alors terminer toutes ces faces horizontales par une petite face perpendiculaire au berceau ; mais, comme cette modification n'introduit pas de changement bien notable dans l'exécution de l'épure, et que la manière de tailler le voussoir reste à peu près la même, nous nous contentons de l'indiquer au lecteur, qui pourra faire aisément sur l'épure les changements qu'elle nécessite.

514. On remarquera aussi que l'angle ECC″ que forme la face verticale CC″ du premier voussoir avec le talus est d'autant plus aigu que le biais du mur est plus prononcé. Il serait donc bon de commencer ce voussoir par un plan perpendiculaire à FC que l'on prolongerait seulement dans une étendue d'une dizaine de centimètres. On agirait de même pour les autres voussoirs, en P, en D, etc.; mais non pas au point F, parce que l'on changerait alors la forme de la baie de la porte, et que l'on pourrait ainsi altérer le cintre de face d'une manière choquante pour l'œil. Il vaudrait mieux dans ce cas, si le biais était par trop considérable, employer deux berceaux égaux, dont l'un serait perpendiculaire à DC et l'autre à D″C″ : la voûte que l'on obtiendrait ainsi porte le nom de *berceau coudé* et rentre dans le cas des *voûtes d'arête*, que nous étudierons plus tard dans un chapitre spécial.

515. Enfin, si le berceau racheté par la porte, au lieu d'être en maçonnerie, était en pierre de taille, il faudrait que les voussoirs de la porte se raccordassent avec les assises du berceau, et que chaque pierre comprît à la fois une douelle de la porte et une douelle du berceau, d'où il résulterait pour chaque assise un voussoir complexe avec des joints doubles. On voit par là que l'épure de la figure 196 ne pourrait plus servir et qu'il y aurait lieu d'en construire une autre, dont nous parlerons plus loin dans le chapitre où nous traiterons des *lunettes,* nom que l'on donne aux berceaux qui sont pourvus de voussoirs ayant des joints doubles.

Porte pratiquée dans un mur cylindrique ou tour ronde.

516. Supposons que les arcs de cercle A*e*B et C*f*D (fig. 199) soient les traces horizontales du mur cylindrique ou tour ronde ; il s'agit de pratiquer dans ce mur une porte en berceau qui soit comprise entre deux plans AC, BD, parallèles entre eux et perpendiculaires à la droite CD, qui est la corde de l'arc intercepté par la porte. Nous adopterons pour plan vertical de projection un plan parallèle au plan vertical qui serait mené par la droite CD: dès lors l'intrados de la porte se projettera sur ce plan suivant une courbe A'U'B' qui sera le cintre principal, et que nous supposerons être une demi-circonférence.

Cela posé, divisons le cercle A'U'B' en un nombre *impair* de parties égales, cinq par exemple ; faisons passer par les points de division et par l'axe O'f du cylindre d'intrados des plans M'O'f, N'O'f, etc., que nous adopterons pour former les coupes des voussoirs et qui couperont l'intrados de la porte suivant des génératrices rectilignes qui seront les arêtes de douelle. On arrêtera ces joints M'R', N'P', etc., à un cercle E'R'F' concentrique avec le premier, et on limitera chaque voussoir par une face horizontale et une face verticale, telles que R'Q' et Q'P'.

D'après ce que nous venons de dire, l'un des voussoirs sera projeté tout entier sur le polygone M'N'P'Q'R', et il occupera dans le prisme droit qui aurait ce polygone pour base l'espace compris entre les surfaces cylindriques qui forment les deux parements de la tour ronde. Quant à la projection horizontale de ce même voussoir, ainsi que celles de tous les autres voussoirs, elle s'obtiendra en abaissant des différents sommets des pentagones tels que M'N'P'Q'R', des perpendiculaires M'MM'', N'NN'', etc., dont les portions MM'', NN'', etc., comprises entre les deux parements du mur cylindrique, seront les projections horizontales des arêtes de douelles et des arêtes de joints (*). Enfin, comme les deux parements du mur sont des cylindres verticaux, les têtes des voussoirs sur l'un et l'autre de ces parements se projetteront horizontalement sur les traces AeB et C/D de ces mêmes parements.

(*) Dans notre figure, nous avons supposé que le spectateur se trouvait placé au-dessus de l'intrados. C'est pourquoi les arêtes de douelles se trouvent ponctuées.

517. *Panneaux de développement.* — Il nous reste actuellement à nous procurer les différents panneaux de joints et de douelles. A cet effet, nous remarquerons d'abord que les douelles font partie d'un même cylindre (cylindre d'intrados) dont la section droite ou cintre principal A′U′B′ doit, ainsi qu'on l'a vu en géométrie descriptive (n° 330), devenir rectiligne après le développement du cylindre. Si donc nous développons ce cylindre, il est évident que nous connaîtrons toutes les douelles en vraie grandeur.

Pour effectuer ce développement, nous allons rectifier le cintre principal, en prenant sur une droite indéfinie XY (fig. 200) des distances bn, nm, etc., égales aux longueurs des arcs B′N′, N′M′, etc. (fig. 199), ce qui s'exécute habituellement au moyen d'une petite ouverture de compas que l'on porte sur chacun des arcs B′N′, N′M′, etc., autant de fois que cela est nécessaire ; puis, après avoir élevé par tous ces points de division des perpendiculaires sur XY, on prendra

$$bb'=g\mathrm{B}, \quad nn'=h\mathrm{N}, \quad mm'=i\mathrm{M}, \quad ..., \quad aa'=k\mathrm{A}.$$

Cela fait, par les points b', n', m', ... a' ainsi obtenus, on conduira une courbe $b'n'm'a'$ qui sera la transformée de l'arc de tête projeté sur AeB, laquelle transformée se tracera plus exactement si l'on a eu soin de se procurer directement des points compris entre les points b', n', m', ... a'. On déterminera directement ces points en considérant des génératrices de l'intrados comprises entre celles qui forment les arêtes des douelles, en cherchant ce que deviennent ces génératrices dans le développement, et en prenant sur chacune d'elles les distances convenables, ainsi que nous l'avons fait pour celles des points n', m', etc.

De même, on prendra les distances

$$bb''=g\mathrm{B}'', \quad nn''=h\mathrm{N}'', \quad mm''=i\mathrm{M}'', \quad ..., \quad aa''=k\mathrm{A}'',$$

et par tous les points b'', n'', m'', … a'' que l'on obtiendra ainsi on fera passer une seconde courbe $b''n''m''a''$, qui sera la transformée de l'arc de tête de la porte sur le parement intérieur de la tour ronde.

La vraie grandeur et la forme exacte de toutes les douelles seront dès lors parfaitement connues et seront représentées par les quadrilatères curvilignes $b'n'n''b''$, $n'm'm''n''$, etc.

Quant aux panneaux de joints qui sont des surfaces planes, on les obtiendra en prenant sur la droite XY, et à partir de chacune des arêtes de douelles, des distances

$$np = \mathrm{N'P'}, \quad mr = \mathrm{M'R'}, \quad \text{etc.,}$$

et en élevant par chacun des points p, r, etc., ainsi obtenus des perpendiculaires

$$pp' = lp, \quad pp'' = l\mathrm{P''},$$
$$rr' = u\mathrm{R}, \quad rr'' = u\mathrm{R''},$$
$$\text{etc.} \qquad \text{etc.}$$

Cela fait, comme les arêtes des coupes, sur l'une et l'autre des deux faces cylindriques de la tour ronde, sont des courbes (portions d'ellipses), il ne suffit pas de leurs deux points extrêmes pour les connaître exactement ; il faut encore se procurer au moins un point situé entre ces points extrêmes, ce qui se fera en appliquant le procédé ci-dessus aux droites horizontales qui (fig. 199) passent par les milieux des joints N'P', M'R', etc.

518. *Tracé et taille des voussoirs par équarrissement.* — On choisira d'abord un bloc de pierre ayant au moins pour longueur la plus grande dimension $\mathrm{P''}v$ (fig. 199) de la projection horizontale du voussoir que l'on veut exécuter. Les autres dimensions de ce bloc devront être telles, que le panneau de tête M′N′P′Q′R′ puisse être contenu tout entier sur les deux faces perpendiculaires à sa longueur.

On commencera par dresser l'une des bases, de manière qu'elle soit exactement plane, et l'on y tracera le contour $M_1 n_1 p_1 q_1 r_1$ (fig. 201) au moyen d'un panneau levé sur la projection verticale M′N′P′Q′R′ (fig. 199), en ayant soin de diriger ce panneau de telle sorte que le côté M′R′ de l'un des joints coïncide autant que possible avec le lit de carrière $m_1 r_1 R_2 M_2$, par la raison qui a été donnée au numéro 410.

Cela fait, on abattra la pierre carrément le long de la droite $M_1 r_1$, c'est-à-dire que l'on exécutera suivant cette droite un plan qui soit exactement perpendiculaire à la base déjà taillée, ce qui se fera au moyen de l'équerre ; puis, sur cette face, on appliquera le panneau $m′r′r″m″$ (fig. 200) du joint supérieur, en le plaçant de manière que son sommet $m′$ tombe au point M_1, et que son sommet $r′$ soit distant de r_1 d'une longueur $r_1 R_1 = Rz$ (fig. 199) ; par le moyen de ce panneau on tracera le contour $M_1 R_1 R_2 M_2$ du joint. On en fera autant pour l'autre joint qui passe par la droite $n_1 p_1$ et qui doit être d'équerre sur la base ; et on y appliquera le panneau correspondant $n′p′p″n″$ (fig. 200) pour y tracer le contour du joint inférieur.

Quant à la douelle, c'est une portion de cylindre qui passe par la courbe $M_1 n_1$ et dont les génératrices sont perpendiculaires à la base $M_1 n_1 p_1 q_1 r_1$: l'équerre suffira donc pour tailler ce cylindre. Mais si les branches de l'équerre ne sont pas assez longues, ce qui arrive ordinairement, on pourra employer une cerce découpée suivant l'arc M′N′ (fig. 199), que l'on promènera sur les droites déjà tracées $m_1 M_2$, $n_1 N_2$, de manière qu'elle soit toujours parallèle à la base M′n′p′q′r′.

Dès que la douelle sera taillée, on y appliquera le panneau de douelle $m′n′n″m″$ (fig. 200), lequel devra être en carton ou en tôle, afin qu'en appuyant dessus on puisse le faire coïncider exactement avec la surface concave de la douelle, ce qui permettra de tracer sur cette douelle les deux courbes M_1N_1 et M_2N_2 qui la limitent du côté des têtes du voussoir.

La face latérale $p_1q_1Q_2P_2$ et la face supérieure $q_1r_1R_2Q_2$ étant des plans qui passent chacun par deux droites connues et qui sont en outre perpendiculaires à la base du prisme, il sera facile de les tailler en se servant simplement pour cela d'une règle. Dès qu'elles seront taillées, on prendra les distances q_1Q_1 et q_1Q_2 respectivement égales aux longueurs vP et vP'' de la figure 199 ; ce qui permettra de tracer les droites Q_1P_1, Q_2P_2, ainsi que les courbes Q_1R, Q_2R_2, au moyen de cerces découpées suivant les arcs PR, $P''R''$ des traces de la tour ronde.

Il ne reste plus maintenant qu'à tailler les deux têtes du voussoir, têtes dont nous connaissons maintenant les contours $M_1N_1P_1Q_1R_1$ et $M_2N_2P_2Q_2R_2$. Or ces têtes, faisant partie chacune d'une surface cylindrique, se tailleront en promenant une règle sur chacun des contours, de manière qu'elle passe par des points de repère convenablement choisis, ou, si l'on veut, de manière qu'elle soit toujours parallèle à la face $P_1Q_1Q_2P_2$.

519. Si l'appareilleur veut éviter d'avoir à exécuter les constructions de la figure 200, il notera avec soin sur une figure grossièrement dessinée dans son carnet les longueurs en millimètres des diverses droites Nx, $N''x$, Rz, $R''z$, Pv, $P''v$, etc., ainsi que quelques autres intermédiaires. Alors, quand le tailleur de pierre aura équarri un prisme droit ayant pour base le contour $M_1n_1p_1q_1r_1$ (fig. 201), l'appareilleur viendra marquer sur la pierre les distances r_1R_1, r_1R_2, n_1N_1, n_1N_2, etc., respectivement égales aux longueurs correspondantes qui se trouvent inscrites sur son carnet. Cela fait, il tracera à la main les courbes M_1R_1, R_1Q_1, M_1N_1, etc., dont il connaîtra un ou deux points intermédiaires, afin de rendre ce tracé plus exact.

Cette manière de procéder sans panneaux est préférable, pour les raisons que nous avons développées au numéro 509.

520. Remarque. — Lorsque le diamètre de la porte diffère peu de celui de la tour ronde, les angles que font les faces verticales des voussoirs avec le parement intérieur de celle-ci sont d'autant plus aigus, surtout vers les pieds droits de la porte, que la différence en question est plus petite. Il est donc essentiel, lorsque cette acuïté est trop sensible, d'y apporter un remède. A cet effet, on dirige d'abord les faces verticales perpendiculairement aux parements de la tour ronde, et cela sur une longueur de quelques centimètres seulement, ainsi que nous l'avons indiqué (fig. 199) pour la face FF‴, après quoi on leur donne une direction quelconque cd. Cette disposition, ainsi qu'on peut s'en rendre compte facilement, offre le double avantage de faire disparaître l'acuïté et de ne déranger en rien la symétrie et la forme des têtes des voussoirs qui recouvrent la porte.

521. Nous avons admis dans tout ce qui précède que la tour ronde était simplement construite en maçonnerie : aussi n'avons-nous pas eu besoin de nous préoccuper de raccorder les joints des voussoirs avec les assises de la tour ronde. Si celle-ci était en pierre, il faudrait non plus arrêter les coupes à un cercle concentrique avec celui d'intrados, mais leur donner une longueur suffisante, qui permît au raccordement en question d'avoir lieu. On ob-

tiendrait ce résultat en adoptant l'une des dispositions représentées dans la figure 194; mais, dans un cas comme
dans l'autre, le tracé et la taille des voussoirs ne présentent
aucune difficulté nouvelle.

Porte biaise en tour ronde avec talus, et rachetant une voûte sphérique en maçonnerie.

522. Supposons actuellement que la tour ronde soit
terminée extérieurement par une surface conique, ou, ce
qui revient au même, que son parement extérieur soit en
talus, et que l'inclinaison de ce talus soit mesurée par
l'angle Z'C'Y' (fig. 202), angle que forme avec la verticale
chacune des génératrices du cône en question, lequel est
évidemment un cône de révolution; supposons en outre
que cette tour ronde soit recouverte par une voûte sphérique; supposons enfin qu'on veuille pratiquer dans la
tour ronde une porte dont la naissance se trouve dans le
même plan horizontal que celle de la voûte sphérique, et
de plus que cette porte soit biaise, c'est-à-dire que l'axe
du berceau qui la recouvre ne se rencontre pas avec celui
de la tour ronde.

523. Cela posé, nous choisirons, pour exécuter l'épure,
notre plan vertical de projection perpendiculaire à l'axe
de la porte, et nous y tracerons le demi-cercle A'M'B' égal
au cintre principal de la porte; puis nous adopterons pour
plan horizontal le plan de naissance de ce petit berceau et
de la voûte sphérique.

Soit maintenant EAB le cercle qui représente la trace du
cône sur le plan de naissance, soit en outre FA″B″ celui
qui représente sur ce même plan de naissance la trace du
cylindre qui forme le parement intérieur de la tour ronde.
Ce dernier cercle sera en même temps celui suivant lequel

la voûte sphérique se raccorde avec le parement cylindrique de la tour ronde ; il sera donc le grand cercle horizontal de cette voûte sphérique.

On commencera par diviser le cintre principal A′M′B′ en un nombre *impair* de parties égales, cinq par exemple, et l'on indiquera les coupes au moyen de droites R′M′O′, P′N′O′, etc., qui toutes devront passer par le point O′, afin que ces coupes soient perpendiculaires à l'intrados. On limitera ces joints N′P′, M′R′, etc., à un cercle C′R′D′ concentrique avec le cintre principal, et l'on terminera chaque voussoir par une face verticale P′Q′ et une face horizontale Q′R′.

Si la tour ronde, au lieu d'être en maçonnerie, était en pierre, il faudrait un peu modifier ces dispositions et faire en sorte que la face horizontale de chaque voussoir fût bien dans le même plan que l'un des lits des assises qui composent la tour ronde.

Mais, en adoptant les constructions qui existent sur notre épure, chaque voussoir se trouvera projeté verticalement sur un pentagone tel que M′N′P′Q′R′, et fera partie d'un prisme droit qui aurait l'un de ces pentagones pour base ; en outre, il occuperait dans ce prisme l'espace compris entre la voûte sphérique, d'une part, et le parement en talus de la tour ronde, d'autre part. Il s'agit donc de déterminer l'intersection de ce prisme avec la sphère et avec la surface conique.

524. Pour nous procurer la première intersection, c'est-à-dire la tête du voussoir sur le talus, imaginons par le point dont nous voulons connaître la projection horizontale, celui qui par exemple est projeté verticalement en M′, un cercle horizontal situé sur le talus : ce cercle se projettera verticalement suivant une droite parallèle à la ligne de terre et qui rencontrera C′Y′ en un point *m′* que nous projetterons horizontalement en m, sur CY parallèle à la ligne de terre. On ramènera ensuite ce point dans le plan CC″ au moyen d'un arc de cercle mm''; puis, par le point m'' que l'on obtiendra, on fera passer un cercle m''M ayant pour centre celui de la tour ronde : l'intersection de ce cercle avec la perpendiculaire abaissée du point M fournira la projection horizontale M de ce même point.

On voit par ce que nous venons de dire que le rayon du cercle m''M diffère de celui du cercle EAB d'une quantité précisément égale à m_1m'. Par conséquent il n'est pas nécessaire, pour trouver le point M, d'effectuer les constructions que nous venons d'indiquer : il suffit en effet de tracer dans un endroit quelconque une droite EFG passant par le centre de la tour ronde (*), de prendre une distance $\text{Em}_2 = m'\text{m}_1$, et de faire passer par le point m_2 une circonférence ayant pour centre celui de la tour ronde, circonférence qui sera évidemment la même que celle m''M que nous avons décrite tout à l'heure. Ce moyen de trouver le point M offre l'avantage de ne pas surcharger l'épure de lignes qui par le fait ne sont pas nécessaires.

On se procurera de la même manière les projections horizontales des points où les différentes arêtes des voussoirs percent le talus de la tour ronde.

Supposons que toutes les projections ont été déterminées, la courbe BNMA sera alors la projection du cintre apparent de la porte.

Cela posé, on remarquera que la face *horizontale* Q'R' doit couper le cône suivant une circonférence ayant pour centre celui de la tour ronde ; par conséquent, l'arc de cercle QR, qui est le prolongement de celui qui a fourni le

---

(*) Le centre de la tour ronde ne se trouve pas indiqué sur notre épure. Cela provient de ce que, dans toute publication du genre de celle-ci, on est forcé de faire tenir les figures dans le plus petit espace possible.

point R, sera la projection de cette intersection. Quant aux deux coupes N'P' et M'R', elles rencontreront le talus suivant deux courbes PNO et RMO qui devront passer par le point O, courbes dont on pourra se procurer des points intermédiaires en employant le procédé que nous venons d'indiquer. Enfin la face verticale P'Q' coupera le talus suivant une courbe projetée sur la droite PQ, mais que nous rabattrons plus tard, lorsqu'il s'agira de tailler le voussoir.

Pour construire la tête du voussoir qui est sur la sphère, on conduira encore des horizontales par les points M' et N', et l'on décrira sur le plan horizontal deux circonférences m_4M'' et n_4N'' concentriques avec A''O''D'' et ayant pour rayon celui de cette dernière, diminué des distances m_3g, n_3h comprises entre la verticale D'V' et le cercle D'U' qui est le cintre principal de la voûte sphérique. On effectuera les mêmes opérations pour les arêtes de douelles des autres voussoirs, ce qui fournira la courbe A''M''N''B'' pour projection de celle suivant laquelle l'intrados de la porte rencontre la voûte sphérique.

Quant au joint M'R', l'arête horizontale du point R' ira percer la sphère en un point dont la projection R'' se construira comme ci-dessus, en tirant l'horizontale $R'kr_3$ et en retranchant la partie kr_3 du rayon de la circonférence A''O''D'', pour décrire avec l'excédant un cercle qui coupera la perpendiculaire abaissée du point R', en un autre point R'' qui sera le point cherché. La section faite par le joint même sera projetée suivant une courbe R''M''O'' dont on pourra trouver un point intermédiaire en appliquant la méthode précédente au milieu du côté M'R'.

On trouvera pour le joint inférieur une courbe analogue P''N''; la face horizontale R'Q' donnera l'arc de cercle R''S'', prolongement de celui qui a servi à déterminer le point R″; enfin la face verticale P′Q′ coupera la sphère suivant un arc de cercle projeté sur la droite PP″. Cependant, comme cette dernière face rencontre la sphère très-obliquement, on mène par le point P″ un plan P″S″ qui passe par l'axe de la tour ronde; ce qui réduit la projection de la tête du voussoir à M″N″P″S″R″, et donne lieu à une nouvelle face verticale que nous avons rabattue suivant le triangle abc. Dans ce triangle, qui est rectangle, l'hypoténuse bc est un arc de cercle qui se confond avec la circonférence A″B″D″ prolongée, et la hauteur ab est égale à celle de la face verticale du voussoir, c'est-à-dire à P′Q′.

525. La face verticale se trouvant ainsi modifiée, il est urgent, pour le tracé de la pierre, d'en connaître la forme exacte. A cet effet on la rabat sur le plan horizontal, ce qui donne lieu à un trapèze $p'p''q''q'$ dont la hauteur $p''q''$ est égale à P′Q′ et dont le côté $p'q'$ est une courbe qui se construit facilement en élevant par les divers points de PQ des perpendiculaires sur lesquelles on prend, à partir de $p'p''$, des longueurs respectivement égales aux distances qui sur le plan vertical séparent les points correspondants du point P′.

526. *Panneaux de développement.*— On effectuera le développement du cylindre d'intrados en prenant sur une droite indéfinie des distances bn, nm, etc., égales aux longueurs des arcs B′N′, N′M′, etc. ; puis, après avoir élevé des perpendiculaires par tous ces points de division, on prendra

$$bb' = e\mathrm{B}, \quad nn' = f\mathrm{N}, \quad mm' = i\mathrm{M}, \quad \ldots, \quad aa' = j\mathrm{A},$$

et la courbe $b'n'm'a'$ sera la transformée de l'arc de tête projeté sur BNMA, laquelle transformée se tracera plus exactement si l'on a eu soin de se procurer directement des points intermédiaires entre les points b', n', m', ..., a'.

On prendra de même les distances

$$bb'' = eB'', \quad nn'' = fN'', \quad mm'' = iM'', \quad ..., \quad aa'' = jA'',$$

et la courbe $b''n''m''a''$ sera la transformée de l'arc de tête de la porte sur la voûte sphérique. Dès lors la forme exacte de toutes les douelles sera parfaitement connue, et sera représentée pour les différentes douelles par les quadrilatères $b'n'n''b''$, $n'm'm''n''$, etc.

Quant aux panneaux de joints, qui sont des surfaces planes, on les obtiendra en prenant sur le dévelopement, à partir de chacune des arêtes de douelles, des distances

$$np = N'P', \quad mr = M'R', \quad \text{etc.,}$$

et en élevant par chacun des points p, r, etc., ainsi obtenus, des perpendiculaires

$$pp' = yP, \quad pp'' = yP'',$$
$$rr' = zR, \quad rr'' = zR''$$
$$\text{etc.} \qquad \text{etc.}$$

Cela fait, comme les arêtes des coupes, sur le talus et sur les voûtes sphériques, sont des courbes, il ne suffira pas de leurs deux points extrêmes pour les connaître d'une manière satisfaisante : il sera bon de se procurer au moins un point situé entre ces points extrêmes ; ce qui se fera en appliquant la méthode ci-dessus aux droites horizontales qui passent par les milieux des joints N'P', M'R', etc.

527. *Tracé et taille des voussoirs.* — On commencera par exécuter un *prisme droit* qui ait une base $M_1 n_1 p_1 q_1 r_1$ (fig. 204), identique avec le contour M'N'P'Q'R' (fig. 202), et dont la longueur soit au moins égale à la distance du point S'' à la droite Ms. On fera en sorte que l'une des coupes coïncide avec le lit de carrière de la pierre. Ensuite, sur la face qui passe par le côté n_1p_1 on appliquera le panneau $n'p'p''n''$ (fig. 203) du premier joint, de telle sorte que l'on ait $n_1N_1 = uN$ et $p_1P_1 = sP$; on tracera de même, sur la face qui passe par M_1r_1, le contour $M_1R_1R_2M_2$, au moyen du panneau $m'r'r''m''$ de la figure 203 ; sur la face supérieure, celle qui passe par q_1r_1, on indiquera le contour $Q_1R_1R_2S_2Q_2$, en se servant pour cela d'un panneau découpé sur $RQP''S''R''$ (fig. 202).

Cela fait, par les deux droites connues P_2Q_2, Q_2S_2 on fera passer un plan sur lequel on tracera le contour $P_2Q_2S_2$ au moyen du panneau abc (fig. 202); puis, sur la face cylindrique taillée suivant m_1n_1, on appliquera le panneau de douelle $m'n'n''m''$ (fig. 203) qui aura dû être exécuté en carton flexible, afin qu'en appuyant dessus on puisse le faire coïncider avec la concavité de cette face, de manière à y tracer les courbes M_1N_1 et M_2N_2 qui limitent la douelle. Enfin, sur la face qui passe par la droite p_1q_1, on marquera le contour $P_1Q_1Q_2P_2$, au moyen du panneau $p'q'q''p''$ de la figure 203, en ayant soin que $p_1P_1 = sP$ et $q_1Q_1 = sQ$.

528. La douelle et toutes les autres faces latérales étant taillées, et le contour $M_2N_2P_2Q_2R_2$ de la tête du voussoir étant dès lors connu, on peut tailler cette tête, qui est sphérique, en se servant pour cela d'une cerce découpée suivant la courbure du cercle $D'U'$ (fig. 202), cerce que l'on aura soin de toujours tenir dans une direction perpendiculaire à la face $R_1R_2S_2Q_2Q_1$.

Quant à la tête extérieure, dont le contour $M_1N_1P_1Q_1R_1$ est également connu tout entier, c'est une portion de la surface conique qui forme le parement extérieur de la tour ronde : elle se taillera donc avec la règle, que l'on aura soin de diriger dans le sens des génératrices du cône. Cette condition sera facile à remplir si l'on a eu soin de se procurer sur l'épure des points de repère convenablement espacés, points que l'on obtiendra en menant par le centre de la tour ronde des droites telles que *vx* (fig. 202).

De la pose et du ravalement des berceaux ordinaires.

529. Nous allons actuellement donner quelques indications sur la pose des berceaux ordinaires, en nous aidant pour cela des indications fournies sur cette question par Douliot, dans son *Traité spécial de coupe des pierres* (deuxième édition).

Dès que les pieds-droits sont élevés jusqu'à la naissance de la voûte, on établit des cintres auxquels on donne une courbure d'un rayon un peu moindre que celui de l'intrados du berceau : cette différence doit être en raison de l'importance de la voûte et par suite de l'épaisseur que doivent avoir les couchis destinés à supporter les voussoirs jusqu'au complet achèvement du berceau. Les cintres doivent avoir une solidité suffisante pour que la charge des voussoirs que l'on y pose successivement ne puisse les faire changer de forme, ce qui altérerait évidemment la courbure du berceau. Le nombre de ces cintres est proportionné à la longueur de la voûte, mais on n'en peut jamais employer moins de deux, qu'on place alors vers les têtes des voussoirs.

Lorsque les cintres sont installés, et que les couchis ont été mis en place, on fixe solidement sur l'une des têtes de la voûte, et au niveau du plan de naissance, une forte règle AB bien dressée (fig. 205), sur laquelle on marque les points 1, 2, 3, 4, 5, 6, etc., où aboutissent les perpendiculaires abaissées des points C, D, E, F, etc., qui sur l'intrados marquent la limite de chaque rang de voussoirs : les distances A-1, A-2, A-3, etc., indiquent en même temps les saillies des douelles |relativement au |plan du tableau des pieds-droits.

Sur une autre règle MN (fig. 206), on marque les points 1, 2, 3, 4, etc., par lesquels passent les horizontales issues des mêmes points C, D, E, F, etc. : on obtient ainsi, relativement au plan de naissance, la hauteur de chaque rang d'assises. Il est parfaitement clair que c'est sur l'épure que doivent être établies ces deux règles, au moyen desquelles on pourra déterminer la saillie et la hauteur de l'arête supérieure de chaque assise, ainsi que nous l'expliquerons dans un instant.

530. Grâce aux deux règles, on pourra bien fixer les points où les joints rencontrent l'intrados ; mais cela ne suffit pas : il faut encore pouvoir déterminer exactement l'inclinaison de la coupe supérieure de chaque assise. Cette détermination se fait au moyen d'un instrument particulier |qu'on appelle *inclinateur* et que l'on construit spécialement pour la voûte que l'on a en vue. Voici en quoi consiste cet instrument.

On assemble solidement et avec beaucoup de soin (fig. 207) quatre pièces de bois bien sec, de manière à former un châssis *abcd parfaitement carré*. Sur deux des côtés contigus de ce châssis, on fixe un morceau de bois *ef* ayant la forme d'un quart de cercle. On indique les axes *oe, of* des côtés *ab, ad*, et à leur point de rencontre *o* on perce un petit trou, dans lequel on fait passer l'extrémité d'un fil à plomb qu'on noue par derrière.

Cela fait, on transporte l'instrument sur l'épure et on fait coïncider son côté *bc* successivement avec chaque coupe du cintre principal du berceau. Le fil à plomb prend alors sur le quart de cercle des positions différentes que l'on marque avec beaucoup de soin et que nous avons indiquées par les lignes ponctuées 0-1, 0-2, 0-3, 0-4, etc.

Si maintenant l'on veut se servir de cet instrument pour
vérifier l'inclinaison de la coupe de la première assise, on
pose le côté *bc* sur le plan de cette coupe dans une direction perpendiculaire à l'axe du berceau, et si le fil à plomb
s'arrête sur le trait n° 1 du quart de cercle, c'est que la
coupe a l'inclinaison qui lui convient. Pour la coupe de
la seconde assise, le fil à plomb devra tomber sur le trait
n° 2 ; pour celle de la troisième assise, sur le trait n° 3, et
ainsi de suite. Nous avons supposé dans la figure 205 que
l'indicateur était placé sur la coupe de la quatrième assise.

551. Revenons à la pose du berceau. On commencera par
déraser le lit de dessus de la dernière assise des jambages
et l'on posera la première assise du berceau. On vérifiera
ensuite, au moyen de l'inclinateur, si la coupe de dessus de
cette première assise a l'inclinaison voulue ; on vérifiera
aussi si l'arête de cette coupe sur l'intrados est bien de niveau et si elle a la saillie convenable. Cette seconde vérification s'effectuera, en ce qui concerne la saillie, au moyen
d'un fil à plomb qu'on appuiera contre l'arête en question
et qu'on fera tomber un peu plus bas que la règle AB ; si
l'arête a la saillie qui lui convient, le fil à plomb devra
porter sur le trait n° 1 de la règle AB. Quant au niveau de
cette même arête, on le vérifiera avec la règle de la figure 206, que l'on tiendra *verticalement* en faisant reposer
son extrémité M sur la règle horizontale AB ; si l'arête est
à la hauteur voulue, elle devra se trouver au même niveau
que le trait n° 1 de la règle MN.

Lorsque la coupe a trop d'inclinaison, on corrige ce défaut
en retouchant, soit la coupe de dessous, soit celle de dessus,
soit même toutes les deux à la fois, suivant les circonstances.
Si, au contraire, la coupe n'a pas assez d'inclinaison, et que
l'arête de douelle soit d'ailleurs bien à sa place, on laissera les choses telles qu'elles sont, se réservant d'enlever

la pierre excédante en dérasant la coupe entière de l'assise. Quant à la saillie de l'arête de douelle, si elle est trop forte, on y remédie en retouchant l'une ou l'autre des deux coupes ; si elle est trop faible, on se contente de faire glisser le voussoir vers l'intrados en ayant soin que le lit de dessus soit soujours bien de niveau. Nous recommandons surtout de veiller à ce que les ouvriers n'emploient aucune cale pour corriger les imperfections de la taille ou bien pour remédier aux défauts d'inclinaison des coupes ou de saillie des arêtes de douelles.

Pour qu'une assise soit bien posée, elle doit non-seulement remplir les conditions que nous venons d'énumérer, mais il faut encore que les arêtes des douelles d'une même assise soient bien en ligne droite dans toute la longueur du berceau, et que les têtes des voussoirs des extrémités se raccordent avec les faces extérieures de l'ouvrage au travers duquel le berceau est pratiqué.

532. On posera la seconde assise sur la première, en prenant les mêmes précautions que pour celle-ci, en ayant soin de couler du mortier clair dans la coupe inférieure, afin d'empêcher la poussière d'y entrer. On procédera de même pour les autres assises. Toutefois le coulage du mortier ne devra se faire au fur et à mesure de la pose qu'en ce qui concerne les premières assises, ce coulage ne devant avoir lieu pour les dernières assises qu'une fois la voûte terminée et avant le décintrement.

533. Il est encore une précaution importante à prendre dans la pose d'un berceau, surtout lorsqu'il s'agit d'une voûte ayant une longue portée, comme par exemple une arche de pont : c'est d'effectuer la pose symétriquement de chaque côté de l'axe, c'est-à-dire qu'après avoir posé une assise à droite, il faut poser sa correspondante à gauche, et ne jamais poser successivement deux assises du même côté. Cette précaution a pour but de répartir uniformément la charge sur le cintre et d'empêcher sa déformation. Si, malgré cette précaution, il tend à changer de forme, on y remédie en le chargeant, vers son sommet, d'un certain poids proportionné à cette tendance, poids que l'on affaiblira à mesure que l'on approchera de la clef. Quant à cette dernière, on prendra sa mesure lorsque les deux contre-clefs seront posées, exactement comme nous l'avons indiqué pour les plates-bandes (n° 471); puis on la taillera et on la posera comme nous l'avons dit pour la clef de celles-ci.

534. Lorsque la voûte est terminée, et que les mortiers sont convenablement durs, on procède au décintrement en ruinant petit à petit, comme on l'a fait au pont d'Iéna à Paris, les poutres qui servent de supports à tout le système, et qui s'assemblent à tenon et mortaise avec les pièces de bois posées sur le sol : de cette façon les tassements se font doucement, sans compromettre la solidité de l'ouvrage. On doit avoir soin de dégarnir les joints vers l'intrados afin de prévenir les épaufrures ; on enlève aussi les couchis méthodiquement, de telle sorte que la poussée ne se produise pas instantanément, mais graduellement.

Lorsqu'une arche est décintrée, elle éprouve toujours un tassement, qui varie avec la nature des matériaux employés, et selon le soin apporté dans la construction : ainsi, au pont de Neuilly-sur-Seine, il fut de 66 centimètres, et au pont d'Iéna de 12 centimètres. Il est donc important, dans le tracé de l'épure, de surhausser un peu le cintre, afin que la voûte, dans l'état réel, se trouve à fort peu près à sa véritable position au-dessus des naissances.

535. Nous allons maintenant expliquer de quelle manière se fait le ravalement de l'intrados des berceaux.

On commence par dresser avec soin les deux arêtes de

naissance, de manière qu'elles se raccordent bien avec les faces des pieds-droits, qu'elles soient conséquemment parallèles entre elles et distantes l'une de l'autre d'une quantité égale au diamètre du berceau. Ensuite, à chaque extrémité du berceau, on placera horizontalement deux règles de manière qu'elles soient perpendiculaires aux arêtes du berceau et que l'une de leurs faces soit dans le plan de naissance. Cela fait, avec un fil à plomb, et au moyen des ordonnées de la section droite, on fera des repères sur chaque arête de douelle ; puis, avec des cerces levées sur l'épure, on réunira tous ces repères par une rigole, au fond de laquelle on tracera par points la courbe de section droite du berceau, en se servant pour cela d'un fil à plomb qu'on fera glisser sur la face verticale de la règle. Si les deux rigoles pratiquées aux extrémités du berceau ne suffisent pas, on en fera une ou plusieurs autres intermédiaires par le même procédé. Grâce à ces rigoles, il sera facile de dresser avec soin les arêtes horizontales des douelles, au moyen d'une règle qui devra porter sur les sections droites tracées au fond des rigoles. Une fois ces arêtes dressées, il n'y aura plus qu'à creuser les douelles, ce qui se fera, soit au moyen d'une règle glissant sur les sections droites, soit au moyen de cerces glissant sur les arêtes dressées des douelles.

Quant aux arcs de tête, on les obtiendra tout naturellement en prolongeant l'intrados au moyen d'une règle jusqu'à sa rencontre avec les faces de l'ouvrage, quelles que soient d'ailleurs ces faces.

CHAPITRE III

536. *Définitions*. — Un *berceau en descente* ou *berceau rampant* est un berceau dont les génératrices du cylindre qui forme l'intrados sont inclinées par rapport au plan horizontal, tandis qu'elles sont horizontales dans les berceaux ordinaires. Cette différence dans la position des génératrices en amène d'autres dans la forme de la voûte ainsi que dans l'appareil, et occasionne dans le tracé des épures des difficultés qui quelquefois sont assez grandes.

Les berceaux en descente peuvent exister dans les mêmes circonstances que les berceaux horizontaux, c'est-à-dire qu'ils peuvent être pratiqués au travers de murs droits, en talus ou cylindriques, et racheter une voûte cylindrique ou sphérique. Nous allons d'abord étudier le cas le plus simple, celui où le berceau en descente est pratiqué au travers d'un mur droit.

Descente pratiquée au travers d'un mur droit.

537. Soit (fig. 208) A'M'B' le cintre de face du berceau en descente, cintre que nous supposons tracé dans un plan vertical A'B' qui est l'une des faces du mur ; soit en outre B'B'' la base de la rampe dont la hauteur se trouve donnée. Cette base et cette hauteur forment un triangle rectangle dont l'hypoténuse est la direction des génératrices du cylindre oblique qui a pour base le cercle A'M'B'. Afin de bien préciser cette direction, prenons un profil ou plan vertical

B_2B_3 qui soit parallèle à B'B''; et, après l'avoir rabattu sur le plan horizontal, autour de B_2B_3, traçons-y le triangle rectangle B_2B_3C, dont l'hypoténuse indiquera la vraie pente de la rampe.

Il est clair que cette hypoténuse B_3C sera la trace du plan de naissance sur ce profil, et que A''B_3 en sera la trace horizontale ; quant aux deux rampes de la descente ou les deux *coussinets,* ce sont deux rectangles qui se trouveront projetés sur A'E'E''A'' et B'F'F''B''.

Cela posé, on divisera le cintre de face en un nombre *impair* de parties égales, cinq par exemple ; puis, par le centre O' et par les points de division, on fera passer les coupes ou joints inclinés, qu'on limitera à un cercle E'R'F' concentrique avec le premier, après quoi on terminera chaque voussoir par une face horizontale et une face verticale telles que R'Q' et P'Q'. On obtiendra ainsi des pentagones tels que M'N'P'Q'R', qui seront les têtes supérieures des voussoirs qui composent la descente. Quant aux projections horizontales de ces mêmes voussoirs, elles se composeront simplement des projections des arêtes de douelles et des autres arêtes qui sont parallèles à celles-ci.

558. Occupons-nous maintenant de déterminer les projections de toutes ces arêtes sur le plan de profil. A cet effet, par les points M', N', P', etc., menons des horizontales M'm, N'n, P'p, etc., et par les points m, n, p, etc., où elles rencontrent la verticale CZ, faisons passer des arcs de cercle ayant pour centre commun le point C : ces arcs de cercle couperont la ligne B_2CD en des points m_1, n_1, p_1, etc., par lesquels on conduira, parallèlement à la ligne rampante CB$_3$, des droites m_1m_2, n_1n_2, p_1p_2, etc., qui seront les projections des arêtes de douelles et de joints sur le plan de profil. Or, comme le plan de profil est parallèle à toutes ces arêtes, leurs projections sur ce plan exprimeront leurs vraies longueurs.

539. Afin de pouvoir effectuer le développement des panneaux de douelles, il est indispensable de connaître la section droite ou cintre principal du berceau en descente. Pour déterminer cette section droite, menons par un point quelconque c_1 de CB_3 une perpendiculaire C_1r_3T : cette perpendiculaire coupera les arêtes n_1n_2, p_1p_2, etc., en des points n_2, p_3, etc., que l'on ramènera sur la verticale c_1V au moyen d'arcs de cercle n_2n_4, p_3p_4, etc. Par les points n_4, p_4, etc., ainsi obtenus, et par le point c_1, on mènera des horizontales qui rencontreront les projections horizontales des arêtes des voussoirs aux points M_1, N_1, P_1, etc.; puis on tracera la courbe $A_1M_1B_1$, qui sera le cintre principal de la descente ; ensuite on joindra par des droites les points tels que M_1 et R_1, N_1 et P_1, R_1 et Q_1, etc., ce qui fournira les panneaux de tête des voussoirs.

540. *Panneaux de développement.* — Pour rectifier le cylindre d'intrados, on prendra sur une droite indéfinie ST (fig. 209) les distances Sn, nm, etc., égales aux longueurs des arcs correspondants B_1N_1, N_1M_1, etc., de la section droite (fig. 208); puis on élèvera des perpendiculaires sur lesquelles on prendra des distances

$$Sb' = c_1C, \quad nn' = n_3n_1, \quad mm' = m_3m_1, \quad \text{etc.,}$$
$$\text{et} \quad Sb'' = c_1B_3, \quad nn'' = n_3n_2, \quad mm'' = m_3m_2, \quad \text{etc.}$$

Dès lors il sera facile de tracer les courbes $b'n'm'a'$ et $b''n''m''a''$, qui seront les transformées des deux cintres de face du berceau rampant, lesquels cintres sont identiques l'un avec l'autre, puisque le mur est droit.

La vraie grandeur et la forme exacte de toutes les

douelles seront parfaitement connues et seront représentées par les quadrilatères $b'n'n''b''$, $n'm'm''n''$, etc.

Quant aux panneaux de joints qui sont des surfaces planes, on les obtiendra en prenant sur la droite ST, et à partir de chacune des arêtes de douelles, des distances

$$np = N_1P_1, \quad mr = M_1R_1, \quad \text{etc.},$$

et en élevant par chacun des points p, r, etc., ainsi obtenus, des perpendiculaires

$$pp' = p_3p_1, \quad pp'' = p_2p_2,$$
$$rr' = r_3r_1, \quad rr'' = r_3r_2,$$
$$\text{etc.,} \qquad \text{etc.,}$$

et les droites $n'p'$, $n''p''$, $m'r'$, $m''r''$, etc., seront les côtés extérieurs des joints, c'est-à-dire ceux qui les limitent sur les faces du mur (*).

541. *Tracé et taille des voussoirs.* — Supposons que l'on veuille tailler le voussoir qui a pour tête M'N'P'Q'R' (fig. 208). On commencera par équarrir un *prisme droit* qui ait une base $m_2N_2p_2q_2r_2$ (fig. 208) identique avec le contour $M_1N_1P_1Q_1R_1$ (fig. 208) et dont la longueur soit au moins égale à la distance du point n_2 à la droite ur_1. On fera en sorte que l'une des coupes coïncide avec le lit de carrière de la pierre. Ensuite, on prendra sur le prisme les distances m_2M_2, r_2R_2, q_2Q_2, p_2P_2, égales aux distances correspondantes de l'épure, c'est-à-dire à m_2z, r_2s, p_2y, cette dernière servant à la fois pour q_2Q_2 et p_2P_2.

Cela fait, sur la face cylindrique qui passe par l'arc m_2N_2 on appliquera le panneau de douelle $m'm''n''n'$ (fig. 209) et l'on y tracera le contour $M_2N_2N_1M_1$; on appliquera de même, sur les faces qui passent par les droites m_2r_2 et n_2p_2, les

---

(*) Les lignes qui figurent dans l'épure, et dont nous n'avons pas parlé, sont relatives à une descente que nous étudierons au numéro 546.

panneaux $m'r'r''m''$ et $n'p'p''n''$ (fig. 209), et l'on y tracera les contours $M_2R_2R_1M_1$ et $N_2P_2P_1N_1$. Enfin on prendra les distances R_2R_1, Q_2Q_1, P_2P_1, égales aux longueurs des arêtes correspondantes prises sur l'épure, arêtes qui ont évidemment la même longueur, puisque, le mur étant droit, ses deux faces sont parallèles.

Les contours de chacune des têtes étant dès lors connus, il sera facile de tailler ces têtes, qui sont des surfaces planes. Pour cela il n'y aura qu'à faire disparaître les deux troncs de prisme qui à chaque extrémité sont compris entre la base et la tête adjacente. Quant à la douelle, qui est une surface cylindrique, on l'exécutera d'ailleurs au moyen d'une règle que l'on fera passer par des points de repère convenablement choisis sur les arcs des têtes, et qu'il sera aisé de trouver sur l'épure.

542. On voit par ce qui précède qu'il n'est pas du tout nécessaire de se procurer les panneaux de douelles et de joints. Il suffit en effet, dès que le prisme droit est exécuté, de prendre, ainsi que nous l'avons dit, les distances m_2M_2, r_2R_2, q_2Q_2, p_2P_2, égales aux distances correspondantes de l'épure, puis de porter, à partir des points M_2, N_2, P_2, Q_2, R_2, une longueur égale à la longueur commune des arêtes du voussoir. Il n'y aura plus alors qu'à joindre par des droites les points N_2 et P_2, N_1 et P_1, P_2 et Q_2, P_1 et Q_1, etc., et les deux têtes pourront être taillées. Quant aux deux courbes qui limitent la douelle du côté des têtes, elles se trouveront tout naturellement indiquées par le fait même de la taille de ces têtes, taille qui devra conséquemment être exécutée avec le plus grand soin.

543. Les joints du berceau que nous venons d'étudier, joints qui sont des plans conduits chacun par un rayon du cintre de face, se trouvent obliques à l'intrados. Cet inconvénient, qui a peu d'importance lorsqu'il s'agit d'une petite descente, en acquiert une beaucoup plus grande quand la descente se trouve avoir un vaste débouché. Il devient alors nécessaire de rendre tous les joints perpendiculaires à l'intrados. Pour cela, on commence par construire la section droite $A_1M_1B_1$ (fig. 208), et après lui avoir mené de véritables normales N_1P_1, M_1R_1, on les termine aux points P_1, R_1, où elles rencontrent les horizontales menées par p_1 et r_1; puis, par des opérations inverses de celles du numéro 540, on déduira des points P_1 et R_1 les points P' et Q', qui fixeront la direction des côtés des joints $N'P'$ et $M'Q'$ sur le plan à tête.

Il est vrai que par ce moyen on rend les joints perpendiculaires à l'intrados, mais on tombe dans cet autre inconvénient, que les côtés des joints sur la face de tête sont assez sensiblement écartés de la direction normale relativement au cintre de face. Nous dirons toutefois que ce second inconvénient ne doit nullement être pris en considération dans la décision que l'on croit devoir prendre sur la direction qu'il convient de donner aux coupes, relativement à l'intrados.

544. Lorsque la longueur de la descente est un peu considérable et que chaque assise ne peut plus être formée d'une seule pierre, ainsi que cela a lieu pour une descente qui recouvre un escalier, il serait imprudent de laisser toute la masse de la voûte reposer sur deux plans inclinés, tels que les rampes qui sur la figure 208 sont projetées suivant les rectangles $A'A''E''E'$ et $B'B''F''F'$; car l'action de la pesanteur aurait pour effet de faire couler cette masse ou, pour le moins, de fatiguer énormément par son poids la voûte ou l'ouvrage quelconque auquel elle pourrait aboutir. Voici, dans ce cas, comment il convient de disposer l'appareil.

Au lieu de terminer les pieds-droits par un plan incliné, on prolonge les voussoirs de la première assise jusque dans l'intérieur de ces pieds-droits, où ils reposent alors sur des lits horizontaux, comme on le voit dans la figure 211, qui est une coupe faite suivant l'axe dans un berceau ainsi disposé.

Pour mieux éviter encore le glissement, on donne aux voussoirs une forme particulière $a'b'c'd'e'f'g'h'i'$, grâce à laquelle chaque pierre se trouve *double* et composée d'une pierre d'une assise collée en quelque sorte à la pierre adjacente de l'assise contiguë. De cette maniere, tous les voussoirs s'accrochent les uns sur les autres, de façon à ne former pour ainsi dire qu'un seul tout reposant sur les joints de lits horizontaux des assises du mur. Cependant on laisse subsister quelques voussoirs *simples* : nous les avons indiqués par leurs diagonales sur la figure 211, ainsi que sur la figure 212, qui représente la projection de l'intrados sur un plan parallèle aux génératrices. C'est ce genre de voussoirs qu'il faut employer pour toute la longueur de la clef, attendu que celle-ci se taille toujours en dernier, de manière à remplir exactement le vide qui reste entre les deux contre-clefs. La figure 213 fait comprendre la forme générale des voussoirs d'une telle voûte.

545. Le mode d'appareil qui vient d'être décrit présente cet avantage incontestable, d'empêcher le glissement de la voûte ; mais il n'empêche nullement les douelles et les coupes de rencontrer obliquement les deux plans de tête. Aussi est-il bien préférable de commencer et de terminer la descente par un petit berceau horizontal, comme nous l'avons indiqué dans la figure 214. Rien n'empêche du reste, tout en adoptant ces deux petits berceaux, d'appa-

reiller la descente comme il est dit dans le numéro précédent.

Descente droite en talus, rachetant un berceau en maçonnerie.

546. Nous adopterons les mêmes données de la figure 208. Seulement, comme la descente est supposée ici devoir racheter un grand berceau en maçonnerie, dont le plan de naissance coïncide avec le plan horizontal de notre épure et dont la première génératrice est $E''F''$, il faudra, pour définir complétement ce berceau, tracer sur le profil, avec un rayon donné par la question même, l'arc de cercle B_3X, qui représentera le cintre principal de ce cylindre, c'est-à-dire la section droite faite par le plan vertical B_4B_3. Cet arc droit B_3X pourrait être une courbe quelconque, sans que cela changeât en rien les constructions. On tracera encore sur le plan de profil, afin de compléter les données, la droite CY, en la dirigeant, relativement à la verticale, suivant l'inclinaison du talus.

Cela posé, on commencera par déterminer le cintre de face $A'igB'$, en opérant comme nous allons le dire. Par le point e, où, sur le plan de profil, la droite CY rencontre l'arête de douelle n_1n_2, on abaisse une perpendiculaire ef sur CD, et par le point f on fait passer un arc de cercle fh ayant son centre en C. Cet arc de cercle rencontre la verticale CZ au point h, par lequel on mène une horizontale qui coupe en g la verticale du point N' : ce point g est précisément un point de la courbe qui forme le cintre de face. On obtiendrait par le même procédé autant de points de ce cintre qu'on le jugerait convenable.

547. Quant à la section droite, elle s'obtiendrait absolument comme il a été dit au numéro 539. Semblablement, les panneaux de douelles et de joints se détermineraient comme nous l'avons indiqué au numéro 540 ; toutefois ils différeraient un peu de ceux de la figure 209, attendu que pour les obtenir on ne porterait plus au-dessus et au-dessous de ST les distances comprises entre $c_1 r_3$ et CD, $B_3 r_2$, mais bien celles comprises entre cette même droite $c_1 r_3$ et la droite CY, ainsi que l'arc de cercle B_3X. Nous n'avons pas cru devoir figurer ces nouveaux panneaux sur notre épure, afin de ne pas la compliquer davantage qu'elle ne l'est déjà ; mais le lecteur y suppléera aisément.

548. *Tracé et taille des voussoirs.* — La taille des voussoirs n'offre rien de particulier et s'exécute comme nous l'avons expliqué au numéro 541 ; seulement, l'une des têtes, celle qui se trouve du côté du grand berceau en maçonnerie, est cylindrique au lieu d'être plane.

Il est d'ailleurs bien évident que l'on devra employer pour cette taille, non les panneaux de la figure 209, mais ceux qui sont propres à la descente qui nous occupe, et qui ne sont pas indiqués sur le dessin.

Descente biaise rachetant un berceau en maçonnerie.

549. Soient (fig. 215) :

1° A'M'B' le cintre de face de la descente, que nous supposerons situé dans le plan vertical de notre épure ;

2° Les droites A'A″, B'B″ les projections horizontales des génératrices de naissance de l'intrados de la descente ;

3° C″D‴ la première génératrice du grand berceau que doit racheter la descente, et dont la naissance est sur le plan horizontal de notre épure ;

4° Enfin la courbe quelconque $C″ m_3 X$ le cintre principal du grand berceau, que nous supposons rabattu dans le plan horizontal.

Occupons-nous d'abord de déterminer sur le plan vertical qui a pour trace horizontale $C''E$ les projections des différentes arêtes de douelles et de joints des voussoirs qui forment la descente, les joints ayant été d'abord fixés comme de coutume, en divisant la courbe $A'M'B'$ en un nombre *impair* de parties égales, cinq par exemple, et en menant par les points de division des droites telles que $N'P'$, $M'R'$, qui passent par l'axe de la descente.

Pour cela, à partir du point E portons une longueur Eb_2 (fig. 216) égale à la hauteur de la pente, puis joignons le point b_2 au point C'' : la droite b_2C'' sera la projection commune des deux arêtes de douelle $A'A''$ et $B'B''$ sur ce plan de profil. Pour avoir les projections des autres arêtes des voussoirs, menons par les points M', N', P', R', etc., des horizontales $N'n_1$, $M'm_1$, $P'p_1$, $R'r_1$, etc.; et par les points n_1, m_1, p_1, r_1, etc., où ces horizontales rencontrent la verticale b_2Z, faisons passer des arcs de cercle ayant pour centre commun le point b_2. Ces arcs de cercle rencontreront la ligne $D'C'$ prolongée en des points n_2, m_2, p_2, etc., par lesquels nous conduirons, parallèlement à b_2C'', des droites qui rencontreront le cintre principal du grand berceau aux points n_3, m_3, p_3, etc. Enfin, par ces nouveaux points, nous mènerons des horizontales qui couperont les projections horizontales des arêtes des voussoirs en des points N'', M'', P'', etc., qui seront évidemment les projections horizontales des points où ces arêtes rencontrent le grand berceau. Traçant alors la courbe $A''M''N''B''$, on aura la projection horizontale de l'intersection de l'intrados de la descente avec celui du grand berceau.

Cela posé, on remarquera que les faces, telles que $R'Q'$, doivent nécessairement rencontrer le grand berceau suivant des génératrices telles que $R''Q''$; on remarquera en outre que les faces verticales comme $P'Q'$ couperont le même berceau selon des courbes, mais que ces courbes, à cause de la verticalité des faces, se projetteront sur des droites telles que $P''Q''$. Quant aux coupes, elles rencontreront le berceau suivant des courbes $P''N''O''$, $R''M''O''$, etc., qui devront toutes passer par le point O'' et être tangentes en ce point à la droite $C''D''$.

550. La projection verticale (fig. 216) ne donne plus, comme dans le cas d'une descente droite, les véritables longueurs des arêtes des voussoirs, attendu que la ligne de terre $C'E$ n'est pas parallèle aux projections horizontales de ces arêtes ; il est donc nécessaire, pour connaître ces véritables longueurs, de se procurer une seconde projection verticale dans un plan qui soit parallèle aux plans projetant horizontalement les arêtes. Il était toutefois indispensable de déterminer la projection verticale de la figure 216, afin de pouvoir trouver les projections horizontales des têtes des voussoirs sur le grand berceau, lesquelles projections vont nous être utiles dans un instant.

Pour avoir la seconde projection verticale (fig. 217), on prendra une ligne de terre $D'D''$ parallèle à la projection horizontale $O'O''$ de l'axe de la descente ; puis, après avoir marqué la hauteur $D'D_1$ de la descente, on tirera l'horizontale D_1C_1, sur laquelle on projettera les points B', A', C' en B_1, A_1, C_1 ; on projettera ensuite sur la ligne de terre les points B'', A'', C'' en B_2, A_2, C_2. Dès lors les droites D_1D'', B_1B_2, A_1A_2, C_1C_2 seront les projections des côtés des deux rampes, la droite D_1C_1 sera la projection verticale de l'intersection du plan qui passe par les génératrices de naissance de la descente avec la face verticale de cette descente ; et la ligne de terre $D'D''C_2$ sera la projection verticale de l'intersection du même plan de naissance avec le grand berceau, laquelle intersection se trouve être en même temps la génératrice de naissance de ce grand berceau.

Cela fait, pour trouver la projection verticale de l'une des arêtes, celle qui, par exemple, part du point M′ (fig. 215), on mènera par ce point l'horizontale M′m_4, qui rencontrera la verticale FU au point m_4 ; puis par le point m_4 on fera passer un arc de cercle dont le centre sera au point F, et qui rencontrera en m_s la droite FV perpendiculaire sur la droite FD$_1$C$_1$; ensuite par ce nouveau point m_s on conduira une parallèle à D$_1$C$_1$, laquelle coupera en M$_1$ la droite MIM$_1$ perpendiculaire à la ligne de terre D′D″C$_2$; enfin, par le point M$_1$, on tirera la droite M$_1$M$_2$ parallèle à B$_1$B$_2$, et le point M$_2$, où cette parallèle rencontrera la perpendiculaire M″GM$_2$ à la ligne de terre D′D″C$_2$ sera la projection verticale du point où l'arête en question perce l'intrados du grand berceau. On opérera de même pour l'arête de douelle qui part du point N′; de sorte que les courbes B$_1$N$_1$M$_1$C$_1$, B$_2$N$_2$M$_2$C$_2$ seront les projections latérales, l'une du cintre de face B′N′M′C′ et l'autre de l'intersection de l'intrados de la descente avec celui du grand berceau. Quant aux arêtes d'extrados, telles que celles qui partent des points P′, Q′, R′, elles s'obtiendront d'une manière semblable.

Les coupes sur le plan de tête se projetteront suivant des droites P$_1$N$_1$, R$_1$M$_1$ qui devront passer par le point O$_1$, et celles sur le grand berceau, suivant des courbes P$_2$N$_2$, R$_2$M$_2$ qui devront également concourir au point O$_2$. Les lignes telles que P$_2$Q$_2$, provenant des faces verticales, seront des courbes dont on pourra se procurer des points intermédiaires en opérant ainsi que nous venons de l'indiquer; les autres lignes, comme P$_1$Q$_1$, provenant aussi des faces verticales, seront des droites perpendiculaires à la ligne de terre D′D″C$_2$; enfin les lignes telles que R$_1$Q$_1$ et R$_2$Q$_2$ seront des droites parallèles à la ligne de terre D′D″C$_2$.

551. Pour obtenir la section droite ou cintre principal de la descente, on mènera la droite IIK (fig. 217), perpendiculaire aux projections des génératrices d'intrados de la descente ; puis, après avoir prolongé (fig. 215), de la longueur qu'on jugera convenable, les projections horizontales des arêtes de douelles et d'extrados, on tracera la droite ST perpendiculaire à ces projections ; ensuite, par le point B_3 où cette droite ST rencontre l'arête B'B'' prolongée, on fera passer une ligne D_3C_3 telle, que la distance uA_3 soit égale à cd (fig. 217) ; et B_3A_3 sera le diamètre de la section principale. Cela posé, on fera les distances $vM_3 = cf$, $xN_3 = ce$, etc., etc., et par les points A_3, M_3, N_3, B_3 on conduira la courbe $A_3...M_3N_3B_3$, qui sera la section droite demandée.

Quant aux coupes, on les aura en faisant les distances $yR_3 = ch$, $zP_3 = cg$, etc., etc., et en menant les droites M_3R_3, N_3P_3, etc., lesquelles devront nécessairement concourir au point O_3. Enfin les arêtes supérieures et latérales telles que R_3Q_3 et Q_3P_3 s'obtiendront en traçant des parallèles R_3Q_3 au diamètre A_3B_3, et en menant d'autres parallèles Q_3P_3 à l'axe $O'O_3$ de la descente. On remarquera d'ailleurs que la distance Q_3z devra être égale à ic.

552. *Panneaux de développement.*— Sur une droite indéfinie (fig. 219) prenons les longueurs b_6n_6, n_6m_6, etc., égales aux arcs B_3N_3, N_3M_3 de la figure 218 ; puis élevons les perpendiculaires b_6b_7 et b_6b_8, n_6n_7 et n_6n_8, m_6m_7 et m_6m_8, etc., respectivement égales aux distances cB_1 et cB_2, eN_1 et eN_2, fM_1 et fM_2, etc. Les courbes $b_7n_7a_7$ et $b_8n_8a_8$ seront les transformées des deux arcs de tête de la descente, et détermineront en même temps les panneaux de douelles, tels que $m\,n_7n_8m_8$.

Pour avoir les panneaux de joints, on prendra les distances n_6p_6, m_6r_6, etc., respectivement égales à N_3P_3, M_3R_3, etc. (fig. 218), et on élèvera les perpendiculaires p_6p_7

et p_6p_8, r_6r_7 et r_6r_8, etc., égales aux longueurs $g\mathrm{P}_1$ et $g\mathrm{P}_2$, $h\mathrm{R}_1$ et $h\mathrm{R}_2$, etc. (fig. 217). Les côtés p_7n_7, r_7m_7, etc., de ces panneaux seront des droites, et les côtés p_8n_8, r_8m_8, etc., seront des courbes dont on pourra se procurer des points intermédiaires en appliquant les mêmes procédés au milieu des côtés $\mathrm{N'P'}$, $\mathrm{M'R'}$, etc., de la figure 215.

555. *Tracé et taille des voussoirs.* — Supposons qu'il s'agisse d'exécuter le voussoir qui a pour face de tête $\mathrm{M'N'P'Q'R'}$ (fig. 215). On commence par équarrir un prisme droit ayant pour base le contour $\mathrm{M}_3\mathrm{N}_3\mathrm{P}_3\mathrm{Q}_3\mathrm{R}_3$ (fig. 218); puis, sur la douelle de ce prisme, on appliquera le panneau $m_7n_7n_8m_8$ de la figure 219, au moyen duquel on tracera le contour $\mathrm{M^1N^1N^2M^2}$, en faisant en sorte que les distances $n^1\mathrm{N}^1$ et $m^1\mathrm{M}^1$ soient égales à $j\mathrm{N}_1$ et $s\mathrm{M}_1$ (fig. 217). De même, sur les faces qui passent par les droites m^1r^1 et n^1p^1, on appliquera les panneaux $m_7r_7r_8m_8$ et $n_7p_7p_8n_8$, et l'on tracera les contours $\mathrm{M^1R^1R^2M^2}$ et $\mathrm{N^1P^1P^2N^2}$, de manière que les distances $r^1\mathrm{R}^1$ et $p^1\mathrm{P}^1$ soient respectivement égales à $k\mathrm{R}_1$ et $t\mathrm{P}_1$ (fig. 217). Enfin, sur la face qui passe par Q^1p^1, on appliquera un panneau découpé sur $\mathrm{P}_1\mathrm{Q}_1\mathrm{Q}_2\mathrm{P}_2$ (fig. 217), qui est la véritable grandeur de la face verticale du voussoir, puisque cette face est parallèle au plan de projection; et, au moyen de ce panneau, on indiquera le contour $\mathrm{P^1Q^1Q^2P^2}$. Il n'y aura plus alors qu'à tirer les droites $\mathrm{Q^1R^1}$, $\mathrm{Q^2R^2}$, et les deux têtes seront complétement indiquées. La première de ces têtes, celle de face, étant plane, se taillera facilement; quant à la seconde, celle qui est sur le grand berceau, comme elle est formée par une portion de cylindre ayant ses génératrices parallèles à $\mathrm{R^2Q^2}$, on l'exécutera au moyen d'une règle que l'on tiendra toujours parallèle à $\mathrm{R^2Q^2}$, ou que l'on fera passer par des points de repère convenablement choisis.

554. Ce que nous avons dit des descentes est plus que suffisant pour faire comprendre les opérations qu'il y aurait à exécuter si la descente rachetait une voûte annulaire, sphérique ou elliptique. Nous ne nous étendrons donc pas davantage sur ce sujet.

CHAPITRE IV

DES ARRIÈRE-VOUSSURES.

Arrière-voussure de Marseille.

555. Dans un mur dont les faces ont pour traces horizontales les droites AB et CD (fig. 221), on veut pratiquer une porte composée de deux parties, et dont la première soit formée par un berceau ayant pour cintre principal la demi-circonférence A′M′B′ tracée dans le plan de tête AB. Ce berceau, formant la première portion de la voûte, se trouve tout entier projeté horizontalement sur le rectangle AA″B″B, dont les côtés AA″, BB″ sont les traces des *tableaux*. En deçà de ce berceau, les deux pieds-droits éprouvent un retrait qui produit dans le mur un renfoncement rectangulaire nommé *feuillure,* et dans lequel sont fixés les deux *vantaux* destinés à fermer la porte. Cette feuillure est recouverte par un petit berceau projeté horizontalement sur le rectangle EE″F″F, et ayant pour cintre principal le demi-cercle E′*k*′F′. Les pieds-droits vont ensuite en divergeant suivant deux plans verticaux E″C, F″D, appelés *faces d'é-brasement* et sur lesquels viennent s'appliquer les vantaux de la porte, lorsqu'elle est ouverte.

Cela posé, comme chaque vantail se termine à sa partie supérieure par un quart de cercle à fort peu près égal à F′*n*′*k*′, il faut exhausser l'intrados qui doit recouvrir l'intervalle compris entre les faces d'ébrasement, de façon à permettre aux vantaux de se mouvoir librement. C'est à cette seconde partie de la voûte que l'on donne spécialement le nom d'*arrière-voussure de Marseille.*

Deux méthodes peuvent être employées pour former l'intrados de l'arrière-voussure de Marseille. Nous allons les décrire successivement.

556. Première méthode. — Sur la trace horizontale $F''D$ de l'une des faces d'ébrasement, et à partir du point F'', on décrit un arc de cercle $F''HI$, ayant son centre X sur le prolongement de $F''D$, et dont le rayon soit égal au moins à celui $O'F'$ de la feuillure ; par le point D on élève sur $F''D$ une perpendiculaire DI qui détermine un arc $F''I$, lequel arc représentera en rabattement l'intersection de l'intrados de l'arrière-voussure, avec les faces d'ébrasement.

Cela posé, par différents points de l'arc $F''I$ on abaisse un certain nombre d'ordonnées Gg, Hh ; par les pieds g, h de ces ordonnées on mène des droites gi, hj parallèles aux traces horizontales AB, CD des faces du mur ; par les points où ces droites rencontrent les faces d'ébrasement, on élève à la ligne de terre $A'B'$ les perpendiculaires gg', hh', DD', ii', jj', CC', sur lesquelles on prend les distances

$$g''g' = i''i' = gG,$$
$$h''h' = j''j' = hH,$$
$$DD' = CC' = DI;$$

enfin, par les points F', g', h', D' et E', i', j', C', on fait passer les courbes $F'g'D'$, $E'i'C'$, qui seront les projections verticales des intersections de l'arrière-voussure avec les faces d'ébrasement.

Sur l'axe de la porte on prend un point Y' tel que $Y'k'$ soit égal à environ le tiers de l'épaisseur oO'' de l'ébrasement, et par les trois points C', Y', D' on fait passer un arc de cercle $C'Y'D'$, qui sera l'arête de la voussure sur la face térieure du mur.

Il s'agit maintenant de recouvrir l'espace compris entre

les quatres courbes C′Y′D′, C′i′E′, E′k′F′, F′g′D′ par une surface *continue,* qui permette aux vantaux de se mouvoir librement. Pour y parvenir, nous imaginerons des plans verticaux élevés sur les droites *ig, jh,* et nous déterminerons les intersections de ces plans avec la surface en question, de manière que ces intersections soient des arcs de cercle compris entre les courbes C′Y′D′, E′k′F′. Il est clair que ces arcs de cercle devront passer, l'un par les points *i′, k′,* et l'autre par les points *i″, g′.* Mais, comme deux points ne suffisent pas pour déterminer un arc de cercle, il faut fixer pour chacun d'eux un troisième point. A cet effet, prenons sur la droite CD une distance O″x égale à *k′*Y′, puis menons la droite *ox :* cette droite *ox* sera le rabattement, autour de *o*O″, de l'intersection d'un plan vertical conduit par *o*O″, avec l'intrados de l'arrière-voussure. Il résulte de là que, si l'on prend les distances *k′y′* et *k′z′* respectivement égales à *au* et *bv,* les points *y′* et *z′* seront les troisièmes points cherchés. Dès lors il sera facile de tracer les arcs de cercle *j″y′h′, i″z′g′.*

557. Pour déterminer l'appareil de la porte, on divisera d'abord le demi-cercle A′M′B′ en un certain nombre *impair* de parties égales, cinq par exemple ; puis on conduira par les points de division et par l'axe *o*O″ des plans qui seront les plans des joints d'assise ; ensuite on terminera chaque voussoir par une face horizontale et une face verticale telles que R′Q′ et Q′P′. Quant aux projections horizontales des intersections des coupes avec l'intrados de l'arrière-voussure, elles s'obtiendront aisément, ainsi que le font voir d'une manière suffisante les lignes de construction de l'épure. Il ne reste plus alors qu'à déterminer les panneaux de coupes.

558. *Panneaux de coupes.* — Supposons que l'on veuille

connaître la véritable grandeur de la coupe N'P' ou, ce qui revient au même, vu la symétrie de la figure, de la coupe dirigée suivant la droite O'P'$_1$. On rabattra le plan de cette coupe sur le plan horizontal, autour de l'axe O'O'', en opérant de la manière suivante : du point O' comme centre, on décrira les arcs de cercle P'$_1$P$_2$, f'$_1$f$_2$, e'$_1$e$_2$, et par les points P$_2$, f$_2$, e$_2$, où ils rencontrent la ligne de terre, on conduira des droites perpendiculaires à cette dernière. La droite P$_3$P$_4$ sera l'arête supérieure du joint, et la droite f$_3$e$_3$ sera celle suivant laquelle la coupe rencontre la face d'ébrasement.

Cela fait, sur les horizontales gi, hj on prendra des distances ai_3, bj_3 respectivement égales à O't, O's; et par les points E'', i_3, j_3, e_3 on fera passer une courbe, qui sera la ligne suivant laquelle le plan du joint coupe la douelle de l'arrière-voussure. Quant aux arêtes sur le berceau et sur le recouvrement de la feuillure, elles se rabattront évidemment sur AA'' et EE''. Le panneau de joint se trouve dès lors avoir pour contour P$_3$P$_4$f$_3$e$_3$E''EA''A. On se procurerait d'une manière tout à fait semblable les autres panneaux de joints.

559. *Tracé et taille des voussoirs.* — Supposons que l'on veuille exécuter le voussoir qui est projeté verticalement sur le contour M'R'Q'P'N' (fig. 221). On commencera par équarrir un prisme droit ayant ce contour pour base et ayant, par conséquent, la forme Q$_1$R$_1$vuP$_1$P$_2$Q$_2$R$_2$M$_2$N$_2$ (fig. 222). Ensuite, sur le plan de la tête P$_1$Q$_1$R$_1$vu, on tracera le contour P$_1$Q$_1$R$_1$S$_1$D$_1$f, au moyen d'un panneau découpé sur P'Q'R'S'D'f (fig. 221); sur la coupe P$_1$uN$_2$P$_2$ on indiquera le contour P$_1$f$_1$e$_1$n$_1$n$_2$N$_1$N$_2$P$_2$ avec le panneau de joint P$_3$P$_4$f$_3$e$_3$E''EA''A (fig. 221); sur la seconde coupe R$_1$vM$_2$R$_2$ on marquera le contour R$_1$S$_1$m$_1$m$_2$M$_1$M$_2$R$_2$, en employant pour cela le panneau de joint correspondant, panneau qui ne figure pas sur l'épure, mais que l'on aura soin de déterminer préalablement.

Le voussoir se trouvant dès lors complétement tracé, on taillera d'abord le petit plan $f_1D_1e_1$ destiné à faire partie de l'ébrasement, plan que l'on dressera peu à peu, jusqu'à ce que la cerce levée sur le cercle F″GI passe par les points e_1 et D_1, le plat de la cerce coïncidant, bien entendu, avec le plan lui-même. Ensuite on évidera la feuillure $n_1n_2N_1M_1m_2m_1$, dans la face cylindrique de laquelle on joindra les points n_1 et m_1 au moyen d'une règle flexible. Enfin on fera à l'œil la douelle $D_1S_1m_1n_1e_1$, en ayant soin qu'elle passe bien par les lignes qui la limitent, et le voussoir sera terminé.

Nous avons représenté figure 223 le voussoir qui du côté droit est posé sur le plan de naissance et se trouve immédiatement au-dessous de celui de la figure 222.

560. Deuxième méthode. — Nous venons de voir (n° 559) que le seul moyen de tailler la douelle de l'arrière-voussure est de procéder par tâtonnements, et que rien de certain ne guide l'ouvrier dans l'exécution du travail; aussi peut-il arriver que la douelle de l'un des voussoirs ne forme pas avec celle du voussoir contigu une surface continue agréable à l'œil, non pas que chaque douelle ne passe pas par les différentes lignes qui la limitent, mais parce que l'une ou l'autre de ces douelles peut être trop ou pas assez creusée. On a donc dû chercher un moyen d'obvier à cet inconvénient. Le seul moyen qu'on ait trouvé, et qui est généralement employé, consiste à remplacer l'intrados, dont nous avons expliqué (n° 556) la construction, par une surface réglée dont nous allons donner le mode de génération.

561. Soient A′M′B′ (fig. 224) le cintre de face; E′k′F′ le cintre de la feuillure; AA″B″B la projection horizontale du berceau qui recouvre la première partie de la porte; EE″F″F la projection horizontale de la feuillure; E″C et F″D les traces des deux faces d'ébrasement. On commencera par choisir la montée $k'Y'$ de la voussure égale environ au tiers ou à la moitié de la profondeur o_1O'' de cette même voussure; et sur le plan de tête CD on décrira un arc de cercle C′Y′D′ ayant pour rayon la longueur que l'on jugera convenable, avec cette condition toutefois que le rayon soit assez grand pour que les points C′ et D′, où cet arc rencontre les arêtes verticales de l'ébrasement, soient plus élevés que le sommet k' de la feuillure.

Cela posé, on imagine une surface réglée engendrée par une droite mobile qui s'appuie simultanément et constamment : 1° sur l'axe horizontal (O′, OO″) de la porte; 2° sur le cercle de feuillure (E′kD′, ED); 3° sur l'arc de tête (C′Y′D′, CD).

Il est facile de voir que le mode de génération que nous venons d'indiquer est parfaitement possible; car, si l'on mène par l'axe (OO″, O′) de la porte, et par un point quelconque, le point D′ par exemple, un plan O″O′D′, ce plan coupera le cercle de feuillure en (G, G′) : en sorte que la droite (oGD, O′G′D′) remplira bien les conditions énoncées ci-dessus. Il en sera de même pour le plan O′M′S′, ainsi que pour un autre quelconque. Toutefois, comme la douelle serait limitée aux deux génératrices (OD, O′D′) et (OC, O′C′) et qu'elle ne couvrirait conséquemment pas les espaces projetés horizontalement sur les triangles GF″D, KE″C, il y a lieu d'obvier à cet inconvénient.

Il est vrai que l'on pourrait prolonger d'une manière fictive la courbe C′D′ et poursuivre la surface en continuant à se servir de cette courbe comme troisième directrice; mais la surface ainsi continuée irait couper la face d'ébrasement suivant des courbes qui, en général, ne permet-

traient pas aux vantaux de s'y appliquer librement. C'est
pourquoi on détermine sur ces faces des courbes passant
par les points C' et D', et qui servent de directrices complémentaires à la surface gauche qu'il s'agit d'engendrer.

562. *Tracé des arcs d'ébrasement.* — Faisons tourner la
face d'ébrasement projetée horizontalement sur F″D, autour
de la verticale projetée en F″, jusqu'à ce qu'elle soit parallèle au plan vertical de projection : le point (D, D') se transportera en D″ et le contour du vantail se projettera alors
en vraie grandeur suivant le quart de cercle F'IV″. De plus,
l'arc d'ébrasement que nous cherchons en vraie grandeur
devra passer par les points F' et D″ et être situé tout entier
en dehors du quart du cercle FIV″, afin que le vantail
puisse s'appliquer sur la face d'ébrasement ; de sorte qu'on
pourrait prendre pour arc d'ébrasement un arc de cercle
mené par le point D″ et qui fût tangent à la verticale F'q.
Mais, habituellement, on compose cet arc d'ébrasement de
deux arcs de cercle, dont l'un passe par le point D″ et se
raccorde avec le quart de cercle F'IV″.

Pour cela, au point D' on mène la tangente D't à l'arc de
tête C'Y'D' ; par le point G' on conduit une parallèle G'q à
cette tangente, laquelle parallèle rencontre la verticale F'q
au point q ; on joint ce point q au point D″, puis on trace
D″v perpendiculaire à D″q ; on fait D″v égal au rayon O_1F'
du quart de cercle F'IV″ ; enfin on joint O_1v et au point u,
milieu de O_1v, on élève une perpendiculaire uZ, qui rencontre la droite D″v prolongée en un certain point Z, qui
sera le centre de l'arc de cercle cherché passant par D″ et
se raccordant avec le quart de cercle F'IV″. L'arc d'ébrasement sera donc la courbe F'ID″, courbe dont il sera facile
d'obtenir la projection verticale en faisant tourner plusieurs
de ses points autour de la verticale F'q, ainsi qu'on le voit
sur notre épure.

Il est clair que si la droite $q\mathrm{D}''$ rencontrait le quart de cercle F'IV'', il faudrait élever davantage le sommet Y' de l'arc de tête, ou bien augmenter le rayon de cet arc de manière à remonter les points C' et D'.

565. Nous allons actuellement démontrer que la surface gauche qui a cet arc d'ébrasement pour troisième directrice se *raccorde* bien avec celle dont la troisième directrice est l'arc de tête C'Y'D', condition qui est nécessaire pour que l'intrados ne présente pas une brisure choquante à la vue. Or on sait (n° 304) que, pour que deux surfaces réglées se raccordent, il faut qu'elles admettent trois plans tangents communs en trois points situés sur la génératrice commune, qui est ici la droite (OGD, O'G'D').

Voyons si cela a lieu pour les deux surfaces qui nous occupent. En effet, au point (o, O') le plan tangent est le même, puisqu'en ce point la directrice est la même pour l'une et l'autre surface ; semblablement, au point $(\mathrm{G}, \mathrm{G}')$ le plan tangent est commun, puisqu'en ce point le cercle de feuillure E'k'F' est la directrice commune ; il reste à savoir s'il en est de même pour le point $(\mathrm{D}, \mathrm{D}')$.

Pour cela, nous remarquerons d'abord que le plan tangent en ce dernier point à la première surface gauche, celle qui a l'arc de tête (CD, C'D') pour l'une de ses directrices, contient la tangente D't ainsi que la génératrice $(o\mathrm{D}, \mathrm{O}'\mathrm{D}')$, et que sa trace verticale sur le plan E''F'' de feuillure doit être conséquemment la droite G'q *parallèle* à Dt. Mais le plan tangent à la seconde surface gauche, au même point (D, D'), contient aussi la même génératrice $(o\mathrm{D}, \mathrm{O}'\mathrm{D}')$ ainsi que la tangente en (D, D') à l'arc d'ébrasement ; donc, pour que ce second plan tangent coïncide avec le premier, il faut que la dernière tangente soit dans le premier plan tangent, ce qui ne peut avoir lieu qu'autant que sa trace verticale sur le plan E''F'' de la feuillure soit située sur la trace G'q du

premier plan tangent. Or il résulte des constructions précédentes (n° 562) que cette dernière condition se trouve
précisément remplie, puisque la droite $q\mathrm{D}''$, qui est tangente à l'arc d'ébrasement $\mathrm{F}'\mathrm{ID}''$ rabattu, ne cesse pas de
l'être pendant qu'on ramène cet arc dans sa véritable posi-
tion, et que d'ailleurs le point q, situé à la rencontre de $\mathrm{G}'q$
et de $\mathrm{F}'q$, ne bouge évidemment pas de place durant ce
mouvement de rotation.

564. Avant de tracer l'appareil de la voûte, il s'agit de
s'assurer si les vantaux peuvent circuler librement sous la
douelle ainsi formée, pour venir s'appliquer sur les faces
d'ébrasement.

A cet effet, on cherchera les sections faites par un même
plan horizontal, dans la surface gauche et dans la surface
de révolution qui serait engendrée par le cercle de feuil-
lure $\mathrm{F}'\mathrm{G}'k'$ tournant autour de la verticale du point E''. Considérons donc un plan horizontal quelconque $i'g'$; il coupera
les génératrices connues de la surface gauche en des points
(i, i'), (b, b'), (g, g') qui appartiendront à la courbe suivant
laquelle il rencontre cette surface, courbe qui devra évidemment passer par le point (h, h') où il coupe l'arc d'é-
brasement : en sorte que la courbe $ghbi$ sera la projection
horizontale de la première section. Quant à la seconde sec-
tion, elle se projettera suivant le cercle ai décrit du point E''
comme centre, avec $\mathrm{E}''i$ pour rayon.

Cela posé, si le point de rencontre a de ces deux courbes
se trouve situé en dehors de l'ébrasement, c'est-à-dire à
gauche de la droite $\mathrm{E}''\mathrm{C}$, on sera certain que dans sa course
le vantail ne rencontrera pas la douelle gauche, du moins
à la hauteur du plan horizontal $i'b'g'$. On répétera la même
vérification pour plusieurs autres sections horizontales;
et s'il arrive que les deux courbes produites par l'un de
ces plans auxiliaires se rencontrent en deçà de la face

d'ébrasement, il faudra exhausser davantage l'arrière-voussure, soit en augmentant le rayon de l'arc C'Y'D', ce qui relèverait les points C' et D', soit en remontant le sommet Y'.

565. On a vu au numéro 562 comment on a coutume de tracer l'arc d'ébrasement, et comment ce tracé nécessite la recherche d'un certain point Z qui, le plus souvent, se trouve situé en dehors des limites de l'épure. Pour obvier à cet inconvénient, on se contente quelquefois de décrire un arc de cercle qui soit tangent d'une part à la verticale F'q au point F', et d'autre part à la droite qD" en un certain point c distant du point q d'une longueur égale à qF'. Alors cet arc F'c (*), joint à la partie cD" de la droite qD", forme un arc d'ébrasement qui satisfait d'une manière complète à toutes les conditions exigées par la nature de la question.

Pour trouver le centre de l'arc de cercle F'c, on n'aurait qu'à construire la bissectrice de l'angle F'qc, et le point où cette bissectrice rencontrerait l'horizontale O'F' prolongée serait précisément ce centre.

566. Le tracé de l'appareil et les panneaux de coupe se déterminent absolument comme il a été dit aux numéros 557 et 558.

Quant à la taille des voussoirs, elle ne se trouve modifiée qu'en ce qui concerne les douelles. En effet, au lieu de tailler ces douelles à l'œil, et en procédant par tâtonnements, ainsi qu'on est forcé de le faire pour la voussure de la figure 221, on pourra se guider dans la taille au moyen d'une règle que l'on fera passer par des points de repère convenablement choisis. Dans la figure 222, les lignes *ab* et *cd* indiquent la direction que doit avoir la règle dans deux positions différentes.

(*) Nous n'avons pas indiqué cet arc sur notre épure, dans la crainte d'y jeter trop de confusion.

Arrière-voussure de Montpellier.

567. L'arrière-voussure de Montpellier ne diffère de celle de Marseille qu'en ce que l'arc de tête C'Y'D' (fig. 224) se trouve remplacé par une droite horizontale. Il résulte de cette différence que la droite G'q, menée parallèlement à la tangente D't, deviendra elle-même horizontale. A part cette légère modification dans le tracé de l'épure, toutes les constructions s'effectueront comme il a été dit pour l'arrière-voussure de Marseille : aussi n'avons-nous pas cru devoir donner une épure spéciale pour ce cas particulier.

LIVRE III

DES VOUTES CONIQUES ET DES TROMPES

CHAPITRE I

DES VOUTES CONIQUES.

568. Ainsi que l'indique leur nom, les *voûtes coniques* sont des voûtes dont l'intrados est une surface *conique*. Ce genre de voûte est généralement employé pour former des soupiraux et des abat-jour. On s'en sert aussi dans les fortifications, pour couvrir l'embrasure d'un canon établi dans une casemate.

Voûte en porte conique droite pratiquée dans un mur droit.

569. Etant donné un mur droit dont les faces ont pour traces horizontales les droites AB et CD (fig. 225), il s'agit de pratiquer dans ce mur une porte recouverte par une voûte dont l'intrados soit un cône droit ayant son sommet S sur le plan de naissance et ayant pour directrice la courbe A'M'B' tracée sur la face AB du mur, courbe que nous supposons être une demi-circonférence, mais qui pourrait être une ellipse, une anse de panier ou seulement un arc de cercle.

Il résulte de ces données que le sommet du cône se projettera verticalement au centre O' du cintre de face A'M'B'; il en résulte aussi que le cône coupera la seconde face CD du mur suivant une demi-circonférence $C'm'D'$, dont le diamètre $C'D'$ sera égal à la longueur CD comprise entre les deux génératrices de naissance ACS, BDS.

Cela posé, pour tracer l'appareil de la voûte, on commencera par diviser le demi-cercle de tête $A'M'B'$ en un certain nombre *impair* de parties égales, cinq par exemple ; puis, par les points de division, on abaissera des perpendiculaires sur la ligne de terre, lesquelles rencontreront la trace AB de la face contenant la directrice du cône, en des points M, N, etc., qui, joints au sommet S, fourniront les projections horizontales Mm, Nn, etc., des arêtes des douelles. Quant aux projections verticales Mm', $N'n'$, etc., de ces mêmes arêtes, on les obtiendra en joignant le centre O' aux points de division M', N', etc.; prolongeant ensuite ces droites, de la quantité qu'on jugera convenable, on aura les projections verticales $M'R'$, $N'P'$, etc., des coupes. Enfin, on terminera chaque voussoir par une face verticale $Q'R$ et par une face horizontale $P'Q'$; après quoi l'épure sera complétement terminée.

570. *Tracé et taille des voussoirs.* — Prenons pour exemple le voussoir qui se trouve projeté verticalement suivant le pentagone $m'n'P'Q'R'$ (fig. 225). On commencera par équarrir un prisme droit ayant ce pantagone pour base, ce qui donnera une pierre ayant la forme $m_1n_1P_1Q_1R_1R_2Q_2P_2n_2m_2$ (fig. 226). Cela fait, sur la tête antérieure, on marquera deux points M_1 et N_1 tels, que les distances M_1R_1 et N_1P_1 soient respectivement égales aux longueurs $M'R'$ et $N'P'$ de la figure 225 ; par les points M_1, N_1, on fera passer un arc de cercle, que l'on tracera au moyen d'une cerce découpée sur l'arc $M'N'$ de la figure 225 ; puis l'on mènera M_1m_2, N_1n_2. Il n'y aura plus alors qu'à tailler la douelle, qui est une surface conique et qui s'exécutera au moyen d'une règle s'appuyant continuellement sur les arcs M_1N_1 et m_2n_2 et passant par des points de repère choisis en nombre suffisant. Les lignes pointillées uv, xy, font voir la direction que devra recevoir la règle dans deux quelconques de ces positions, lesquelles positions correspondent évidemment à deux génératrices du cône auquel appartient la douelle. Les points de repère u, v, x, y, se détermineront facilement en prenant les arcs M_1u, ux, xN_1, m_2v, vy, yn_2, respectivement égaux aux arcs $M'u$, ux, xN', $m'v$, vy, yn' (fig. 225).

Voûte conique verticale.

571. On donne le nom de *voûte conique verticale* à une voûte dont l'intrados est] un cône circulaire droit, c'est-à-dire à axe vertical. Ce genre de voûte sert habituellement à couvrir une tour cylindrique, pour former ainsi une flèche sur le sommet de cette tour.

Soit (fig. 227) AND et BMC les traces horizontales des deux parements de la tour qu'il s'agit de couvrir avec une voûte conique droite. On commencera par déterminer exactement les sommets S' et s' de l'extrados et de l'intrados, en ayant soin qu'ils soient placés de telle sorte, l'un relativement à l'autre, que l'épaisseur de la voûte conique aille en diminuant à mesure qu'on approche de son sommet. Cette précaution a pour but d'alléger autant que possible le poids de la voûte, sans pour cela en altérer la stabilité. Il est clair d'ailleurs que les sommets S' et s' devront être situés sur une même verticale coïncidant avec l'axe de la tour.

Dès que la position des deux sommets S' et s' sera fixée, on tracera l'appareil de la voûte, en employant pour surfaces de joints de lit des surfaces coniques perpendiculaires à l'intrados de la voûte, et dont les sommets respectifs seront situés sur l'axe de cette voûte. Quant aux joints montants, ils seront formés par des plans verticaux passant par l'axe de la voûte ; de plus ils devront être alternatifs. Afin d'éviter l'angle aigu $FE'B'$, on s'arrange en sorte que le sommier offre la brisure $K'G'H'$.

Notre épure fait suffisamment comprendre la disposition de l'appareil, pour qu'il soit inutile de nous étendre longuement sur ce sujet. Aussi allons-nous passer immédiatement aux procédés usités pour tailler les voussoirs, procédés qui sont au nombre de deux.

572. *Tracé et taille des voussoirs. Première méthode.* — Le premier procédé consiste à préparer une pierre composée de six faces : deux horizontales et quatre verticales. Les deux faces horizontales $ryxu$ et stv (fig. 228), auront la forme du panneau $hh''i''i$ (fig. 227), suivant lequel se reprojette horizontalement le voussoir que l'on exécute, et seront distantes l'une de l'autre d'une quantité égale à $m''m'$; quant aux faces verticales, elles se composeront de deux cylindres concentriques $utvx$, yrs et de deux plans rectangulaires $ruts$, yxv. La pierre prendra ainsi la forme de celle d'un mur cylindrique vertical.

Cela fait, on appliquera sur les deux faces planes verticales un panneau découpé suivant le contour $a'b'd'c'$, en ayant soin que ses quatre sommets soient convenablement disposés, c'est-à-dire que ce panneau devra être placé de telle sorte que l'on ait : $bs = b'm'$, $ct = c'n'$, $du = d'n''$ et $at = a'n'$. Ensuite, au moyen de cartons découpés (*), on

<hr>

(*) Certains auteurs conseillent d'employer, à la place d'un carton découpé, un compas dont l'une des pointes glisse sur l'une des courbes cylindriques, tandis que l'autre pointe trace l'arc voulu, les deux branches ayant d'ailleurs l'écartement convenable. Ce moyen nous paraît vicieux,

tracera les arcs dd_1, aa_1 : puis, avec une règle flexible que l'on appliquera successivement sur chaque face cylindrique, on tracera cc_1, bb_1 (*). Enfin, on divisera en un même nombre de parties égales les quatre arcs aa_1 cc_1 dd_1 bb_1, ce qui procurera les points par lesquels devra passer la règle dont on se servira pour exécuter les quatre surfaces coniques entre lesquelles la pierre se trouve comprise.

Le mode de taille que nous venons d'indiquer offre le désavantage de nécessiter l'emploi d'un bloc de pierre trop volumineux, et par suite d'occasionner un déchet relativement assez considérable. Pour remédier à cet inconvénient, on a imaginé un autre procédé que nous allons expliquer avec quelques détails, vu son importance.

573. *Deuxième méthode.*— Soit (fig. 229) BDD″B″ la projection horizontale de l'un des voussoirs composant une voûte conique droite. Nous supposerons que ce voussoir soit coupé dans le milieu de sa longueur par un plan parallèle au plan vertical et contenant l'axe de la voûte, en sorte que chacune des deux portions de la pierre ainsi coupée se projettera verticalement suivant les mêmes lignes. C'est pour cette raison que nous avons supprimé sur le plan vertical la portion qui se trouve en avant du plan sécant en question, afin de rendre les explications plus claires.

Cela posé, il est évident que le voussoir se trouvera tout

---

attendu que, pour qu'il puisse fournir un résultat satisfaisant, il faut que la ligne fictive qui unit les deux pointes du compas soit continuellement perpendiculaire à la face cylindrique sur laquelle s'appuie l'une des pointes, condition dont il est très-facile de s'écarter involontairement. D'où il résulte que le plus souvent la courbe tracée par ce procédé n'est pas exacte, et qu'elle n'est pas à la distance voulue de la face cylindrique sur laquelle on s'est guidé. Nous conseillons donc de ne pas mettre ce procédé en pratique, à moins toutefois que l'opérateur ne se sente assez sûr de lui-même pour remplir la condition que nous venons d'énoncer, ce qui ne nous paraît pas facile.

(*) Sur la figure, l'arc bb_1 est invisible.

entier compris dans un prisme droit qui aurait pour base le quadrilatère $h'D'e'A'$ et dont la longueur serait égale à la distance qui sépare sur le plan horizontal les deux parallèles vx et $v''x''$, menées par les points b et b''. Nous dirons dans un instant comment on se procure les points b et b''.

Si l'on cherche les projections horizontales des courbes suivant lesquelles les surfaces d'intrados et d'extrados sont coupées par les deux plans oe', o_1A', perpendiculaires au plan vertical, on obtient les quatre courbes bAb'', hGh'', FeF'', DcD''; ce qui fait connaître les points b et b'' par lesquels passent les deux parallèles vx et $v''x''$.

Si maintenant l'on fait tourner les deux plans oe' et o_1A', autour de xx'' et vv'' comme charnières, jusqu'à ce qu'ils soient parallèles au plan horizontal, on obtiendra en vraie grandeur les deux contours $DD''f''_1f_1$ et $b_1b''_1h''_1h_1$, suivant lesquels ces deux plans rencontrent les différentes faces prolongées du voussoir.

On décrira ensuite du point S', comme centre, avec les rayons $S'E'$, $S'A'$, deux arcs de cercle concentriques; puis, faisant ces arcs respectivement égaux aux arcs horizontaux BAB'' et FEF'', on obtiendra le panneau $PP'R'R$, qui sera le développement de la face conique d'extrados. On agira de même pour le panneau $MM'N'N$, développement de la face conique d'intrados, en prenant pour centre le point s'.

Ces différentes constructions étant effectuées, on commencera par équarrir un prisme droit (fig. 230) dont la base $a_2h_2d_2e_2$ soit égale au contour $A'h'D'e'$ de la figure 229, et dont la longueur e_2e_2 soit égale à vv''; puis, sur les faces supérieure et inférieure on tracera les contours rsf_2f_2 et mnb_2b_2 au moyen des panneaux $b_1b''_1h''_1h_1$ et $DD''f''_1f_1$ (fig. 229), en ayant soin que l'on ait $d_2r=xD$ et $h_2m=zh$. On taillera ensuite les deux faces planes destinées à former les joints montants, en se guidant pour chacune sur les quatre droites qui les limitent ; après quoi, on exécutera les surfaces coniques d'intrados et d'extrados, en s'aidant d'une règle qui devra toujours s'appuyer sur les courbes qui limitent ces faces, en des points de repère convenablement choisis, ainsi que l'indique l'épure.

Lorsque ces deux surfaces seront taillées, on y appliquera les deux panneaux de développement MM'N'N, PP'R'R, en leur faisant prendre la courbure de ces surfaces, puis on tracera les courbes qui devront servir de directrices aux secondes surfaces coniques destinées à former les joints de lit, ainsi que le montre la figure 231.

Voûte conique biaise pratiquée dans un mur droit.

574. Une voûte conique *biaise* est celle dont les génératrices de naissance AB et CD sont inégalement inclinées par rapport aux faces du mur dans lequel est pratiquée la voûte.

Soient donc S (fig. 232) la projection horizontale du sommet du cône formant l'intrados de la voûte, DM'B la projection verticale de la courbe directrice du cône d'intrados, courbe que nous supposerons tracée dans la face DB du mur, et que nous supposerons en outre être un cercle.

Pour faire l'épure, on commencera par diviser la courbe DM'B en un certain nombre *impair* de parties égales, cinq par exemple ; puis, par les points de division et par la droite SO qui joint le sommet S du cône au centre O du cercle directeur, on conduira des plans M'OS, N'OS, etc., lesquels détermineront dans la voûte des droites Mm, Nn, etc., convergeant toutes au point S et qui seront les arêtes de douelle.

Si maintenant l'on veut connaître la courbe suivant laquelle la surface d'intrados rencontre la seconde face du mur, on conduira, par le point *o* où la droite SO rencontre CA, des droites *om'*, *on'*, etc., qui devront faire avec *o*A des angles A*om'*, A*on'*, etc.; respectivement égaux aux angles BOM', BON', etc.; puis, par les points *m*, *n*, etc., on élèvera sur CA des perpendiculaires *mm'*, *nn'*, etc., qui rencontreront en *m'*, *n'*, etc., les droites que nous venons de conduire : la courbe A*m'n'*B qui réunit tous ces points sera la courbe en question. Quant aux droites suivant lesquelles les coupes rencontrent les faces horizontales des voussoirs, ce seront évidemment des parallèles Q*q*, P*p*, etc., à la ligne SO. Il est clair d'ailleurs que la distance *p'p* qui sépare *p'q'* de CA doit être égale à P'P.

575. *Tracé et taille des voussoirs.* — Prenons pour exemple le voussoir qui sur l'épure se trouve entouré de hâchures. On commencera par équarrir un bloc de pierre Q,*abcdf* (fig. 233) ayant une épaisseur Q,*f* égale à l'épaisseur Q*x* du mur, dont la hauteur Q,*c* soit égale à *qq'* qui est la plus grande dimension du voussoir dans le sens de la hauteur, et dont la largeur Q,*a* soit égale à *nx*. On appliquera ensuite sur la face supérieure de la pierre un panneau découpé suivant le contour Q*qp*P, et l'on tracera le parallélogramme Q₁*q₁p₁*P₁, en ayant soin que *fq₁* soit égal à *qx*; enfin sur chacune des faces destinées à former les têtes du voussoir, on appliquera le panneau de tête correspondant. Dès lors les coupes se trouveront déterminées, ainsi que la douelle. En effet, pour chacune des coupes on aura trois droites sur lesquelles on pourra se guider; et, quant à la douelle, on aura les deux arcs qui la limitent sur les têtes du voussoir.

CHAPITRE II

DES TROMPES.

576. On donne le nom de *trompe* à une voûte employée
pour supporter un ouvrage qui doit être en saillie sur les
constructions destinées à la supporter : ainsi, veut-on établir
une tourelle commençant à une certaine hauteur et faisant
saillie sur la face d'un mur droit, ou bien une tourelle située
à la rencontre de deux murs dans l'intérieur d'une cour et
commençant également à une certaine hauteur, c'est à une
trompe que l'on a recours pour soutenir cette construction
saillante. C'est encore une trompe que l'on emploie si,
dans une maison située à l'angle d'une rue, on veut conserver les étages supérieurs tout en supprimant une partie
du rez-de-chaussée par un pan coupé, dans le but de faciliter la circulation des voitures. Une trompe est aussi usitée
pour élargir les abords d'un pont et pour supporter un palier d'escalier.

Les trompes sont aujourd'hui d'un usage excessivement
restreint, tant à cause de l'encorbellement qu'elles forment,
disposition contraire aux principes de stabilité, qu'à cause
de la difficulté que présente le tracé de leur appareil, ainsi
que la taille des voussoirs qui les composent. Il n'en était
pas de même au seizième siècle : les constructeurs, et no-
tamment Philibert Delorme, les employaient alors à pro-
fusion dans les travaux qui leur étaient confiés ; mais c'était
plutôt pour satisfaire à la tendance de l'époque, qui voulait
qu'un monument fût d'autant plus remarquable, qu'il était

plus compliqué au point de vue des différentes voûtes qui entraient dans sa composition.

Quoi qu'il en soit, les trompes offrent toujours un aspect qui étonne le spectateur : on se demande comment il peut se faire que ce genre de construction ne s'écroule pas et dure souvent aussi longtemps que l'édifice auquel il se trouve en quelque sorte adossé ; mais cet étonnement est la seule impression qu'il produise. L'admiration, en effet, n'entre nullement dans l'imagination de celui qui se trouve placé en face d'un ouvrage de cette nature ; on se retire presque toujours avec l'idée bien arrêtée qu'une trompe est certainement une chose baroque et hardie, exemple frappant d'une difficulté vaincue, mais n'offrant rien qui soit la preuve du bon goût. Aussi sommes-nous d'avis que l'architecture moderne a très-bien fait de bannir presque complétement toutes ces constructions placées en surplomb, et qui, après tout, peuvent être avantageusement remplacées par des combinaisons'plus heureuses et surtout plus gracieuses.

Sans doute, il n'entre nullement dans notre cadre d'émettre des considérations d'esthétique ; mais nous ne pouvons résister au désir de blâmer certains architectes qui, en dépit du bon goût le plus vulgaire, n'ont pas craint de flanquer certaines constructions, de tourelles complétement inutiles au point de vue décoratif, dans le seul but d'avoir un prétexte pour édifier une trompe et de frapper ainsi d'étonnement le public ignorant. Ils ne se sont pas aperçus qu'en procédant de cette façon, ils ne faisaient que renouveler sans profit les vieux errements du seizième siècle, tandis qu'ils n'auraient pas dû perdre de vue que la préoccupation constante du constructeur doit être de toujours simplifier, sans compromettre la solidité ni le bon goût, la forme et la disposition des différentes parties qui concourent à la formation de l'édifice qu'il projette.

Bien que les trompes ne soient pour ainsi dire plus usi-
tées, nous allons néanmoins en dire quelques mots, tant
pour satisfaire aux programmes de presque tous les cours
de coupe des pierres, que pour mettre le constructeur à
même de restaurer une trompe ancienne dégradée par le
temps.

577. On divise les trompes en deux catégories, en raison
de la nature de la surface qui forme leur intrados. Ces deux
catégories sont :

1° Les trompes cylindriques ;

2° Les trompes coniques.

Trompes cylindriques.

578. *Trompe cylindrique supportant une tourelle.* — A
partir d'une certaine hauteur au-dessus du sol, et en saillie
sur le parement d'un mur vertical, on veut élever une tourelle et soutenir cette tourelle par une voûte dont l'intrados soit un cylindre horizontal ayant ses génératrices parallèles à la face du mur.

On déterminera l'appareil de cette voûte, que l'on appelle
trompe cylindrique, de la manière suivante :

Soit AMB (fig. 234) l'arc de cercle suivant lequel se projette horizontalement la tourelle. Sur le plan vertical on
tracera un demi-cercle A′M′B′ que l'on supposera être la
projection verticale d'une courbe qui, tracée sur la tourelle, aurait conséquemment pour projection horizontale
l'arc AMB. C'est cette courbe, laquelle sera évidemment
une courbe gauche, que l'on adoptera pour directrice du cylindre horizontal destiné à former l'intrados de la trompe.

Pour diviser la trompe en voussoirs, on partagera le demi-
cercle A′M′B′ en un nombre *impair* de parties égales, et l'on
conduira les plans de joint par les points de division et par

la droite oO$'$ perpendiculaire au mur. Chacun de ces plans coupera l'intrados cylindrique suivant une courbe dont il sera facile de déterminer la projection horizontale.

On remarquera que si l'on prolongeait les plans de joint jusqu'à la ligne oO$'$, chaque voussoir se terminerait pour ainsi dire en lame de couteau, ce qui, vu la fragilité de la pierre, serait excessivement mauvais. Pour remédier à cet inconvénient, on interrompt les plans de joint à une certaine distance de la ligne oO$'$, et le reste de la voûte se trouve formé d'une seule pierre, dont la douelle offre l'aspect d'une petite trompe, et à laquelle on a donné pour cette raison le nom de *trompillon*.

Le trompillon se projette verticalement suivant le demi-cercle $a'm'b'$ concentrique avec A$'$M$'$B$'$, et horizontalement suivant l'autre arc de cercle amb concentrique avec AMB. Il est en contact avec chacun des voussoirs suivant une surface cylindrique dont les génératrices sont horizontales et s'appuient sur la courbe (amb, $a'm'b'$).

Nous ferons remarquer que la section faite dans l'intrados de la trompe par un plan vertical perpendiculaire à la face du mur varie selon la forme de la courbe que l'on adopte pour arc de tête. — Si l'on veut que cette section soit une portion de circonférence, on devra avoir soin que son centre, tout en étant situé sur le plan de naissance de la trompe, soit éloigné de la face AB du mur d'une longueur supérieure à la saillie oO de la tourelle ; autrement l'action de la pesanteur tendrait à éloigner de ce mur la dernière assise de la trompe.

Il existe à Paris, au chevet de l'église Saint-Sulpice, une trompe cylindrique du genre de celle que nous venons de décrire. Mais elle offre une particularité remarquable : le trompillon y est remplacé par une niche sphérique, voûte que nous étudierons plus loin.

579. *Trompe cylindrique sur un pan coupé.* — La trompe cylindrique peut être employée avec avantage pour soutenir les constructions supérieures qui, à l'angle d'une maison, forment saillie sur le rez-de-chaussée où se trouve pratiqué un pan coupé.

Ainsi, supposons qu'une maison se trouve à l'angle de deux rues, et que l'architecte, pour faciliter la circulation, soit obligé de retrancher par un pan coupé AB (fig. 235) l'angle saillant C formé par la rencontre des deux murs qui forment façade sur chacune des deux rues ; supposons en outre que, pour ne pas détruire la régularité intérieure des étages supérieurs, il veuille supprimer le pan coupé à partir du premier étage et conserver la partie qui se projette sur le triangle ABC.

Pour obtenir ce résultat, on devra employer une trompe dont l'intrados soit un cylindre horizontal qui ait pour section droite l'arc de cercle BC'' relevé dans le plan vertical OB perpendiculaire à AB. On aura soin de prendre le rayon de ce cercle de telle sorte que l'arc BC'', correspondant à la saillie du point C sur AB, soit moindre qu'un quart de circonférence, afin d'augmenter la stabilité de la voûte.

Trompes coniques.

580. *Trompe conique sur le coin.* — Deux murs se rencontrent sous un angle ACB (fig. 236) que nous supposons ici être droit, pour la régularité du dessin, mais qui pourrait être quelconque. On veut pour une raison spéciale supprimer la portion angulaire ACB à partir du rez-de-chaussée jusqu'à une certaine hauteur, tout en conservant la saillie des constructions supérieures. Il faudra nécessairement, pour soutenir ces constructions en surplomb, avoir recours à une voûte qui s'appuie sur les deux murs.

Cette voûte sera généralement une *trompe conique*, c'est-à-dire que sa surface d'intrados sera un cône dont la directrice sera une demi-circonférence ayant pour projections horizontale et verticale la droite AB et le demi-cercle $A'm'B'$, et dont le sommet $(S_1 S')$ sera situé à la rencontre de deux plans verticaux AS et BS respectivement parallèles à CB et à CA. Il résultera évidemment de cette disposition qu'horizontalement la voûte se projettera tout entière sur le carré ASBC, et qu'en outre le cône formant l'intrados de cette voûte sera un cône de révolution.

Cela posé, on commencera par diviser le demi-cercle $A'm'B'$ en un certain nombre *impair* de parties (*); puis, par ces points de division et par l'axe SOC du cône, on mènera les plans de joint, ce qui donnera les arêtes de douelle $(Sm, S'm')$, $(Sn, S'n')$, etc. Prolongeant alors ces arêtes jusqu'aux plans verticaux AC et BC, et conduisant par les points M, N, etc., des perpendiculaires à la ligne de terre, on obtiendra des points M′, N′, etc., qui appartiendront aux courbes de tête, lesquelles sont au nombre de deux : l'une, $A'M'C'$, se trouve dans le plan AC ; l'autre, $C'B'$, dans le plan BC. Ces deux courbes, en se rencontrant au point C″, détermineront le point le plus élevé de la voûte.

Pour se procurer directement le point C′, on conduira par le point C une parallèle CC_1 à la ligne de terre, que l'on arrêtera à la droite SA prolongée ; par le point C_1 on élèvera une perpendiculaire $C_1C'_1$ à la ligne de terre ; enfin, du point S′ comme centre, avec $S'C'_1$ pour rayon, on décrira un quart de cercle qui, par sa rencontre avec la droite SS′ prolongée, déterminera le point C′, c'est-à-dire le point le plus élevé. Le même procédé pourrait être aussi appliqué à la recherche des autres points des courbes de tête, tels que

(*) Nous verrons un peu plus loin que ces parties ne doivent pas être égales, mais aller en diminuant vers la clef.

les points M′, N′, etc. : on éviterait ainsi que ces points fussent déterminés par la rencontre de lignes se coupant sous un angle trop aigu.

Les courbes de tête étant connues, on devra prolonger les plans de joint jusqu'à leur rencontre avec les horizontales qui séparent les assises du mur, ainsi qu'on le voit sur l'épure, ce qui donnera pour la face de tête des voussoirs, des contours tels que M′N′P′Q′R′, lesquels, vu l'obliquité des faces AC et BC relativement au plan vertical, ne se projetteront pas en vraie grandeur. Pour connaître ces vraies grandeurs, ce qui est indispensable pour la détermination des panneaux, on rabattra sur le plan vertical l'une des deux faces qui contiennent les courbes de tête. Il suffit, en effet, d'en rabattre une seule, à cause de la symétrie de la figure. Nous avons effectué ce rabattement sur la gauche de notre dessin.

De même que pour la trompe cylindrique, on ne devra pas prolonger les voussoirs jusqu'au point S : il faudra établir un trompillon cylindrique, ainsi que le fait voir la figure. Seulement, au lieu de poursuivre le cylindre jusqu'à l'intrados de la voûte, on l'interrompra à une petite distance de celui-ci ; puis, à partir de là, on adoptera pour surface de joint un cône perpendiculaire au cône formant l'intrados, et dont le sommet sera situé en s.

La figure 237 représente en perspective la forme du trompillon.

Enfin, pour compléter l'épure, on rabattra les différents plans de joint sur le plan horizontal, en adoptant pour charnière de tous ces rabattements l'axe SC du cône d'intrados de la voûte. La figure fait assez comprendre la marche à suivre, pour qu'il soit inutile d'entrer dans aucun détail à ce sujet.

La figure 238 représente en perspective le voussoir

qui, sur la figure 236, a pour face de tête le contour M′NP′Q′R′.

581. REMARQUE. — Il est facile de voir sur la figure que si l'on divisait la demi-circonférence A′m′B′ en parties égales, les portions d'arc, telles que M′N′, interceptées sur les courbes de tête, seraient d'autant plus grandes que l'on serait plus près de la clef. Pour éviter cet inconvénient, on fait en sorte que les divisions aillent en diminuant depuis la naissance jusqu'à la clef.

582. La trompe conique que nous venons d'étudier est quelquefois employée pour soutenir un palier d'escalier, lorsque ce palier se trouve situé à l'angle de deux des murs qui forment la cage. (Voir le livre sur les *escaliers.*)

Trompe de Montpellier.

583. On donne le nom de *trompe de Montpellier* à une trompe conique servant à supporter une tourelle située dans l'angle de deux murs. La première de ce genre a été faite à Montpellier.

Trompe en niche.

584. La *trompe en niche* est une voûte formée par un quart de sphère qui recouvre un demi-cylindre vertical à base circulaire. La plupart des auteurs la rangent parmi les trompes à cause de la direction des joints, qui convergent tous vers un même point, ce qui exige l'emploi d'un trompillon fait d'une seule pièce. Nous expliquerons tout ce qui regarde cette voûte dans le chapitre ii du livre IV.

LIVRE IV

DES VOUTES SPHÉRIQUES ET EN SPHÉROIDE

CHAPITRE I

DES VOUTES SPHÉRIQUES ET DE RÉVOLUTION.

585. Une *voûte sphérique* est une voûte dont l'intrados
est formé de la moitié d'une surface concave engendrée
par une demi-circonférence tournant autour de l'un de ses
diamètres.

On peut définir la voûte sphérique d'une autre manière,
et dire qu'elle est formée de la surface concave engendrée par un quart de cercle tournant autour de l'un des
rayons qui aboutissent à ses deux extrémités, ce rayon
étant d'ailleurs supposé vertical.

Les voûtes sphériques peuvent être appareillées de différentes manières.

586. *Appareil par assises horizontales.* — Cet appareil est
le seul que l'on emploie aujourd'hui, à cause des avantages
qu'il présente, contrairement aux autres, qui offrent des inconvénients très-graves ; il est d'ailleurs le plus simple.
Ainsi que l'indique son nom, les assises de la voûte sont,
dans cet appareil, comprises entre des plans horizontaux,
c'est-à-dire que les lignes qui, sur la voûte, séparent les assises, sont des cercles horizontaux, dont les projections hori-

zontales sont des cercles qui leur sont respectivement égaux, et dont les projections verticales sont des droites parallèles à la ligne de terre.

Quant aux lignes qui servent à diviser les assises en voussoirs, ce sont des arcs de cercle résultant de l'intersection de la voûte avec des plans verticaux passant par le centre de la demi-sphère qui forme l'intrados. Ces lignes se projettent horizontalement suivant des droites et verticalement suivant des arcs d'ellipse.

Cet appareil est quelquefois désigné sous le nom d'*appareil en couronnes*, à cause de l'aspect que présente chaque assise considérée séparément.

587. *Appareil par secteurs.* — Dans cet appareil, les assises sont comprises entre des plans passant tous par une même droite, verticale ou horizontale, contenant le centre de la voûte.

Si la droite est verticale, les plans qui séparent les assises sont eux-mêmes verticaux, et les lignes d'appareil sont des quarts de cercle convergeant tous vers le point culminant de la voûte.

Si la droite est horizontale, les plans qui séparent les assises sont différemment inclinés sur le plan horizontal, et les lignes d'appareil sont des demi-circonférences passant toutes par les deux extrémités de la droite.

588. *Appareil à retombées transversales composées.* — Cet appareil, excessivement vicieux, à raison du grand nombre d'angles aigus qu'il introduit, n'est plus employé. Nous le définirons plus tard, en parlant des voûtes en pendentif avec formerets.

Voûte sphérique appareillée par assises horizontales.

589. Soit A′C′B′ (fig. 239) le demi-cercle résultant de l'intersection de l'intrados de la voûte avec un plan vertical parallèle au plan vertical de projection ; soit, d'un autre côté, ADB (*) la projection horizontale du cercle de naissance de la voûte ; soit en outre aRb le cercle de base du cylindre vertical qui forme le parement extérieur du mur circulaire sur lequel la voûte est établie.

On commencera, pour extradosser la voûte, par décrire un arc de cercle $k'f'p'$, ayant son centre sur la verticale $f'O'$ et au-dessous du point O′, de telle sorte que l'épaisseur à la clef C′f soit en rapport avec les dimensions de la voûte, laquelle voûte aura ainsi plus d'épaisseur vers sa naissance.

Cela posé, on divisera le cintre A′C′B′ de la voûte en autant de parties égales que l'on voudra avoir d'assises de voussoirs, le nombre des assises devant toujours être *impair;* puis, par les points de division, on imaginera des plans horizontaux qui couperont la voûte suivant des cercles qui, ainsi que nous l'avons dit plus haut (n° 586), se projetteront horizontalement suivant d'autres cercles qui leur seront respectivement égaux, et verticalement selon des parallèles à la ligne de terre, comme on le voit sur la figure. Ce premier système de lignes formera les arêtes de douelle des joints de lit.

Maintenant, pour partager les assises en voussoirs, on coupera la voûte par une série de plans verticaux passant tous par l'axe (O,O′C′), et que l'on aura soin de rendre équi-

---

(*) Dans la moitié de la projection horizontale qui se trouve au-dessus du diamètre ab, nous supposons le spectateur placé sous la voûte, tandis que dans la seconde moitié nous le supposons placé au-dessus de l'intrados. Aussi les lignes qui sont pleines dans une partie de la figure sont-elles ponctuées dans l'autre.

distants, pour la symétrie des joints. Ces plans AO, EO, GO,
etc., couperont la sphère suivant des grands cercles qui,
verticalement, se projetteront sur des ellipses telles que
G'H'I'C'; cette dernière courbe se construit en rapportant
sur le plan vertical les points G, H, I, où la trace GO du
plan sécant correspondant rencontre les différents cercles
qui forment les arêtes de douelle des joints de lit. Il faudra
toutefois avoir soin d'interrompre ces ellipses et de les
faire alterner d'une assise à l'autre, ainsi que l'indique
notre épure, afin de relier plus fixement les voussoirs entre
eux.

590. Nous savons que dans une voûte tous les joints
doivent être perpendiculaires à la surface d'intrados de
cette voûte. Cherchons à réaliser cette condition dans la
voûte qui nous occupe. D'abord, les plans verticaux qui ont
servi à déterminer les arêtes de douelle des joints montants, pourront très-bien être adoptés pour former les surfaces de ces joints, attendu que ce sont des plans méridiens
de la voûte sphérique, et que de tels plans, ainsi que nous
l'avons vu (n° 240), sont toujours perpendiculaires à la surface de révolution à laquelle ils appartiennent.

Quant aux joints de lit, ils seront fournis par des cônes
ayant leurs sommets au centre de la voûte sphérique, conséquemment perpendiculaires à la surface d'intrados de
cette voûte, et dont les directrices seront les cercles que
nous avons adoptés comme arêtes de douelle de ces joints.
Ces cônes couperont la surface d'extrados, laquelle est également sphérique, suivant des cercles horizontaux dont les
projections horizontales seront des cercles égaux, et dont
les projections verticales seront des parallèles à la ligne de
terre : ainsi, le cône qui a pour directrice le cercle (KHP, K'P')
coupera la surface d'extrados suivant un cercle qui se projettera horizontalement suivant le cercle égal *khp*, et ver-

ticalement sur la droite $k'p'$ parallèle à la ligne de terre.

Si maintenant nous considérons en particulier l'un des voussoirs, celui qui par exemple, appartenant à la seconde assise, se trouve compris entre les deux plans verticaux méridiens OA et OG, nous voyons que sa projection horizontale est située tout entière dans le contour $kNIh$, et que sa projection verticale se trouve limitée par l'autre contour $k'K'H'I'i'n'$.

591. La dernière assise doit toujours se composer d'une seule pierre qui est la clef.

De même que pour les voûtes plates appareillées comme dans la figure 185, on peut dans les voûtes sphériques supprimer la clef, voire même une ou deux des assises qui lui sont contiguës, sans que pour cela la stabilité de la voûte soit compromise. Aussi arrive-t-il souvent qu'au sommet des voûtes sphériques l'on ménage une ouverture pour laisser pénétrer la lumière, ou pour tout autre motif.

592. *Tracé et taille des voussoirs.* — Nous allons actuellement passer au tracé et à la taille des voussoirs d'une voûte sphérique. Plusieurs méthodes ont été successivement proposées; nous les examinerons toutes, en indiquant les avantages ou les inconvénients que peut offrir chacune d'elles.

593. *Méthode par équarrissement.* — On commencera par équarrir un prisme droit $uvxyu'v'x'y'$ (fig. 240) qui ait ses deux bases $uvxy$ et $u'v'x'y'$ égales au panneau $NIhk$ de la projection horizontale du voussoir que l'on se propose d'exécuter, et dont la hauteur xx' soit égale à $n'e'$; puis, sur les faces latérales $uu'y'y$ et $vv'x'x$ de ce prisme, on tracera les contours $K_1N_1n_1k_1$ et $H_1I_1i_1h_1$, en se servant pour cela d'un panneau découpé sur le contour $K'N'n'k$ de la figure 239 (*). Pour appliquer convenablement ce panneau, on aura eu soin préalablement de marquer sur chacune des faces deux points de repères N_1 et n_1, I_1 et i_1, en faisant

$$N_1 u = l_1 v = I'm'$$
$$n_1 u' = i_1 v' = Nn$$

Ensuite, sur la face cylindrique antérieure, on tracera l'arc de cercle $N_1 I_1$, au moyen d'une règle plate très-flexible, que l'on appliquera sur la concavité de ce cylindre ; de même, sur la convexité de la face cylindrique postérieure, et avec la même règle, on tracera l'arc de cercle $k_1 h_1$. Enfin, sur les faces inférieure et supérieure on indiquera les deux arcs $K_1 H_1$ et $n_1 i_1$, identiques avec les arcs KH et ni, en se servant pour cela de cerces découpées sur ces derniers arcs.

Le tracé étant dès lors complétement effectué, on commencera par effectuer la taille de la douelle sphérique en faisant glisser sur les arcs $N_1 I_1$ et $K_1 H_1$ une cerce découpée suivant la courbure du cintre A'K'N'B' de la voûte, en ayant soin que, dans chacune de ses positions, cette cerce corresponde à un plan méridien, ce qui est une condition essentielle. On observera facilement cette condition, si l'on a d'abord pris la précaution de diviser les arcs $N_1 I_1$ et $K_1 H_1$ en un même nombre de parties égales.

Le joint supérieur, ainsi que le joint inférieur, qui sont des surfaces coniques, se tailleront en employant une règle que l'on fera glisser sur les deux arcs qui les limitent du côté de l'intrados et du côté de l'extrados, après avoir toutefois divisé ces arcs en un même nombre de parties égales.

(*) Le même panneau sert pour tous les voussoirs d'une même assise, lesquels voussoirs peuvent être considérés comme engendrés par la rotation de ce panneau autour de l'axe de la voûte.

Quant à l'extrados, on l'exécutera au moyen d'une cerce concave découpée suivant l'arc $k'n'$; mais le plus souvent, on ne se donne pas la peine de tailler cette face exactement, se contentant de la dégrossir à simple vue ; quelquefois même on ne la touche pas du tout.

Si on se rappelle ce que nous avons dit au sujet de la taille des voussoirs d'une voûte conique verticale, on voit que la méthode que nous venons d'indiquer est identique à celle que nous avons donnée au numéro 572. Elle est sans contredit celle qui offre le plus d'exactitude dans ses résultats ; seulement, elle a l'inconvénient très-grave d'occasionner un grand déchet de matériaux, ainsi qu'il est bien facile de s'en rendre compte ; de plus, inconvénient non moins grave, elle cause une perte considérable de main-d'œuvre, attendu qu'une fois le voussoir terminé, il ne reste rien de toutes les faces du prisme vertical qu'on a été obligé de tailler d'abord, lesquelles faces ont dû être exécutées avec presque autant de soin que si elles étaient appelées à subsister. Or, on sait que les tailleurs de pierres sont généralement payés une fois le travail terminé, sans que l'on s'inquiète du procédé qu'ils ont employé ; aussi ces ouvriers ne veulent-ils jamais avoir recours à une méthode qui leur fait subir des pertes sensibles pour eux.

594. *Autre méthode par équarrissement.* — Cette seconde méthode présente une très-grande analogie avec celle que nous avons donnée au numéro 573, relativement à la taille des voussoirs de la voûte conique verticale.

On devra d'abord projeter le voussoir que l'on se propose de tailler sur le plan méridien qui le divise en deux parties symétriques, ainsi qu'on le voit dans la figure 241. Cela fait, on commencera par tailler un prisme droit ayant pour base le panneau de projection verticale $M'N'P'p'q'm'$, et dont la longueur soit égale à nn_1, après quoi on portera sur les arêtes de ce prisme les longueurs Sm, UM, VN, et VN_1, Xq, Yp et Yp_1, ZP et ZP_1; on marquera encore sur les deux bases les deux points (n, n') et (n_1, n'_1); ce qui fournira quatre points pour chacun des plans verticaux nP et n_1P_1, c'est-à-dire quatre droites sur lesquelles on pourra se guider pour tailler ces deux faces planes. Dès que ces dernières seront taillées, on tracera le contour des joints montants, au moyen d'un panneau découpé sur la section méridienne principale $M'Q'q'm'$. Enfin, sur les faces horizontales $q'p'$ et $M'N'$, on indiquera les arcs de cercle pqp_1 et NMN_1.

On effectuera alors la taille du joint conique supérieur, dont on connaît les deux génératrices extrêmes $(Pp, P'p')$, $(P_1p_1, P'p')$, et une directrice $(pqp_1, p'q')$, en employant pour cela une simple règle que l'on fera glisser sur la directrice et qui devra toujours converger avec les deux arêtes extrêmes. Cette opération ne devra être confiée qu'à un ouvrier intelligent qui, pour vérifier son travail, pourra voir s'il peut y appliquer exactement un carton flexible découpé suivant le développement du joint conique. Lorsque ce carton coïncidera avec la face concave taillée, il ne restera plus qu'à tracer sur cette face l'arc $(PQP_1, P'Q')$, en suivant pour cela le bord inférieur du panneau.

Le joint conique inférieur s'exécutera de la même façon, en se servant, comme directrice, de l'arc $(nmn_1, m'n')$ déjà tracé, et du panneau de développement correspondant, lequel panneau permettra d'indiquer l'arc de cercle $(NMN_1, M'N')$.

Il ne restera plus alors qu'à tailler la douelle sphérique, en employant pour cela une cerce découpée suivant le cintre de la voûte, cerce que l'on fera glisser sur les deux arcs parallèles $(PQP_1, Q'P')$, $(NMN_1, M'N')$. On devra avoir soin, en déplaçant cette cerce, qu'elle passe toujours par des points de repère déterminés à l'avance, et obtenus par la division de chacun des deux arcs en un même nombre de parties égales.

Cette seconde méthode de taille, bien que ne présentant pas les inconvénients de la précédente, est cependant bien moins exacte, quant aux résultats qu'elle fournit. Aussi lui préfère-t-on généralement celle dite *par l'écuelle*, mise en pratique pour la première fois par l'architecte J.-B. de La Rue, et qu'il a donnée dans son *Traité de la coupe des pierres*, publié en 1728 (*).

595. *Méthode par l'écuelle.* — Si l'on joint (fig. 239) le point K au point H et le point N au point I, on obtient deux droites KH et NI qui sont évidemment parallèles et qui par conséquent sont situées dans un même plan ; de plus, elles sont les deux bases d'un trapèze KHIN dont KN et HI sont les deux autres côtés, et dont KI est l'une des diagonales. Mais ce trapèze est la projection d'un autre trapèze dont les quatre sommets sont situés sur l'intrados de la voûte sphérique.

Il est indispensable, avant tout, de connaître la véritable longueur de chacun des côtés qui forment ce trapèze, ainsi que de la diagonale qui aboutit aux sommets (K, K') et (I, I'). Or le côté qui unit le sommet (N, N') au sommet (I, I'), étant horizontal, est évidemment égal à sa projection horizontale NI ; il en est de même pour le côté opposé, lequel est égal à sa projection horizontale KH ; quant aux deux autres côtés, ils sont égaux et ont pour vraie longueur la distance du point K' au point N', c'est-à-dire la corde de l'arc K'N' ; enfin la diagonale a pour véritable longueur l'hypoténuse Iy d'un triangle rectangle IyK, construit sur IK comme base, et dont la hauteur yK est

____

(*) Une troisième édition de ce traité a paru en 1858.

égale à m'I', c'est-à-dire à la différence de hauteur des points (K, K') et (I, I'), au-dessus du plan horizontal.

Cela posé, après avoir dégauchi l'une des faces du bloc de pierre que l'on a choisi, on y construit un trapèze identique à celui dont nous venons de parler, ce que l'on fera de la manière suivante :

On tracera d'abord une droite ab (fig. 242) égale en longueur à KH ; puis, du point a comme centre, avec une ouverture de compas égale à Iy, on décrira l'arc uv ; ensuite, du point b comme centre, avec un rayon égal à la corde de l'arc K'N', on décrira le second arc xz, lequel rencontrera le premier en un point c ; par ce point c, on mènera une parallèle cd à ab, sur laquelle on prendra une longueur cd égale à NI ; enfin, on joindra le point d au point a. Le trapèze étant dès lors construit, on fera passer une circonférence par ses quatre sommets a, b, c, d, dont le centre o sera au point de rencontre des perpendiculaires ro et so élevées sur les milieux r et s des côtés dc et da.

Supposons que les constructions que nous venons d'indiquer aient été effectuées sur l'une des faces d'une pierre, ainsi qu'on le voit sur la figure 243. Alors on creusera la pierre dans tout l'intérieur de la circonférence $N_1 I_1 II_1 K_1$, en donnant à la concavité la forme d'une calotte sphérique, ou sorte d'*écuelle*, ayant le même rayon que la voûte sphérique. Pour obtenir ce résultat, on se servira d'une cerce découpée suivant le cintre de la voûte, en ayant soin que cette cerce s'appuie continuellement sur les bords de la circonférence $N_1 I_1 II_1 K_1$, que son plan soit toujours maintenu perpendiculaire au plan de la circonférence, et que, dans chacune des positions qu'on lui donnera, elle passe par deux points de repère marqués à l'avance aux extrémités d'un même diamètre, tels que les points e et f, g et h.

Lorsque cette écuelle sera terminée, c'est-à-dire lorsque

la cerce coïncidera bien avec elle dans chacune de ses positions, on tracera dans cette écuelle le contour véritable de la douelle du voussoir. A cet effet, on découpera une cerce suivant la courbure du cintre de la voûte ; puis, après en avoir taillé le bord curviligne en biseau, pour obtenir une plus grande précision, on l'appliquera dans l'écuelle, de manière qu'elle coïncide parfaitement avec elle et qu'elle s'appuie exactement sur les points I_1 et H_1, après quoi on tracera l'arc $I_1 H_1$. Avec la même cerce, et par des moyens semblables, on tracera l'arc $N_1 K_1$. Enfin, avec d'autres cerces découpées sur les parallèles NI, KH, cerces que l'on aura soin de biseauter suivant leurs bords curvilignes, on marquera les arcs $N_1 I_1$, $K_1 H_1$.

Le contour de la douelle étant dès lors parfaitement indiqué, on exécutera la taille des joints de lit ou coupes, et des joints montants. A cet effet, on se servira pour tous ces joints d'un seul et même beuveau dont l'une des branches sera curviligne, tandis que l'autre sera rectiligne. La branche curviligne *ab* (fig. 244) sera découpée suivant un grand cercle de la sphère qui forme l'intrados de la voûte, c'est-à-dire suivant le cintre A'K'C'B' ; quant à la branche rectiligne, elle sera fixée sur la branche curviligne, de telle sorte que son bord *bc* soit perpendiculaire à la tangente qui serait menée par le point *b* au bord curviligne *ab*. Pour employer ce beuveau, on appuie la branche courbe dans l'écuelle taillée, en ayant soin que le plan formé par les deux branches du beuveau soit toujours perpendiculaire au contour de la douelle.

On abattra donc la pierre le long des quatre arcs de cercle qui forment le contour de la douelle : on formera ainsi quatre nouvelles faces (faces de joint), qui devront coïncider avec la branche rectiligne du beuveau appliqué comme il vient d'être dit.

Quant à l'extrados, ainsi que nous l'avons déjà fait remarquer, on se contente de l'ébaucher grossièrement.

596. *Méthode par panneaux de douelle.* — Cette méthode
a été imaginée par le P. Derand, jésuite, qui l'a exposée
dans son *Architecture des voûtes*, publiée en 1643. Elle n'est
applicable que lorsque le rayon de la voûte est un peu
considérable, c'est-à-dire lorsque ses dimensions sont de
6 à 7 mètres ; dans ce cas elle est très-avantageuse, attendu qu'elle est beaucoup plus simple que les précédentes, et qu'elle présente plus de précision que l'emploi des
cerces, lesquelles laissent toujours une certaine incertitude
dans le tracé de la douelle au fond de l'écuelle.

Cette méthode est fondée sur ce que, dans l'hypothèse
d'un grand rayon, les arcs de méridien, tels que $K'N'$, qui
déterminent la hauteur de la douelle de chaque assise, diffèrent très-peu de leurs cordes ; en sorte que l'on peut considérer, sans erreur appréciable, la douelle de chaque assise
comme étant une portion de cône de révolution qui aurait
son sommet sur l'axe de la voûte, et qui serait engendré
par la corde de l'arc de méridien correspondant à l'assise
considérée.

Or on sait qu'un cône est développable ; par conséquent,
si nous prolongeons la corde $P'S'$ jusqu'au point V' où elle
rencontre l'axe de la voûte sphérique ; si, en outre, de ce
point V' comme centre, avec $V'P'$ et $V'S'$ pour rayons, nous
décrivons les arcs de cercle $P'z$ et $S'x$; si enfin, sur ces arcs
de cercle, nous prenons des longueurs respectivement
égales à Pv et Su, nous obtiendrons un panneau $P'zxS'$ qui
sera le développement de la douelle projetée horizontalement sur $PSuv$.

Le panneau de douelle ayant été construit comme nous
venons de l'indiquer, on l'applique dans l'écuelle (fig. 243)
taillée comme nous l'avons dit ; on appuie sur ce panneau

de façon qu'il coïncide avec l'écuelle et que ses quatre
sommets se trouvent bien aux points N_1, I_1, H_1, K_1, indiqués
à l'avance sur le cercle *ehfg* qui limite l'écuelle. On pourra
dès lors tracer d'un seul coup le contour de la douelle ;
après quoi l'on achèvera la taille du voussoir comme nous
l'avons expliqué dans le numéro précédent.

Voûte en tour ronde.

597. La *voûte en tour ronde* ou *berceau tournant* est
une voûte semi-annulaire dont l'intrados est formé par la
révolution du demi-cercle A'M'B' (fig. 281) autour de l'axe
vertical OZ situé dans son plan, mais en dehors de lui. Ce
genre de voûte est employé pour couvrir une galerie ou
un passage circulaire. Les murs entre lesquels sont compris
la galerie sont cylindriques et concentriques, et servent de
pieds-droits au berceau tournant ; de plus ils ont le même
axe que ce dernier, et leurs traces horizontales sont des
cercles.

Dans notre épure, le plan vertical représente, non pas
une projection, mais une coupe faite suivant A'B'.

Pour diviser cette voûte en voussoirs, on partage le demi-
cercle A'M'B' en un certain nombre impair de parties égales ; puis, par les points de division, on abaisse des perpendiculaires sur A'B' ; par les pieds de ces perpendiculaires
on fait passer des circonférences ayant toutes leurs centres
au même point O, pied de l'axe de la voûte : ces circonférences seront les projections horizontales des lignes qui
servent d'arêtes aux joints de lit de la voûte.

Les joints de lit seront formés par des surfaces coniques
dont les sommets seront sur l'axe de la voûte. Seulement,
ces sommets seront au-dessus ou au-dessous du plan de
naissance, selon que le joint considéré sera entre l'axe et

la verticale Q'V' ou bien au delà de cette verticale par rapport à l'axe.

Quant aux joints montants, ils seront formés par des plans verticaux passant tous par l'axe de la voûte.

598. *Tracé et taille des voussoirs.* — Ces deux opérations s'effectuent par l'une ou l'autre des deux méthodes exposées aux numéros 593 et 594. La méthode par l'écuelle n'est pas applicable, pas plus que celle par panneaux de douelles.

Voûte elliptique de révolution.

599. La *voûte elliptique de révolution* est une voûte dont l'intrados est une surface engendrée par une ellipse tournant autour de son grand axe, lequel est horizontal et situé dans le plan de naissance. Ce genre de voûte sert à recouvrir un espace dont le plan offre deux dimensions inégales, c'est-à-dire une salle ayant une forme elliptique.

La voûte elliptique de révolution peut s'appareiller de deux manières.

600. PREMIER MODE D'APPAREIL. — Soit ABCD l'ellipse de naissance (fig. 245) dont le grand axe est BD et dont le petit axe est AC; faisons-la tourner autour de son grand axe BD, de manière à engendrer la surface d'intrados. Il est clair que la section faite dans cette surface par un plan vertical conduit par le petit axe AC sera une demi-circonférence A'V'C'. Quant à la surface d'extrados, on la formera avec un autre ellipsoïde semblable au premier, et engendré par la révolution autour de BOD d'une ellipse EFGH dont les demi-axes OF et OE seront proportionnels aux demi-axes OB et OA de l'ellipse d'intrados.

Pour obtenir cette proportionnalité, voici comment l'on opérera : après avoir fixé le point E de façon que la distance AE soit suffisamment grande, on conduira par ce point E une droite EF parallèle à AB ; on formera ainsi deux triangles OAB et OEF qui seront évidemment semblables, et l'on aura bien

$$\frac{OB}{OF} = \frac{OA}{OE}.$$

Il résulte de cette proportionnalité que l'épaisseur du pied-droit est plus grande aux sommets B et D qu'aux sommets A et C, ce qui est d'ailleurs une condition essentielle à cause de la poussée latérale qui est plus considérable dans le sens du grand axe, c'est-à-dire dans le sens où la voûte est surbaissée.

601. Les surfaces de joint devant toujours être perpendiculaires à la surface d'intrados, on formera les coupes ou joints de lit au moyen de plans méridiens de la surface d'intrados, c'est-à-dire au moyen de plans passant par le grand axe (DB, O') de la voûte : tels sont sur la figure les plans M'O'O, N'O'O, P'O'O, etc., ces plans devant d'ailleurs diviser la demi-circonférence A'M'V'C' en un nombre *impair* de parties égales. Il est facile de voir que tous ces plans méridiens couperont la surface d'intrados suivant des ellipses identiques avec l'ellipse de naissance ABCD, mais dont les projections horizontales auront un petit axe différent de celui de cette dernière ellipse, tout en ayant le même grand axe. Les points M, N, P, etc., extrémités des petits axes det outes ces ellipses, se détermineront en abaissant, des points M', N', P', etc., des perpendiculaires sur AC.

Ces mêmes plans méridiens, ou plans de joint, couperont aussi la surface d'extrados suivant des ellipses identiques avec l'ellipse EFGH, mais dont nous n'avons pas déterminé les projections horizontales sur notre plan, qui représente la voûte vue en dessous. Du reste, comme il est excessivement rare que l'on taille exactement la surface d'extrados, il n'y a pas lieu de se préoccuper de la détermination de ces projections.

602. Occupons-nous actuellement de déterminer les joints d'assise ou joints montants. A cet effet, on commencera par diviser la demi-ellipse de naissance BAD en un certain nombre *impair* de parties égales, et par les points de division on mènera des normales Ii, Kk, etc., à cette demi-ellipse, lesquelles normales, en tournant avec l'ellipse ABCD autour du grand axe BD, engendreront des cônes de révolution qui seront perpendiculaires à la surface d'intrados, et qui seront en outre les surfaces de joints montants. Afin d'obtenir une plus grande liaison, on devra interrompre ces surfaces de joint de deux en deux méridiens, ainsi que le fait voir notre épure, et intercaler entre chacun d'eux d'autres joints coniques formés par la révolution des normales menées par les milieux des arcs AI, IK.

On remarquera que si l'on prolongeait les coupes jusqu'aux sommets B et D de la surface d'intrados, il y aurait en ces points des parties trop aiguës qui ne manqueraient pas de rompre lors du tassement de la voûte. Pour obvier à ce grave inconvénient, on arrête les coupes au parallèle ou cercle (KL, K′v′L′), et l'on forme la portion de la voûte qui se trouve comprise entre ce parallèle et le sommet, d'une seule pierre qui joue le rôle de *trompillon* (n° 578).

603. *Tracé et taille des voussoirs.* — Le tracé et la taille des voussoirs ne présentent aucune difficulté nouvelle. On les exécute en employant la méthode par équarrissement que nous avons expliquée au numéro 593 ; seulement, on prendra pour base du prisme dans lequel doit se trouver compris le voussoir que l'on considère, le plus grand panneau sur lequel se projette ce voussoir. Ainsi, si nous supposons que l'on veut tailler le voussoir qui a pour douelle NPSR, on taillera d'abord un prisme ayant pour base le panneau $n'p'$S'R' et pour longueur la distance qui sépare le parallèl e NP du parallèle rs.

Les deux joints plans ou joints de lit seront tracés au moyen d'un même panneau levé sur la section méridienne horizontale EAIi; les joints coniques ou joints montants se tailleront comme toutes les surfaces coniques, c'est-à-dire au moyen d'une règle que l'on fera porter sur des points de repère convenablement choisis; enfin la douelle s'exécutera avec une cerce découpée sur l'arc d'ellipse AI, et qui devra toujours s'appuyer sur les arcs de cercle qui limitent la douelle dans le sens parallèle à l'équateur AC.

Quant au trompillon, on exécutera d'abord un prisme ayant pour base le quadrilatère KLlk et pour hauteur la distance kx; puis, après avoir tracé sur la base inférieure de ce prisme l'arc d'ellipse KBL, et sur la face plane antérieure KL le demi-cercle K'v'L', on creusera la douelle au moyen d'une cerce découpée suivant l'arc KB, en ayant soin que cette cerce passe toujours par le point B, sommet de la voûte. Le joint conique se taillera en se servant d'un beuveau analogue à celui représenté dans la figure 244, et construit suivant le contour kKBL. La branche courbe de ce beuveau devra coïncider avec la douelle précédemment creusée, et la branche rectiligne avec le joint conique que l'on se propose d'exécuter.

604. Si l'on se place au point de vue de la règle générale qui dit que les surfaces de joint doivent toutes être normales à la surface d'intrados, il est clair que le mode d'appareil que nous venons de décrire ne laisse absolument rien à désirer, surtout s'il s'agit d'une voûte ayant des dimensions assez restreintes. Mais, si la voûte atteint des proportions considérables, ce mode d'appareil présente de graves inconvénients qui empêchent de le mettre en pratique. Ces inconvénients sont de deux natures : les uns découlent immédiatement des règles du bon goût, lesquelles veulent que les lignes d'appareil concourent par leur forme et leur position à donner à la voûte un galbe gracieux à l'œil sans pour cela dénaturer, quant à l'aspect, la courbure de cette voûte ; les autres inconvénients sont subordonnés aux lois de la résistance des matériaux. Examinons tous ces inconvénients.

D'abord, la convergence rapide des arêtes de douelle des coupes, vers les deux points situés aux extrémités du grand axe, présente un aspect qui ne fait nullement sentir au spectateur la forme elliptique de la voûte, forme qui est pourtant l'une des plus gracieuses. Cet inconvénient se manifeste surtout pour les arêtes qui passent par les points les plus élevés de la voûte. Là, en effet, elles paraissent être rectilignes et ne contribuent par cela même en aucune façon à donner à la voûte son aspect véritable ; d'un autre côté, le nombre de ces lignes devant être assez considérable pour que, vers l'équateur, les voussoirs n'aient pas un volume trop grand, il en résulte que vers les deux trompillons les voussoirs ont une trop faible épaisseur pour résister à la charge, tandis que les voussoirs les plus volumineux se trouvent situés dans la partie la plus élevée, ce qui produit à l'œil un effet désagréable et choquant.

Les désavantages que nous venons de signaler ont décidé la plupart des constructeurs à n'employer que fort rarement, et seulement lorsque la voûte a de petites dimensions, le mode d'appareil qui vient d'être décrit. On préfère généralement appareiller les voûtes elliptiques par assises horizontales, ainsi qu'on le fait pour les voûtes sphériques. Voici alors comment il convient d'opérer.

605. Deuxième mode d'appareil. — Soit ABCD (fig. 246) l'ellipse de naissance, laquelle, en tournant autour de son grand axe BD, engendre la surface d'intrados de la voûte. Imaginons un plan vertical passant par le petit axe de cette ellipse : ce plan coupera la surface d'intrados suivant un demi-cercle projeté verticalement sur A'V'B'. Quant à la surface d'extrados, afin que la voûte ait plus d'épaisseur vers ses naissances que vers sa clef, on la formera avec un ellipsoïde également de révolution, mais dont l'axe de rotation, tout en étant situé dans le même plan horizontal que l'axe BD, se trouvera placé un peu au-dessous de ce dernier. Il résultera de là que le centre de ce nouvel ellipsoïde se projettera horizontalement au point O, et verticalement en un point o' situé au-dessous du point O'; de plus, son équateur sera sur le plan vertical un cercle I'V"J', lequel cercle sera limité par les parties horizontales E"I' et J' G" du mur cylindrique qui entoure la salle que doit couvrir la voûte (*).

Quant à ce mur, ses deux parements seront des cylindres verticaux ayant pour bases les ellipses semblables ABCD et EFGH.

Nous avons dit tout à l'heure (n° 600) que pour que deux ellipses concentriques soient semblables, il suffit que les droites DC et HG, qui joignent deux à deux les extrémités de leurs axes, soient parallèles.

606. Les données de la question étant ainsi posées, on

(*) La partie de la projection horizontale qui se trouve au-dessus de EG est la projection de la voûte vue en dessous ; l'autre partie, celle qui est en dessous de EG, est la projection de la voûte vue en dessus. Il résulte de là que les lignes qui sont en traits pleins sur la première partie seront en traits ponctués sur la seconde, et réciproquement.

commencera par partager le demi-cercle A'V'B' en un nombre *impair* de parties égales, puis l'on mènera par les points de division des plans horizontaux tels que K'L', M'N'. Ces plans couperont l'intrados suivant des ellipses qui se projetteront en vraie grandeur sur le plan horizontal, et dont les petits axes seront les longueurs KL, MN, etc. Toutes ces ellipses seront d'ailleurs semblables à l'ellipse de naissance ABCD et auront le même centre O. Donc, pour les tracer, il suffira (n° 600) de conduire par les points L et N des parallèles à DC, ce qui fera connaître les extrémités de leurs grands axes. On sait, en effet, que pour tracer une ellipse il n'y a besoin de connaître que ses deux axes, attendu qu'il est facile alors de déterminer les foyers.

607. Les joints de lit ou coupes sont formés de cônes ayant leurs sommets sur la verticale du point O, et ayant pour bases les différentes ellipses que nous venons de tracer. On devra bien se garder de placer ces sommets au centre même de l'ellipsoïde, attendu que s'il en était ainsi, les génératrices de ces cônes seraient bien normales à la section principale A'V'C' de l'intrados, mais seraient loin de l'être à la section verticale OB perpendiculaire à la première. Il résulterait évidemment de là que les voussoirs présenteraient des angles d'autant plus aigus qu'ils seraient plus rapprochés de OB. On a donc coutume de rendre les génératrices de ces cônes perpendiculaires à une certaine section OR comprise entre les sections OA et OB : de cette manière on évite que les angles extrêmes soient très-différents de 90 degrés. Voici alors comment il importe d'opérer.

On remarquera d'abord que tous les plans conduits par la verticale du point O coupent l'ellipsoïde d'intrados suivant des ellipses qui ont un axe commun (O, O'V'), et que les tangentes à toutes ces ellipses, aux points où elles sont rencontrées par une même arête de douelle K'L', vont rencontrer la verticale O en un même point. Par conséquent, si par le point K' on mène la tangente K'Q' au cercle A'V'C', et si, après avoir ramené le point (P, P') en (P₁, P'₁) sur le plan vertical, on trace la droite P'₁Q', cette droite sera la tangente à l'ellipse projetée sur OPA, conduite par le point (P, P'), le tout ramené dans le plan vertical de projection.

Cela posé, on divisera l'angle P'₁Q'K' en deux parties égales par la bissectrice Q'R'₁; par le point R'₁ de cette bissectrice, on élèvera sur R'₁Q' la perpendiculaire R'₁s', et le point (O, s') sera le sommet du cône qui devra former le joint de lit passant par l'arête de douelle (KP, K'P'). Quant au point (R₁, R'₁) on le ramènera au moyen d'un arc de cercle dans sa véritable position (R, R'), sur l'ellipse KRP à laquelle il appartient. On obtiendra ainsi la section verticale OR de l'ellipsoïde, à laquelle section la génératrice du joint conique est véritablement normale (*). Quant à l'inclinaison de cette génératrice, relativement aux autres sections verticales, elle sera très-faible et elle atteindra son maximum pour les sections OA et OB, où elle sera égale au demi-angle R'₁Q'K'.

Les sommets (O, s'₁), (O, s'₂) des autres joints coniques se détermineront exactement de la même manière.

Tous les joints coniques couperont la surface d'extrados suivant des ellipses qui seront semblables à l'ellipse ABCD, ellipses qui se projetteront horizontalement en vraie grandeur et verticalement suivant des parallèles à la ligne de terre. Pour les tracer on opérera comme nous l'avons déjà dit, c'est-à-dire que pour celle qui par exemple se projette

(*) Bien que cette génératrice soit perpendiculaire à la section verticale OR au point R, il ne faut pas croire qu'elle le soit à la surface elle-même, attendu que, pour que cela eût lieu, il faudrait qu'elle le fût aussi à la tangente en R à l'ellipse KRP, ce qui ne peut pas être, puisqu'elle passe par la verticale du point O.

verticalement sur $k'p'l'$, on mènera les lignes de rappel $k'k$, $l'l$, et par le point l on conduira une parallèle à CD. On connaîtra dès lors les deux axes.

608. Occupons-nous actuellement de déterminer les joints montants, et pour cela considérons ceux qui appartiennent à la seconde assise, en partant du plan de naissance. On les déterminera au moyen de plans verticaux perpendiculaires à l'ellipse de naissance ABCD, ou mieux, ainsi que cela a lieu sur notre épure, au moyen de plans verticaux Ux, Tr, etc., perpendiculaires à l'ellipse $abcd$, cette ellipse étant l'intersection de l'intrados avec un plan horizontal $a'b'c'd'$ mené par le point a', milieu de l'arc K'M'. Cette ellipse, semblable à l'ellipse ABCD se construira comme nous l'avons dit précédemment.

Ces plans de joints couperont l'intrados suivant des arcs d'ellipse X'b'U', R'c'T', pour chacun desquels on déterminera au moins trois points, lesquels points seront fournis par la rencontre des traces horizontales de ces mêmes plans de joints avec les ellipses MUT, abc et KXR. Les mêmes joints couperont l'extrados suivant d'autres arcs d'ellipse, et les joints coniques suivant des arcs dont la courbure sera d'ailleurs très-faible.

Pour la troisième assise, on adoptera comme plans de joints montants, des plans verticaux perpendiculaires à l'ellipse fgh qui résulte de l'intersection de l'intrados avec un plan horizontal mené par le point f' milieu de l'arc M'Y'. On fera de même pour les autres assises.

609. Dans la voûte sphérique, les panneaux de joints montants sont tous égaux pour une même assise. Il n'en est plus de même pour la voûte elliptique : aussi est-on obligé de les déterminer tous séparément. A cet effet, sur une ligne indéfinie AB (fig. 247), on prend des distances xX, xb, xu, xU, respectivement égales aux distances marqées des mêmes lettres sur la projection horizontale de la figure 246 ; on élève les perpendiculaires xx', bb', uu', UU', sur lesquelles on prend des longueurs égales aux hauteurs des points correspondants au-dessus du plan horizontal $K'L'$. (fig. 246) On pourra dès lors tracer le contour $x'Xb'U'u'$ qui sera le panneau de tête du joint montant Ux. En procédant de la même manière par le joint Tr, on se procurera son panneau de tête $r'Rc'T't'$, qui sur la figure 247 se trouve placé à droite du premier panneau, à une distance quelconque.

610. *Tracé et taille des voussoirs.* — Adoptons comme exemple le voussoir qui a pour projection horizontale le quadrilatère curviligne $UTrx$ et pour projection verticale le contour $X'R'T't'u'x'$. On commencera par équarrir un prisme droit ayant une base $ABCD$ (fig. 248) égale au quadrilatère $UTrx$, et dont la hauteur soit égale à la distance des deux horizontales $K'L'$, $u't'$.

Cela fait, on appliquera sur les faces latérales de ce prisme les panneaux de tête correspondants. Ensuite, avec une règle flexible, on tracera l'arc U_1T_1, ainsi que celui qui aboutit au point x_1, dans les cylindres concave et convexe de la pierre ; puis, avec des cerces découpées sur la projection horizontale, on décrira les arcs d'ellipse X_1R_1, u_1t_1, ce qui déterminera toutes les coupes.

Le joint conique supérieur s'exécutera en promenant une règle sur les deux courbes u_1t_1 et U_1T_1, de manière qu'elle passe par des points de repère marqués d'avance ; ces points s'obtiendront en conduisant par le point O (fig. 246) différents rayons qui coupent les ellipses UT, ut. Le joint conique inférieur se taillera d'une manière tout à fait analogue. Quant à la douelle, on se servira pour la tailler de trois cerces découpées suivant les arcs d'ellipses UT, bc, XR de la figure 246, avec le

soin de les appuyer sur les points correspondants des courbes X_1U_1, R_1T_1, et de les maintenir dans une position horizontale, ce qui est bien suffisant.

611. Quant à la clef de la voûte, on marquera d'abord sur
les deux faces opposées et parallèles de la pierre, les deux
ellipses d'intrados et d'extrados ; on taillera ensuite le tronc
de cône qui forme le contour de cette clef ; puis on creusera
la douelle, en employant pour cela trois cercles découpés
suivant les ellipses contenues dans les plans verticaux
OA, OB et un troisième compris entre ces deux-ci. La première de ces ellipses n'est autre chose que le cercle $A'V'C'$;
la seconde est identique à l'ellipse méridienne ABCD ;
quant à la troisième, celle qui par exemple est comprise
dans le plan vertical OR, on la déterminera facilement.

612. Il arrive quelquefois que les deux axes OA et OB
de l'ellipse de naissance sont très-différents l'un de l'autre,
et que les cônes qui servent à former les joints de lit se
trouvent par cela même très-obliques par rapport aux sections extrêmes OA et OB, malgré la précaution que l'on
prend de rendre leurs génératrices perpendiculaires à une
section intermédiaire OR. On peut alors former chacun de
ces joints avec plusieurs surfaces coniques différentes.
Ainsi, pour le joint qui passe par l'ellipse KRPL, après
avoir tracé les trois droites $Q'K'$, $Q'R'_1$, $Q'P_1'$, on leur mènera des perpendiculaires par les points K', R'_1, P'_1, lesquelles iront rencontrer la verticale O en trois points qui
seront les sommets de trois cônes dont le premier servira
de Z en X, le second depuis X jusqu'en Q, et le troisième
de Q en q. La figure 249 fait comprendre la disposition
d'un joint ainsi formé, et montre que chaque voussoir est
pourvu d'angles rentrants, ce qui offre, il est vrai, une difficulté au point de vue de l'exécution ; mais cet inconvé-

nient est encore préférable à celui qui résulte d'angles trop
aigus.

615. Les voûtes elliptiques, ainsi que les voûtes sphériques, appareillées par assises horizontales, peuvent se
maintenir dans un parfait état d'équilibre, sans que pour
cela la voûte soit complète, c'est-à-dire sans qu'il soit nécessaire qu'on l'élève jusqu'à la clef, pourvu toutefois que
chacune des assises qui subsistent soit achevée dans tout
son pourtour. Aussi arrive-t-il souvent que l'on supprime
la clef et même plusieurs assises voisines de celle-ci, afin de
ménager une ouverture destinée au passage de la lumière
extérieure.

De la pose et du ravalement des voûtes sphériques et en sphéroïde.

614. *De la pose des voûtes sphériques.* — Pour poser les
voûtes sphériques, on installera un certain nombre de
pièces de bois, dont la courbure sera moindre que celle
de l'intrados de la voûte, d'une quantité précisément
égale à l'épaisseur des couchis destinés à supporter les
voussoirs pendant la pose. Comme les assises de la voûte
sont courbes, et que les couchis sont droits, on devra
faire en sorte que les pièces de bois soient assez rapprochées, pour que l'on ne soit pas forcé de donner à ces
derniers une longueur trop grande. Toutes ces pièces de
bois cintrées seront autant que possible équidistantes et
seront soutenues dans leur partie inférieure par des étais
s'appuyant contre le mur cylindrique qui supporte la voûte ;
de plus, à leur partie supérieure, ils devront s'assembler
à tenons dans des mortaises pratiquées dans un poteau vertical placé au centre de la salle.

Il n'est pas nécessaire que la charpente ainsi formée soit

d'une grande solidité, attendu qu'une fois que la pose d'une assise est terminée, cette assise tient d'elle-même sur celles déjà posées, ainsi que nous l'avons dit dans le numéro précédent.

615. Afin de guider le poseur dans la pose des voussoirs, on placera un certain nombre de règles bien dressées, de telle sorte que leurs bords supérieurs se trouvent dans le plan de naissance de la voûte. Toutes ces règles auront l'une de leurs extrémités scellée dans le mur, et s'assembleront par l'autre extrémité dans le poteau vertical qui se trouve au centre de la salle. Lorsqu'elles seront en place, on marquera sur chacune d'elles, au moyen d'un trait, les projections horizontales des arêtes des douelles, ce qui se fera facilement au moyen de l'épure. Grâce à toutes ces règles, et aux traits qu'on y aura marqués, il sera possible, avec le secours d'un fil à plomb, de déterminer exactement la saillie des mêmes arêtes. Quant aux hauteurs de ces arêtes, on les obtiendra directement, en se servant pour cela d'une règle sur laquelle on aura indiqué ces hauteurs d'avance. Cette règle devra être tenue dans une position verticale, et s'appuyer par son bout inférieur sur les règles horizontales. Enfin, on vérifiera l'inclinaison des joints coniques, au moyen d'un inclinateur construit sur la projection verticale de l'épure, ainsi qu'il a été dit au numéro 530 ; après cela on exécutera le dérasement.

616. *De la pose des voûtes elliptiques.* — Le mode de pose des voûtes elliptiques ne diffère en rien de celui que nous venons de donner pour les voûtes sphériques. On remarquera seulement que les différentes pièces de bois cintrées qui forment la charpente, ont des courbures différentes : aussi chacune de ces pièces doit-elle être construite séparément.

617. *De la pose des voûtes annulaires.* — Quant aux voûtes annulaires, ou en tour ronde, on disposera d'un mur à l'autre, au niveau des naissances, des règles horizontales dirigées toutes vers le centre commun des deux circonférences de naissance. On marquera sur ces règles les projections horizontales des arêtes des douelles, ce qui servira à déterminer la saillie de chacune de ces arêtes, au moyen d'un fil à plomb. La hauteur des mêmes saillies s'obtiendra avec une règle, comme nous venons de l'expliquer (n° 615). Enfin, un inclinateur permettra de vérifier de distance en distance l'inclinaison des joints coniques ou joints de lit.

618. *Du ravalement.* — Le ravalement des voûtes sphériques et elliptiques demande une certaine attention pour être exécuté avec précision, précision qui doit être extrême lorsque, ainsi que cela a lieu le plus souvent, la voûte est appelée à recevoir une fresque.

On commencera par faire le ravalement du mur cylindrique sur lequel repose la voûte, en se conformant pour cela aux indications que nous avons fournies dans le numéro 452, en traitant du ravalement des murs cylindriques. Les rigoles verticales qui serviront à ce ravalement formeront naturellement des repères sur la courbe de naissance de la voûte, ce qui permettra de la retoucher, en se servant pour cela d'une cerce découpée suivant sa véritable courbure.

Cette retouche s'effectue plus commodément, en ce qui concerne du moins les voûtes sphériques, au moyen d'un simblot dont l'une des extrémités est fixée à une tige rigide placée au centre de la circonférence, et dont la longueur est égale au rayon de cette circonférence.

Cela fait, on prendra une forte règle dont on dressera avec

soin l'un des bords ainsi que l'une des faces, puis on la placera dans une position telle, que son bord dressé soit horizontal et dans le plan de naissance, et que sa face dressée, tout en étant verticale, passe par le centre de la voûte. Alors, au moyen d'un fil à plomb que l'on fera porter sur la règle, et au moyen des ordonnées du cintre de l'intrados de la voûte, ordonnées que l'on prendra sur l'épure, on déterminera des repères qui se trouveront tous situés dans le plan vertical qui passe par la règle. On réunira tous ces repères par une rigole, avec des cerces levées sur le cintre de l'intrados ; puis, dans le fond de la rigole on tracera par points la courbe qui résulte de l'intersection de l'intrados avec le plan vertical qui passe par la règle. Une fois cette rigole creusée, on changera la règle de position, tout en ayant soin qu'elle soit toujours dans le plan de naissance, sans cesser d'être verticale et de passer par le centre de la voûte ; puis, par les mêmes procédés que nous venons de décrire, on creusera une seconde rigole, au fond de laquelle on tracera la courbe correspondante. On creusera ainsi un certain nombre de rigoles, qui se croiseront toutes au sommet de la voûte.

Lorsque ce premier système de rigoles sera exécuté, on lèvera des cerces sur les projections horizontales des arêtes de douelle ; on les taillera en biseau, et en les faisant porter sur les courbes directrices qui se trouvent tracées au fond des rigoles du premier système, on retouchera les arêtes de douelle correspondantes. Il est clair que ces cerces devront être maintenues bien horizontales.

Si la voûte est sphérique, une même cerce peut servir dans toute l'étendue d'une même arête de douelle ; si, au contraire, la voûte est elliptique, il faudra des cerces de courbures différentes.

Toutes les arêtes de douelles étant rectifiées, on terminera le ravalement en se servant, pour chaque assise, de cerces découpées sur l'épure. La même cerce servira pour toute une assise, si la voûte est sphérique ; au contraire, si elle est elliptique, il en faudra une infinité, et encore ne pourra-t-on opérer que par tâtonnements.

619. Quant aux voûtes en tour ronde, on fera d'abord des rigoles, de distance en distance, de manière qu'elles soient dans des plans verticaux passant par l'axe des deux murs cylindriques qui portent la voûte. On cerclera ensuite les arêtes de douelle comme nous venons de l'indiquer pour les voûtes sphériques, c'est-à-dire au moyen de cerces levées sur les projections horizontales de ces arêtes ; puis on achèvera le ravalement avec d'autres cerces levées sur la courbe génératrice de l'intrados.

CHAPITRE II

Voûtes en cul-de-four.

620. Les *voûtes en cul-de-four* sont des voûtes dont l'intrados est un quart de sphère qui termine un berceau en se raccordant avec lui, ainsi qu'on le voit dans les figures 250 et 251.

Ces voûtes peuvent être appareillées de deux façons.

Premier mode d'appareil. — Le premier mode, le plus habituellement employé, consiste à partager la voûte en assises horizontales, comme il a été indiqué pour les voûtes sphériques. Seulement, on devra avoir soin que les assises du cul-de-four se raccordent avec celles du berceau. La figure 250 représente une voûte ainsi appareillée. Le tracé d'un tel appareil n'offrant aucune difficulté nouvelle, après ce qu'il a été dit sur les voûtes sphériques, nous nous contentons d'en donner l'épure.

621. *Second mode d'appareil.* — Les voûtes en cul-de-four peuvent encore être appareillées par assises verticales. Les arêtes de douelle de ces assises s'obtiennent alors en divisant le demi-cercle de naissance du cul-de-four ABC (fig. 251) en un nombre *impair* de parties égales, et en conduisant par les points de division des plans verticaux MN, PQ, RS. Ces plans déterminent dans la voûte des demi-circonférences M'D'N', P'E'Q', R'F'S' qui, sur le plan, vertical seront les projections des arêtes de douelle en question.

Les joints de lit sont formés par des cônes perpendiculaires à la voûte, ayant tous leurs sommets sur l'horizontale (OB, O'), et ayant en outre pour directrices les demi-circonférences M'D'N', P'E'Q', R'F'S'. Quant aux joints montants, ou joints d'assises, on les obtient en conduisant par l'axe OB des plans méridiens qui passent en même temps par des points obtenus en partageant le demi-cercle (AC, A'Z'C') en un certain nombre impair de parties égales. Cette seconde série de joints doit se raccorder avec les joints de lit du berceau.

622. Il arrive souvent qu'au lieu de faire raccorder immédiatement l'intrados du cul-de-four avec celui du berceau, on réunit ces deux voûtes par un *arc doubleau* ou saillie formée d'un cylindre ayant un rayon moindre que celui de chacune de ces voûtes ; mais cet arc saillant doit toujours être pris sur le berceau même et non sur le cul-de-four, à cause du mauvais effet que cela produirait. La figure 251 fait voir la position que doit occuper cet arc relativement aux deux voûtes.

Voûte en niche.

623. La *voûte en niche*, ou simplement *niche*, est une voûte dont l'intrados est formé d'un quart de sphère, de même qu'une voûte en cul-de-four. Ce qui la distingue de cette dernière, c'est qu'au lieu de faire suite à un berceau horizontal, elle est placée sur un demi-cylindre vertical, et se trouve habituellement pratiquée dans l'épaisseur d'un mur quelconque. Elle sert presque toujours à recevoir une statue, ou autre objet d'art, qui, pour une raison particulière, ne doit pas faire saillie sur la construction.

624. Les niches ne peuvent pas être appareillées par assises horizontales, pour des raisons de stabilité qu'il est bien facile de comprendre. Il faut employer des voussoirs d'une seule pièce qui convergent tous vers un point situé plus bas que leurs têtes.

Soient :

1° GH et IK les traces horizontales des deux faces d'un mur droit dans lequel on veut pratiquer une niche;

2° ABC la trace horizontale du demi-cylindre vertical sur lequel repose la voûte;

3° A′C′ la droite qui sert de trace verticale au plan de naissance;

4° A′V′C′ la demi-circonférence, égale à celle ABC, qui forme le cintre de face de la niche.

On partagera le demi-cercle A′V′C′ en un nombre impair de parties égales; puis, par les points de division, ainsi que par la droite (OB, O′), on mènera des plans qui détermineront dans la voûte des quarts de cercle. Pour avoir les projections horizontales de ces cercles, lesquelles sont évidemment des ellipses, on se servira de diverses sections parallèles au plan vertical. Ensuite on prolongera les joints sur le plan de tête suivant les droites M′T′, L′Q′, jusqu'à la recontre des horizontales qui séparent les assises du mur. Seulement, au lieu de prolonger les joints jusqu'au point O′, ce qui provoquerait en ce point des parties très-aiguës, on les limitera à la demi-circonférence D′P′E′, et le restant de la voûte sera formé d'une seule pierre ou trompillon. Ce trompillon sera un cylindre horizontal ayant pour directrice le demi-cercle D′P′E′.

Quant aux joints du lit, on se les procurera en faisant tourner les plans qui les contiennent autour du diamètre horizontal (OB, O′), ce qui revient à prendre les distances CT″=M′T′, CQ″=L′Q′ et à conduire par les points T″ et Q″ des perpendiculaires à AC.

625. *Tracé et taille des voussoirs.* Prenons pour exemple le voussoir qui est projeté sur M'T'R'Q'L'. On équarrira d'abord un prisme droit dont la base $uvT_2R_2Q_2$ (fig. 253) devra être égale au panneau de projection verticale. La face uvN_1P_1 de ce prisme sera une portion de cylindre que l'on taillera au moyen d'une règle ou mieux d'une équerre. Sur la base du prisme ainsi formé, on tracera l'arc L_2M_2 identique avec L'M', et sur le lit de dessus on marquera le contour $Q_2L_2P_2P_1Q_1$ avec un panneau découpé sur Q"CEE"q"; de même, sur le lit de dessous, on y tracera le contour du joint correspondant en se servant d'un panneau découpé sur T"CEE"t"; et dans la concavité du cylindre on réunira les deux points P_2 et N_2 par un arc de cercle que l'on tracera avec une règle flexible passant par ces deux points.

Le tracé étant dès lors complet, l'ouvrier exécutera facilement les faces planes de ce voussoir. Quant à la douelle, il la taillera en s'aidant d'une cerce découpée suivant le cercle ABC, et en ayant soin que cette cerce s'appuie toujours sur les arcs L_2M_2, P_2N_2, en des points de repère convenablement choisis, points que l'on obtiendra en partageant ces deux arcs en un même nombre de parties égales.

626. En ce qui concerne le trompillon, on taillera d'abord avec l'équerre un demi-cylindre dont la base $D_2P_2E_2$ (fig. 254) devra être égale au demi-cercle D'P'E'. Sur la face inférieure, on tracera la courbe D_2E_2 identique avec l'arc DBE, et l'on creusera la douelle en se servant d'une cerce découpée sur ABC, laquelle devra toujours s'appuyer sur l'arc de tête $D_2P_2C_2$ et passer par le point B_2, milieu de l'arc D_2E_2.

627. Il arrive souvent que l'on a à exécuter une niche dans un mur cylindrique. Le tracé de l'appareil n'offre aucune difficulté spéciale, et s'effectue comme celui d'une niche ordinaire. La seule différence qui existe provient de ce que les têtes de voussoir, au lieu d'être des surfaces planes, participent de la courbure du parement cylindrique du mur, dans lequel la niche est pratiquée.

LIVRE V

DE LA PÉNÉTRATION DES VOUTES

CHAPITRE I

DES VOUTES D'ARÊTE ET EN ARC DE CLOITRE.

Voûtes d'arête.

628. On donne le nom de *voûte d'arête* à une voûte
dont l'intrados est formé par la réunion des intrados de
deux voûtes en berceau qui se rencontrent, ces berceaux
ayant le même plan de naissance et la même montée, c'est-
à-dire la même hauteur sous clef (fig. 255).

Les cylindres d'intrados des deux berceaux se coupent
suivant deux courbes ou *arêtes* qui sont des courbes planes,
et qui par conséquent se projettent horizontalement suivant des lignes droites, lesquelles sont les diagonales du
parallélogramme formé par les parements intérieurs des
pieds-droits, pourvu toutefois que les deux berceaux soient
cylindriques ou elliptiques.

On voit, d'après ces définitions, que les cintres des deux
berceaux qui composent une voûte d'arête sont essentiellement dépendants l'un de l'autre, et que l'un étant donné
il faut en faire découler l'autre.

629. Soient donc deux berceaux qui se rencontrent, ainsi
que cela a lieu sur la figure 255. Sur A'B' comme diamètre,

décrivons une demi-circonférence A'L'B' qui sera le cintre principal de l'un des berceaux, puis menons les diagonales AC, BD, sur lesquelles devront se projeter les courbes d'intersection des deux berceaux.

Cela posé, on divisera la demi-circonférence décrite sur A'B' en un certain nombre impair de parties égales, et par les points de division on conduira des plans M'O'O, N'O'O, etc., qui passent par l'axe O'O du berceau. Ces plans, qui fourniront les joints, couperont l'intrados suivant des droites qui seront les arêtes de douelle, et qui se projetteront horizontalement sur des parallèles à l'axe O'O ; mais ces parallèles éprouveront une solution de continuité dans les angles AOD et BOC. Par les points tels que m et n, où ces projections rencontrent les diagonales, on conduira parallèlement à l'axe OO″ du second berceau, des droites telles que mM, et nN, qui seront les projections horizontales des arêtes des joints de coupe de ce second berceau. On observera encore que ces droites éprouveront aussi une solution de continuité dans les angles AOB et COD.

On prendra alors une ligne de terre A'₁D'₁, perpendiculaire à l'axe OO″, au-dessus de laquelle on portera les ordonnées u_1M'₁, v_1N'₁, x_1L'₁, etc., respectivement égales aux ordonnées uM', vN', xL'₁, etc., du cintre principal A'M'N'B', et par les points A'₁, M'₁, N'₁, L'₁, etc., on fera passer une courbe A'₁M'₁N'₁L'₁D'₁ qui sera le cintre principal du second berceau, et qui ici sera une demi-ellipse. Ensuite, par les mêmes points M'₁, N'₁, L'₁, etc., on conduira des droites perpendiculaires à la courbe A'₁M'₁N'₁D'₁, qui seront les traces verticales des joints de coupe du second berceau.

Pour construire ces normales, on s'appuiera sur la propriété des plans tangents. A cet effet, au point M' on mènera la tangente F'M' au demi-cercle A'M'B'; par le point F' où cette tangente rencontre A'B' prolongé, on conduira une parallèle F'f à l'axe O'O, qui viendra rencontrer en f la diagonale COA prolongée ; par le point f on fera passer une autre droite fF', parallèle à l'autre axe OO'', laquelle coupera en F'$_1$ la ligne de terre D'$_1$A'$_1$; enfin, on réunira les deux points F'$_1$, M'$_1$ par une droite qui sera la tangente en M'$_1$ au cintre principal du second berceau. Il n'y aura plus alors qu'à mener par le point M'$_1$ une droite M'$_1$$s$ perpendiculaire à cette tangente, et l'on aura la normale du point M'$_1$. On opérera de même pour les autres normales.

630. Quant aux joints montants, on les formera avec des plans perpendiculaires aux génératrices de chaque berceau, en ayant soin de les faire alterner de deux en deux assises, ainsi que l'indique notre épure. Dès lors, le polygone RNnN$_1$R$_1$$z$ sera la projection horizontale de l'un des arêtiers, c'est-à-dire de l'un des voussoirs contigu à la courbe d'arête AOC, et qui par conséquent fait partie à la fois des deux berceaux. Ce sont les seuls voussoirs dont nous nous occuperons spécialement en parlant de la taille, attendu que les autres, ne participant plus des deux berceaux à la fois, se tailleront comme ceux d'un berceau horizontal.

631. Si l'on veut extradosser régulièrement la voûte, voici comment l'on procédera. Après avoir déterminé, comme à l'ordinaire, la section droite G'R'Q'P'H'I' de l'extrados du premier berceau, on en fera découler la section droite du second berceau, ainsi que nous l'avons fait pour son cintre principal, c'est-à-dire que pour chacun de ses points tels que P'$_1$, on prendra une ordonnée y_1P'$_1$ égale à l'ordonnée correspondante yP' du premier berceau.

632. Occupons-nous actuellement de déterminer les projections horizontales des arêtes suivant lesquelles les plans de coupe rencontrent l'extrados. Il est clair qu'on les obtiendra en abaissant des extrémités de ces coupes des perpendiculaires P'_1y_1 et $P'y$ sur $A'_1D'_1$ et sur $A'B'$, et en conduisant par les points y_1 et y des droites y_1p et yp, respectivement parallèles à $O''O$ et $O'O$: ces droites seront les projections en question et se rencontreront en un point p, qui, joint au point n, fournira une droite pn, qui sera la projection de la droite suivant laquelle se coupent les joints $N'P'$ et $N'_1P'_1$ qui se correspondent dans chacun des deux berceaux.

653. Si l'on désirait connaître les deux arêtiers AOC et BOD, qui sont ici deux courbes identiques, par les points U, V, X, Y, etc., on élèverait des perpendiculaires UU_2, VV_2, XX_2, etc., respectivement égales à uM', vN', xL', etc., et par les points U_2, V_2, X_2 on ferait passer une courbe BU_2V_2D qui serait la courbe commune aux deux arêtiers.

634. *Tracé et taille des voussoirs.* — On commencera par équarrir un prisme droit dont la base *abcdef* (fig. 256) soit identique à la projection horizontale $RNnN_1R_1z$ du voussoir que l'on veut exécuter, et dont la hauteur soit égale à KP'_1. Sur la face antérieure on marquera le contour $S''T''M''N''P''Q''R''$ de la tête du voussoir au moyen d'un panneau levé sur le contour $S'T'M'N'P'Q'R'$ (fig. 255). De même, sur la face latérale $ee'd'd$, on tracera le contour $S'''T'''M'''N'''P'''Q'''R'''$ au moyen d'un panneau levé sur $S'_1T'_1M'_1P'_1Q'_1R'_1$, puis on tirera les horizontales $M''m''$ et $m''M'''$, $S''z'$ et $z'S'''$, $R''z$ et zR''', $N''n''$ et $n''N'''$, etc.

Cela fait, on taillera la douelle cylindrique qui passe par l'arc $M''N''$ en se servant d'une cerce, découpée suivant cet arc, que l'on promènera le long des deux droites $M''m''$ et $N''n''$, en les faisant passer par des points de repère marqués sur chacune de ces droites. On taillera de même la douelle du berceau elliptique, laquelle passe par l'arc $M'''N'''$, et vient rencontrer la douelle précédemment exécutée suivant une courbe $m''n''$ qui sera une portion de l'arêtier. Quant aux autres faces, qui sont des surfaces planes, elles se tailleront aisément.

635. REMARQUE. — Dans tout ce qui précède, nous avons supposé que les deux berceaux se rencontrent à angle droit ; mais cette rencontre peut s'effectuer sous un angle quelconque, ainsi qu'on le voit dans la figure 257, où les cylindres d'intrados se trouvent seuls représentés, sans que le mode d'appareil soit pour cela changé. Seulement, les deux arêtiers, au lieu d'être des courbes identiques, seront dissemblables ; de plus, les arêtes de douelle, au lieu d'être perpendiculaires entre elles, feront un angle égal à celui que font les deux berceaux en se rencontrant.

Voûte à double arêtier.

636. On appelle *voûte à double arêtier* une voûte dont les arêtiers sont tronqués par des pans coupés en forme de cylindres horizontaux, qui prennent naissance au sommet des pieds-droits et qui se réunissent au sommet de la voûte par une voûte plate ayant la forme d'un parallélogramme.

Pour faire l'épure, on commencera par opérer comme s'il s'agissait d'une voûte d'arête ordinaire ; puis on tracera un quadrilatère ABCD (fig. 258) ayant la forme d'un losange, dont les côtés seront respectivement parallèles diagonales EF, GH, ; ensuite on joindra les quatre sommets de ce losange aux sommets des pieds-droits, ce qui donnera les huit droites AG et BG, BF et CF, CH et DH, DE et AE, lesquelles seront les projections horizontales des doubles arêtiers de la voûte.

Cela fait, par les points où toutes ces droites rencontrent

les projections horizontales des arêtes de douelle des deux berceaux, on mènera des droites, telles que mm_1 et nn_1, qui seront les projections horizontales des arêtes de douelle des pans coupés. On remarquera que ces droites doivent être parallèles aux diagonales EF et GH, ou, ce qui revient au même, aux côtés du losange.

637. Les pans coupés opposés, tels que GAB et HCD, font partie d'un même cylindre, dont il sera facile de se procurer la section droite $g_2n_2m_2D_2h_2$, qui se compose de trois parties bien distinctes : l'une d'elles A_2D_2, au milieu, est droite, horizontale, comprise entre les côtés opposés AB, CD du losange ABCD, et raccorde les deux parties extrêmes A_2g_2 et D_2h_2, lesquelles sont identiques et se déduisent du cintre principal de l'un des deux berceaux.

638. Les joints de lit relatifs aux deux berceaux se détermineront comme nous l'avons dit (n° 629) pour la voûte d'arête ordinaire. Quant à ceux des pans coupés, on les obtiendra en menant par les points n_2, m_2, k_2, etc., des normales à la courbe de section droite $g_2O_2h_2$ et en conduisant par ces normales des plans qui contiennent les arêtes de douelle correspondantes.

639. L'intervalle projeté sur ABCD sera formé par une voûte plate que l'on pourra composer d'un seul voussoir, en forme de clef, si cet intervalle a de petites dimensions ; sinon on partagera la distance k_2i_2 en trois parties k_2A_2, A_2D_2, D_2i_2, dont les deux extrêmes soient égales, et celle du milieu déterminera la clef dont la douelle sera un parallélogramme $abcd$ entièrement plan, et dont les joints seront des plans légèrement inclinés sur la verticale, ainsi qu'il a été dit pour les voûtes plates. Il résulte de cette disposition que les voussoirs contigus à la clef auront une douelle en partie cylindrique et en partie plate.

640. *Tracé et taille des voussoirs.* — Le tracé et la taille des voussoirs ne présentent aucune difficulté nouvelle. On emploiera la méthode par équarrissement du numéro 634. La figure 259 représente le voussoir dont la douelle sur le pan coupé est projetée sur le quadrilatère $m\, n\, n_{,}m_{,}$.

641. Les voûtes à double arêtier présentent cet avantage de se tenir en équilibre, malgré la suppression d'une partie ou de la totalité de la voûte plate. Cet avantage a été mis à profit dans la construction des magasins aux eaux-de-vie de l'entrepôt des boissons de Paris, où les galeries qui composent ces magasins sont des voûtes à double arêtier, au sommet desquelles on a ménagé un soupirail pour le passage de la lumière.

Dans la voûte d'arête ordinaire, il n'est pas possible de supprimer la clef, laquelle est indispensable pour la stabilité de la voûte.

Voûte en arc de cloître.

642. La *voûte en arc de cloître* est, comme la voûte d'arête, le résultat de l'intersection de deux cylindres ayant leurs axes dans le même plan horizontal, qui est le plan de naissance, et ayant en outre la même hauteur sous clef. Seulement, tout en offrant ce point de ressemblance avec la voûte d'arête, elle en diffère en ce que les portions de génératrices que l'on conserve sont précisément celles que l'on supprime dans cette dernière.

Ainsi (fig. 260), ABCD étant une salle rectangulaire que l'on veut voûter, on adoptera pour surface d'intrados une surface formée de quatre parties appartenant deux à deux au même cylindre : les parties projetées horizontalement sur les triangles AOD et BOC feront partie d'un même cylindre ayant pour cintre principal la demi-circonférence

A′G′B′ ; les deux autres parties projetées sur AOB et COD appartiendront à un autre cylindre dont la section droite sera la courbe B′$_1$G′$_1$C′$_1$, le point G′$_1$ étant à la même hauteur au-dessus du plan de naissance que le point G′. Si on se reporte à la voûte d'arête, on voit que c'est le contraire qui a lieu.

Il résulte de cette nouvelle combinaison que les deux arêtes projetées sur AC et BD, au lieu d'être saillantes, comme dans la voûte d'arête, sont *rentrantes,* et que les voussoirs d'angle présentent une forme comparable aux mêmes voussoirs de la voûte plate représentée dans la figure 186, à part, bien entendu, la différence des douelles.

643. Quant au mode d'appareil de la voûte en arc de cloître, il ne diffère en rien de celui de la voûte d'arête : les coupes sont encore fournies par des plans passant par les génératrices des cylindres, et les joints montants, par des plans perpendiculaires à ces mêmes génératrices.

644. *Tracé et taille des voussoirs.* — Le tracé et la taille des voussoirs d'angle, les seuls qui présentent une certaine difficulté, s'effectueront comme nous l'avons indiqué au numéro 634 pour les voussoirs d'angle de la voûte d'arête.

645. Il est bien évident qu'un seul des cintres principaux des deux berceaux peut être choisi arbitrairement et que, ce choix fait, on doit en déduire le second cintre, ainsi qu'il a été dit au numéro 628 au sujet de la voûte d'arête.

646. La voûte en arc de cloître, de même que la voûte plate représentée (fig. 185), peut très-bien se tenir en équilibre, sans qu'il soit nécessaire que la clef existe : on peut même supprimer une ou plusieurs des assises adjacentes à cette clef, sans que la stabilité de la voûte soit compromise.

Cette propriété importante est souvent mise à profit pour éclairer une salle par le haut.

647. Il arrive fréquemment que la partie centrale d'une voûte en arc de cloître doit être couverte d'une peinture représentant un sujet quelconque. Il est nécessaire alors de modifier l'intrados de telle sorte que cette partie centrale soit complétement plate, afin que le peintre ne soit pas contrarié, dans l'exécution de son œuvre, par des parties anguleuses qui auraient pour effet de détruire les formes du sujet qu'il reproduit.

Pour tracer l'appareil d'une telle voûte, voici comment on opère.

Soit ABCD (fig. 261) la salle qu'il s'agit de recouvrir, et soit *abcd* la projection de la partie qui doit être plate. La hauteur de la voûte étant connue, on formera le cintre principal établi sur $A'B'$, de trois parties, dont l'une $a'b'$ sera une ligne droite et dont les deux autres $A'a'$ et $b'B'$ seront des portions de courbes identiques et tangentes en a' et b' à la droite $a'b'$. Quant au second cintre principal, on le déduira du premier en opérant comme l'indique suffisamment l'épure.

Cela fait, sur *uv* comme base, on construira un triangle équilatéral *xuv*, puis on indiquera les coupes, en ayant soin que toutes celles qui sont comprises entre les droites *xu* et *xv* prolongées, convergent vers le point *x*; quant aux autres coupes, on les fera converger respectivement vers les points *u* et *v*, attendu que les portions de courbes $A'a'$ et $b'B'$ sont supposées être dans notre épure des quarts de circonférence. Si elles appartenaient à des courbes quelconques, on tracerait les coupes normalement à ces courbes, ainsi que cela a lieu sur le second cintre principal, pour les coupes qui se trouvent en dehors de l'angle *zsy*.

Quant aux joints montants, ils seront fournis par des plans verticaux respectivement perpendiculaires aux directions AB et BC, comme l'indique l'épure.

Il est d'ailleurs bien clair que le rectangle *abcd*, qui est la projection horizontale de la partie plane, devra avoir ses sommets sur les diagonales AC et BD du rectangle ABCD.

Voûte d'arête ogivale.

648. De même que les Romains, les architectes du moyen âge (du onzième au seizième siècle) avaient pour principales préoccupations l'économie et la solidité. Or personne n'ignore que l'une des causes les plus importantes de dépenses, dans la construction des voûtes, ce sont les cintrages en charpente que l'on est obligé d'élever pour les supporter jusqu'à leur complet achèvement, c'est-à-dire jusqu'au moment où elles peuvent se soutenir d'elles-mêmes, sans le secours d'aucun intermédiaire.

Pour écarter cette source de dépenses, les constructeurs imaginèrent de faire leurs voûtes avec des matériaux légers, reposant sur des nerfs ou nervures en pierres appareillées, ainsi que l'indique la figure 262. Ces nervures, construites solidement, peuvent être considérées comme de véritables cintres permanents sur lesquels repose la voûte légère qui ne pourrait se soutenir sans eux.

Non contents d'établir de tels cintres M (fig. 263) entre les quatre piles situées aux sommets du rectangle ABCD que devait couvrir une voûte d'arête, et prévoyant leur insuffisance comme mode de soutien, les architectes en construisirent d'autres O, coupant diagonalement l'espace rectangulaire.

Par cette première modification, il ne fut plus nécessaire, comme pour les voûtes entièrement appareillées, d'établir, avant la construction, de forts cintres de bois avec couchis, qui représentent en relief la forme exacte de l'intrados de la voûte, tant qu'elle n'est pas achevée. Au lieu de cela, il suffisait d'avoir quatre cintres assez légers ayant la forme des arcs M, et deux autres diagonaux ayant pour courbure celle des arcs O. Sur ces cintres, on établissait les arcs appareillés formant la carcasse de la voûte. Quant à la voûte elle-même, on la faisait porter sur les membres de cette carcasse, sans qu'il fût nécessaire, pour la construire, d'avoir recours à des couchis : on employait, au lieu de cela, une méthode excessivement simple, fort ingénieuse, n'occasionnant aucun frais, et sur laquelle nous reviendrons un peu plus loin.

649. On comprend facilement, par ce que nous venons de dire, combien le système de construction mis en vigueur au moyen âge était plus économique que celui qui consiste à faire une voûte, entièrement avec des pierres d'appareil ayant une épaisseur assez considérable, et nécessitant l'emploi de cintres et couchis, source de dépenses d'autant plus fortes que la voûte est plus élevée et que son diamètre est plus long.

650. Mais l'économie, ainsi que nous l'avons dit, n'était pas la seule préoccupation des architectes d'alors : la solidité entrait aussi pour une grande part dans les études approfondies qu'ils faisaient sur la structure et la forme des voûtes. Les accidents que l'on avait vus se produire vers la fin du onzième siècle, dans des églises bâties à peine depuis un demi-siècle et qui tombaient déjà en ruines, étaient bien faits pour servir d'enseignement aux constructeurs, et fixer leur attention sur la stabilité des voûtes, dont la théorie avait toujours été trop négligée par leurs prédécesseurs.

Comme il n'entre pas dans l'esprit de cet ouvrage d'émettre des considérations sur la théorie mécanique des voûtes, nous nous contenterons de dire que les constructeurs, ayant observé que la déformation des arcs en plein cintre, occasionnée par l'affaissement et les poussées, avait pour effet d'abaisser la clef au-dessous de son niveau primitif et de relever au contraire les reins, imaginèrent de remplacer ces arcs par les arcs brisés, ou arcs en *tiers-point*. Ces arcs sont formés par la réunion de deux arcs de cercle ayant le même rayon, et dont les centres sont situés sur la ligne de naissance, à égale distance de part et d'autre de l'axe de la voûte.

Certains auteurs, ne possédant aucune notion architecturale, ont vu dans l'emploi de l'arc en tiers-point une idée symbolique, démontrant que cet arc, plus élancé que celui en plein cintre, avait un sens beaucoup plus religieux que ce dernier. A ceux-là nous répondrons, avec M. Viollet-Leduc, que l'apparition de l'arc en tiers-point ne s'est produite qu'à la fin du douzième siècle, c'est-à-dire au moment où l'architecture commence à être pratiquée par les laïques, et non plus par des religieux.

C'est aussi à ce moment que l'étude des sciences exactes et de la philosophie commence à germer dans l'esprit de ceux qui, jusque-là, n'avaient formé qu'une société essentiellement théocratique, et qui, par conséquent, étaient bien plus préoccupés des résultats de leurs tentatives que de savoir si l'arc en tiers-point symbolise mieux le catholicisme que l'arc en plein cintre. Ces théories d'un ordre purement contemplatif ne sont bonnes qu'à fixer l'attention des gens du monde, qui sont toujours prêts à prendre l'apparence pour la réalité.

Ce n'est donc que pour obéir à une nécessité rigoureuse que les architectes adoptèrent l'arc ogival ou en tiers-point ; et, plus tard, satisfaits de leurs essais au point de vue décoratif, ils bannirent complétement l'arc en plein cintre, pour n'employer exclusivement que l'arc ogival, qui jusque-là n'était mis en pratique que dans des cas d'urgence absolue. Ils fondèrent ainsi le style ogival, lequel ne tarda pas à supplanter presque partout le style roman qui l'avait précédé. Cette transformation de styles se fit surtout sentir dans l'architecture religieuse.

651. Voutes gothiques françaises. — La première chose dont on doit se préoccuper dans le tracé des épures relatives aux voûtes gothiques, est de déterminer exactement la forme du lit inférieur des sommiers des arcs, et cela sur les supports destinés à soutenir ces arcs.

Soit donc ABCD (fig. 264), l'une des travées d'une salle qu'il s'agit de voûter au moyen d'arcs en tiers-point. Soit, d'un autre côté (fig. 265) le détail de la trace horizontale de la naissance des arcs aboutissant en M (fig. 264) ; sur ce point il ne naît qu'un arc doubleau et deux formerets. Ce sont ceux-ci qui commandent, car il faut que l'arc doubleau se dégage de ces formerets dès sa naissance.

Soit le nu du mur AB ; on donne généralement pour saillie au formeret la moitié de la largeur de l'arc ogive ; par conséquent, nous tracerons d'abord une droite CC parallèle à AB et distante de AB d'une quantité égale à la moitié de l'arc ogive proprement dit, c'est-à-dire de l'arc qui joue le rôle d'arêtier.

L'axe de l'arc doubleau étant DE, on déterminera de chaque côté de cet axe deux points F et G qui en soient distants de la moitié de la largeur que doit avoir l'arc lui-même, puis on conduira les droites FI et GK parallèles à DE, après quoi on tracera l'autre droite IK parallèle à AB, qui déterminera l'épaisseur de l'arc doubleau entre l'intrados et l'extrados ; enfin dans le carré IFGK on indiquera le profil de cet arc.

Quant au formeret, quelquefois il porte sur le chapiteau de la colonne, sur laquelle repose l'arc doubleau ; d'autres fois, il s'appuie sur une colonne séparée portant de fond ; souvent même il prend naissance sur une colonnette posée sur la saillie latérale du tailloir (*).

Dans le premier cas, c'est-à-dire lorsque le formeret s'appuie sur nne colonnette séparée portant de fond, le tailloir PRS du chapiteau sur lequel porte l'arc doubleau retourne carrément mourir contre la colonnette L du formeret. Dans le second cas, on mène NM parallèle à DE et telle que GM = GE, puis on indique la coupe du formeret, lequel se trouve nécessairement engagé dans le mur ; le tailloir du chapiteau de la colonne Y prend alors la forme PTUZ. Dans le premier cas, l'axe de la colonne passe par le centre O du carré IFGK, et le vide existant entre la colonne et le mur est rempli par un pilastre masqué par la colonne et la colonnette du formeret ; dans le second cas, la colonne est plus rapprochée du mur et est un peu plus forte, de façon que la saillie du tailloir sur le un de la colonne soit plus grande que son demi-diamètre ; alors le chapiteau forme corbeille et se trouve plus évasé sous le formeret. Dans le troisième cas, le tailloir a encore la forme PTUZ, et la colonnette qui supporte le formeret repose sur ce tailloir lui-même (fig. 268).

652. Considérons maintenant sur la figure 264 la nais-

(*) On donne le nom de *tailloir* à la partie supérieure du chapiteau d'une colonne. C'est immédiatement sur le tailloir que reposent les constructions que la colonne a pour but de soutenir.

sance A de deux formerets, de deux arcs ogives et d'un arc doubleau. On a alors pour projection horizontale la figure 266 : une colonne S reçoit la retombée de l'arc doubleau, et deux autres C, C', celles des deux arcs ogives, les formerets pouvant d'ailleurs prendre naissance sur le tailloir de la colonne de l'arc ogive qui leur est contigu, ou bien sur une colonnette spéciale portant de fond ou portant sur le tailloir en question. Les lignes de la figure 267 suffisent pour faire comprendre aisément comment on fait raccorder les tailloirs des différentes colonnes ; la figure 268 met aussi ce raccordement en évidence.

655. En adoptant le tracé que nous venons d'indiquer, on évite il est vrai de faire pénétrer les arcs les uns dans les autres à leur naissance, et on peut construire chacun de ces arcs séparément, en se contentant de remplir l'espace vide qu'ils laissent derrière eux, avec une maçonnerie grossière A (fig. 267). Mais une pareille disposition, vu ses grandes dimensions, exige plusieurs points d'appui ou colonnes S, C, C' (fig. 266) ; aussi est-il rare que l'on procède ainsi : on préfère généralement n'avoir qu'une seule colonne, par suite un seul chapiteau, sur lequel viennent aboutir les arcs en se pénétrant les uns les autres, ainsi que le montre la figure 270. Seulement il n'est plus possible alors de construire chaque arc séparément, parce que ce serait faire de ces premiers claveaux une agglomération de coins n'offrant aucune résistance, et n'étant pas en tas de charge.

Soit en effet une pile A (fig. 269) devant supporter, indépendamment des retombées des voûtes C, une pile supérieure B.

Il est parfaitement clair que si les arcs des voûtes C sont indépendants dès leur naissance, et si les joints de coupe des premiers claveaux sont normaux aux courbes, la pile B ne reposera pas sur l'assiette EF, mais sur le faible remplissage G, et qu'alors une forte pression s'exercera sur les reins des premiers claveaux, qui ne tarderont pas à subir des désordres compromettants pour la stabilité de la voûte.

Si, au contraire, on pose d'abord autant de sommiers à lits horizontaux qu'il en faut pour que les verticales LM trouvent une assiette, il est évident que les causes de rupture disparaîtront, et que le tout sera parfaitement stable.

654. Ceci posé, soit (fig. 271) AB la direction de l'arc doubleau d'une voûte d'arête sur plan barlong, AC et AD les directions des arcs ogives (arêtiers), le point A étant situé au nu du mur.

Prenons une longueur AE égale à l'épaisseur de l'arc doubleau et, avec cette longueur pour rayon, décrivons le demi-cercle E'EE''. Nous traçons alors le contour *abcdef* de la coupe de l'arc doubleau, puis nous tirons deux droites FG et HI respectivement parallèles à AC et AD, et distantes de ces dernières d'une quantité égale à la largeur des arcs ogives. Nous prendrons les points K et L, où les axes de ces arcs rencontrent le demi-cercle E'EE'' pour points de naissance des intrados de ces arcs, et nous tracerons les contours HLA, AKF identiques avec la coupe de ces arcs. Dans les vides qui restent entre la demi-circonférence E'EE'' et ces arcs ogives, on fait passer les colonnettes V, V' destinées à porter les formerets. Quant au tailloir du chapiteau, on lui donnera la forme étoilée MNOPQRT, et l'on indiquera la colonne circulaire S qui doit supporter tout cet ensemble.

Rabattons alors sur le plan horizontal l'arc doubleau, ainsi que l'un des arcs ogives, celui qui, par exemple, est dirigé suivant AC. Il est clair que ces deux arcs cessent de se pénétrer, sur le plan horizontal, au point U. Si donc du point U on élève UU' perpendiculaire sur *a*U, et .UU″ perpendiculaire sur AU, la première perpendiculaire UU′ rencontrera l'extrados de l'arc doubleau en un point U, à partir duquel cet arc se dégage de l'arc ogive : c'est le niveau du lit du dernier sommier. On divisera la hauteur UU′ en autant d'assises que le permet la hauteur des bancs, trois par exemple. En sorte que le lit supérieur du premier sommier sera en X, du second en Y et du troisième en Z. Mais en U′ l'arc se dégageant, on peut, à partir de ce point, faire converger les coupes vers le centre de l'arc, ainsi qu'on l'a fait pour U′g. Au-dessus de U′g, les claveaux seront complétement indépendants.

On fera les mêmes constructions pour l'arc ogive, en observant que, puisqu'il est moins épais que l'arc doubleau, il y aura en h, derrière son extrados, une petite portion de lit horizontal qui sera fort utile pour commencer à poser les moellons de remplissage des portions de voûte qui couvrent les espaces triangulaires compris entre les arcs.

Le tracé J indique la forme de chacun des lits des sommiers, lesquels lits sont nécessaires à l'appareilleur. On remarquera que ces sommiers doivent porter queue dans le mur dont le nu est en E′E″.

Afin de ne point compliquer inutilement l'épure, on a supposé que les arcs étaient simplement épannelés; s'ils sont chargés de moulures, la manière d'opérer ne change en aucune façon. Toutefois il est nécessaire de tracer les profils et de connaître, sur chaque lit horizontal des sommiers, les coupes biaises qui sont faites sur ces profils, afin de donner au tailleur de pierres des panneaux qui tiennent compte de la déformation plus ou moins sensible des moulures à chaque lit. La figure 270 fait voir quelle est la valeur de cette déformation pour chaque lit.

655. Il arrive souvent que les naissances des arcs d'une voûte sont à des hauteurs différentes : cela ne gêne en rien la taille de ces arcs. Dès qu'un arc se dégage des autres à l'extrados, on fait les coupes normales à sa courbe et les claveaux se posent, tandis qu'à côté, d'autres arcs peuvent rester encore engagés jusqu'à une certaine hauteur et conserver leurs lits horizontaux.

Ainsi, supposons une pile A (fig. 272), sur le tailloir de laquelle porte un faisceau d'arcs dont les retombées sont à des hauteurs différentes. En B est le premier sommier avec la coupe M d'un arc doubleau ; en C, le second sommier avec les coupes des deux arcs ogives N; en D, le troisième sommier dont le lit supérieur est entièrement horizontal ; enfin en E le quatrième sommier avec les coupes des deux formerets.

On voit que dès le premier sommier il y a un arc qui se dégage du faisceau, ce qui explique la coupe inclinée M ; au second sommier il y en a deux, au troisième il n'y en a pas, au quatrième il y en a deux. On remarquera aussi que derrière chaque arc, à partir du point où il se dégage du faisceau, c'est-à-dire derrière le premier claveau libre, il existe des renforts R faisant partie des assises des sommiers et devant servir d'appui aux *voûtains* ou portions de voûte qui doivent couvrir les espaces compris entre les diverses nervures.

656. Avant d'aller plus loin, et avant d'aborder l'étude des voûtes anglaises, qui diffèrent des nôtres par l'adjonction de nervures supplémentaires, nous allons examiner rapidement les moyens employés par les constructeurs pour couvrir l'ossature formée par les nervures dans les voûtes étudiées jusqu'ici.

Considérons à cet effet une voûte sur plan barlong, et soit (fig. 276) ABCD la projection horizontale de cette voûte,

Cela posé, on rabattra sur le plan horizontal les intrados du formeret BC et des arcs ogives AC et BD. Ces rabattements nous donneront pour le formeret l'arc brisé BO'C, et pour les deux arcs ogives les deux demi-circonférences égales ADC et BAD, qui se superposeront en partie. Alors, connaissant la largeur des douelles des moellons dont on dispose, largeur que nous désignerons par la lettre M, on porte cette largeur sur BO', à partir du point B et autant de fois qu'elle y est contenue, ce qui donne des points de division a', b', c', d', e', f', etc., que l'on projette en a, b, c, d, e, f, etc. Supposons que l'arc BO' contienne huit fois la largeur M ; on divisera l'arc BO″ en huit parties égales, et l'on projettera les points de division u', v', x', y', z', en u, v, x, y, z ; puis l'on conduira les droites au, bv, cx, dy, etc., lesquelles seront les projections horizontales des lignes de joints sur l'intrados. On opérera de même pour les arcs CO' et CO‴, ce qui donnera les projections mn, pq, etc., des lignes de joint relatives à ces deux arcs.

657. Voyons actuellement comment on effectuera la pose de tous ces rangs de voussoirs. Supposons que la ligne courbe Oo qui réunit la clef o du formeret à la clef commune O des arcs ogives, ait $0^m,60$ de flèche ; le poseur, sans autre indication, prendra la longueur Oo, la tracera en O_1o_1 (fig. 273) sur une planche, élèvera au milieu s de cette ligne une perpendiculaire sL égale à $0^m,60$, et fera passer un arc de cercle par les trois points O_1, L, o_1. Avec cette courbe seulement, qu'il garde à côté [de lui, il monte environ un tiers de son voûtain, de chaque côté, à partir des points B et C (fig. 276), sans le secours d'aucun point d'appui. Le premier tiers du remplissage se rapproche tellement en effet d'un plan vertical, que les moellons tiennent d'eux-mêmes sur leurs lits, à mesure qu'on les pose. Mais, au delà du premier tiers ou environ, il faut l'aide d'une cerce. Or, comme les rangs de moellons s'allongent à mesure qu'on se rapproche de la clef, il faudrait pour chacun d'eux avoir une cerce différente, ce qui serait long et coûteux.

Pour obvier à cet inconvénient, on taille deux cerces, disposées comme l'indique la figure 277, étant ensemble un peu plus longues que la ligne de clef Oo (fig. 276), et dont l'une n'est pas plus longue que le rang de voussoirs, à partir duquel la pose ne peut plus s'effectuer sans soutien. Chacune des cerces est coupée dans une planche de 0^m,05 d'épaisseur, et porte en son milieu une rainure évidée, concentrique à la courbe ACB, laquelle doit être identique à celle de la figure 273. A l'aide de deux cales a passant par ces rainures, on forme un système parfaitement rigide, et l'on peut, à chaque rang de voussoirs, allonger ce système suivant les besoins, en faisant glisser les cerces l'une contre l'autre. Ces cerces se maintiennent sur l'extrados des arcs au moyen de deux équerres en fer A, B, clouées à leurs extrémités.

L'ouvrier, après avoir placé les deux becs A et B sur les arcs, aux points voulus, laissera pendre la cerce de manière que ses faces soient verticales, puis il les fixera dans cette position contre le flanc des arcs, au moyen de coins en bois. En outre, il aura soin qu'elle se trouve sous la ligne séparative des rangs de moellons, ainsi que l'indique la figure 274, et non sous les milieux de ces rangées.

658. Il est facile de comprendre que, vu la courbure des rangs de moellons, la douelle de chacun de ces rangs aura la forme représentée dans la figure 275. Le poseur en tiendra facilement compte par la position verticale de la cerce, laquelle cerce lui indiquera ce qu'il devra enlever avec sa hachette pour obtenir la forme dont nous venons de parler.

659. On voit maintenant d'une manière évidente que les

voûtes gothiques ainsi construites sont bien moins dispendieuses que si elles étaient entièrement appareillées, puisqu'elles ne nécessitent nullement l'emploi de cintres avec couchis.

660. Voutes gothiques anglaises.—Les Anglais, au lieu de procéder comme nous venons de l'indiquer pour la construction des voûtains, emploient une méthode différente. Soit (fig. 278) une voûte d'arête sur plan barlong. Rabattons le formeret ainsi que l'arc ogive; portons sur chacun de ces arcs, à partir du point A, et autant de fois que cela est possible, la largeur des douelles des moellons; nous obtiendrons de cette manière un système de lignes cv, dx, etc., qui seront les projections horizontales des arêtes de douelle. Grâce à cette combinaison, les rangs de voussoirs se rencontreront sur la ligne des clefs Oo, et le poseur n'aura à placer que des moellons également larges. En outre, le voûtain pourra être bandé sans le cintre de la figure 277. Il suffira de poser de O en o un cintre qui recevra provisoirement les rencontres des derniers moellons.

Pour masquer la suture formée par la rencontre des rangs de voussoirs, les Anglais imaginèrent de réunir la clef des arcs ogives à celles du formeret et de l'arc doubleau, par un nerf saillant, appelé *lierne*, ainsi qu'on le voit en OK et OG (fig. 278).

Mais, craignant que la lierne ne fût pas un appui suffisamment solide, les Anglais la soutinrent par de nouveaux nerfs saillants projetés horizontalement sur BE et ED, auxquels on donna le nom de *tiercerons* et qui aboutissent sur le plan horizontal au milieu de la lierne. Jugeant que cela ne suffisait pas encore, ils établirent les *contre-tiercerons* BC et CD, BF et FD, aboutissant sur le plan horizontal aux points C et F, milieux de KE et EO.

661. Pour faire l'épure de ces voûtes complexes, voici comment on procède : supposons (fig. 279) une voûte sur plan barlong. On commencera par tracer l'arc ogive GO', en la composant d'un premier arc GM ayant son centre en E, puis d'un second arc de cercle MO' ayant son centre sur le prolongement de ME, à une distance du point M telle, que la hauteur OO' soit égale à celle que doit avoir la voûte.

Cela posé, toutes les courbes des autres arcs se déduisent de la courbe GMO'. En effet, pour avoir celle du tierceron GA, par exemple, on rabattra par un arc de cercle le point A en A″, sur la base GO ; puis de ce point A″, on élèvera sur GO une perpendiculaire A″A', qui rencontrera en A' la courbe maîtresse GMO'. La courbe de ce tierceron sera dès lors la portion GA' de la courbe maîtresse. En opérant de même pour les deux contre-tiercerons, on trouvera que leurs courbes sont les portions GH' et GI' de la courbe maîtresse. Quant aux courbes du tierceron GP, de l'arc doubleau GL et du formeret GB, elles seront les portions GP', GL' et GB' de la courbe maîtresse.

Mais les clefs de tous ces arcs atteignent des niveaux différents. Dès lors, pour tracer la lierne OB, on élèvera sur OB des perpendiculaires OU', IV', AX', HY' et BZ', respectivement égales aux hauteurs O'O, I'I, A″A', H'H et B″B', ce qui fournira les points U', V', X', Y', Z' où la lierne est rencontrée par le tierceron, les contre-tiercerons et le formeret. En opérant de la même façon pour la lierne OL, on obtiendra sa double courbe U'S'.

662. Le tracé que nous venons d'effectuer offre des avantages assez importants. D'abord, puisque tous les arcs sont des portions différentes d'une seule et même courbe composée, les panneaux d'appareils d'un arc pourront servir pour tous les autres ; en outre, les arcs en pivotant engendrent une sorte de cône concave ayant la forme d'un pavillon de trompette, ce qui fait que les rangs de moellons ne remplissent plus en quelque sorte que la fonction de planches posées entre des nervures de charpenterie, ainsi qu'on le voit dans la figure 278.

663. Les arcs des voûtes françaises offrent des joints très-rapprochés, afin qu'ils aient une grande élasticité et qu'ils ne soient pas exposés à des brisures qui seraient pour les voûtains une cause de dislocation. De cette manière, ces arcs peuvent suivre les mouvements de tassement sans que leur courbure soit pour cela modifiée. Au contraire, dans les arcs des voûtes anglaises, les joints sont très-espacés ; quelquefois même les différentes parties de la lierne sont faites d'un seul morceau de pierre, d'une clef à l'autre. Cette façon d'opérer est la conséquence naturelle du grand rayon de l'un des deux arcs de cercle qui composent la courbe maîtresse.

664. Le plus souvent, les voûtains qui recouvrent les espaces vides compris entre les nervures reposent sur l'extrados même de ces nervures, qui par cela même sont entièrement invisibles pour le spectateur placé au-dessus de la voûte.

Quelquefois, au contraire, les voûtains V (fig. 280) portent sur des sortes de rainures pratiquées le long des nervures, comme le fait voir notre figure, qui est une section droite de l'un des arcs composant l'ossature d'une voûte ainsi disposée.

Cette seconde méthode est la seule employée dans les voûtes pourvues de liernes, tiercerons et contre-tiercerons attendu que dans ces voûtes les rangs de moellons sont remplacés le plus souvent par des dalles, qui quelquefois sont d'un seul morceau pour un voûtain tout entier.

Voûte d'arête en tour ronde.

665. Etant donné (fig. 281) un berceau tournant ou voûte en tour ronde, on veut pratiquer dans ce berceau un passage compris entre deux plans verticaux Cc et Dd, qui convergent vers l'axe O de la tour ; on veut en outre que la voûte qui doit recouvrir ce passage ait le même plan de naissance et la même montée que le berceau.

On formera l'intrados de cette voûte avec une surface conoïde (n° 279), dont la droite génératrice, tout en restant horizontale, glissera sur l'axe O de la tour, et sur une ellipse qui se projette horizontalement sur uv, laquelle ellipse se trouve rabattue suivant $u''O''v''$, et a pour axes $u''v''=uv$, et $o''O''$ égal à la montée de la tour ronde, c'est-à-dire égal à $O'x$.

666. La voûte qui doit recouvrir le passage se trouvant bien définie, nous allons d'abord déterminer l'intersection de son intrados avec celui du berceau tournant.

A cet effet, nous imaginerons des plans horizontaux passant par les points M', N', etc., qui divisent en parties égales le demi-cercle générateur du berceau tournant. Ces plans couperont le berceau suivant des cercles et le passage conoïde selon des droites génératrices. Les points de rencontre de ces cercles avec ces droites seront autant de points de l'intersection du berceau et du passage : tels sont les points projetés horizontalement en m, n, k, etc.

L'intersection se composera d'ailleurs de deux courbes uzs et vzt, qui devront se rencontrer en un point z situé sur la circonférence zO' qui passe par les points les plus élevés du berceau tournant. Ces courbes seront les arêtiers de la voûte que nous étudions.

667. Pour déterminer les joints de lit d'une pareille voûte, on procède de la manière suivante. Par les points M'', N'', etc., où l'ellipse $u''O''v''$ est rencontrée par les plans horizontaux qui ont servi à obtenir les deux arêtiers, on mène des normales $M''S''$, $N''P''$, etc., à cette ellipse ; et par ces normales, ainsi que par les génératrices correspondantes du conoïde on fait passer des plans, lesquels seront précisément les plans de joint du passage conoïde, du moins pour la portion de ce passage qui se trouve comprise dans l'angle uzv des deux arêtiers. Quant aux joints de l'autre portion, comprise dans l'angle tzs, ils seront fournis par des plans passant encore par les génératrices des conoïdes, et par des droites $E'''G'''$, $F'''H'''$, etc., normales à la courbe $s'''E'''t'''$, laquelle courbe est l'intersection de conoïde avec le plan vertical ts.

Quant aux joints de lit de la tour ronde, ils seront formés par des cônes ayant tous leurs sommets sur l'axe de la tour, ainsi qu'il a été dit au numéro 597.

668. Il s'agit maintenant de déterminer les projections horizontales des arêtes des extrémités des coupes de la voûte annulaire et de la voûte conoïde.

Celles de la voûte annulaire s'obtiendront facilement, en abaissant des points P', S', sur $A'B'$, des perpendiculaires $P'P$, $S'S$, etc., et en faisant passer par les pieds de ces perpendiculaires des circonférences Pp, Sr, etc., ayant leurs centres au centre même de la tour ronde.

Pour avoir les projections des arêtes des extrémités des coupes de la partie de voûte conoïde qui se trouve comprise dans l'angle uzv, on abaissera des points S'', P'', U'', etc., sur la droite uv, des perpendiculaires $S''e$, $P''i$, $U''a$, etc.; puis, par les points e, i, a, etc., on conduira des droites er, ip, af, etc., qui soient respectivement parallèles aux génératrices du conoïde mO, nO, kO, etc. : ces droites *er*, *ip*, *af*, seront les projections cherchées, et rencontreront les projections des arêtes des extrémités des coupes de la tour en des points r, p, f, etc., que l'on joindra avec les points m, n, k, par les courbes *rm*, *pn*, *fk*, etc. Si l'on veut obtenir rigoureusement ces courbes, ce qui n'est pas absolument nécessaire, vu leur peu de longueur, on cherchera au moins un point intermédiaire, en opérant sur les milieux des coupes, comme nous venons de le faire sur leurs extrémités.

On se procurera les projections horizontales des extrémités des coupes de la portion de voûte conoïde, qui se trouve située dans l'angle *tzs*, en opérant comme il vient d'être dit. Pour cela, on abaissera sur *ts* des perpendiculaires issues des points G''', H''', et l'on conduira par les pieds de ces perpendiculaires des droites respectivement parallèles aux arêtes de douelle correspondantes.

Les courbes $c''O''d''$ et $C''O''D''$ sont les projections verticales des deux cintres de tête de la voûte conoïde.

669. Nous allons maintenant opérer deux développements qui nous seront nécessaires pour la taille du voussoir d'angle que nous nous proposons de choisir comme exemple.

Si l'on considère les deux cylindres verticaux bn_1 et n_2n, entre lesquels se trouve compris le voussoir en question, on remarque que ces cylindres se trouvent coupés par la douelle et les joints du conoïde, suivant des lignes dont l'ensemble forme sur chaque cylindre un contour qu'il est nécessaire de connaître en vraie grandeur.

Pour cela, on développe les deux cylindres sur un plan, en opérant comme il suit. Sur la ligne $C''D''$ prolongée, on prend des distances $b''r''$, $b''m''_1$, $b''p''_1$, $b''n''_1$, (fig. 282), égales aux arcs br_1, bm_1, bp_1, bn_1 (fig. 281); puis on élève des perpendiculaires sur lesquelles on détermine les sommets du contour relatif au premier cylindre, au moyen d'horizontales issues des points R'', N'', S'' et M''. On obtient ainsi le contour $up_3 n_3 m_3 r_3 v$, dont les trois côtés $r_3 m_3$, $m_3 n_3$, $n_3 p_3$ sont des courbes dont il sera facile de se procurer des points intermédiaires, si on le juge convenable.

Quant au contour $uxm_4 n_4 p_4$, relatif au second cylindre $n_2 n$ (fig. 281), on l'obtiendra en prenant sur la ligne de base (fig. 282) des distances $b''m''$, $b''p''$, $b''n''$, respectivement égales aux arcs $n_2 m_2$, $n_2 p_2$, $n_2 n$ (fig. 281), et en élevant par les points m'', p'', n'' (fig. 282) ainsi obtenus, des perpendiculaires qui rencontreront les horizontales dont il vient d'être parlé, en des points qui seront les sommets du contour.

670. *Tracé et taille des voussoirs.* — On commencera par équarrir un prisme droit (fig. 283), ayant pour base le contour $bn_1 nn_2$ (fig. 281) de la projection horizontale du voussoir, et pour hauteur la différence de niveau des deux points M'' et P''.

Cela fait, sur les deux faces cylindriques de ce prisme on appliquera les panneaux de la figure 282, panneaux que l'on aura eu soin de faire en carton, afin qu'ils soient flexibles, et l'on tracera avec ces panneaux les contours *aingb*, *hkmpsr*, ce qui permettra de tracer ensuite les trois droites *ik*, *nm* et *gp*. Ces tracés effectués, l'ouvrier abattra toutes les parties limitées par des lignes pointillées : pour la douelle conoïde, il se servira d'une règle qu'il appuiera sur les arcs *gn, pm*, en ayant soin que cette règle passe bien par des points de repère marqués à l'avance ; quant au joint *inmk*, qui est une surface plane, il l'exécutera facilement. Par suite de ce premier travail, la pierre aura pris la forme représentée dans la figure 283.

Alors, sur la face *abqh* (fig. 284), on tracera le contour *olxuj*, au moyen du panneau de tête N'P'R'S'M' de la tour ronde (fig. 281); ensuite, avec une règle flexible et des cerces levées sur l'épure, on marquera les arcs *on*, *lt* et *jn₁*, ce qui permettra d'exécuter la douelle relative à la tour, en faisant glisser sur les arcs *on* et *jn₁* une cerce découpée sur le cercle générateur A'*x*B' de la tour. Cette douelle, en rencontrant la douelle conoïde, déterminera la courbe *nn₁*, qui sera l'arêtier du voussoir. Cela fait, sur la face supérieure de la pierre on indiquera les deux lignes *xy* et *yz*, conformément au contour *byrr₁* de la figure 281; puis on entaillera la pierre suivant les deux faces verticales *xyvu*, *yzsv*, ce qui se fera au moyen d'une équerre, dont l'une des branches s'appuiera sur la face supérieure.

On exécutera alors le joint conique supérieur *ontl* avec une règle que l'on fera glisser sur les deux arcs *lt* et *on*, en ayant soin qu'elle passe bien par des points de repère marqués d'avance. On agira de même pour le joint conique inférieur *uvn₁j*, après quoi on taillera le joint plan *spn₁v*. Toutefois on fera bien attention que ce joint plan forme avec le joint conique inférieur un angle rentrant : aussi ne devra-t-on tailler ces deux joints qu'avec la plus grande attention, de façon à ne pas dépasser les limites voulues. Du reste, pour faciliter ce travail, on pourra se procurer au moyen de l'épure le développement du joint conique, et sur ce développement on lèvera un panneau de carton, qui permettra de vérifier de temps en temps la forme du joint.

671. Nous représentons à part dans la figure 285 la clef de la voûte d'arête.

De la pose et du ravalement des voûtes d'arête et en arc de cloître.

672. La pose et le ravalement des voûtes d'arête et en arc de cloître étant en quelque sorte la réunion des moyens employés pour les voûtes simples qui les composent, il est parfaitement inutile de donner des explications spéciales à ce sujet.

Quoi qu'il en soit, nous donnons dans la figure 286 le pâté du vide de la voûte d'arête en tour ronde, afin que le lecteur saisisse bien la forme exacte de cette voûte, dont la construction demande plus d'attention qu'elle ne présente de difficultés. La droite AB, qui est en trait plein, est supposée être l'axe de la tour ronde, et est vue, comme celle-ci, en perspective purement conventionnelle.

CHAPITRE II

DES LUNETTES ET DES DESCENTES.

Des lunettes.

673. Les lunettes sont des voûtes formées par la pénétration d'un berceau dans un autre berceau, ou bien dans une voûte quelconque, ayant le même plan de naissance sans avoir la même montée.

En cela, elles ressemblent aux berceaux horizontaux proprement dits qui rachètent des voûtes en maçonnerie, berceaux qui ont été étudiés en détail dans le chapitre II du livre II. Mais elles en diffèrent essentiellement en ce que leurs assises doivent se raccorder avec celles de la voûte qu'elles pénètrent et qui est supposée être, non plus en maçonnerie, mais bien en pierres d'appareil. A ce titre, les lunettes doivent donc être l'objet d'une étude spéciale, vu les modifications importantes qu'elles présentent sur les berceaux ordinaires, qui se trouvent dans les mêmes conditions de pénétration.

Lunette droite dans un berceau.

674. Cette lunette est formée par la rencontre de deux berceaux qui se pénètrent à angle droit, ces berceaux ayant le même plan de naissance, mais une montée différente.

Soit (fig. 287) A'M'B' le cintre principal du plus petit berceau; soit en outre A″M″N″ le cintre principal du plus grand berceau, cintre qui est ici rabattu dans le plan vertical. L'axe du petit berceau est la droite $O'O$; celui du grand berceau est la droite oO_1.

Pour faire l'épure, on commencera par diviser le cintre principal du grand berceau en un nombre impair de parties égales; on en fera autant pour le petit berceau, en ayant soin que le premier point de division L' se trouve situé un peu plus bas que le point correspondant L'', pour des raisons que nous expliquerons dans un instant. Ensuite on déterminera, comme à l'ordinaire, pour l'un et l'autre berceau, les coupes ou joints de lit, ainsi que les surfaces d'extrados.

675. Cela posé, on déterminera la projection horizontale de l'intersection des deux berceaux, en coupant pour cela les deux berceaux par des plans horizontaux. Ainsi, si l'on veut se procurer le point M de cette projection, on abaissera du point M', sur la ligne de terre, la perpendiculaire $M'M$; de même, du point correspondant m'' du grand berceau on abaissera sur la ligne de terre une perpendiculaire dont on ramènera le pied en m_{11} au moyen d'un arc de cercle; puis, par le point m_1, on mènera une horizontale m_1M qui rencontrera la première perpendiculaire $M'M$ en un point M qui sera évidemment un point de la projection en question. On se procurera ainsi autant de points de cette projection qu'on le jugera convenable.

676. Dès que cette projection ALMB sera connue, on s'occupera de trouver les lignes suivant lesquelles les joints du petit berceau coupent l'intrados du grand. Or, si l'on considère en particulier le joint $M'Q'$, on voit qu'il coupera cet intrados suivant une courbe Mm, qui s'arrêtera au point m, où elle rencontre l'arête de douelle mS, laquelle correspond au point M'' du cintre principal du grand berceau. Cette courbe sera une portion d'ellipse qui, si on la prolonge au delà du point M, devra passer par le point O, qui sera son sommet, et être conséquemment tangente en ce point à la ligne droite de naissance AB.

A partir du point m, le joint M'Q' coupe le joint M"Q" du grand berceau suivant une droite mq dont l'extrémité q s'obtient, ainsi que l'indique l'épure, au moyen d'un plan horizontal Q"q' passant par le point Q". On remarquera que cette droite mq doit passer par le point o, où les axes des deux berceaux se rencontrent, attendu qu'ici ces axes sont précisément les traces des deux plans de joint, les deux berceaux étant supposés en plein cintre.

Par le point q, on conduira, parallèlement à l'axe du grand berceau, une droite qT qui sera l'arête extradossale du joint M"Q" du grand berceau, lequel joint aura dès lors pour projection horizontale mqTV.

D'un autre côté, le joint M'Q' du petit berceau coupera l'extrados du grand suivant une courbe qQ, dont chaque point s'obtiendra au moyen de plans sécants horizontaux, ainsi que l'indique l'épure ; dès lors ce joint M'Q' aura pour projection horizontale le contour MmqQef.

La courbe QPz sera celle suivant laquelle les extrados des deux berceaux se rencontrent.

677. Il est facile de comprendre pourquoi le premier point de division M' du cintre principal du petit berceau doit être plus bas que le point correspondant M" du grand berceau. Car s'il en était autrement, ce seraient tantôt les joints du petit berceau qui couperaient l'intrados du grand, et tantôt les joints du grand qui couperaient l'intrados du petit, ce qui compliquerait inutilement le tracé et l'exécution des voussoirs. D'ailleurs, les lignes qui en résulteraient produiraient un effet désagréable à l'œil.

678. *Tracé et taille des voussoirs.* — Si l'on se reporte à ce qui a été dit au sujet du tracé et de la taille des voussoirs d'angle de la voûte d'arête (n° 634), il est facile de voir l'analogie qui existe entre ce tracé et celui des mêmes voussoirs de la lunette que nous venons d'étudier; car si l'on examine attentivement ce qu'est cette lunette, on remarque que la ligne projetée en AMB (fig. 287) n'est après tout qu'une espèce d'arêtier. Aussi n'exposerons-nous ici aucun détail sur une opération qui offre une si grande ressemblance avec celle qui a été exposée tout au long dans le numéro précité.

Toutefois, nous donnons dans la figure 288 la vue perspective du voussoir qui a pour face de tête, sur le petit berceau, le contour M'Q'P'R'. Nous donnons aussi dans la figure 289 la vue perspective du voussoir formant clef.

679. Il arrive fréquemment que la lunette seule est en pierre de taille, et que les deux berceaux sont entièrement en maçonnerie, à part les voussoirs qui font partie de l'arêtier, ainsi qu'on le voit dans la figure 290. L'épure ne s'en construit pas moins pour cela de la même façon : seulement, on doit faire en sorte que les coupes des voussoirs en pierre de taille coïncident, sur l'un et l'autre berceau, avec l'un des joints de lit des rangs de moellons qui composent la maçonnerie de ces deux berceaux.

Lunette biaise dans un berceau.

680. Tout ce qui vient d'être dit sur la lunette droite dans un berceau s'applique à la lunette biaise : l'épure se construit de la même manière, et la taille des voussoirs d'angle s'exécute aussi comme celle des voussoirs des voûtes d'arêtes. La seule différence qui existe, c'est que l'angle des axes des deux berceaux, au lieu d'être droit, est aigu.

681. D'ailleurs il est rare que l'on construise des lunettes biaises, et cela avec raison, à cause des angles aigus que les douelles des voussoirs forment entre elles, du moins pour les voussoirs situés du côté où les pieds-droits des deux berceaux font un angle aigu en se rencontrant. L'angle des deux autres pieds-droits étant obtus, l'inconvénient n'existe pas il est vrai pour les voussoirs qui lui sont contigus ; mais il suffit qu'il se manifeste sur certains voussoirs, pour que l'on ait cherché le moyen non-seulement de l'atténuer, mais encore de le faire disparaître entièrement.

A cet effet, on a imaginé d'arrêter le petit berceau A à un plan vertical *mn* (fig. 291). A partir de ce plan, on lui fait faire un coude, de manière à rendre sa direction perpendiculaire à celle du grand berceau B. De cette manière, on évite la lunette biaise, qui se trouve dès lors remplacée par une lunette droite.

Lunette droite dans une voûte sphérique.

682. Cette voûte n'étant qu'une simplification de la lunette biaise, nous ne la traiterons pas d'une manière spéciale. Nous prierons simplement le lecteur d'étudier celle-ci, qui se trouve traitée dans le numéro suivant : il en déduira facilement la lunette droite.

Lunette biaise dans une voûte sphérique.

683. Soient Ao_1B le cercle de naissance de la voûte sphérique, et a_1A et b_1B, les deux génératrices de naissance du berceau qui pénètre la voûte sphérique, toutes ces lignes de naissance étant situées dans un même plan, que nous adopterons comme plan horizontal de projection. Quant au plan vertical, nous prendrons un plan passant par le centre O de la voûte sphérique, et parallèle à l'axe o_1o_2 du berceau.

Ce plan vertical coupera la voûte sphérique suivant une section méridienne A″M″N″ que l'on divisera en parties égales A″L″, L″M″, M″N″, etc. Sur ce même plan vertical on rabattra le cintre principal du berceau, suivant A′L′M′N′ ; puis on le divisera en parties égales A′L′, L′M′, M′N′, etc., de telle sorte que le premier point de division L′ soit plus bas que son correspondant L″ sur la voûte sphérique, pour les raisons exposées au numéro 677. Ensuite on extradossera les deux voûtes comme à l'ordinaire, et l'on indiquera les coupes de chacune d'elles.

La lunette est biaise, parce que l'axe o_1o_2 du berceau ne passe pas par le centre O de la voûte sphérique.

Cela posé, on commencera l'épure par la détermination de la projection horizontale de la courbe, suivant laquelle le berceau coupe la voûte sphérique. A cet effet, on mènera des plans sécants horizontaux, tels que M′m″. Ce dernier coupera l'intrados du berceau suivant deux arêtes de douelle, dont l'une, m_1M, viendra rencontrer en M le cercle suivant lequel l'intrados de la voûte sphérique est coupé par le même plan horizontal M′m″ : ce point M sera un point de l'intersection en question. On en obtiendra ainsi autant qu'on le jugera convenable, en conduisant d'autres plans horizontaux.

684. Dès que la courbe AMNB sera connue, on s'occupera de déterminer les lignes suivant lesquelles les joints du berceau coupent l'intrados de la voûte sphérique. Or, si l'on considère en particulier le joint N′P′, on voit qu'il coupe cet intrados suivant un arc de cercle projeté sur l'arc d'ellipse NQ. Le point Q s'obtient, comme ci-dessus, au moyen d'un plan sécant horizontal Q′N″. Si l'on veut connaître cette courbe d'une façon plus exacte, on n'a qu'à

exécuter la même construction pour des points intermédiaires. Du reste, on remarquera qu'elle doit passer par le point o_2, et être tangente en ce point au cercle de naissance de la voûte sphérique.

Le même joint N'P' coupe ensuite le joint conique de la voûte sphérique, lequel est formé par la rotation de la normale ON″ autour de l'axe vertical de cette voûte, suivant une courbe QS. Pour obtenir les points de cette courbe, tel que le point S, par exemple, on conduira un plan horizontal S'P″, lequel coupera le joint du berceau suivant la droite s_1S, et le joint conique suivant un cercle fS, ayant son centre en O : cette droite et ce cercle se rencontreront en un point S qui sera le point en question. On pourra, si l'on veut, chercher directement par le même moyen des points intermédiaires.

Après avoir coupé le joint conique, le joint N'P' coupe l'extrados de la voûte sphérique suivant une courbe SR, dont les différents points s'obtiendront encore au moyen de plans horizontaux. Il rencontre ensuite la face horizontale R″T″ suivant la droite RV, puis la face cylindrique gV selon une courbe projetée en VQ, et enfin l'extrados du berceau suivant la droite Qq_1. Toutes ces lignes se construisent au moyen de plans sécants horizontaux.

Par des constructions analogues, on déterminerait les différentes lignes suivant lesquelles les autres joints du berceau rencontrent les diverses parties de la voûte sphérique.

685. Nous avons indiqué sur le plan vertical la projection $A_2'L_2N_2B_2$ de l'arc de tête du berceau sur la voûte sphérique, ainsi que les projections des arêtes de douelle des différents joints, non pas que cela fût nécessaire à l'appareilleur pour l'exécution de son travail, mais c'est afin de mieux faire saisir au lecteur le mode de raccordement des deux voûtes.

686. *Tracé et taille des voussoirs.* Nous prendrons pour exemple le voussoir qui a pour face de tête sur le berceau le contour $M'N'P'Z'$ et pour projection horizontale $n_1NQDEFG$.

On commencera par équarrir un prisme droit (fig. 293) ayant cette projection pour base, et dont la hauteur soit égale à la différence de niveau des points m'' et P'' (fig. 292). Cela fait, sur la face antérieure de ce prisme, on tracera le contour $M_1N_1P_1Z_1$ au moyen d'un panneau levé sur le contour $M'N'P'Z'$ de l'épure; on indiquera de même sur la face latérale le contour $E_1E_2J_1K_1D_1C_1H_1$, au moyen d'un autre panneau levé également sur le contour $hT''R''P''N''M''k$ de l'épure. Ensuite, on conduira par la droite E_1H_1 une face plane $E_1H_1I_1U_1$ qui soit perpendiculaire à la face de tête $E_1H_1D_1J_1$, et telle, que l'on puisse y appliquer le panneau qui y correspond; puis l'on taillera la douelle cylindrique qui passe par M_1N_1 ainsi que les deux coupes qui lui sont contiguës et qui passent par les droites P_1N_1 et M_1Z_1, ce qui se fera avec une équerre dont on appuiera l'une des branches sur la face de tête $M_1N_1P_1Z_1$, à laquelle· cette douelle et ces coupes sont perpendiculaires. Quand on jugera que ces faces sont suffisamment prolongées, on y appliquera les panneaux qui leur correspondent (*).

Le joint conique $H_1C_1W_1I_1$ se taillera au moyen d'un beuveau formé de deux branches rectilignes comprenant entre elles l'angle hkM'' (fig. 292) : tandis que l'une des branches glissera sur le plan $H_1I_1U_1E_1$, tout en restant

(*) Nous n'avons pas donné les panneaux de développement pensant que le lecteur les construirait aisément.

normale à la courbe H_1I_1, l'autre branche décrira le joint conique, sur lequel il faudra ensuite tracer l'arc de cercle C_1W_1, ce qui se fera en portant sur cette face conique, suivant plusieurs génératrices, et à partir de H_1C_1, une longueur égale à $M''k$ (fig. 292).

Quant à la douelle sphérique, on la creusera comme il a été dit au numéro 593.

Enfin, le joint conique supérieur, passant par D_1K_1, s'exécutera au moyen d'un beuveau dont l'une des branches sera courbe et formera avec l'autre un angle égal à $M''N''P''$ (fig. 292), la branche courbe ayant d'ailleurs pour courbure celle de la section méridienne de la voûte sphérique.

Nous représentons dans la figure 294 le voussoir de la figure 293, vu dans sa position naturelle. S'il est renversé dans la figure 293, c'est parce qu'il doit être placé ainsi lorsqu'on le taille.

Des descentes.

687. Les descentes, de même que les lunettes, peuvent donner lieu à un raccordement de voussoirs plus ou moins complexe, selon qu'elles sont droites ou biaises par rapport à la voûte dans laquelle elles pénètrent.

Ce qui a été dit sur les lunettes est plus que suffisant pour faire comprendre comment doit s'effectuer ce raccordement.

Du reste, il est très-rare que l'on ait à opérer un tel raccordement, attendu que l'on préfère généralement terminer la descente par un petit berceau horizontal A (fig. 214), de façon à éviter que le glissement de ses voussoirs ne reporte une partie de son poids sur la voûte qu'elle pénètre. On retombe alors dans le cas d'une lunette, voûte étudiée précédemment.

CHAPITRE III

DES PENDENTIFS.

688. On donne le nom de *pendentifs* aux portions triangulaires qu'il reste d'une voûte sphérique, lorsqu'on la tronque par des plans verticaux élevés sur les côtés d'un carré inscrit dans le cercle qui est la projection horizontale du cercle de naissance de la voûte.

Ainsi, soit *abcd* (fig. 295) la projection horizontale du cercle de naissance d'une voûte hémisphérique, et soit $d'z'b'$ le demi-cercle résultant de la section faite dans cette voûte par un plan vertical conduit par le diamètre *db*. Inscrivons dans le cercle *abcd*, un carré ABCD ; imaginons par les côtés de ce carré quatre plans verticaux qui représentent les parements intérieurs des murs d'une salle que doit recouvrir la voûte.

Il est clair que ces plans verticaux couperont l'intrados de la voûte suivant quatre demi-cercles égaux et rabattus sur AU″B, BV″C, CX″D, DY″A ; de telle sorte que la voûte hémisphérique ne sera plus entière, et qu'il n'en restera plus que : 1° la calotte projetée horizontalement sur le cercle UVXY inscrit dans le carré ABCD ; 2° quatre portions triangulaires projetées horizontalement sur les quatre triangles UBV, VCX, XDY, YAU. Ce sont ces quatre portions de la voûte sphérique que l'on nomme *pendentifs*, et l'on appelle *formerets* les parties des murs composant la salle, qui se trouvent comprises dans les demi-cercles rabattus AU″B, BV″C, CX″D, DY″A.

Il résulte de cette disposition que la voûte ainsi tronquée

se projette verticalement sur le plan *db*, suivant la figure formée par les traits pleins.

Voûte en pendentif avec formerets.

689. Soit ABCD (fig. 296), le carré formé sur le plan horizontal par les traces des parements intérieurs des murs verticaux qui forment la salle à recouvrir. Prenons pour plan vertical de projection un plan qui soit parallèle à la diagonale AC du carré, et qui représentera en même temps une coupe faite dans la voûte suivant cette diagonale. La section ainsi produite dans la voûte sphérique sera la demi-circonférence décrite sur A'C' comme diamètre.

Cela posé, on commencera par diviser cette demi-circonférence A'z'C' en un nombre impair de parties égales, et par les points de division on conduira les parallèles de la sphère destinés à former les arêtes de douelle ; puis l'on construira les deux ellipses B'M'N'C', B'Q'P'A', projections verticales des cercles suivant lesquelles l'intrados de la voûte sphérique est coupé par les parements intérieurs des murs AB, BC. Pour effectuer cette construction, on élèvera des perpendiculaires par les différents points M et Q, N et P, etc., où les côtés du carré ABCD sont rencontrés par les cercles qui sont les projections horizontales des parallèles de la sphère ; quant aux points Y' et V', qui sont les points les plus élevés de ces deux ellipses, ils se trouveront sur le parallèle YVI qui en projection horizontale est tangent aux côtés du carré ABCD. Nous ferons observer qu'il est essentiel que ce parallèle YVI ne soit pas une arête de douelle, ce que l'on évitera en divisant convenablement le demi-cercle A'z'C'.

690. La portion de voûte qui se trouve au-dessus des formerets étant entièrement sphérique, s'appareillera comme

il a été dit pour les voûtes sphériques, c'est-à-dire que les joints de lit seront formés par des surfaces coniques de révolution autour de l'axe vertical O, et les joints montants par des plans méridiens. Les formerets seront appareillés par assises horizontales comme les murs ordinaires.

Mais il importe d'étudier plus particulièrement les voussoirs qui font partie à la fois de la voûte sphérique et des formerets ; soit, par exemple, celui dont la douelle se compose sur le plan vertical des trois portions

$$T'P'Q'U', \quad P'Q'M'N', \quad N'M'S'R',$$

la seconde de ces trois portions étant sphérique, et les deux autres planes. L'arête de douelle (PN, P'N') appartenant à la voûte sphérique, le joint qui passe par cette arête sera conique et coupera l'extrados suivant un arc de cercle (pn, $p'n'$), lequel arc de cercle se confond en projection verticale, sur notre épure, avec l'une des arêtes de douelle de la voûte sphérique : cette particularité est un effet du hasard.

Afin de faire raccorder le joint conique $P'N'n'p'$ avec les joints plans des formerets, on conduit par les droites (Nn, $N'n'$) et (Pp, $P'p'$) qui limitent ce joint deux petites faces planes de forme triangulaire, dont les côtés Na et Pb sont des perpendiculaires aux parements des murs formerets.

Quant au joint inférieur du même voussoir, on le déterminera de la même manière.

691. *Tracé et taille des voussoirs.* Prenons pour exemple le voussoir dont il était question dans le numéro précédent. On commencera par équarrir un prisme droit ayant pour base la projection horizontale $PNdhugc$ et dont la hauteur soit égale à la distance qui sur le plan vertical sépare les horizontales $U'S'$ et $p'n'$.

Cela fait, il sera facile de tailler toutes les faces planes du voussoir, après avoir tracé sur les faces du prisme (fig. 297) les différentes lignes U'Q', Q'M', M'S', *t'b'*, *b'p'*, *p'z'n'*, *n'a'*, *a'r'*, d'après les données de l'épure ; quant aux deux portions des formerets M'N'R'S' et Q'P'T'U', leur forme sera exactement déterminée par des panneaux qu'on lèvera aisément sur l'épure. Ensuite, au moyen d'une règle flexible, on indiquera l'arc P'N', ce qui permettra de tailler le joint conique , en se servant pour cela d'une règle que l'on fera porter sur les deux arcs P'N' et *p'n'*, en ayant soin qu'elle passe par des points de repère choisis convenablement. Enfin, la douelle sphérique P'N'M'Q' s'exécutera avec une cerce découpée suivant la méridienne A'*z*'C' (fig. 296) et que l'on fera glisser sur les deux arcs P'N', Q'M', en la maintenant toujours dans une position perpendiculaire au plan formé par les droites U'Q' et M'S'.

692. La figure 298 représente la pierre qui se trouve immédiatement au-dessous de celle de la figure 297. La figure 299 montre en perspective l'aspect produit par deux formerets contigus et le pendentif compris entre eux. Enfin, la figure 300 fait comprendre comment les joints se raccordent à l'extrados.

Pendentifs avec trumeaux, lunettes et arcs doubleaux.

693. Soient (fig. 301) deux galeries qui se rencontrent, ayant même plan de naissance et même montée. Du point central O, avec un rayon O*q* plus grand que OU, on décrit une circonférence *qrst*, et l'on veut que cette circonférence soit la ligne de naissance d'une voûte sphérique.

Il résulte de cette disposition que les pieds-droits des

berceaux se trouveront tronqués, et que l'on aura quatre pans coupés circulaires BC, DE, FG, HA, auxquels on a donné le nom de *trumeaux*. Nous supposons d'ailleurs que les deux galeries sont pourvues d'arcs doubleaux, à l'endroit où elles rencontrent la voûte sphérique, et que leur plan de naissance est le même que celui de cette dernière, ce plan étant pris comme plan horizontal de projection. Quant au plan vertical, nous prendrons le plan *tr*.

694. Le tracé de l'appareil de cette voûte s'effectuera de la manière suivante. Après avoir tracé sur le plan vertical la courbe méridienne $t'V'r'$ de la voûte sphérique, on la divisera en un nombre impair de parties égales ; on agira de même pour le cintre principal A'Z B' de l'un de berceaux, en ayant soin que les points de division M', N', P', etc., soient au-dessous des points correspondants 1, 2, 3, etc., afin que le raccordement des voussoirs du berceau avec ceux de la voûte sphérique, s'effectue pour tous sur l'intrados de cette dernière. On achèvera ensuite l'épure comme il a été dit au numéro 682, en tenant compte, bien entendu, des arcs doubleaux.

695. Ce genre de voûte remplace très-avantageusement la voûte d'arête, pour des motifs qu'il est bien facile d'entrevoir. En outre, il permet de tirer le jour par en haut, en supprimant les dernières assises de la calotte sphérique, ce que nous avons fait sur notre épure.

696. Il arrive souvent que, pour donner plus d'élévation à la voûte, on termine la sphère à la circonférence (UZYX, U'Z'Y') qui passe par les sommets des berceaux ; puis à partir de là on forme l'intrados avec une nouvelle demi-sphère qui ait ce cercle pour ligne de naissance, en ayant soin de laisser le long de ce cercle un bandeau saillant qui dissimule le raccordement des deux surfaces sphériques.

D'autres fois, comme au Panthéon de Paris, sur le cercle UXYZ on élève une tour ronde, ou mur cylindrique, sur laquelle repose une voûte hémisphérique.

LIVRE VI

DES ESCALIERS

CHAPITRE I

NOTIONS GÉNÉRALES.

697. Un *escalier* est la réunion de plusieurs pierres posées
en retraite les unes sur les autres, et servant à faire com-
muniquer les divers étages d'une construction.

698. Les différentes pierres qui composent un escalier
ont reçu le nom de *marches* ou *degrés*.

699. Chaque marche présente deux faces principales :

1° L'une horizontale, que l'on appelle *marche* proprement dite ;

2° L'autre verticale, que l'on nomme *contre-marche*.

Le *giron* est la partie visible de la face horizontale, sur
laquelle pose le pied.

700. Lorsqu'un escalier est droit, la largeur du giron
est la même dans toute l'étendue de la marche ; mais lorsqu'il est courbe, cette largeur varie : aussi est-on convenu,
dans ce cas, de mesurer le giron sur une certaine courbe
dont la projection horizontale est parallèle à celle de la
rampe, distante de celle-ci de 0^m,48, et appelée *ligne
de foulée*. Ce nom provient de ce que, lorsqu'on monte
ou descend un escalier, c'est cette ligne que l'on parcourt

habituellement, de manière à pouvoir poser commodément la main sur la rampe, et à rendre uniforme le mouvement de montée ou de descente.

701. Les marches doivent toujours être telles, qu'il existe entre leur hauteur et leur giron une dépendance exprimée par la formule empirique

$$G+2H=0^m,64,$$

dans laquelle G représente la largeur du giron prise sur la ligne de foulée, et H la hauteur de la marche. Cette formule montre que, lorsque G augmente, H doit diminuer d'une quantité moitié moindre; c'est-à-dire que si G augmente de $0^m,02$, H doit diminuer de $0^m,01$ seulement. Ainsi,

pour H =	11^c	on doit avoir G =	42^c
—	12	—	40
—	13	—	38
—	14	—	36
—	15	—	34
—	16	—	32
—	17	—	30
—	18	—	28
—	19	—	26
—	20	—	24

En dehors de ces limites, tout escalier est impossible; car, si la hauteur est moindre que $0^m,11$, la marche n'a pas assez de solidité; si au contraire cette hauteur est supérieure à $0^m,20$, voire même $0^m,19$, l'escalier est impraticable pour les enfants et les vieillards, et horriblement fatigant pour les personnes adultes.

Dans les établissements publics, où l'on ne ménage pas l'emplacement, on donne aux marches $0^m,15$ de hauteur et par conséquent $0^m,34$ de giron.

702. La formule que nous venons de donner, citée par Blondel dans son cours d'architecture, est fondée sur ce que la plus grande distance moyenne que l'on puisse parcourir sur un plan horizontal est de $0^m,64$, tandis que sur un plan vertical, par exemple en montant à une échelle, il n'est guère possible de franchir un intervalle de plus de $0^m,32$. D'où l'on a conclu que, la locomotion étant plus pénible dans le sens vertical que dans le sens horizontal, il devait exister entre ces deux mouvements une dépendance qui satisfît à ces données extrêmes ; ce qui a bien lieu avec la formule, attendu que

$$\text{pour } H = 0 \text{ on a bien } G = 0^m,64,$$
$$\text{et} \qquad \text{pour } G = 0 \qquad - \qquad H = 0^m,32.$$

703. Douliot, dans son *Traité spécial de coupe des pierres*, dit que le rapport entre la hauteur et le giron des marches doit être tel que leur somme soit toujours égale à $0^m,49$. Par conséquent, si la hauteur augmente de $0^m,01$, le giron augmente également de $0^m,01$. Cette relation, avantageuse pour des girons de largeur moyenne, cesse de l'être lorsque cette largeur atteint les limites extrêmes ; ainsi pour $G = 0^m,25$, on a $H = 0^m,24$, ce qui donne un escalier impraticable.

Nous conseillons d'employer préférablement la première formule, laquelle répond mieux à tous les cas qui peuvent se présenter.

704. Quoi qu'il en soit, toutes les marches d'un escalier doivent être égales, afin que les personnes qui le montent n'éprouvent pas de transition désagréable. Malheureusement, les constructeurs modernes n'observent pas assez cette convenance, et ont pour habitude, d'un étage à l'autre, d'augmenter la hauteur des marches et d'en diminuer le giron.

Cette coutume est évidemment absurde, attendu que, se fatigant en montant, on se trouve avoir à développer un effort plus grand, au fur à et mesure que la fatigue devient elle-même plus grande. C'est le contraire qui devrait nécessairement avoir lieu ; mais il semble que, dans les maisons que l'on bâtit aujourd'hui, on ne cherche à être agréable qu'aux personnes qui habitent les premiers étages, et qui, par conséquent, payent les plus forts loyers. Un escalier dur et, par contre, moins dispendieux, est bien assez bon pour les locataires des mansardes, qui pourtant payent proportionnellement plus que ceux des étages inférieurs.

705. On appelle *paliers* des espaces horizontaux plus larges qu'un giron, et que l'on ménage de distance en distance pour offrir un repos à ceux qui montent.

A ce titre, les paliers doivent être tels que l'on puisse y faire librement un, deux, trois ou quatre pas.

Mais comme les paliers servent habituellement de sorte de plate-forme, sur laquelle aboutissent les différentes portes ou débouchés qui desservent les appartements de chaque étage, leur largeur est alors subordonnée au nombre de portes ou de débouchés.

706. Une *rampe* ou *volée* est une suite de marches contiguës qui s'étendent d'un palier à l'autre, et dont le nombre ne doit pas dépasser vingt et un, attendu que, lorsqu'on a monté vingt et une marches, on éprouve le besoin de se reposer.

Dans les habitations ordinaires, où la hauteur des étages est relativement faible, une rampe suffit pour aboutir d'un étage à l'autre. Mais il n'en est pas de même dans les palais, où les étages sont très-élevés : l'escalier qui va d'un étage à l'autre est alors composé de plusieurs volées.

S'il est convenable qu'une rampe n'ait pas plus de vingt et une marches, il est nécessaire qu'elle n'en ait pas moins de trois, parce qu'une rampe d'une ou deux marches seulement est d'un aspect mesquin et qu'elle ne se voit pas assez dans l'ombre, où elle peut devenir dangereuse.

Enfin, un usage établi sur un principe de gymnastique, qui dit que l'on doit arriver sur un palier du même pied que l'on est parti au bas de l'escalier, veut qu'une volée ait un nombre *impair* de marches. Si cette règle offre quelque commodité au point de vue de la gymnastique, ce qui nous paraît doûteux, elle ne doit pas moins être rejetée lorsque, pour l'observer, on est obligé de sacrifier une disposition plus ou moins heureuse.

707. Lorsqu'un escalier est à rampe courbe, et lorsque la courbe offre des changements brusques de courbure, comme dans la figure 302, où la rampe, après avoir été droite, devient circulaire, il arrive que la largeur des marches, du côté de la courbe intérieure ABCD..., diminue d'une façon subite tant que l'on conserve aux arêtes des marches une direction normale à cette courbe intérieure. D'où il résulte que dans sa partie tournante l'escalier est rapide et dangereux ; en outre, les marches sont quelquefois trop étroites pour que le pied puisse y porter tout entier.

Pour remédier à ces inconvénients, on répartit la diminution inévitable des marches sur un plus grand nombre de marches, en la rendant progressive : c'est ce qu'on appelle faire le *balancement,* opération qui s'exécute de la manière suivante :

On commence par rectifier la courbe A*bc*... suivant la

droite AM (fig. 303); puis, par les points de division A, *b*,
c, *d*, etc., on élève des perpendiculaires égales à 11, 10,
9, 8, etc., fois la hauteur H des marches, et l'on réunit les
extrémités A′, *b*′, *c*′, etc., de ces perpendiculaires. On obtient ainsi une ligne brisée composée de deux droites A′*e*′
et *e*′M.

Cela posé, on prolongera l'horizontale 10-*b*′ jusqu'à ce
qu'elle soit assez longue pour que l'on puisse y poser le
pied sans danger, et l'on joindra le point A′ au point extrême de cette horizontale, par une droite qui ira rencontrer
la droite *e*′M en un point O, après quoi on prendra sur *e*′M
une distance OR égale à OA′. Enfin on tracera un arc de
cercle A′E′R, tangent en A′ et en R à la ligne brisée A′OM,
et dont le centre sera au point de rencontre des perpendiculaires élevées par les points A′ et R sur les droites AO
et OM.

Cet arc de cercle rencontrera les horizontales des points
10, 9, 8, 7, etc., en des points B′, C′, D′, E′, etc., desquels
on abaissera sur AM des perpendiculaires B′B, C′C, D′D, etc.
Il n'y aura plus alors qu'à porter les longueurs AB, BC,
CD, etc., les unes à la suite des autres, à partir du point A
(fig. 302), sur la courbe A*bc*..., et à joindre les points B,
C, D, etc., que l'on obtiendra ainsi, aux points 10, 9, 8, etc.,
situés sur la ligne de foulée (n° 700). Ces derniers points
ont été obtenus en divisant cette ligne en parties égales.

708. Nous diviserons les escaliers en trois classes :

PREMIÈRE CLASSE. *Escaliers à repos.* — Ce sont ceux dont
les marches sont scellées par les deux bouts dans deux
murs qui sont habituellement parallèles.

Dans cette classe nous comprendrons les *perrons*, qui
sont de véritables escaliers à repos, soit qu'ils aient leurs
marches scellées par les deux bouts dans deux murs, soit

que ces marches reposent dans toute leur longueur sur un massif en maçonnerie.

Deuxième classe. *Escaliers voûtés en encorbellement.* — Les marches de ces escaliers ne sont scellées dans un mur que par un seul bout, et sont supportées dans toute leur longueur par un demi-berceau en encorbellement établi sur le même mur.

Troisième classe. *Escaliers suspendus.* — Les marches de ces escaliers sont encore scellées dans un mur par un de leurs bouts, mais elles se soutiennent les unes les autres sans le secours d'aucun support. De plus, le dessous des marches forme une surface hélicoïdale continue.

Les escaliers de cette dernière classe peuvent être pourvus ou non d'un *limon,* sorte de petit mur également suspendu, dans lequel viennent s'engager les têtes des marches, de façon à donner à l'ensemble une stabilité plus grande.

Les escaliers de chacune de ces classes peuvent être à rampes droites ou à rampes courbes.

CHAPITRE II

Des perrons.

709. Les perrons sont à une ou plusieurs montées, et leurs marches peuvent être ou rectilignes, ou bien en partie rectilignes et en partie curvilignes, ou enfin entièrement curvilignes.

710. La première chose à faire lorsqu'on projette un perron est de déterminer le nombre de marches que doit avoir le perron. Cette détermination dépend évidemment de la hauteur à laquelle il faut monter, et de la hauteur que l'on veut donner à chaque marche.

Supposons que la hauteur à laquelle il faut monter soit $1^m,35$, et que la hauteur de chaque marche doive être $0^m,15$: on divisera $1^m,35$ par $0^m,15$, et le quotient 9 sera le nombre de marches.

Il peut très-bien arriver que le quotient ne soit pas un nombre entier, et que celui que l'on obtient soit un nombre fractionnaire. Dans ce cas, on prend le quotient entier qui se rapproche le plus du quotient exact, soit par excès, soit par défaut ; mais alors on ne donne plus aux marches la hauteur que l'on avait choisie d'abord : on remplace cette hauteur par une autre un peu plus grande ou un peu plus petite, selon que l'on adopte le quotient par excès ou celui par défaut.

Ainsi, par exemple, supposons que la hauteur à laquelle on doit parvenir soit $1^m,47$, et que l'on veuille d'abord donner à chaque marche 0^m,15 de hauteur. On divisera la hauteur totale 1^m,47 par 0^m,15, et l'on trouvera pour quotient 9 avec un reste. On voit que le quotient 9 serait trop faible, tandis que 10 serait trop fort. Pour savoir celui de ces deux nombres qu'il faudra adopter, on divisera la hauteur 1^m,47 par chacun d'eux, et l'on trouvera pour quotients des deux divisions 0^m,163 et 0^m,147. Comme ce dernier se rapproche davantage de 0^m,15, hauteur que l'on se proposait d'abord de donner aux marches, on l'adoptera pour remplacer celle-ci, et le perron se composera de dix marches ayant chacune 0^m,147 de hauteur.

711. Lorsqu'on a déterminé le nombre des marches, ainsi que la hauteur de chacune d'elles, on en déterminera le giron au moyen du tableau de la page 495, lequel montre que pour une hauteur de 0^m,147, c'est-à-dire pour une hauteur comprise entre 0^m,14 et 0^m,15, le giron doit être compris entre 0^m,36 et 0^m,34, et qu'il doit être égal à 0^m,346. Mais comme 0^m,346 se rapproche plus de 0^m,35 que de 0^m,34, on pourra prendre 0^m,35 pour largeur du giron, sans pour cela déroger d'une manière sensible à la formule qui a fourni le tableau en question.

712. Cela posé, faisons l'épure de notre perron, en supposant que les marches se trouvent au nombre de neuf.

Soient A'B' la ligne de terre (fig. 304) et C'D' la projection verticale du niveau auquel le perron doit aboutir, ce niveau étant le sol d'une terrasse, d'un péristyle, etc. ; soient en outre M' et N' les projections des deux petits murs dans lesquels les marches doivent être scellées.

On divisera la hauteur A'C' en neuf parties égales, et par les points de division on mènera des horizontales qui seront les projections verticales des dessus des marches.

Quant à la projection horizontale du perron, on l'obtiendra en portant en avant de EF huit fois la largeur du giron, EF étant la projection horizontale du devant de la marche palière, et en menant autant de droites parallèles à EF. On voit en M et N les projections horizontales des deux petits murs dans lesquels doivent être scellées les marches.

Le tracé et la taille des marches ne souffrent aucune difficulté, puisqu'elles ne sont simplement que des prismes droits dont la base est un rectangle, ainsi que l'indique le profil qui se trouve sur la droite de notre dessin.

On doit toujours avoir soin que la première marche soit un peu plus épaisse que les autres, de manière que sa partie inférieure soit engagée dans le sol et se trouve conséquemment au-dessous du niveau de ce dernier.

715. Lorsque le perron est à découvert, et que l'on veut empêcher les eaux de pluie de filtrer à travers les joints des marches, il faut donner à celles-ci le profil *abcdefghikm* (fig. 305), lequel se décompose de la manière suivante : *am* est la contre-marche ; *ml* représente la marche proprement dite ou giron ; *ab* et *lk*, ayant environ $0^m,04$, sont les portions de la marche recouvertes par la marche suivante ; *bc* et *ki* sont de petites faces inclinées à 45 degrés ; *cd* et *ih* sont de petites faces horizontales situées à environ $0^m,01$ au-dessus du niveau de la marche ; enfin *de* et *hg* représentent d'autres petites faces inclinées, dont la direction doit être perpendiculaire au rampant de l'escalier.

De façon à empêcher l'eau de filtrer dans les petits murs, dans lesquels sont encastrées les marches, on ne profilera pas ces dernières dans toute leur longueur suivant *abcdefghikm* : on se contentera de refouiller le dessus suivant *km*, seulement dans la partie comprise entre les deux petits murs ; de sorte que, dans les prises, les marches

monteront jusqu'à la droite qui se trouve dans le prolongement de *hi*, ainsi que cela a lieu pour les trois marches
supérieures de notre figure.

714. Il arrive souvent que les marches portent une
moulure sur le devant, ainsi qu'on le voit dans la figure
306. Cette moulure ne modifie en rien la disposition de
l'escalier ; et, pour tailler les marches, on n'a qu'à se servir
d'un panneau de tête ou d'un gabarit, selon qu'on les profile
dans toute leur longueur, ou seulement dans la partie qui
ne se trouve pas engagée dans les petits murs latéraux.
Dans notre figure, l'une des prises est profilée, tandis que
l'autre ne l'est pas.

715. On fait souvent des perrons dont les marches ne
sont pas scellées par leurs extrémités dans deux petits
murs, mais reposent dans toute leur largeur sur un massif
en maçonnerie, comme on le voit sur la figure 307. Dans
ce cas, les marches font un retour d'équerre.

716. Les perrons peuvent être, ainsi que nous l'avons
dit, à plusieurs montées. Mais cela ne modifie en rien les
explications qui ont été données dans les numéros précédents.

Des escaliers à repos entre deux murs.

717. Ces escaliers ne diffèrent des perrons qu'en ce qu'ils
sont intérieurs au lieu d'être extérieurs. A part cette différence, qui après tout n'en est pas une, ils se construisent
exactement de la même manière.

CHAPITRE III

718. Soient : NOPDQKIA (fig. 308) le plan d'une portion de la cage d'un escalier devant être voûté en encorbellement ; CFMQ la projection horizontale de la partie supérieure de la rampe de départ ; FMKH celle du premier palier ; FHGE celle de la seconde rampe entière ; EGIL celle du deuxième palier ; LABE celle de la partie inférieure de la troisième rampe ; enfin, BRSTUCFE celle du limon de l'escalier, lequel limon, ainsi qu'on le verra tout à l'heure, fait partie de la dernière assise des voussoirs qui composent la voûte en encorbellement.

Nous ne dirons rien du mode d'appareil de la voûte en encorbellement, laquelle doit être extradossée par une surface plane, afin de recevoir les marches qui composent l'escalier : les figures 308, 309 et 310 font suffisamment comprendre comment doit s'effectuer le tracé de cet appareil. Nous ferons toutefois remarquer que la dernière assise de la voûte, laquelle assise ne fait pas partie du mur formant la cage de l'escalier, doit être disposée en plate-bande, ainsi que l'indique l'épure, et que les joints de cette assise doivent conséquemment converger vers un même point.

719. Cela posé, on mènera d'abord deux droites $a'b'$ et $c'd'$ parallèles à la ligne de terre, et dont la différence de niveau devra être égale à la hauteur de la seconde rampe. Ces deux droites seront les projections verticales du dessus des deux paliers. Par le point h', où la face extérieure du limon de droite est rencontrée par la droite $a'b'$, ainsi que par le point d', où la face extérieure du limon de gauche est rencontrée par $c'd'$, on conduira une droite $h'd'$, sur laquelle devront se projeter les arêtes supérieures de toutes les marches, et qui sera distante de $f'e'$ d'environ $0^m,05$ à $0^m,08$; c'est-à-dire que le limon devra former sur les marches une saillie égale à cette quantité.

On mènera encore, parallèlement à $h'd'$, une droite $g'i'$ qui en soit distante d'une quantité telle, que l'épaisseur du derrière des marches soit d'au moins $0^m,05$. Cette droite $g'i'$ sera la projection verticale de l'extrados plan de la voûte en encorbellement qui supporte l'escalier.

720. Cela fait, on indiquera les marches comme il a été dit au numéro 712, en ayant soin de remarquer que si le devant de la marche palière coïncide avec la face extérieure $l'e'$ du limon de la rampe supérieure, le devant $o'm'$ de la première marche devra être distant de $k'f'$ d'une quantité $h'o'$ égale à un giron. Il est très-essentiel de faire bien attention à cela, afin que le limon ait partout la même épaisseur, et qu'il forme la même saillie au-dessus des marches. Si l'on omet de s'y conformer, l'épaisseur de la voûte en encorbellement tend à diminuer d'une rampe à l'autre, au point de devenir nulle si les rampes sont nombreuses ; et, pour y remédier, on est obligé de renoncer à faire le dessus du limon parallèle au plan mené par les arêtes supérieures des marches, plan qui a pour trace verticale la droite $h'd'$, ce qui produit un très-mauvais effet.

Il peut très-bien se faire que le devant de la marche palière ne coïncide pas avec la droite $l'e'$, et qu'il se trouve un peu en avant de cette droite. Dans ce cas, on devra avancer d'autant le devant de la première marche du bas, afin que $h'd'$ soit toujours parallèle à $f'e'$. D'ailleurs, la distance EF, qui sépare les faces extérieures de deux limons opposés, devra toujours être égale à autant de fois le giron qu'il y a de marches dans la rampe, y compris, bien entendu, la marche palière.

721. Sous les paliers, la voûte en encorbellement fait un coude, et son plan de naissance devient horizontal. On pourra dès lors employer en cet endroit, soit une trompe conique appareillée comme celle de la figure 236, soit une portion de voûte en arc de cloître appareillée comme celle de la figure 260. Nous avons réuni les deux cas sur notre épure : sous le palier de gauche IGEL est une trompe ; sous celui de droite HKMF est une voûte en arc de cloître, Les détails que nous avons donnés sur ces deux genres de voûtes suffisent pour faire comprendre au lecteur comment on doit les appareiller et raccorder leurs lignes d'appareil avec celles des berceaux en descente.

722. *Tracé et taille des voussoirs.* — Supposons d'abord qu'il s'agisse du voussoir qui, faisant partie de la trompe conique, a pour projection horizontale le contour $nqq''rs$, et pour projection verticale l'autre contour $q'L'y'u''x'L''q''$ (fig. 310).

On prendra un bloc de pierre dont le lit puisse contenir le panneau de projection horizontale $nqq''rs$, et dont la hauteur soit telle, que le panneau de projection verticale puisse y être aussi contenu. On fera le lit de pose $a'b'c'd'e'$ (fig. 313), conformément au panneau de projection horizontale ; quant à la face qui doit se trouver sur le parement extérieur du mur, c'est-à-dire la face $d'e'e''d''$, on la fera égale au rectangle $u'u''z''z'$ (fig. 310) ; ensuite on taillera, perpendiculairement au lit, les faces planes $e'a'a''e''$, $a'b'b''a''$, $b'c'c''b''$, $c'd'd''c''$. Cela fait, sur la face postérieure $e'd'd''e''$, et au moyen d'un panneau découpé sur le contour $q'L'y'u''x'L''q''$ (fig. 310), on tracera le contour identique *fmnolki ;* par les points *o* et *n* on conduira les droites *oq* et *np* parallèles à *d'e'* ; puis, d'équerre au parement, on fera les faces *rslk, rkih, hifg, gfmb'*; après quoi, on taillera le petit joint cylindrique *noqp,* ce qui se fera au moyen d'une règle que l'on fera glisser sur l'arc *no,* en la maintenant toujours parallèle à *oq* et à *np.*

La pierre aura alors pris la forme indiquée par les parties teintées.

Ensuite, sur le joint *hifg* (fig. 314), on tracera le contour *uifvt,* au moyen du panneau de tête *uvxyz* (fig. 308) pris dans la section droite du demi-berceau en descente ; par les points *t* et *v,* on conduira, parallèlement à *gb'*, les droites *ta* et *vy,* que l'on arrêtera respectivement à *b'r* et à *b'm ;* par le point *u,* on mènera *ux* parallèle à *hr ;* par le point *x* on fera passer la droite *xz* parallèle à *sl ;* sur *np,* on prendra *nc* égal à *gp* (fig. 308) et l'on joindra *qa* et *cy,* La pierre sera dès lors complétement tracée. Il n'y aura plus qu'à en achever la taille, ce qui se fera aisément.

723. Voyons actuellement comment s'effectueront le tracé et la taille de la clef de cette même trompe conique.

Par le point *t'* (fig. 308), on abaissera une perpendiculaire sur la ligne de terre, ce qui fournira sur le plan horizontal la limite XY de la clef sur l'une des deux rampes qui lui sont contiguës ; par le point *a''*, qui est le point le plus bas de la projection verticale de la clef, on mènera l'horizontale *y'b''*. Par le point *a'* (fig. 310) on abaissera une perpendiculaire qui viendra rencontrer en *c'* l'horizontale *c'e'* conduite par le point *h',* qui est le plus bas de cette seconde projection verticale de la clef. Cela fait, on tracera (fig. 308) une droite ZJ parallèle à la droite OP et distante de celle-ci d'une quantité égale à *c'e'* (fig. 310). Cette droite ZJ marquera la limite de la clef sur la seconde rampe qui lui est contiguë. Enfin, par les points x'' et V (fig. 308) on conduira deux droites $x''v''$ et Vu'', parallèles à l'axe OE de la trompe conique.

On prendra alors un bloc de pierre, dont le lit puisse contenir le panneau de projection horizontale $Ou''VXYEJZx''v''$ (fig. 308) et dont la hauteur soit au moins égale à $d'b'$ (fig. 310), qui est la plus grande dimension verticale de la clef. On taillera d'abord dans cette pierre un prisme vertical (fig. 311) ayant cette plus grande dimension verticale pour hauteur, et pour base le panneau que nous venons de citer. Ce prisme aura la forme

$$abcdefghikk'a'b'c'd'e'f'g'h'i'.$$

Ce prisme étant équarri, on prendra les distances $a'a''$ et $b'b''$, toutes deux égales à $b''t'$ (fig. 308); on joindra $a''b''$ (fig. 311); on prendra encore les distances kk'' et cc'', toutes deux égales à $l'e'$ (fig. 308); puis on mènera les deux droites $a''k''$ et $b''c''$. Ensuite on fera les distances $d'd''$ et $e'e''$ toutes deux égales à $a'c'$ (fig. 310), et l'on tracera les deux droites $d''c''$ et $e''f''$. Cela fait, on prendra les distances nk et cm égales à $e'z'$ (fig. 308) et l'on joindra mn, mb'', na''; de même on prendra les distances co et fp égales à fb' (fig. 310), et l'on joindra op, od'', pe''. On taillera alors les faces planes $mcc''b''$ et $cod''c''$, qui seront les faces exté-rieures des limons des deux rampes contiguës à la clef qui nous occupe; on taillera aussi les deux faces planes $kna''k''$ et $fpe''f''$, ainsi que les deux autres $b''c''k''a''$ et $c''d''e''f''$, en ayant soin de ne pas prolonger ces deux dernières plus loin que les droites $k''c''$ et $c''f''$; on taillera encore les deux faces planes $mna''b''$ et $ope''d''$, qui seront les deux joints dont les projections verticales sont $t'z'$ (fig. 308) et $a'b'$ (fig. 310). Cela posé, sur la base supérieure du prisme, et suivant la diagonale $h'e'$, on prendra une distance $h'q$ égale à Oo (fig. 308) (*), et l'on conduira les deux droites qr et qs, respectivement parallèles aux arêtes $h'g'$ et $h'i'$; puis, par ces deux droites qr et qs, ainsi que par les deux autres droites $k''c''$ et $c''f''$, on fera passer deux plans qui se couperont suivant la droite qc''. La pierre aura alors pris la forme indiquée par les parties teintées.

Cela posé, sur la face $ope''d''$ (fig. 312) on tracera le contour $oxyvuo''$ au moyen du panneau de tête $h''i''k''l''m''n''$ (fig. 308) pris dans la section droite de l'un des encorbellements. Avec le même panneau retourné, on tracera sur la face $a''b''mn$ le contour $tz''zx'y't''$. Par le point u, on mènera la droite uu' parallèle à $d''c'''$; par le point t, on mènera la droite tt' parallèle à $b''c'''$. Ensuite, sur la face supérieure $rh'sq$, on tracera deux droites $r'r''$ et $s's''$ parallèles à la diagonale $h'q$, et distantes d'elle d'une quantité égale à $f''c''$ (fig. 308) ; puis l'on joindra les points r' et s' aux points t' et u' par les deux droites $r't'$ et $s'u'$, qui seront les deux arêtes de la douelle conique. Par le point c'', on conduira dans chacune des faces contiguës à l'arête cc''', deux droites $c''z''$ et $c''o''$, respectivement parallèles à $c'''b''$ et $c'''d''$.

Il sera alors possible de tailler les trois douelles. Quant aux autres faces du voussoir, on les déterminera facilement, sans qu'il soit pour cela nécessaire que nous entrions dans des explications plus longues. La figure seule fait assez comprendre comment on doit opérer.

724. Occupons-nous maintenant d'étudier la manière de tracer et de tailler les voussoirs, lorsqu'au lieu d'être une

(*) Le point o (fig. 308) s'obtient de la manière suivante : par les points où la droite pw est rencontrée par les deux arêtes de douelle de la clef, on conduit deux droites respectivement parallèles à ON et OP, lesquelles coupent en o l'axe OE de la trompe.

trompe conique, la voûte sous le palier est en arc de cloître.

Supposons d'abord qu'il s'agisse du voussoir dont la projection verticale est $a'_1b'_1c'_1d'_1e'_1f'_1$ (fig. 308), et dont la projection horizontale est le rectangle $a_1a_2e_2e_1$. On prendra un bloc de pierre dont le lit puisse contenir ce rectangle et dont le parement puisse contenir le panneau de projection verticale. Avec ce panneau, on tracera le contour $abcdef$ (fig. 317). Par les points a, b, d et f, on conduira des droites aa', bb', dd' et ff' qui toutes devront être parallèles à op ou mn. On exécutera alors les faces correspondant à ces différentes lignes, ce qui donnera à la pierre la forme indiquée par les parties ombrées.

Cela posé, sur la face $aa'b'b$ (fig. 318), on tracera le contour $a'ighb$, au moyen du panneau de tête $uvxyz$ (fig. 308) pris dans la section droite de l'un des encorbellements. Avec le même panneau retourné, on tracera sur la face opposée $ee'd'd$ le contour identique $e'i'g'h'd'$, et l'on terminera la taille du voussoir en lui donnant la forme représentée par notre figure.

725. Quant à la clef, on l'exécutera au moyen des indications fournies par la projection horizontale (fig. 308) et les deux projections verticales (fig. 308 et 309). On lui donnera d'abord la forme représentée par la figure 315, puis on l'amènera à celle de la figure 316. Ces quelques mots, après ce qui a été dit dans les numéros précédents, suffisent pour faire comprendre au lecteur la suite des transformations que l'on fait subir à la pierre.

726. Quant aux marches, leur taille ne souffrira aucune difficulté, puisqu'elles sont toutes des prismes droits ayant pour base le profil qu'on veut leur donner.

CHAPITRE IV

DES ESCALIERS SUSPENDUS.

727. Dans les escaliers suspendus, ainsi que nous l'avons déjà dit (n° 708), les marches ne sont scellées que par un seul bout, dans les murs verticaux de la cage. A part ce point d'appui, elles se soutiennent les unes les autres dans toute leur longueur, *absolument* comme les voussoirs d'une voûte. De plus, le dessous des marches, qui est apparent, forme une surface gauche héliçoïdale qui se continue d'une manière uniforme dans toute l'étendue de l'escalier, et qui, par analogie avec les voûtes ordinaires, est considérée comme étant l'intrados de la voûte formée par l'ensemble des marches.

Ces escaliers peuvent être à une ou plusieurs révolutions, selon la hauteur à laquelle on veut parvenir, et en raison des dimensions de la cage.

728. Soit MN$v''u''$ (fig. 319) la moitié du rectangle formé sur le plan horizontal par les murs verticaux de la cage (*). On commencera par prendre sur la droite aa'', perpendiculaire à l'un des côtés de la cage, une distance aa'' égale à

(*) Nous ferons remarquer que la forme de la cage peut être quelconque, régulière ou irrégulière, polygonale, circulaire ou elliptique, sans que cela change rien aux raisonnements qui vont suivre. Si nous avons choisi la forme rectangulaire, c'est uniquement parce que ces escaliers, fort dispendieux à cause de la difficulté de leur construction, ne s'emploient que dans les grands monuments, où l'on est maître de donner à la cage une forme régulière.

l'emmarchement, c'est-à-dire la plus petite longueur que peuvent avoir les marches ; car il faut remarquer que vers les angles de la cage, les marches sont beaucoup plus longues ; ensuite, sur cette même droite aa'', on prendra un point A, distant du point a, de $0^m,48$ environ. On agira de même pour les droites uu'' et vv'', perpendiculaires aux autres côtés de la cage, c'est-à-dire que l'on fera uu'' et vv'' égales à l'emmarchement, et que l'on prendra les distances uU et vV toutes deux égales à $0^m,48$.

Par les points U, A et V on fera passer une courbe, qui ici sera une ellipse ayant pour grand axe la distance UV et dont le demi-petit axe sera AO perpendiculaire sur le milieu de UV. Cette courbe sera la courbe de foulée (n° 700). Dès qu'elle sera tracée, on portera de chaque côté du point A, des longueurs AB, BC, CD, etc., égales au giron que l'on veut donner aux marches. Ce giron sera calculé d'avance, et devra dépendre du nombre de marches nécessaires pour arriver à l'étage supérieur. Quant à ce nombre de marches, il dépendra à son tour de la hauteur à laquelle l'escalier doit parvenir. Quelle que soit cette hauteur, il faut toujours faire en sorte que la hauteur H des marches et la largeur G du giron aient entre elles la relation fournie par l'équation du numéro 701. S'il est impossible de satisfaire à cette condition, on modifiera le nombre des marches, et par suite le grandeur du giron, sans toutefois trop s'écarter des nombres contenus dans le tableau de la page 498. Si, malgré tous les essais que l'on pourrait faire, les valeurs trouvées pour H et G étaient pas trop anormales, on aurait alors recours au moyen qui consiste à diminuer la longueur aa'' de l'emmarchement ; car alors, la ligne de foulée se trouvant plus rapprochée de la cage, posséderait des dimensions plus grandes, et il deviendrait plus facile d'établir entre G et H le rapport voulu. Toutefois ce moyen extrême ne devra être employé que si la hauteur des marches est trop grande relativement au giron.

729. Cela posé, et la ligne de foulée étant partagée en parties égales AB=BC=CD=etc., on mènera par les points B, C, D, etc., des normales à la ligne de foulée, et sur chacune de ces normales on prendra des distances Bb, Cc, Dd, etc., égales à 0^m,48. Ensuite, par les points b, c, d, etc., on fera passer une courbe à laquelle se termineront toutes les marches, et qui, pour cette raison a reçu le nom de *courbe de jour*. Les droites aa'', bb'', cc'', dd'', etc., seront les projections horizontales des arêtes saillantes des marches.

Afin de déterminer complétement la position occupée dans l'espace par ces arêtes, imaginons que sur le cylindre vertical élevé sur la courbe de foulée VABCDU, on ait tracé une hélice dont les différents points, tels que ceux projetés en A, B, C, D, etc., soient chacun au-dessus de celui qui le précède, d'une quantité égale à la hauteur d'une marche ; imaginons en outre qu'une droite se meuve le long de cette hélice tout en restant perpendiculaire au cylindre VABU. Il est clair que cette droite engendrera un hélicoïde gauche (n° 281) dont les lignes aa'', bb'', cc'', dd'', etc. seront des génératrices, et qui sera l'extrados fictif de la voûte formée par l'escalier.

730. Quant à l'intrados, lequel est formé par le dessous des marches, ce sera encore un hélicoïde gauche, identique au précédent, et dont l'hélice directrice sera la même que celle de tout à l'heure, qui se serait abaissée sur le cylindre VABU, et dans chacun de ses points, d'une quantité constante. Cette quantité dépend de l'épaisseur que l'on veut donner aux marches. La surface d'intrados que l'on obtiendra ainsi sera continue et non interrompue, tandis que l'extrados, purement fictif, ne conservera que quelques-unes de ses génératrices, qui sont les arêtes supérieures des marches.

751. La surface intradossale étant ainsi parfaitement définie, on fixera les positions des arêtes de douelle, en conduisant par les points E, F, G, etc., milieux de AB, BC, CD, etc., des droites ee'', ff'', gg'', perpendiculaires à la ligne de foulée, puis on formera les joints relatifs à ces différentes arêtes de douelle, de la manière suivante.

Sur une droite indéfinie st (fig. 320) on rectifiera la courbe de jour ; c'est-à-dire que l'on portera, l'une à la suite de l'autre, des distances $a_1'b_1'$, $b_1'c_1'$, respectivement égales à ab, bc (fig. 319) (*). Par les points a'_1, b'_1, c'_1, on élèvera des perpendiculaires ; sur la première, on prendra une longueur $a'_2 a'_3$, égale à la hauteur d'une marche ; par les points a'_2 et a'_3, on mènera des horizontales $a'_2 i'_2$, $a'_3 m'_2$; à partir du point b'_2, où l'horizontale $a'_3 m'_2$ rencontre la verticale $b'_1 b'_3$, on prendra une longueur $b'_2 b'_3$ égale à la hauteur d'une marche, et par le point b'_3 on conduira une nouvelle horizontale $b'_3 n'_2$ qui sera le dessus de la seconde marche, de même que l'horizontale $a'_3 b'_2$ sera le dessus de la première marche.

Cela fait, on prendra sur la droite st des distances $a'_1 e'_1$, $b'_1 f'_1$, $c'_1 g'_1$, respectivement égales à ae, bf, cg (fig. 219), et par les points e'_1, f'_1, g'_1, on élèvera des perpendiculaires, sur lesquelles on déterminera des points e'_2, f'_2, g'_2 situés à 5 centimètres au moins au-dessous des horizontales $a'_3 i'_2$, $a'_3 m'_2$, $b'_3 n'_2$, et que l'on réunira par une ligne continue $e'_2 f'_2 g'_2$. Cette ligne, qui n'est autre chose que la transformée de l'hélice résultant de l'intersection de l'intrados avec le cylindre vertical élevé sur la courbe de

---

(*) Nous ne considérons ici que deux marches consécutives, celles qui ont pour arêtes supérieures les droites aa'' et bb''.

jour, sera une ligne droite, ainsi qu'on l'a vu en géométrie descriptive (n° 225). Par les points e'_2, f'_2, g'_2, on conduira des perpendiculaires à cette transformée, lesquelles iront rencontrer en i'_2, m'_2, n'_2 les horizontales $a'_2i'_2$, $a'_3m'_2$, $b'_3n'_2$. Les panneaux de tête des marches seront dès lors complétement déterminés, et leurs contours seront $a'_2a_3'm'_2f'_2e'_2i'_2$ et $b'_2b'_3n'_2g'_2f'_2m'_2$. Quant aux droites $e'_2i'_2$, $f'_2m'_2$, $g'_2n'_2$, ce seront les transformées des lignes suivant lesquelles les surfaces de joint devront couper le cylindre élevé sur la courbe de jour.

Ensuite, sur une droite indéfinie xy (fig. 321), on portera des longueurs a_1b_1, b_1c_1, égales aux longueurs $a''b'$, $b'c'$ (fig. 319), les points a'', b', c', étant situés sur une courbe parallèle à la ligne de foulée et tangente aux côtés de la cage. Par les points a_1, b_1, c_1 (fig. 321), on élèvera des perpendiculaires, et l'on déterminera, comme précédemment, les panneaux de tête des marches sur le cylindre vertical élevé sur la courbe $a''b'c'$ (fig. 319). La droite g_2e_2 sera la transformée de l'hélice suivant laquelle l'intrados coupe ce cylindre, et les droites e_2i_2, fm_2, gn , perpendiculaires sur g_2e_2, seront les transformées des lignes suivant lesquelles ce même cylindre est rencontré par les surfaces de joint.

732. Cela posé, sur la courbe de jour (fig. 319), on prendra des distances ai, bm, cn, respectivement égales à $a'_1i'_1$, $b'_1m'_1$, $c'_1n'_1$ (fig. 320) ; de même, sur la courbe $a''b'c'$, on prendra des distances $a''i'$, $b'm'$, $c'n'$, respectivement égales à a_1i_1, b_1m_1, c_1n_1 (fig. 321) ; puis l'on mènera les droites ii, mm' nn', qui seront les projections horizontales de celles suivant lesquelles les surfaces de joint rencontrent les faces supérieures des marches. Quant aux lignes $e'_2i'_2$, $f'_2m'_2$, $g'_2n'_2$ (fig. 320), elles se projetteront dès lors sur ei, fm, gn, et seront devenues des portions d'hélice qui, vu leur très-petite longueur (nous avons dit $0^m,05$), pourront être considérées comme étant des droites ; il en sera de même dés lignes $e_2 i_2$, $f_2 m_2$, $g_2 n_2$ (fig. 321), lesquelles seront projetées sur $e'i'$, $f'm'$, $g'n'$.

On voit que les surfaces de joint seront des surfaces gauches engendrées par une droite horizontale glissant sur deux lignes courbes, mais qui, nous le répétons, peuvent être considérées comme des lignes droites.

733. Il reste maintenant à déterminer le panneau de tête de la marche, relatif à la tête qui se trouve engagée dans le mur, ce qui revient évidemment à déterminer les intersections des diverses horizontales qui composent les faces de la marche avec le plan vertical PQ, auquel s'arrête cette marche. A cet effet, sur une droite lk (fig. 322), on prendra des distances $a''_1 b''_1$, $b''_1 c''_1$, égales à $a'''b'''$, $b'''c'''$ (fig. 319) ; par les points a''_1, b''_1, c''_1, on élèvera des perpendiculaires, et l'on construira les panneaux comme on a fait pour ceux des figures 320 et 321.

734. *Tracé et taille des marches.* — Prenons pour exemple la marche qui a pour projection horizontale le contour $aa'''f'''f$. On prendra une pierre dans laquelle ce contour puisse être contenu, et on l'équarrira perpendiculairement à ce contour (fig. 323). Sur la face antérieure $abcd$, qui est cylindrique, on appliquera le panneau $a'_2 d'_3 m'_2 f'_2 e'_2 i'_2$ (fig. 320) et l'on y tracera le contour $haiefg$. Cela fait, sur la face postérieure, on appliquera un panneau découpé sur $a''_2 a''_3 m''_2 f''_2 z e''_2 i''_2$ (fig. 322) et on y tracera le contour identique ; sur l'arête $c'c$, on prendra $c'c''$ égal à $a''a'''$ (fig. 319), et par le point c'' on mènera deux droites $c''f''$, $c''e''$, respectivement parallèles à $c'f'$, $c'c'$. Par ces deux droites $c''f''$ et $c''e''$ on fera passer une petite facette plane $f''e''c''$ à laquelle on donnera la forme du triangle curviligne $e''_2 f''_2 z$.

La douelle héliçoïdale se taillera au moyen d'une règle que l'on appuiera sur les lignes fe et $f''e''$, en la faisant passer par des points de repère faciles à déterminer. Le joint gauche $gff'g'$ se taillera aussi au moyen d'une règle que l'on fera glisser sur gf et $g'f'$, en la maintenant toujours parallèle à la face $hgg'h'$; l'autre joint gauche, qui passe par ie, s'exécutera de la même façon. Quant aux autres faces qui sont des faces planes, elles s'exécuteront aisément.

La partie prismatique $f'c'e'e''c''f''$ a pour but d'éviter qu'il y ait dans le mur des joints obliques et gauches, ce qui est très-mauvais.

La figure 324 représente la même marche vue dans sa position naturelle.

735. Lorsque l'escalier contient un palier, et que ce palier ne peut être taillé dans un seul morceau de pierre, ce qui a lieu le plus souvent, on le compose de deux parties, séparées par un joint à crossette, ainsi qu'on le voit dans la figure 325. Quant à l'épaisseur de ce palier, elle doit être égale à celle d'une marche.

736. *Limon.* — Il arrive souvent que l'on donne à l'escalier un limon, et qu'alors chaque marche porte à son extrémité, du côté du jour, une saillie nommée *collet*. L'ensemble de toutes ces saillies forme le limon, lequel est compris entre le cylindre de jour et un autre cylindre pq (fig. 319), parallèle au premier, et distant de celui-ci de $0^m,10$ à $0^m,15$.

La face inférieure de ce limon n'est autre chose que la continuation de la surface héliçoïdale qui forme le dessous de l'escalier. Quant à la face supérieure, elle se compose aussi d'une surface héliçoïdale, identique avec cette dernière, et dont l'hélice directrice se détermine de la manière suivante.

Supposons qu'on ait développé le cylindre de jour (fig. 326) et qu'on ait déterminé le panneau de tête de chaque marche : on trace une droite *abc* parallèle à *mnp*, de telle sorte qu'elle soit à $0^m,05$ environ de la droite *fgh* qui passe par les arêtes supérieures des marches et qui est aussi parallèle à *mnp*. La droite *abc* marquera la face supérieure du limon. On déterminera ensuite les joints de ce limon en conduisant par les points *f*, *g*, *h* des perpendiculaires à *abc*.

Nous donnons, dans la figure 327, la vue perspective d'une marche accompagnée de son collet saillant. Le moyen de la tailler se comprend assez facilement pour qu'il soit inutile que nous donnions des détails à ce sujet. La figure 328 représente aussi en perspective la marche palière d'un escalier à limon pourvu d'un palier, laquelle marche a pour panneau de tête, sur la figure 326, le contour *cderqpoh*. Quant à la partie ponctuée *uvx*, elle indique le joint à crossette des deux pierres qui composent le palier.

On comprend aisément que pour tailler une marche portant un collet, on est obligé d'employer des blocs de pierre de dimensions considérables et qu'il est impossible d'éviter un déchet énorme, à cause du refouillement qu'on est forcé d'exécuter dans la pierre. Aussi préfère-t-on généralement construire le limon à part, et le former de plusieurs morceaux pourvus chacun d'entailles dans lesquelles viennent s'assembler les têtes libres des marches. Il est clair qu'une telle disposition est bien préférable au point de vue économique, et que l'escalier ne peut qu'y gagner en résistance.

Nous allons étudier dans les numéros suivants la construction d'un limon ainsi disposé.

Du limon.

737. Nous venons de voir dans le numéro précédent que lorsque le limon n'est pas construit isolément, l'hélice directrice de sa partie supérieure se trouve située sur le cylindre de jour ; il ne doit plus en être de même quand le limon est construit isolément, à cause de la difficulté que présenteraient les opérations graphiques.

Cela posé, soit (fig. 329) la projection horizontale d'un limon. Nous supposerons que les arêtes supérieures des marches étant prolongées, soient toutes tangentes au cercle O, de sorte que les projections des courbes du limon seront des développantes (n° 378) du même cercle. Les arêtes supérieures des marches sont d'ailleurs obtenues en conduisant des normales à la ligne de foulée, par les points qui partagent cette ligne en parties égales telles, que la relation entre ces parties et la hauteur des marches soit conforme à celle donnée par la formule du numéro 701.

Les faces supérieures et inférieures du limon seront deux surfaces héliçoïdales identiques avec celles de l'escalier, mais dont les hélices directrices, toujours tracées sur le cylindre de foulée, devront être situées, l'une un peu plus haut que l'extrados, et l'autre un peu plus bas que l'intrados, afin que le limon dépasse en dessus et en dessous les têtes des marches de quelques centimètres, et que l'on puisse conséquemment y pratiquer des entailles pour recevoir celles-ci.

Comme il est impossible de faire le limon tout entier dans un seul morceau de pierre, on est obligé de le diviser en plusieurs parties dont les faces de joint soient formées avec des plans normaux à la *courbe moyenne*, c'est-à-dire à la courbe qui est l'intersection d'un cylindre vertical AGB équidistant des deux cylindres projetants du limon, avec une surface héliçoïdale qui serait à égale distance des faces supérieure et inférieure du limon.

758. Supposons que le point A (fig. 329) soit la projection horizontale de l'un des points de la courbe moyenne par lequel on veut faire passer un joint. Traçons d'abord la génératrice qui passe par ce point, laquelle sera une droite ab tangente au cercle O; puis prenons pour plan vertical de projection un plan LT, perpendiculaire à cette génératrice, sur lequel cette dernière se projettera en un point A'_1 (fig. 330), que nous placerons à une hauteur quelconque. On prendra au-dessus et au-dessous de ce point A'_1 des distances $A'_1 a_2$, $A'_1 a_1$ égales toutes deux à la moitié de la hauteur verticale que doit avoir le limon.

Cela posé, sur l'un des côtés d'un angle quelconque (fig. 339), on portera, à partir du sommet O, deux longueurs OA et OB telles, que la longueur OA soit égale à un giron, et que la longueur OB soit égale à l'arc uv (fig. 329) qui, sur la ligne de foulée, est compris entre la génératrice qui passe par le point A et l'arête cev. Sur le second côté de l'angle, on prendra une distance OC égale à la hauteur d'une marche; on joindra le point A au point C, et l'on conduira par le point B une droite BD parallèle à AC.

Alors on portera au-dessus et au-dessous du point a_1 (fig. 330) des longueurs $a_1 a_4$ et $a_1 a_3$ respectivement égales à OD et DC (fig. 339). Par les points a_3 et a_4 ainsi obtenus on mènera des horizontales $a_3 i_1$ et $a_4 e_1$ qui seront les projections verticales des génératrices ni et ce (fig. 329) de la face inférieure du limon; donc, en y rapportant par des lignes de rappel les points n, i et c, e, où ces génératrices rencontrent les cylindres latéraux du limon, on obtiendra deux courbes $n_1 a_1 c_1$, $'i_1 a_1 e_1$, qui seront les projections verticales des intersections de ces cylindres latéraux avec la face inférieure ou l'intrados du limon. Si l'on veut d'autres points de ces deux courbes, on tracera d'autres horizontales $d_1 f_1$, $h_1 g_1$, l'une au-dessus de $c_1 e_1$, l'autre au-dessous de $i_1 n_1$, et distantes de celles-ci d'une quantité égale à une hauteur de marche. Ces horizontales rencontreront les verticales des points d et f, g et h en des points d_1 et f_1, g_1 et h_1 qui seront des points des deux courbes en question.

Dès lors, pour déterminer la projection verticale de la face supérieure ou extrados du limon, on portera au-dessus des horizontales $h_1 g_1$, $i_1 n_1$, $c_1 e_1$, $d_1 f_1$, une hauteur égale à celle que doit avoir le limon, et l'on mènera des horizontales $h_2 g_2$, $i_2 n_2$, $c_2 e_2$, $d_2 f_2$, ce qui permettra, ainsi qu'on le voit sur la figure, de tracer les deux courbes qui limitent cette face supérieure.

Quant aux courbes $k_1 a_1 l_1$ et $k_2 a_2 l_2$, ce sont les projections de l'intersection du cylindre moyen avec les faces inférieure et supérieure du limon.

Nous ferons remarquer que les trois courbes situées sur la face inférieure doivent passer toutes trois par le point a_1, et que celles qui appartiennent à la face supérieure doivent passer par le point a_2, les points a_1 et a_2 ayant été obtenus comme il a été dit précédemment.

739. Il est parfaitement clair que si l'on projetait verticalement (fig. 330) la *courbe moyenne*, sa projection passerait par le point A'_1, situé à égale distance des points a_1 et a_2. Conduisant alors une tangente à cette courbe par le point A'_1, il n'y aurait plus qu'à déterminer le plan qui, passant par le même point A'_1, serait perpendiculaire sur cette tangente, pour connaître le plan de joint. Mais nous allons voir que pour tracer cette tangente il est inutile d'avoir la projection verticale de la courbe moyenne.

On se rappelle en effet (n° 224) qu'une hélice est une courbe décrite par un point qui s'élève à chaque instant d'une quantité *proportionnelle* à la distance parcourue dans le même instant par sa projection horizontale ; on se rappelle aussi (n° 226) que la tangente à l'hélice est l'hypoténuse d'un triangle rectangle dont les deux côtés de l'angle droit sont entre eux dans un même rapport que les hauteurs des différents points de la courbe aux arcs correspondants de la projection horizontale de cette courbe. D'ailleurs, pour le point (A, A'_1) de l'hélice moyenne, la tangente est parallèle au plan vertical, et le triangle en question se projette sur ce plan en vraie grandeur. Par conséquent, si par un point quelconque x de la verticale AA'_1 on mène une horizontale xy, on devra prendre sur cette horizontale une longueur xy telle, que le rapport $\dfrac{A'_1 x}{xy}$ soit égal à celui qui existe entre la différence des hauteurs des points de la courbe moyenne projetés horizontalement en k et l, et l'arc kl de la projection de cette courbe. La droite $y A'_1$ sera la projection verticale de la tangente à cette courbe, au point (A, A'_1).

La tangente au point de la courbe moyenne par lequel on veut faire passer un joint étant dès lors connue, on conduira par le point A'_1 une droite pq perpendiculaire à cette tangente. Cette perpendiculaire sera évidemment la trace verticale du plan de joint, et rencontrera les projections des hélices situées sur les faces supérieure et inférieure du limon, en des points qui, projetés horizontalement, fourniront les lignes 1-2-3 et 4-5-6, suivant lesquelles ces faces sont coupées par le plan de joint. Ce plan coupera en outre les deux cylindres latéraux du limon

suivant des courbes dont les projections seront les arcs
$3b6$, $1a4$.

740. Supposons maintenant que par le point B (fig. 319)
de la courbe moyenne on veuille faire passer un autre
joint. Par le point B on conduira une droite mr tangente
au cercle O ; puis l'on exécutera (fig. 331) sur un plan L_1T_1
perpendiculaire à cette droite les mêmes constructions que
celles de la figure 330 ; ce qui fournira ce second plan du
joint, lequel sera projeté horizontalement sur le contour
7-8-9-r-12-11-10.

741. Les opérations précédentes font bien connaître
exactement la projection horizontale du voussoir ; mais il
reste à construire sa projection verticale, les figures 330
et 331 n'étant que des projections partielles.

Nous adopterons pour plan vertical de projection un plan
parallèle aux droites CD et EF (fig. 329) qui, parallèles entre
elles, comprennent la projection horizontale du voussoir
sous le plus petit espace possible. Nous mènerons au cercle O
une tangente IGH perpendiculaire à ce plan ; puis, sur ce
plan vertical, et à partir d'une hauteur quelconque, on tracera (fig. 332) des horizontales $h'g'$, $i'n'$, $e'c'$, $f'd'$, $s't'$, etc.;
distantes les unes des autres d'une quantité égale à la hauteur d'une marche. On projettera sur ces horizontales les
points h et g, i et n, e et c, etc., et l'on tracera les deux
courbes $h'H'z'$, $g'H'o'$, lesquelles devront rencontrer la verticale IIH' en un même point H' tel, que NH' soit à H'M
comme l'arc I_1t_1, situé sur la ligne de foulée, est à l'arc I_1f_1.
Les deux hélices $h'H'z'$ et $g'H'o'$ seront les projections verticales des hélices qui limitent la face inférieure du limon.
Quant à celles qui limitent la face supérieure, elles se dédui-
ront aisément des deux précédentes, en procédant comme
il a été dit au numéro 738.

Les quatre hélices qui forment les arêtes du limon étant
dès lors connues en projection verticale, il ne nous restera,
pour compléter la projection du voussoir, qu'à conduire
des lignes de rappel par les points 1, 3, 4, 6 et 7, 9, 10,
12 (fig. 329) qui, par leur rencontre avec les hélices correspondantes (fig. 332), fourniront les projections verticales 1',
3', 4', 6', et 7', 9', 10', 12' des mêmes points. On joindra
ces points deux à deux par des lignes telles que 4'-6', 6'-3',
1'-3', 1'-4' et qui sont des lignes courbes, dont il sera facile
de se procurer des points intermédiaires, si on le juge convenable, ainsi que nous l'avons fait pour le point b' situé sur
la courbe 3'-6'.

742. Afin d'économiser le plus possible les matériaux,
on supposera que le voussoir est tout entier compris dans
le parallélipipède rectangle dont les faces sont : 1° deux
plans verticaux ayant pour traces les droites CD, EF
(fig. 329) : 2° deux plans E'S', R'F' (fig. 332), perpendiculaires aux deux précédents, ainsi qu'au plan vertical de
projection ; 3° enfin, deux plans E'R', S'F' (fig. 332) perpendiculaires aux quatre premiers et au plan vertical de
projection.

Ces six plans étant définis, on rabattra sur le plan vertical (fig. 333) le plan inférieur R'F' du parallélipipède, afin
de connaître en vraie grandeur les courbes suivant lesquelles ce plan coupe les deux cylindres latéraux du limon.
A cet effet, on tracera une droite $R'_1F'_1$ parallèle à R'F', et
distantes de celle-ci d'une quantité égale à PR (fig. 329) ;
par les points tels que s_1, t_1 (fig. 333), on élèvera des perpendiculaires à R'F', sur lesquelles on prendra des longueurs respectivement égales s_1s_2, t_1t (fig. 329), ce qui fournira les points s_2 et t_2. On agira de même pour les autres
points f_1, d_1, etc., et l'on tracera les deux courbes Ut_2f_2,

$Vs_2d_2c_2$, qui seront les deux courbes en question. Quant au plan rabattu, ce sera le rectangle $R'F'F'_1R'_1$.

On aurait dû aussi rabattre séparément la face supérieure $E'S'$, avec les deux courbes résultant de son intersection avec les deux mêmes cylindres ; mais comme ces deux nouvelles courbes sont identiques avec les précédentes, on suppose que la face supérieure s'est d'abord abaissée jusqu'à la position $E''S''$; puis, la rabattant alors autour de cette dernière droite, les deux courbes se confondront, du moins en partie, avec celles précédemment déterminées. Quant à la face elle-même, elle sera devenue le rectangle $E''S''S''_1E''_1$.

743. La figure 334 est le panneau suivant lequel le plan $S'F'$ (fig. 332) coupe le limon. Pour l'obtenir, nous avons supposé que ce plan, après avoir été rendu vertical, s'est transporté parallèlement à lui-même, pour être ensuite rabattu sur le plan horizontal qui passe par la droite FD (fig. 329). Ainsi, pour obtenir le point Z (fig. 334), on a décrit du point F' comme centre (fig. 332), l'arc z'_2z_6 ; on a mené l'horizontale z_3z_4, puis le quart de cercle z_4Z' décrit du point F_2' comme centre ; enfin on a abaisssé la perpendiculaire $Z'Z$, laquelle, par sa rencontre avec l'horizontale Zz_2, a fourni le point Z. Quant au point z_2 (fig. 329), il a été déduit du point z'_2 (fig. 332) au moyen d'une ligne de rappel, ce dernier étant d'ailleurs celui où le plan $S'F'$ rencontre l'hélice $h''H''z''$.

Les trois autres sommets du panneau de tête (fig. 334) s'obtiendront d'une manière anologue ; ce qui permettra de tracer les quatre courbes qui les unit deux à deux. Quant à ces courbes, si on voulait se procurer directement pour chacune, un ou plusieurs points intermédiaires, cela serait facile en employant toujours la même méthode, ainsi que nous l'avons fait sur l'épure pour le point W.

La figure 335 est le second panneau de tête du voussoir.
Il se détermine de la même manière que le précédent.

744. *Tracé et taille du voussoir.* — On commencera par
donner à la pierre la forme du parallélipipède rectangle
dont il a été parlé plus haut, et dont les différentes faces
sont : 1° deux plans verticaux CD et EF (fig. 329) ; 2° deux
plans E'S' et R'F' (fig. 332) perpendiculaires aux précédents
ainsi qu'au plan vertical de projection ; 3° deux plans E'R'
et S'F' (fig. 332) perpendiculaires aux quatre précédents
ainsi qu'au plan vertical de projection.

Cela fait, sur la face supérieure *abcd* (fig. 336) de ce parallélipipède, on appliquera le panneau E″E″,S″,S″ (fig. 333),
ce qui permettra d'y tracer le contour *efghd ;* on agira de
même pour la face inférieure, dont le panneau correspondant est R'R',F',F' (fig. 333) ; puis on taillera les deux cylindres qui doivent former les faces latérales du limon, en
se servant pour cela d'une règle que on aura soin de toujours maintenir parallèle à elle-même, suivant une direction qu'il sera facile de déterminer, d'après l'épure. La
pierre prendra ainsi la forme indiquée par la figure 336.

Ensuite, sur les faces antérieure et postérieure on appliquera les panneaux des figures 335 et 334 pour y tracer
les contours correspondants, et, après avoir marqué sur
deux des génératrices des parties cylindriques les points
appartenant aux arêtes du limon, on tracera les hélices qui
forment ces arêtes, avec une règle flexible, à laquelle on
fera prendre la courbure des cylindres. Ces hélices serviront de directrices aux deux surfaces héliçoïdales qui composent le dessus et le dessous du limon. Cette seconde
série d'opérations donnera à la pierre la forme représentée
par la figure 337.

Il ne restera plus, pour compléter la taille du voussoir,

qu'à déterminer sur les hélices formant arêtes les sommets des deux quadrilatères plans qui doivent limiter le voussoir. La figure 338 représente perspectivement ce voussoir complétement achevé.

745. Certains auteurs conseillent, afin d'empêcher le glissement des voussoirs qui composent un limon, de ménager une crossette à l'extrémité de chaque voussoir. Mais, comme il est extrêmement difficile de bien faire coïncider les joints de deux voussoirs contigus ainsi disposés, il est préférable de faire des joints plans, en ajoutant, pour augmenter la stabilité, des goujons en fer ayant pour but de relier les diverses parties du limon. Cependant, si la taille est bien faite, ainsi que nous l'avons constaté dans certains escaliers construits avec soin, les goujons sont complétement inutiles et deviennent du superflu.

Escaliers à noyau plein.

746. L'escalier à noyau plein, appelé aussi *vis* à noyau plein, est un escalier dont les marches sont engagées par l'une de leurs extrémités dans un *noyau* (fig. 340) ou cylindre plein, et par l'autre extrémité dans un mur circulaire qui est concentrique avec le noyau.

Ce genre d'escalier est habituellement employé dans les tours ou tourelles, ainsi que dans toutes les constructions où l'on ne dispose que d'un très-petit espace. Aussi sont-ils toujours très-étroits, et leurs marches n'ont-elles guère qu'un mètre de longueur entre le noyau et le mur. C'est pour cette raison que l'on a coutume de placer la ligne de foulée au milieu, laquelle ligne se projette horizontalement suivant une circonférence ABC... concentrique avec le noyau.

747. *Premier mode d'appareil.* — On partagera d'abord la ligne de foulée en parties égales $AB = BC = CD = \ldots$ et par les points de division on fera passer des droites $aa', bb', cc', \ldots$ convergeant toutes vers l'axe du noyau : ce seront les projections des arêtes saillantes des marches, lesquelles arêtes seront situées sur un hélicoïde gauche ayant pour directrices l'axe du noyau et l'hélice tracée sur le cylindre de foulée. Quant aux arêtes de douelle, on les obtiendra en conduisant par les milieux des girons, des droites telles que ee', convergeant également vers l'axe du noyau ; puis l'on terminera les marches par des plans verticaux conduits suivant ces arêtes de douelles ainsi qu'on peut le voir sur les figures 341 et 342, qui représentent les développements des têtes du côté du noyau et du côté de la cage.

Ces développements se déduisent facilement de la projection horizontale en rectifiant, ainsi que nous avons déja eu occasion de le faire (n° 731), les circonférences qui servent de bases aux cylindres sur lesquels se trouvent situées les têtes, et en élevant des ordonnées successivement égales à H, 2H, 3H, 4H, etc., H étant la hauteur d'une marche.

748. Il est clair que l'intrados ne sera pas une surface continue, mais qu'il se composera alternativement d'une face gauche et d'une petite face plane verticale.

Quant aux marches, elles seront engagées dans le noyau, sur lequel on aura dû pratiquer des entailles, ainsi que le montre la figure 343. Ces entailles seront facilement creusées en employant pour cela les panneaux de la figure 341.

Mais, au lieu d'engager ainsi les marches dans le noyau, il est de beaucoup préférable, au point de vue de la solidité, de faire porter à chaque marche une tranche du noyau, comme l'indiquent les figures 344 et 345, qui représentent le dessus et le dessous d'une marche ainsi disposée. Il est vrai que cette disposition offre l'inconvénient de nécessiter l'emploi de pierres d'un plus fort volume, mais en revanche, ainsi que nous venons de le dire, elle présente une solidité à toute épreuve, surtout si l'on a soin, lorsque l'escalier contient un grand nombre de révolutions, de réunir les diverses tranches qui composent le noyau, au moyen de goujons en fer fortement scellés.

749. *Deuxième mode d'appareil.* — Si l'on veut que le dessous de l'escalier, c'est-à-dire l'intrados, au lieu d'être une surface brisée, comme dans l'exemple précédent, soit une surface continue, on formera cet intrados avec une surface gauche continue, dont la génératrice sera une droite horizontale qui glissera sur l'hélice de foulée et sur une autre hélice de même pas, tracée sur le noyau, mais dont l'origine sera en avant de celle de l'hélice de foulée, d'une quantité égale à l'arc Bm (fig. 346).

Afin de mieux faire comprendre la nature de cette surface, prenons sur la ligne de foulée un point M, distant du point C d'une quantité au moins égale à la moitié de l'arc CD, qui sépare les projections des arêtes saillantes de deux marches consécutives; par ce point M, conduisons une droite mN parallèle à BA : cette droite mN sera la projection horizontale de l'une des génératrices de la surface d'intrados; de plus, elle sera l'arête de douelle du joint de la marche qui a pour arête saillante EF ; en outre, elle rencontrera le noyau en un point m, et l'arc Bm sera l'arc dont il vient d'être parlé.

750. Quant aux surfaces de joint, elles seront formées par des plans perpendiculaires à l'hélice de foulée. Pour les déterminer, on opère de la manière suivante :

Supposons qu'il s'agisse du joint qui passe par le point M. Par ce point, conduisons à l'hélice moyenne une tangente : elle se projettera (n° 186) suivant une droite M*l*, tangente au cercle CMD, et sa trace *t*, sur un plan horizontal situé à deux hauteurs de marche au-dessous du point M, sera distante de ce point d'une quantité égale à deux fois l'arc CD.

Prenons ensuite un plan vertical de projection LT perpendiculaire sur *m*MN; puis projetons sur ce plan le point M : on obtiendra cette projection en prenant *b*M′ égal à deux hauteurs de marche; quant au point *t*, il se projettera en *t*′ sur LT. Dès lors, la droite *t*′M′ sera la trace verticale du plan tangent au point (M, M′) de la surface gauche d'intrados. Conduisant ensuite par le point M′ une droite *s*′M′ perpendiculaire à *t*′M′, cette droite sera la trace verticale d'un plan mené par la droite *m*MN, perpendiculairement au plan tangent. Ce plan sera donc perpendiculaire à l'hélice moyenne et formera le joint de la marche qui a pour arête saillante EF. Enfin on conduira une horizontale G′H′ qui sera le dessus de la marche et qui devra être au-dessus de M′ d'une quantité dépendant de l'épaisseur que l'on veut donner aux marches; après quoi on tracera l'autre horizontale I′K′ de telle sorte que I′II′ soit égal à la hauteur que doit avoir la marche. On pourra encore mener dans le plan de joint une horizontale (*uv*, *v*′) qui, avec *m*N et *k*K, serviront à déterminer, par leurs points de rencontre avec le noyau et le cylindre qui forme l'intérieur de la cage, les courbes suivant lesquelles le plan de joint rencontre ces deux cylindres.

Il ne restera plus alors qu'à construire à part les panneaux de développement des pénétrations des marches dans le mur de la cage et dans le noyau.

751. Les marches se tailleront comme celles d'un escalier ordinaire. On pourra leur faire porter une tranche du noyau ; mais dans ce cas on ne devra pas donner à la tranche une épaisseur plus grande que celle d'une hauteur de marche, ainsi que le fait voir la figure 347.

Il peut arriver que la différence de hauteur entre les points M' et K' (fig. 346) soit plus grande que l'épaisseur du pas. Dans ce cas, la face supérieure de la tranche du noyau serait au-dessous du petit plan de recouvrement K'l', ce qui serait nuisible à la solidité. Pour y remédier, on donne à la tranche l'épaisseur de deux marches (fig. 348 et 349), et l'on fait la marche suivante indépendante du noyau, en ayant soin toutefois de ménager dans le noyau la place nécessaire pour loger le petit bout de la marche indépendante, ainsi que le font comprendre les figures.

752. *Troisième mode d'appareil.* — Lorsque le noyau est d'un petit diamètre (fig. 350), il vaut mieux rendre les arêtes de douelle tangentes à ce noyau. Alors la surface d'intrados est engendrée par une droite horizontale assujettie à glisser sur l'hélice de foulée en demeurant tangente au noyau. Grâce à cette disposition, l'intrados se raccorde complétement avec le noyau, ce qui est loin d'être disgracieux.

Dans ce nouveau mode d'appareil, il est indispensable de faire porter à chaque marche une tranche du noyau, ce qui lui donne la forme représentée par la figure 347.

LIVRE VII

DES PONTS BIAIS A APPAREIL HÉLIÇOIDAL

CHAPITRE I

TRACÉ DE L'APPAREIL.

753. Il arrive souvent, dans le tracé d'un chemin de fer, que l'ingénieur n'est pas maître de lui donner la direction que certaines convenances exigeraient, comme, par exemple, de le rendre perpendiculaire à une route existant déjà, et que l'on ne peut détourner qu'au prix de dépenses quelquefois exorbitantes. Il se présente même des cas où la configuration du sol s'y oppose formellement. Il est vrai que ces cas sont excessivement rares ; mais ils peuvent se présenter. On est alors obligé, si le chemin ne se trouve pas au même niveau que la route qu'il traverse, d'avoir recours à un pont biais, c'est-à-dire à un pont ayant pour intrados un cylindre circulaire ou elliptique, dont l'axe est oblique par rapport aux têtes.

754. Or, jusqu'ici, dans toutes les voûtes que nous avons étudiées, nous avons employé comme lignes d'appareil les lignes de plus grande et de plus petite courbure, attendu que ces lignes offrent l'avantage d'être perpendiculaires entre elles et de partager par conséquent la voûte en parties rectangulaires. En outre, les surfaces de joint qui

ont ces lignes pour directrices, et dont les génératrices sont
des normales à l'intrados, sont forcément développables.

Mais ces avantages, qui dans la construction de presque
toutes les voûtes doivent être érigés en principe, deviennent, dans le cas des ponts biais, de graves inconvénients.
On sait en effet que dans les voûtes cylindriques les lignes
de plus grande et de plus petite courbure sont les génératrices et les sections droites, et il est facile de voir que
ces lignes ne pourraient être employées comme lignes d'appareil sans qu'il en résultât une *poussée au vide*.

Afin de faire disparaître cette poussée au vide, on imagina d'abord, tout en conservant à l'intrados la forme cylindrique, d'adopter, pour joints continus, des plans qui se
coupent suivant une droite menée dans le plan de naissance
par le centre du parallélogramme formé par les pieds-droits,
perpendiculairement aux plans de tête. On trouva bientôt
cette disposition désavantageuse, attendu que la taille des
voussoirs présentait de grandes difficultés. Pour y remédier, on imagina de remplacer la surface cylindrique formant l'intrados par une corne de vache (n° 284), et de
former les joints continus avec des plans se coupant encore
suivant la droite menée par le centre de la voûte, perpendiculairement aux deux têtes.

Il est vrai que l'une ou l'autre de ces deux méthodes dé-
truit la poussée au vide, en ramenant la résultante de toutes
les pressions dans un plan vertical parallèle aux têtes et à
égale distance de chacune d'elles; mais l'une et l'autre
offrent l'inconvénient très-grave de ne fournir des joints
normaux à l'intrados que vers le centre de la voûte. A partir
de ce point, les angles deviennent d'autant plus aigus que
le passage recouvert par la voûte est plus long et plus incliné. Cet inconvénient ne pourrait être annulé qu'en employant pour surfaces de joint des surfaces normales à

l'intrados ; mais alors la poussée au vide, au lieu d'être détruite, reparaîtrait avec toutes les conséquences qu'elle entraîne.

755. On voit par là que les deux méthodes que nous venons d'indiquer ne sont susceptibles d'être mises en pratique qu'à la condition de laisser subsister des défauts qui peuvent gravement compromettre la stabilité de la voûte. Quoi qu'il en soit, M. Couche a employé le biais passé dit *corne de vache* pour former l'intrados des arches du pont sur lequel le chemin de fer du Nord traverse l'Oise ; mais il faut dire que le biais est très-peu prononcé, et n'est que de 76 degrés ; de plus, la largeur du pont ne dépasse pas 7^m,80, et l'ouverture des arches à 25^m,10. M. L'Eveillé a également employé le biais passé pour un pont de deux arches ayant chacune 7^m,40 d'ouverture et un biais de 33 degrés ; mais nous nous empresserons d'ajouter que le pont n'a que 1 mètre de largeur.

756. Afin de remédier à un tel état de choses, et afin, en même temps, de pouvoir employer des matériaux d'un volume constant, tels que les briques par exemple, les Anglais imaginèrent un système d'appareil connu sous le nom d'*appareil hélicoïdal*. Ce nom lui a été donné, parce que les lignes qui forment les joints continus sont des hélices.

757. Soient AB et CD (fig. 352), les traces horizontales des deux plans de tête d'une voûte cylindrique ayant pour projection horizontale le parallélogramme ABDC, et pour arcs de tête deux courbes identiques, dont l'une se trouve projetée verticalement sur la demi-ellipse A'E'B' (fig. 351). Nous supposerons que le plan horizontal est le même que le plan de naissance de la voûte, et que celle-ci est extradossée au moyen d'un cylindre concentrique avec celui d'intrados, ces deux cylindres étant d'ailleurs tous les deux circulaires, ainsi qu'on le voit sur la figure 354, qui représente une section droite de la voûte.

758. Ceci posé, la première chose à faire est de développer sur un plan le cylindre d'intrados, opération qui demande à être exécutée avec le plus grand soin, attendu que c'est du soin avec lequel elle est conduite que dépend l'exactitude de l'épure et, par suite, la bonne exécution du travail.

Pour faire ce développement, lequel dépend de la section droite, on se contente dans la pratique de diviser celle-ci en un certain nombre de parties égales, et de porter ces parties les unes à la suite des autres sur une ligne droite $B_1 A_1$ (fig. 353). Ce moyen est d'autant plus exact que le nombre des divisions est plus grand, ou, ce qui revient au même, que celles-ci sont plus petites. Mais si l'on veut une exactitude complète, on obtiendra le développement en multipliant le rayon de la section droite exprimé en mètres par le nombre 3,1416, qui, ainsi qu'on le sait, est le rapport de la circonférence à son diamètre. (Voir la note qui est au bas de la page 347.)

Lorsque la section droite sera rectifiée, on conduira par les points B_1, 1, 2, 3, 4, etc. (fig. 353) des droites perpendiculaires sur $B_1 A_1$, lesquelles seront les développements des génératrices passant par les points correspondants de la section droite (fig. 354); puis on prendra sur chacune de ces droites des distances qui devront être respectivement égales à celles qui sur les génératrices du berceau séparent les plans de tête de la droite $A''B''$; ainsi, sur la droite (fig. 353) qui aboutit au point 4, on prendra à partir de ce point deux longueurs $4\text{-}M_2$ et $4\text{-}M_3$ respectivement égales à Mm et $M''m$ (fig. 352). Les points M_2 et M_3 qu'on se procurera de cette manière appartiendront aux développées des deux arcs de tête, et ces développées seront les courbes $B_2M_2A_2$ et $B_3M_3A_3$ (*).

Afin d'abréger le travail, on ne construira directement, en employant le procédé que nous venons d'indiquer, que la courbe $B_2M_2A_2$; quant à l'autre, on l'obtiendra plus simplement en portant sur chacune des droites qui sont les développements 'des génératrices, à partir de la courbe $B_2M_2A_2$, une longueur constante égale à BD (fig. 352), c'est-à-dire à la distance qui sépare les deux têtes, comptée suivant la direction du berceau, puis en réunissant par une courbe les différents points ainsi obtenus. La figure $A_2M_2B_2B_3M_3A_3$ qui résultera de ces constructions sera le développement exact de l'intrados du berceau.

Quant aux deux ellipses identiques qui forment les arcs de tête, et dont l'une seulement est visible sur l'épure, elles auront pour grand axe A'B' égal à AB, et pour petit axe O'E' égal à O-5 (fig. 354). Il sera donc facile, connaissant les deux axes, de tracer par points l'ellipse visible A'E'B'. Quant aux ellipses de tête de la surface extradossale, lesquelles sont encore identiques, elles auront pour grand axe $F'G' = FG$ et pour demi-petit axe $O'H' = OH''$ (fig. 354).

759. *Division de la voûte en chaînes de voussoirs.* — On obtiendra les lignes de joints continus de la manière suivante : après avoir tracé les cordes B_2A_2 et B_3A_3 des arcs de tête développés (fig. 353), on les divisera chacune en un même nombre de parties égales, ce nombre devant être égal à son tour à celui des voussoirs qui composeront les têtes ; dans notre épure nous avons supposé que ces têtes

---

(*) Ces courbes sont des sinusoïdes.

étaient formées de dix-sept voussoirs. Par l'un quelconque
des points de division de l'une des deux cordes, le point I,
par exemple, on élèvera sur cette corde une perpendiculaire
IK, qui rencontrera la corde opposée en un certain point K,
lequel sera presque toujours situé entre deux des points de
division de cette seconde corde. On joindra le point I avec
celui de ces deux points qui est le plus près du point K,
c'est-à-dire avec le point L, et la droite IL qui en résultera
indiquera sur le développement la direction des arêtes des
joints continus (*). Il n'y aura plus alors qu'à conduire par
les différents points de division de la corde B_2A_2 des parallèles à IL, lesquelles représenteront autant d'arêtes de joints
continus. Ces arêtes, lorsqu'on enroulera le développement
sur l'intrados, deviendront des hélices qui seront très-sen-
siblement normales aux arcs de tête et qui de plus seront
partout équidistantes, ce qui permettra d'employer pour la
partie comprise entre les deux têtes des matériaux d'égales
dimensions, tels que des briques.

Il est vrai que sur les arcs de tête les portions comprises
entre deux hélices consécutives ne seront pas égales, mais
la différence qui existera entre elles sera tellement peu sensible, qu'elle ne sera pas perceptible à l'œil. Toutefois, si
l'on voulait qu'elles fussent égales, ce ne serait plus les
cordes B_2A_2 et B_1A_1 que l'on devrait partager en parties
égales, mais bien les deux courbes $B_2M_2A_2$ et $B_1M_1A_1$. Seulement, les lignes de joint que l'on obtiendrait alors en réunissant deux à deux les points de division des deux courbes,
ne seraient plus parallèles, et sur l'intrados les hélices ne
seraient plus équidistantes, ce qui ne permettrait plus au

____

(*) Il est préférable de joindre le point I avec celui des deux points voisins du point K pour lequel l'angle intradossal est le plus petit.

On appelle *angle intradossal* l'angle formé sur le développement par les
génératrices du cylindre avec les lignes de joints continus.

constructeur de se servir de briques pour la partie de la voûte comprise entre les deux têtes. Il est donc préférable de conserver l'inégalité des divisions de l'arc de tête, inégalité qui, nous le répétons, est d'ailleurs insensible.

760. *Joints montants ou discontinus.* — Lorsqu'on aura tracé les lignes de joints continus, on divisera la voûte en voussoirs, c'est-à-dire que l'on indiquera sur le développement les droites destinées à former les lignes de joints montants. Ces droites, telles que *ab*, seront toutes perpendiculaires aux joints longitudinaux et deviendront aussi des portions d'hélice lorsqu'on enroulera le développement sur l'intrados.

Pour les obtenir, on portera la longueur des voussoirs, à partir des courbes de tête, sur des droites parallèles aux arêtes de douelle et comprises chacune à égale distance de ces arêtes.

Afin de ne pas surcharger l'épure, nous n'avons indiqué les joints transversaux que sur le développement, sauf pour les voussoirs des têtes. Quant aux arêtes de joints continus, elles figurent non-seulement sur le développement, mais aussi sur les deux projections.

761. *Coussinets.* — Les lignes de joints continus devront être prolongées jusqu'aux génératrices des naissances, et dans cette région la voûte sera appareillée en pierres de taille, comme les deux têtes. Chaque pierre aura une forme triangulaire, ainsi qu'on le voit en *cde* sur le développement. L'ensemble de toutes ces pierres, appelées *coussinets*, a reçu le nom de *crémaillère.*

762. *Lignes de joint sur les plans de tête.* — Ces lignes seront les intersections des plans de tête avec les surfaces de joints continus, lesquelles surfaces seront formées par l'ensemble des normales à l'intrados, conduites par les différents points des hélices précédemment tracées.

Avant de déterminer ces lignes sur les plans de tête, voyons comment on obtiendra sur chacune des projections de la voûte les points où les hélices continues viennent rencontrer les ellipses des têtes.

A cet effet, considérons un point quelconque N_2 de la courbe de tête développée $B_2 N_2 M_2 A_2$. On abaissera de ce point une perpendiculaire $N_2 N$ sur BD, laquelle rencontrera AB en un certain point N, qui sera précisément la projection horizontale du point développé en N_2. Elevant de ce point N une perpendiculaire sur la ligne de terre, et la prolongeant jusqu'à la rencontre de l'ellipse A'E'B', qui est la projection verticale de l'arc de tête, on aura la projection verticale N' du même point. En opérant de la même manière pour tous les points de la courbe de tête développée, on se procurera les deux projections de chacun de ces points.

Toutes ces projections étant connues, on déterminera celles des lignes de joint sur les plans de tête. Les projections horizontales de ces lignes se confondront évidemment avec la droite AB. Quant à leurs projections verticales, elles passeront par les différents points, tels que N', trouvés précédemment; de plus, comme ces lignes de joint, qui sont des courbes, diffèrent très-peu d'une ligne droite, on pourra sans inconvénient les remplacer par leurs tangentes aux points où elles rencontrent l'arc de tête, en ayant soin que toutes ces tangentes convergent vers un même point V', obtenu comme il suit : on prolonge sur le développement (fig. 333) l'hélice développée hB_2 qui passe par le point B_2 situé sur la génératrice $B_1 B_3$; par le point g, milieu de la courbe $B_2 A_2$, on abaisse une perpendiculaire gR sur cette génératrice, laquelle perpendiculaire rencontre

en un certain point S l'hélice prolongée dont nous venons
de parler ; enfin on prend au-dessous de la ligne de terre
(fig. 351) et sur la verticale qui passe par le centre O' de
l'arc de tête une longueur $O'V'$, égale à RS (fig. 353) : le
point V' sera précisément celui vers lequel devront converger toutes les droites devant former les lignes de joint sur
le plan de tête.

763. *Projections des lignes d'appareil.* — Nous avons
appris dans le paragraphe précédent à déterminer les
points où les hélices continues rencontrent les arcs de tête.
Cela ne suffit pas : il faut encore savoir comment on détermine les projections d'un point quelconque de ces hélices.
Pour apprendre à faire cette détermination, nous choisirons
sur le développement un point quelconque P_2.

Par ce point, on conduira la génératrice P_2f_1; sur la section droite de l'intrados, on prendra un arc $B''f'' = B_1f_1$ et
par le point f'' on conduira une droite parallèle à l'axe de
la voûte, laquelle parallèle sera la projection horizontale
de la génératrice qui sur le développement passe par le
point P_2; enfin du point P_2 on abaissera une perpendiculaire P_2P sur cette projection horizontale de la génératrice,
et le point P où elle la rencontrera sera la projection horizontale du point en question. On se procurera de la même
manière autant de points que l'on voudra des projections
horizontales des hélices continues, ce qui permettra de
tracer les joints transversaux. Nous n'avons pas indiqué
ces derniers sur notre épure, si ce n'est pour les voussoirs
des têtes et des coussinets, afin de ne pas la rendre trop
confuse.

Si l'on veut maintenant connaître les projections verticales des mêmes lignes, on procédera de la manière suivante : supposons qu'il s'agisse toujours du point qui sur

le développement se trouve désigné par la lettre P_2. Par le point P, projection horizontale de ce point, on élèvera une perpendiculaire sur la ligne de terre, et sur cette perpendiculaire, à partir et au-dessus de la ligne de terre, on prendra une distance égale à mf'' (fig. 354). L'extrémité de cette distance sera précisément la projection verticale du point projeté horizontalement en P. Mais comme cette projection verticale se trouve invisible sur le plan vertical, nous n'avons pas exécuté les constructions que nous venons d'indiquer. On déterminera de la même manière autant de points qu'on voudra de la projection verticale des lignes d'appareil.

764. Remarque. — Nous avons dit plus haut que dans un pont biais les têtes et les coussinets sont seuls en pierre de taille ; quant au restant de la voûte, il est fait avec des matériaux de petite dimension, tels que moellons, briques ou meulières.

Lorsque l'on emploie des moellons ou des briques, c'est sur le développement qu'on étudie la meilleure disposition qu'il convient de leur donner. Dans le cas où ce sont des moellons, on en fait correspondre deux assises à chacun des voussoirs de tête, ainsi que nous l'avons indiqué sur le développement et sur les deux projections.

CHAPITRE II

DU TRACÉ ET DE LA TAILLE DES VOUSSOIRS.

765. Nous allons actuellement faire connaître les différentes méthodes qui ont été imaginées pour tailler les voussoirs des ponts biais à appareil héliçoïdal ; mais avant, nous
indiquerons comment on se procure la projection complète
d'un voussoir, car il est indispensable, pour l'application
du trait sur la pierre, de connaître les projections totales
de chacun des voussoirs, en ce qui concerne du moins les
voussoirs des têtes et les coussinets, puisque le restant de
la voûte est construit en moellons, briques ou meulières.

Nous avons dit que le plus souvent les voûtes biaises
sont extradossées par un cylindre ayant même axe que
celui qui forme l'intrados, et se prolongeant jusqu'au parement de la face de tête. Nous nous appliquerons donc d'a-
bord à chercher les projections totales d'un voussoir de
tête, dans le cas d'une voûte ainsi extradossée. Mais,
comme il arrive quelquefois que les voussoirs de tête se
raccordent avec les assises de la maçonnerie qui forme les
tympans, nous donnerons aussi les moyens de se procurer les
projections d'un voussoir ainsi disposé. Il est vrai qu'on ne
procède que très-rarement à un tel raccordement ; mais nous
n'avons pas cru néanmoins devoir le passer sous silence.

766. *Projection d'un voussoir, dans le cas où l'extrados
se prolonge jusqu'au parement de la face de tête.* — Soient :
1° AB (fig. 355) la trace horizontale du plan de tête an-
térieur d'une voûte biaise ayant pour lignes de naissance
les deux parallèles AC et BD ;

2° LT, parallèle à AB, la ligne de terre, le plan horizontal de projection étant le même que celui des naissances ;

3° A″E″B″ (fig. 357) la section droite circulaire du cylindre formant l'intrados de la voûte ;

4° $D_1B_1a_1b_1$ (fig. 356) le développement du cylindre d'intrados (*) obtenu comme il a été dit au numéro 758.

Afin de rendre ce qui va suivre plus compréhensible, et de donner aux lignes une courbure plus sensible, de manière à faire mieux sentir la forme du voussoir, nous n'avons divisé chaque tête de la voûte qu'en sept voussoirs, et nous avons donné à cette voûte une épaisseur très-grande E″F″. non proportionnée à son débouché. Il est bien évident que dans la pratique on ne devra pas procéder ainsi.

On commencera par déterminer sur le développement les voussoirs de tête, en procédant comme nous l'avons dit plus haut (n°ˢ 759 et 760), ces voussoirs étant dans notre exemple au nombre de sept ; après quoi, on fixera l'épaisseur verticale E″F″ (fig. 357) de la voûte à la clef. Ensuite, concentriquement à A″E″B″, on décrira la demi-circonférence G″F″H″, laquelle sera le cintre d'extrados sur le plan de section droite, et aura pour projection verticale la demi-ellipse G′F′H′ (fig. 365), dont le grand axe G′H′=GH, et dont le demi-petit axe O′F′ est égal au rayon O″F″ (fig. 357).

767. Les données de la question étant ainsi bien définies, occupons-nous de déterminer les projections du voussoir dont la douelle se trouve représentée sur le développement par le quadrilatère $a_1b_1c_1d_1$. On se procurera d'abord la projection horizontale *abcd* de la douelle en exécutant les constructions qui ont été indiquées au numéro 763 ; quant

---

(*) Nous n'avons pu, faute d'espace, représenter ce développement en entier ; mais cela n'empêchera nullement de comprendre les raisonnements qui vont suivre.

à sa projection verticale $a'b'c'd'$, on l'obtiendra en opérant de la manière suivante : par le point projeté horizontalement en c, on conduira une droite cc'' qui sera la projection horizontale de la génératrice d'intrados correspondant à ce point; par le même point c on mènera une autre droite cc' perpendiculaire sur la ligne de terre LT, et sur cette perpendiculaire on prendra une distance nc' égale à $n''c''$ (fig. 357). Le point c' que l'on obtiendra ainsi sera la projection verticale du point projeté horizontalement en c. En exécutant les mêmes constructions pour autant de points que l'on voudra de la projection horizontale du contour de la douelle, on pourra tracer exactement sa projection verticale $a'b'c'd'$.

768. Nous avons dit plus haut que les lignes de joint sur les plans de tête, lesquelles sont les intersections des surfaces de joint avec les plans de tête, diffèrent généralement très-peu de la ligne droite, à cause du grand rayon que l'on donne habituellement à la voûte. Aussi, dans la pratique, a-t-on coutume de prendre pour ces lignes les droites qui joignent les points a', b', ... (fig. 355) au point I' distant du point O' d'une quantité égale à MR (fig. 356) ainsi que nous l'avons expliqué déjà (n° 762). Mais, comme dans notre exemple le rayon de la voûte est relativement petit, et que l'épaisseur de celle-ci est très-grande comparativement au rayon, il est nécessaire de déterminer exactement ces lignes de joint. Du reste, dans une étude théorique comme celle que nous faisons, on doit prévoir tous les cas qui peuvent se présenter, et se livrer pour chacun d'eux à un examen attentif.

Proposons-nous donc de déterminer un point quelconque de l'une de ces lignes de joint sur le plan de tête, de celle par exemple qui est projetée verticalement sur $a'e'$ (fig. 355).

Rappelons d'abord que les surfaces de joint sont formées par l'ensemble des normales à l'intrados, conduites par les différents points des hélices qui sur cet intrados servent de lignes de joint. Par conséquent, pour trouver le point que nous nous proposons de chercher, c'est-à-dire l'un de ceux de la ligne projetée verticalement sur $a'e'$, il suffira de déterminer le point d'intersection du plan de tête avec l'une des normales formant la surface de joint qui a pour hélice directrice celle projetée horizontalement en ad.

Par un point quelconque de l'hélice $(ad, a'd')$, celui qui, par exemple, se projette horizontalement en i, et sur le plan de section droite en i'' (*), on conduira donc une normale à la douelle d'intrados. Cette normale se projettera sur le plan de section droite suivant $O''i''$, et horizontalement selon une droite NN_1, menée par le point i parallèlement à $L'T'$; car toute normale au cylindre d'intrados doit rencontrer l'axe de ce cylindre et être parallèle au plan de section droite, puisqu'elle est elle-même située dans un plan de section droite.

Le point u, où NN_1 rencontrera la trace AB du plan de tête, sera la projection horizontale du point cherché, et u'' sera sa projection sur le plan de section droite. Quant à sa projection verticale u', on l'obtiendra en conduisant par le point u une perpendiculaire à la ligne de terre LT, et en prenant sur cette perpendiculaire une distance $Ku' = K''u''$ (fig. 357). En répétant les mêmes constructions pour d'autres normales, on se procurera autant de points que l'on voudra de la ligne de joint $a'e'$, ainsi que de celle $b'f'$, ce qui permettra de tracer *exactement* ces deux lignes. Le panneau de tête du voussoir se trouvera dès lors parfaitement connu

(*) Il est évident que, sur le plan de section droite, tous les points des hélices de douelle se projettent sur la courbe de section droite elle-même. C'est pourquoi le point i'' se trouve situé sur cette dernière.

et se projettera verticalement en vraie grandeur suivant le contour $a'e'f'b'$.

Nous ferons remarquer que le point i (fig. 355) de l'hélice $(ad, a'd')$ par lequel on a conduit la normale NN_1, doit être choisi de telle sorte que cette dernière rencontre la trace AB du plan de tête entre les points a et e.

769. Occupons-nous actuellement de trouver les projections de la face du voussoir qui fait partie du cylindre d'extrados, laquelle face est limitée par les intersections de ce cylindre avec les surfaces de joint formées par les normales à l'intrados conduites par les différents points du contour de la douelle $(abcd, a'b'c'd')$. Construisons l'une de ces normales, celle qui passe par le point (c, c'), par exemple, et cherchons le point où elle va percer le cylindre d'extrados. Cette normale se projettera sur le plan de section droite suivant $O''c''g''$ et horizontalement suivant la parallèle N_2N_3 à $L'T'$. Le point g'' sera évidemment la projection sur le plan de section droite du point où cette normale rencontre le cylindre d'extrados. Elevant alors par le point g'' une perpendiculaire sur $L'T'$, on obtiendra la projection horizontale g de ce même point de rencontre. Quant à sa projection verticale g', on la déterminera en prenant sur la perpendiculaire gg' à LT une hauteur mg' égale à $m''g''$ (fig. 357).

On déterminera de la même manière autant de points que l'on voudra du contour de la face d'extrados du voussoir. Ainsi, pour le point (h, h'), on n'aura qu'à construire la normale qui passe par le point (d, d') et à chercher le point où elle rencontre la surface d'extrados. On procédera de même pour tout autre point. La face d'extrados du voussoir aura pour projection horizontale le contour $fghe$, et pour projection verticale l'autre contour $f'g'h'e'$.

Ces dernières constructions étant terminées, le voussoir se trouvera entièrement projeté : sa projection horizontale sera *bfaehdcg*, et sa projection verticale *a'b'f'e'c'd'h'g'*.

770. *Projections d'un voussoir se raccordant avec les assises des tympans.* — Dans la construction de certains ponts biais, quelques ingénieurs se sont crus obligés, pour des raisons de symétrie et de convenance, de raccorder les voussoirs des têtes avec les assises de la maçonnerie qui forme les tympans. Nous n'approuvons nullement cette mesure, attendu qu'elle complique inutilement la forme déjà bien assez compliquée de ces voussoirs, et qu'elle rend ainsi leur taille d'une difficulté tellement grande, que l'on trouve fort peu d'appareilleurs capables de la conduire. Aussi, si nous avions à construire un pont biais, aurions-nous bien soin de prolonger le cylindre d'extrados jusqu'au parement des faces de tête, ne trouvant pas d'ailleurs que cette disposition soit plus disgracieuse que la précédente.

Quoi qu'il en soit, nous allons indiquer rapidement le moyen de se procurer les projections d'un voussoir de tête se raccordant avec les assises du tympan qui lui est contigu.

Lorsque les têtes sont ainsi appareillées, le cylindre d'extrados, au lieu de se prolonger jusqu'au parement des plans de tête, se trouve limité par le plan PP (fig. 355) qui forme la face intérieure du mur de tête. En sorte que chaque voussoir se compose de deux solides qui, il est vrai, n'en font qu'un seul, mais qui sont en quelque sorte juxtaposés. Le premier solide serait analogue au voussoir que nous avons étudié précédemment, et aurait pour projections QVXUJSYZ et Q'V'U'X'Z'J'S'Y'. Quant au second solide, il est adhérent au premier, ainsi que nous venons de le dire ; ses projections sont QX*rp* et Q'*q'p'p''r'r''*X' ; de plus, il est limité : 1° à la partie supérieure par un plan horizontal $q'p''X'r''$ qui doit coïncider avec l'un des joints de lit du tympan ; 2° à la partie inférieure, par la portion $(QXrp, Q'X'r'p')$ de la face d'extrados du premier solide ; 3° antérieurement, par le plan de tête de la voûte ; 4° postérieurement, par la face intérieure du mur de tête, laquelle est parallèle au plan de tête et coupe la face d'extrados du premier solide suivant la courbe projetée verticalement sur $p'r'$; 5° latéralement, par deux surfaces cylindriques verticales ayant pour directrices respectives les portions de courbes $(Qp, Q'p')$, $(Xr, X'r')$ et se projetant verticalement suivant $Q'p'p''q'$ et $X'r'r''$.

771. La forme du voussoir étant ainsi parfaitement définie, occupons-nous d'en déterminer exactement les projections.

Tout d'abord, on construira les projections VUJS et V'U'J'S' de la douelle d'intrados, en opérant pour autant de points de son contour qu'on le jugera convenable, ainsi qu'il a été indiqué au numéro 763. Ensuite, par les points (S, S'), (J, J'), on mènera à l'intrados des normales dont on cherchera les points de rencontre (Y, Y'), (Z, Z'), avec la surface d'extrados, en remarquant que, le point (S, S') étant situé dans le plan de naissance, la normale qui passe par ce point est elle-même située dans ce plan de naissance (*). Cela fait, on construira les trois courbes $(QY, Q'Y')$, $(XZ, X'Z')$, $(YZ, Y'Z')$, en se conformant pour cela aux indications qui ont été données au numéro 769. Enfin, on tracera sur le plan de tête les lignes V'Q', U'X', suivant lesquelles il est coupé par les surfaces de joints continus (n° 768).

(*) Cette particularité provient de ce que nous supposons que le voussoir qui nous occupe se prolonge postérieurement jusqu'à l'un des coussinets, ainsi que cela a lieu (fig. 351) pour le voussoir marqué de la lettre V.

Il ne reste plus alors qu'à projeter le second solide, dont la forme a été expliquée dans le numéro précédent. D'abord sa projection horizontale sera le quadrilatère formé par les deux parallèles QX, *pr*, et par les deux portions de courbes Q*p*, X*r*. Quant à sa projection verticale, on l'obtiendra en élevant par les points Q, *p* et *r* des perpendiculaires à la ligne de terre LT qu'on limitera aux points *q*′, *p*″ et *r*″, où elles rencontrent la droite *q*′X′ parallèle à LT; puis on construira la courbe *p*′*r*′, suivant laquelle le plan PP rencontre la surface d'extrados, ce qui n'offrira aucune difficulté, si l'on se reporte à ce qui a été dit au numéro 768.

772. En résumé, le voussoir entier se compose de dix faces, à savoir :

1° La douelle ou face d'intrados (VUJS, V′U′J′S′);

2° Le joint (QYSV, Q′Y′S′V′), par lequel le voussoir est en contact avec celui qui lui est inférieur ;

3° Le joint (XZJU, X′Z′J′U′), par lequel le voussoir est en contact avec celui qui lui est supérieur ;

4° Le joint (JSYZ, J′S′Y′Z′), par lequel le voussoir est en contact avec le coussinet qui se trouve derrière lui ;

5° La face (*pr*ZY, *p*′*r*′Z′Y′), qui fait partie du cylindre d'extrados ;

6° La face (QU, Q′V′U′X′*q*′) qui est la face de tête et qui coïncide avec le plan de tête de la voûte ;

7° La face (*pr*, *p*′*r*′*r*″*p*″) qui est plane, verticale, et qui fait partie de la face intérieure du mur de tête ;

8° La face verticale cylindrique (Q*p*, Q′*p*′*p*″*q*′) qui est en partie en contact avec les pierres qui composent la maçonnerie du tympan, et en partie avec l'une des faces cylindriques du voussoir inférieur ;

9° La face également cylindrique verticale (X*r*, X′*r*′*r*″) qui est de forme triangulaire et qui est en contact avec l'une des faces cylindriques du voussoir supérieur ;

10° Enfin la face (QXrp, $q'r''$) qui est plane, horizontale, et qui doit coïncider avec l'un des joints de lit de la maçonnerie du tympan.

Nous ferons observer, au sujet de cette dernière face, que si en l'astreignant à passer par le point X', elle ne se trouvait pas au même niveau que l'un des joints de lit du tympan, on n'aurait qu'à l'élever jusqu'à ce qu'elle coïncidât avec l'un de ces joints, ainsi que l'indique la ligne $q''r'''$. Dans ce cas, on prolongerait les verticales $Q'q'$, $p'p''$, $r'r''$, jusqu'à leur rencontre avec $q''r'''$, et par le point X', on en élèverait une nouvelle X'x', ce qui rendrait apparent sur le plan de tête le joint cylindrique adjacent, de même que l'autre joint cylindrique qui l'est toujours.

Pour mieux faire comprendre la forme du voussoir, nous l'avons représenté sous deux vues différentes dans les figures 365 et 366, avec les mêmes lettres que sur l'épure.

773. Afin d'obtenir plus de régularité dans l'appareil, on aura soin, ainsi qu'on le voit sur l'épure, de terminer toutes les coupes des têtes aux points où elles rencontrent l'ellipse suivant laquelle l'extrados prolongé traverserait le plan vertical qui forme la face de tête.

Taille par équarrissage.

774. *Première méthode.* — Cette première méthode, qui est la plus simple, consiste à extraire le voussoir, que l'on se propose de tailler, d'un parallélipipède rectangle déduit du panneau de projection de ce voussoir sur le plan de section droite.

On commencera par circonscrire le plus petit rectangle possible à la projection du voussoir sur le plan de section droite, c'est-à-dire à $q''c''a''e''$: pour cela on joindra le point c'' au point a'' au moyen de la droite xy; on mènera une tangente vz à la courbe d'extrados, parallèlement à xy; par le point g'' on fera passer une droite vx perpendiculaire à xy et à vz; enfin, tangentiellement à l'arc $a''e''$, on conduira une droite yz qui soit aussi perpendiculaire à xy et vz. On obtiendra ainsi un rectangle $vxyz$, qui, il est vrai, ne sera pas toujours le plus petit qu'il soit possible de circonscrire à $g''c''a''e''$, mais ¦qui dans la pratique en approchera suffisamment.

Cela fait, on équarrira un parallélipipède ayant pour base le rectangle $vxyz$ (fig. 357), et pour longueur, la distance comprise entre les deux plans verticaux P_1 et P_2 (fig. 355), menés parallèlement au plan de section droite. Ces deux plans devront comprendre entre eux la projection horizontale du voussoir. On obtiendra un solide $vxyzz'y'x'v'$ (fig. 363).

Sur les faces antérieure $vxyz$ et postérieure $v'x'y'z'$ de ce solide, on appliquera le panneau de projection $g''c''d''b''a''e''h''f''$ (fig. 357) du voussoir sur le plan de section droite ; ce qui permettra de tailler le cylindre d'intrados $c_1baa_2dç_2$, ainsi que le cylindre d'extrados $g_1e_1e_2hg_2$. Pour exécuter ces deux cylindres, on se servira d'une règle que l'on guidera sur les courbes c_1ba_1, $ç_2da_2$ pour l'intrados, sur les courbes g_1e_1, g_2e_2 pour l'extrados, et que l'on aura soin de toujours maintenir parallèle aux arêtes longitudinales du parallélipipède. Ce parallélisme sera facilement obtenu, au moyen de points de repère que l'on aura déterminés à l'avance sur l'épure, puis reportés sur la pierre.

Les surfaces d'intrados et d'extrados se trouvant dès lors taillées, on appliquera sur celle d'intrados un panneau flexible découpé suivant le développement $a_1b_1c_1d_1$ (fig. 356) de la douelle du voussoir. De même, on appliquera sur le cylindre d'extrados un panneau découpé suivant le développement de la face d'extrados du voussoir, développement qui ne figure pas sur notre épure, faute d'espace, mais que l'on se procurera aisément, comme il a été dit pour celui d'intrados.

Dès que l'on aura tracé sur chacun des deux cylindres d'intrados et d'extrados, le contour du panneau correspondant, il sera possible de tailler les deux joints gauches continus *aehd*, *bfgc*, ainsi que le joint transversal *gcdh*, lequel se trouve opposé à la face de tête. Pour l'exécution de ces différents joints, on s'aidera d'une règle qui devra s'appuyer sur les courbes qui les limitent sur l'intrados et sur l'extrados ; de plus, cette règle sera maintenue dans une position telle, qu'elle soit toujours normale à la douelle. Cette dernière condition sera obtenue, au moyen de points de repère marqués à l'avance.

Quant à la face de tête, qui est plane, on la taillera facilement en se guidant avec une règle dont les bords devront s'appuyer sur les courbes *ba* et *fe*, quelle que soit d'ailleurs sa direction.

La méthode qui vient d'être exposée est, comme on le voit, excessivement simple, puisqu'elle n'exige que peu de constructions graphiques. Mais elle offre le grave inconvénient d'occasionner des déchets de pierre assez considérables, lorsque le biais de la voûte est très-prononcé, ainsi qu'il est facile de s'en rendre compte. Pour obvier à cet inconvénient, on pourrait extraire deux ou trois voussoirs du même bloc de pierre, en les disposant d'une manière convenable ; mais comme ce moyen exige une grande habileté non-seulement de la part de l'appareilleur, mais encore de celle de l'ouvrier chargé du travail, il est préférable d'avoir recours à une autre méthode que nous allons exposer et qui est analogue à celle que l'on met en pratique pour la taille des limons d'escalier (voir n° 744).

775. *Seconde méthode.* — Cette seconde méthode, moins simple que la précédente, exige que l'on projette d'abord le voussoir sur un plan vz (fig. 358) tangent au cylindre d'extrados, ou, ce qui revient au même, sur un plan $L''T''$ parallèle au plan vz.

Pour obtenir cette projection, des divers points a'', b'', d'', c'', g'' (fig. 357), on abaissera sur $L''T''$ des perpendiculaires, sur lesquelles on portera, à partir de $L''T''$, des longueurs respectivement égales aux distances qui séparent les points a, b, d, c, g,... de la ligne P_1 (fig. 355), laquelle est parallèle à $L'T'$. Cela revient à supposer que le plan de section droite s'est transporté parallèlement à lui-même, jusqu'au plan vertical P_1. Ainsi, le point projeté horizontalement en b (fig. 355) et qui se trouve sur la ligne P_1, devra être projeté en b (fig. 358), sur la ligne $L''T''$; le point projeté en g (fig. 355) le sera en g (fig. 358), ces deux points étant dans chaque figure également éloignés de la ligne de terre, c'est-à-dire que l'on doit avoir gs (fig. 358) égal à gs (fig. 355). On se procurera ainsi autant de points que l'on voudra de la nouvelle projection du voussoir.

Lorsque cette nouvelle projection sera déterminée, on lui circonscrira un rectangle $mnpq$, qui devra être le plus petit possible ; puis on équarrira une pierre ayant pour base ce rectangle, et pour hauteur vx, qui est celle du rectangle $vxyz$ (fig. 357).

On rabattra alors sur le plan horizontal $L''T''$ les quatre faces verticales mn, np, pq, qm de cette pierre, de manière à connaître les courbes suivant lesquelles chaćune de ces faces est coupée par les deux cylindres d'intrados et d'extrados. Pour obtenir ces quatre rabattements, qui sont représentés sur les figures 359, 360, 361, 362, on opérera comme nous allons l'indiquer.

Supposons qu'il s'agisse de la face rabattue suivant la

figure 359. On tracera deux droites $q'p'$ et $q''p''$ parallèles à qp et distantes l'une de l'autre d'une quantité égale à vx (fig. 357) ; puis on mènera par les points q et p des perpendiculaires à qp, ce qui fournira le rectangle $q'p'p''q''$ pour rabattement de la face qp. Quant aux courbes, suivant lesquelles cette face est coupée par les deux cylindres d'intrados et d'extrados, on les déterminera en considérant deux quelconques des génératrices d'intrados et d'extrados qui ont même projection horizontale tt_s, en élevant par le point t_s une perpendiculaire t_3t_6 sur qp, et en prenant sur cette perpendiculaire, à partir de $q'p'$, des distances t_4t_s et t_4t_6 respectivement égales à t_1t et à t_1t_2 : les points t_s et t_6 seront des points appartenant à ces deux courbes. Le rabattement des trois autres faces s'obtiendra de la même manière.

776. Ces quatre rabattements étant effectués, on appliquera sur les faces verticales de la pierre équarrie les panneaux des figures 359, 360, 361 et 362, ce qui fournira sur chacune de ces faces des courbes qui serviront de directrices pour tailler les cylindres d'intrados et d'extrados. On aura soin, en exécutant ces deux surfaces, d'y appliquer de temps en temps une règle, et de voir si cette règle, tout en ayant la direction des génératrices relatives à chacune d'elles, s'appuie bien sur les courbes directrices.

Cela fait, on appliquera sur les deux cylindres ainsi taillés, des panneaux flexibles, découpés sur les développements de la douelle d'intrados et de la face d'extrados du voussoir, et l'on en tracera les contours. On aura soin, avant d'opérer ce tracé, de s'assurer si les panneaux occupent bien la position qui leur convient, ce qui se fera au moyen de points de repère faciles à déterminer. Ensuite, on exécutera la taille des trois joints gauches ainsi que la face de tête, comme il a été dit dans le numéro précédent.

777. *Troisième méthode.* — Cette troisième méthode consiste à extraire le voussoir d'un prisme droit ayant pour base un quadrilatère de forme quelconque (le plus petit possible) circonscrit à sa projection horizontale, et pour hauteur la distance de deux plans horizontaux comprenant entre eux la projection verticale du voussoir entier.

Cette nouvelle méthode est plus avantageuse que la précédente, en ce sens qu'elle n'exige pas que l'on détermine préalablement la projection du voussoir sur un plan tangent à l'extrados ; mais elle offre l'inconvénient d'occasionner des déchets de pierre d'autant plus considérables, que le biais de la voûte est plus prononcé, et que le voussoir que l'on a en vue est plus rapproché du plan de naissance, ainsi qu'il est facile de s'en rendre compte.

Supposons que l'on se propose de tailler le voussoir qui sur la figure 355 a pour projection horizontale QYZJU, et pour projection verticale $Q'q''r'''r'Z'J'S'Y'$. On commencera par circonscrire à la projection horizontale un quadrilatère quelconque 1-3-2-U, celui qui paraîtra le plus petit possible, et l'on équarrira un prisme ayant ce quadrilatère pour base, et pour hauteur la distance du plan horizontal de projection au plan horizontal $q''r'''$.

Cela fait, on rabattra sur le plan horizontal les quatre faces verticales de ce prisme, de façon à connaître exactement la forme des courbes suivant lesquelles ces faces sont coupées par la surface d'intrados et par les trois joints gauches du voussoir. Ensuite on construira à part les développements des deux panneaux cylindriques verticaux qui ont pour directrices les courbes $(Qp, Q'p')$, $(Xr, X'r')$.

Ces opérations graphiques étant terminées, et après avoir indiqué sur les faces verticales de la pierre les courbes correspondant à ces faces, au moyen des panneaux pris sur les rabattements précédemment effectués, on procédera à la taille de la douelle cylindrique, ainsi que le montre la figure 364. On appliquera sur cette surface cylindrique taillée un panneau flexible découpé suivant le contour exact de la douelle, contour qui sera fourni par le développement de l'intrados (fig. 356) ; puis, après avoir tracé le contour de ce_panneau, on exécutera les deux joints continus ainsi que le joint transversal en s'aidant d'une règle, ainsi qu'il a été dit antérieurement (n° 774). Enfin on appliquera sur la face qui forme le dessus de la pierre un panneau découpé suivant $QprX$ (fig. 355), ce qui permettra de tailler les deux faces cylindriques verticales $Qqp'p$ (fig. 365) et $xr'rX$ (fig. 366), ainsi que la face $pp'r'r$ (fig. 365). Pour cette dernière, on s'aidera d'un panneau découpé sur sa projection verticale $p'p'''r'''r'$. Quant aux deux faces cylindriques, on les vérifiera au moyen de leurs panneaux de développement. Il ne restera plus alors qu'à tailler la face de la pierre qui fait partie du cylindre d'extrados, face qui a pour projection horizontale $prZY$, et pour projection verticale $p'r'Z'Y'$.

Nous ferons observer qu'en exécutant le joint continu qui coupe le plan de tête suivant $X'U'$, c'est-à-dire le joint $XUJZ$ (fig. 366), on devra avoir soin de ne pas le prolonger trop avant dans la pierre, afin de ne pas dépasser la face cylindrique verticale $xXrr'$ (fig. 366). Du reste,|il sera bon de tailler simultanément ces deux faces, qui devront se couper suivant une courbe située sur le prolongement du cylindre d'extrados, et faisant suite à la portion de courbe rZ.

778. *Tracé et taille des coussinets.* — Afin d'éviter les angles aigus que feraient les joints montants des coussinets avec le plan de naissance, si ces coussinets étaient isolés, on a coutume de les tailler dans les pierres qui forment le bandeau, ainsi que le montre la figure 367. En outre, lorsque les dimensions des matériaux le permettent, on fait deux coussinets dans le même bloc de pierre, afin de ne pas trop multiplier les joints montants.

Quant à la taille, elle s'effectue par la méthode exposée au numéro 774, laquelle consiste à projeter le voussoir sur le plan de section droite.

On équarrira donc un prisme ayant pour base le panneau de section droite et pour longueur la distance comprise entre les deux plans verticaux qui, parallèles au plan de section droite, comprennent entre eux le coussinet entier, ou deux coussinets contigus, si l'on en taille deux dans le même bloc. On appliquera ensuite sur les deux faces extrêmes de ce prisme le panneau de section droite et l'on exécutera les deux surfaces d'intrados et d'extrados, sur lesquelles on appliquera les panneaux de développement relatifs à chacune d'elles ; puis on terminera la taille en faisant les joints gauches.

779. *Taille des voussoirs courants, dans le cas où la voûte est entièrement construite en pierres d'appareil.* — Lorsque la voûte est entièrement construite en pierres d'appareil, ce qui ne se fait presque jamais, voire même jamais, on a soin que tous les voussoirs, à part ceux des têtes, aient tous la même longueur, afin qu'ils soient égaux entre eux.

Il est bien évident alors que toutes les opérations que l'on aura exécutées pour tailler l'un de ces voussoirs seront les mêmes pour tous les autres, et qu'il suffira, par conséquent, de construire exactement les panneaux relatifs à un seul d'entre eux.

Taille par beuveaux.

780. Les différentes méthodes de taille qui viennent d'être passées en revue sont, il faut le reconnaître, d'une

pratique non moins difficile que laborieuse, et réclament de
la part de l'appareilleur une surveillance incessante ; elles
exigent en outre que l'ouvrier ait le sentiment exact de la
surface qu'il exécute ; de plus, elles offrent l'inconvénient
de nécessiter ce que l'on appelle des *fausses coupes*, c'est-
à-dire l'exécution de faces destinées seulement à recevoir
l'application du trait, et qui disparaissent dans la taille définitive. Mais si ces diverses méthodes sont pour l'entre-
preneur la source de dépenses relativement considérables,
en revanche, elles sont pour lui le garant certain d'un bon
travail, pourvu, bien entendu, que l'appareilleur soit capable et que l'ouvrier soit intelligent.

Quoi qu'il en soit, certains constructeurs, ayant avant
tout en vue l'économie, ont cherché à remplacer les méthodes géométriques par des procédés plus pratiques, et de
substituer à la taille par équarrissement celle par beuveaux.

La taille par beuveaux est certainement plus simple et
plus expéditive ; mais elle est bien défectueuse, surtout
lorsqu'il s'agit d'une voûte ayant un débouché considérable, et qui par conséquent doit posséder une grande
force de résistance. On sait effectivement que la résistance
est d'autant plus grande que le contact des voussoirs est
plus intime. Le contact à son tour est d'autant plus parfait que la taille est mieux soignée et plus exacte. Or la
taille par beuveaux est loin de fournir des résultats exacts ;
car si l'angle du beuveau n'a pas été parfaitement déterminée, si le tailleur de pierres ne place pas bien rigoureusement le beuveau dans la position qu'il doit avoir, si
enfin, ce qui peut très-bien arriver, les deux branches du
beuveau ne sont pas solidement fixées l'une à l'autre et
viennent à se déranger sans qu'on s'en aperçoive, il en résulte des combinaisons d'erreurs qui, lors du décintre-

ment de la voûte, peuvent occasionner dans celle-ci des dislocations quelquefois sans remède.

Ainsi pour économiser une somme presque insignifiante, en comparaison de la dépense considérable que nécessite toujours un pont biais, on court le risque de faire un travail qui n'offre aucune garantie de solidité. Aussi voudrions-nous voir la taille par beuveaux complétement exclue de l'art de bâtir. Mais comme il est probable que notre désir ne sera malheureusement pas pris en considération, et que la taille par beuveaux sera toujours usitée, quoi que nous puissions dire, vu l'économie mal entendue que certains entrepreneurs cherchent avant tout à réaliser, nous allons donner un procédé de taille par beuveaux qui offre l'avantage de ne pas dénaturer les surfaces des joints, et qui se rapproche assez de la théorie.

781. Supposons que la voûte soit entièrement en pierre de taille, et qu'il s'agisse de tailler un voussoir courant.

On déterminera d'abord (fig. 368), en opérant comme il a été dit dans le chapitre précédent, la projection du voissoir entier sur le plan de section droite, ainsi que sa projection (fig. 369) sur un plan tangent au cylindre d'extrados, ou, ce qui revient au même, sur un plan parallèle à ce plan tangent. Ensuite, à cette seconde projection on circonscrira un rectangle HNPQ, et l'on cherchera les intersections du cylindre d'intrados avec les plans conduits par les côtés de ce rectangle, perpendiculairement au plan de projection, en procédant comme on l'a expliqué plus haut (n° 775).

782. Cela fait, on choisira un bloc de pierre (fig. 370) ayant sa base au moins égale au rectangle HNPQ (fig. 369), et dont la hauteur ne soit pas moindre que la hauteur VX du rectangle VXYZ circonscrit à la projection du voussoir sur le plan de section droite. On dressera seulement la face qui correspond à la douelle, face que l'on aura eu soin de placer en dessus, et l'on y tracera un rectangle *hnpq* égal au rectangle HNPQ de la figure 369. On taillera perpendiculairement à la face supérieure, et suivant les côtés du rectangle *hnpq*, quatre plumées suffisantes seulement, pour que l'on puisse y appliquer quatre gabarits découpés sur les segments $eq''q'''$, bqq', $b'n''n'''$, $c'nn'$ (fig. 369); ce qui permettra de tracer sur la pierre les courbes qui devront servir de directrices à la douelle.

On aura eu soin de reporter sur ces directrices des points de repère appartenant deux à deux à une même génératrice du cylindre d'intrados. Il sera dès lors facile de tailler la douelle (fig. 371). Lorsqu'elle le sera, on y appliquera son panneau de développement fourni par l'épure, en le repérant convenablement, puis on en tracera le contour, ce qui fournira les lignes devant servir de directrices aux joints gauches.

785. Les directrices des joints gauches se trouvant ainsi connues, on construira un appareil ayant la forme représentée par la figure 372. Cet appareil se compose de deux règles droites DE et AB reliées entre elles par une branche courbe BC. Le beuveau ABC aura sa branche courbe découpée suivant la courbure de la section droite du berceau; quant à sa branche rectiligne, elle aura pour direction celle d'une normale à la section droite, c'est-à-dire qu'elle sera dans le prolongement d'un rayon de la voûte. La figure 368 fait comprendre comment ce beuveau devra être disposé.

Ce beuveau s'appliquera (fig. 373) de manière que sa branche courbe coïncide toujours avec l'une des sections droites, que l'on aura dû préalablement tracer sur la douelle taillée précédemment, tandis que la troisième branche DE, solidement fixée à la branche courbe, de manière à former un angle droit avec elle, devra toujours coïncider avec l'une des génératrices. Par ce moyen, la branche BA sera constamment perpendiculaire à la face de douelle, et engendrera la surface héliçoïde du joint continu.

Au moyen de ce beuveau, on déterminera les arêtes A_1D_1, B_1C_1, E_1H_1, F_1G_1 des joints gauches transversaux, dont les directrices A_1B_1 et E_1F_1 sont déjà connues, ce qui permettra, vu le peu d'étendue de ces joints, de les exécuter à l'œil, sans autre indication.

Si l'on veut de l'exactitude, on se servira d'une équerre que l'on fera glisser le long de la directrice, en ayant soin que l'une de ses branches coïncide avec les génératrices de la douelle, et que l'autre soit normale à la directrice, ainsi qu'on le voit sur la figure 373.

784. Nous n'avons pas parlé de la taille du cylindre d'extrados, attendu que nous avons supposé avoir affaire à un voussoir courant. Or, dans les voussoirs de cette nature, on n'a pas coutume de tailler l'extrados, ce qui ne se fait que pour les voussoirs des têtes dont nous allons entretenir le lecteur.

785. Supposons donc maintenant qu'il s'agisse d'un voussoir de tête. On commencera par tailler le voussoir comme s'il s'agissait d'un voussoir courant, en lui donnant toutefois une longueur un peu plus grande que celle qu'il devra avoir définitivement, et en ne taillant qu'un seul joint transversal, celui qui sera opposé au plan de tête.

Cela fait, on appliquera (fig. 374) sur le joint continu un beuveau ABC formé d'une branche courbe et d'une branche rectiligne. Ces deux branches devront comprendre entre elles un angle égal à celui que fait l'hélice directrice du joint avec l'arête de ce joint sur le plan de tête. Nous verrons dans un instant (n° 786) comment on détermine la grandeur de cet angle.

Il est bien entendu que le même beuveau ne pourra pas servir pour tous les joints, attendu que l'angle qu'il forme diffère d'un joint à l'autre. De plus, les branches du beuveau devront être flexibles, afin qu'il puisse s'appliquer bien exactement sur la surface gauche du joint, et en prendre la courbure.

On tracera donc sur les joints continus, au moyen de beuveaux ainsi disposés, les arêtes des tête, ce qui permettra de tailler les faces planes qui composent ces têtes.

Quant à la face d'extrados, on la taillera d'une façon analogue à celle décrite plus haut (n°, 782) pour la douelle; c'est-à-dire qu'après avoir déterminé les courbes suivant lesquelles les quatre faces latérales de la pierre sont coupées par le cylindre d'extrados, on découpera des gabarits suivant ces courbes, que l'on appliquera dans des plumées, comme on l'a fait pour l'intrados.

786. *Détermination de l'angle formé par chaque hélice avec la ligne de joint qui lui correspond sur le plan de tête.* — On sait que l'on entend par angle de deux courbes qui se rencontrent, l'angle formé par deux droites tangentes à ces courbes, au point où elles se rencontrent. La question consiste donc simplement à chercher l'angle de deux droites.

Il existe plusieurs méthodes pour arriver à la détermination de cet angle. La plus simple de toutes est sans contredit celle que M. de La Gournerie a donnée dans un mémoire qu'il a publié dans les *Annales des ponts et chaussées;* sa simplicité consiste surtout dans le peu de constructions graphiques qu'elle nécessite. Nous allons exposer les considérations géométriques sur lesquelles elle est fondée.

Soit (fig. 375) une voûte biaise ayant pour section droite un demi-cercle A'Y'B'. Nous supposerons, comme toujours, que le plan horizontal de projection est le plan de naissance de la voûte, et que le plan vertical est un plan parallèle au plan de section droite, ce dernier étant d'ailleurs le plan PP qui passe par le point O où le plan de tête est rencontrée par l'axe de la voûte. Nous supposerons en outre que les voussoirs qui composent l'arc de tête sont au nombre de neuf : d'où il résulte que les angles qu'il s'agit de déterminer seront au nombre de dix.

Cela posé, soient V et V′ les projections d'un point de l'arc de tête où aboutit l'une des hélices qui forment les joints continus, ainsi que la courbe suivant laquelle le plan de tête est rencontré par la surface du joint qui correspond à cette hélice. L'angle qu'il s'agit de déterminer sera formé par la tangente à l'hélice au point (V, V′) et par la tangente à l'autre courbe, au même point (V, V′).

La tangente à l'hélice au point (V, V′) aura évidemment pour projection verticale la droite X′X′, tangente en V′ au demi-cercle A′Y′B′ ; quant à la tangente à la ligne de joint sur le plan de tête, elle aura pour projection verticale la droite T′V′, laquelle devra aboutir au point O′, point que nous avons appris à déterminer (n° 762) et qui est tel, que l'on doit avoir C′O′ = HO.

Si nous considérons la génératrice (G, G′) du joint héliçoïdal qui passe par le point (V, V′), il est clair que cette génératrice est perpendiculaire à la tangente X′X′ à l'hélice; car cette tangente est évidemment située dans le plan tangent au cylindre au même point (V, V′), et la génératrice (G, G′) est normale au cylindre. En outre, cette même génératrice est tout entière comprise dans le plan des tangentes X′X′ et T′O′, attendu que ces deux tangentes étant tangentes à deux courbes situées sur le joint gauche, le plan qui les contient est nécessairement tangent (n° 161) à ce joint en (V, V′), et, comme tel, doit (n° 271) contenir aussi la génératrice du joint qui passe par ce point. Mais la génératrice (G, G′) est parallèle au plan vertical de projection; donc la trace verticale du plan tangent en question sera une droite O′K′ parallèle à G′ et passant par le point O′ où la tangente T′V′ perce le plan de section droite PP.

Faisons tourner ce plan tangent autour de sa trace verticale O′K′, de manière à le rendre parallèle au plan vertical de projection. La tangente à l'hélice se projettera encore suivant XX′, et le point (V, V′), sommet de l'angle cherché, aura pour nouvelle projection verticale le point V″ situé sur X′X′, à une distance V″R′ du point R′ égale à la longueur de la partie de la tangente à l'hélice, qui est comprise entre le point de tangence (V, V′) et le plan de section droite PP sur lequel a lieu le rabattement. Mais cette distance V″R′ est évidemment égale à V_1M (sur le développement), attendu que dans le développement l'hélice et sa tangente se transform‑nt en une seule et même droite. De plus, comme le point O′, qui se trouve situé sur la charnière de rabattement, n'aura pas bougé pendant le rabattement, la tangente T′O′ se rabattra en O′T″, et l'angle T″V″V′ sera l'angle cherché.

Si maintenant l'on mène par le point V″ une droite V″Q′ perpendiculaire sur X′X′, et, par suite, parallèle à C′G′ et à O′K′, cette droite rencontrera la verticale OO′ en un point Q′ qui jouit d'une propriété remarquable, sur laquelle est fondée la simplicité de la méthode de M. de La Gournerie, ainsi qu'on va le voir.

Du point V_1 (sur le développement), abaissons la perpendiculaire V_1S sur la droite PP. Il est clair que, puisque V″R′=V_1M, on aura V′R′, projection de V″R′ relevé, égale à SM, projection de V_1M sur PP.

Cela posé, si l'on considère les deux droites O′Q′ et X′X′, on voit qu'elles sont coupées par les trois parallèles Q′V″, C′V′, O′R′ en segments qui donnent la proportion

$$(a) \qquad \frac{O'C'}{O'Q'} = \frac{R'V'}{R'V''} ;$$

mais, puisque $R'V' = SM$, et que $R'V'' = V_1M$, on aura

$$(b) \qquad \frac{O'C'}{O'Q'} = \frac{SM}{V_1M},$$

et, comme les deux triangles V_1SM, B_1OH sont semblables et que, par conséquent,

$$\frac{SM}{V_1M} = \frac{OH}{B_1H},$$

l'égalité (b) deviendra

$$\frac{O'C'}{O'Q'} = \frac{OH}{B_1H}.$$

Si, dans cette nouvelle égalité, on chasse les dénominateurs, il viendra

$$(c) \qquad O'C' \times B_1H = O'Q \times OH.$$

Mais on sait que $O'C'$ est égal à OH; donc l'égalité (c) se réduira à son tour à

$$B_1H = O'Q',$$

ce qui permet de fixer *à priori* la position du point Q'.

Cette conséquence est évidemment indépendante de la position occupée par le point V' sur l'arc de tête, attendu que les raisonnements ne sont nullement fondés sur ce que ce point occupe une position spéciale. On en conclut que le point Q' est le même pour tous les angles rabattus, de sorte que tout se réduit aux opérations graphiques suivantes :

On prend d'abord $C'O'$ égal à OH, et $O'Q'$ égal à B_1H, puis on construit : 1° la droite $X'X'$ tangente au point V' que l'on considère ; 2° la droite $Q'V''$ perpendiculaire sur $X'X'$, qui déterminera en V'' le sommet de l'angle cherché ; 3° la droite $O'V''$, qui avec $X'X'$ fera l'angle cherché.

787. L'angle que l'on obtient par la méthode que nous venons d'exposer est l'angle formé par les deux tangentes à l'hélice et à la ligne de joint sur le plan de tête. La courbure de cette dernière ligne étant presque insensible, il n'y a aucun inconvénient, en construisant le beuveau, à la remplacer par sa tangente ; mais il n'en est pas de même pour l'hélice qui, même dans la longueur d'un seul voussoir, offre une courbure assez sensible. On ne peut alors remplacer cette courbe par sa tangente, et il faut construire l'arc d'hélice correspondant au voussoir que l'on considère.

Comme la détermination de cet arc d'hélice est très-laborieuse, on lui substitue l'arc elliptique provenant de la section du cylindre d'intrados par le plan des deux tangentes $X'X'$, $V'T'$, lequel plan est tangent en (V, V') à la surface du joint. Cette substitution n'offre aucun inconvénient, attendu que dans la longueur d'un voussoir l'hélice peut être considérée comme une courbe plane.

Mais, comme l'arc d'ellipse en question est le même, quelle que soit la position du point V' sur l'arc de tête, il suffira de construire cet arc pour un point quelconque.

Considérons donc le point par lequel passe l'hélice dont la projection horizontale passerait en même temps par le point Q'. La tangente à cette hélice au point projeté en Q' sera une droite $Q'D$ faisant avec $Q'O'$ un angle égal à l'angle intradossal, c'est-à-dire égal à l'angle qui sur le développement est compris entre une génératrice d'intrados et l'une quelconque des droites qui sont les transformées des hélices.

Cela posé, si nous considérons le plan qui projette horizontalement $Q'D$, ce plan coupera le cylindre d'intrados suivant une ellipse, qu'il sera facile de construire au moyen de ses axes. En effet, son petit axe $Q'v'$ sera égal au rayon du cylindre d'intrados ; quant à son grand axe $Q'I$, il sera égal à Q'D, le point D se trouvant situé sur la ligne de naissance.

L'ellipse ainsi construite fournira comme on le voit la branche courbe du beuveau correspondant au point A' de l'arc de tête, et qui se trouve rabattu le premier à gauche. Pour les autres beuveaux on n'aura qu'à calquer l'angle *mv'n* formé par l'ellipse et sa tangente, et le reporter en dessous de la droite qui est le rabattement de la tangente à l'hélice correspondante.

788. On remarquera qu'aux extrémités d'une même génératrice, les angles des beuveaux sont supplémentaires. En outre, sur la même tête, à des hauteurs égales, les angles des beuveaux sont aussi supplémentaires, puisqu'ils sont égaux à leurs symétriques sur l'autre tête. Il suffira donc de déterminer les angles des beuveaux, pour la moitié de l'une des têtes, attendu que leurs suppléments seront les angles des beuveaux de l'autre moitié, et les beuveaux de l'une des têtes serviront pour l'autre tête, en ayant soin, bien entendu, que les beuveaux se succèdent dans le même ordre sur chaque tête, pour un observateur placé en face d'elle.

CHAPITRE III

Joints plans.

789. Dans un grand nombre de ponts, on remplace les joints gauches, dont l'exécution est toujours très-difficile, par des joints plans, ce qui n'offre aucun inconvénient lorsque les têtes seules du pont sont en pierre de taille, et que le pont a un vaste débouché.

Les lignes de joints sur le plan de tête sont alors des droites normales à l'arc de tête, et les joints continus sont formés par des plans conduits suivant ces normales et les cordes des arcs d'hélices qui correspondent au voussoir que l'on considère. Quant aux joints transversaux ou faces postérieures des voussoirs de tête, ce sont des plans parallèles aux plans des têtes.

Les joints continus coupent alors la douelle suivant des arcs d'ellipse ; mais comme dans la longueur d'un voussoir ces arcs diffèrent très-peu des arcs d'hélice correspondants, on peut sans inconvénient adopter ces derniers comme étant les sections produites par les joints continus.

Il est facile de voir les modifications que l'on devra introduire dans la construction de l'épure pour obtenir une voûte dont les joints des voussoirs de tête soient plans. Aussi avons-nous pensé qu'il était inutile de donner une épure spéciale.

Pont biais à section droite elliptique.

790. Il peut arriver que pour certaines raisons de symétrie on soit conduit à 'construire une voûte qui, bien que biaise, ait pour arc de tête un arc de cercle, et dont la section droite soit par conséquent elliptique.

Or nous avons vu (n° 505) que, pour obtenir le développement du cylindre d'intrados d'une voûte biaise à section droite circulaire, on déterminait d'abord la longueur de la section droite. Il doit en être de même pour une voûte à section droite elliptique.

791. Si l'arc de tête est un demi-cercle entier, et si par conséquent la section droite est une demi-ellipse complète, on calculera la longueur L de cette dernière au moyen de la formule

$$L = \pi a \left[1 - \left(\frac{1}{2} e \right)^2 - \frac{1}{3} \left(\frac{1.3}{2.4} e^2 \right)^2 - \frac{1}{5} \left(\frac{1.3.5}{2.4.6} e^3 \right)^2 - \text{etc.} \right],$$

dans laquelle

$$e = \frac{\sqrt{a^2 - b^2}}{a} ;$$

a est le demi-grand axe de l'ellipse et b son demi-petit axe.

792. Mais si la voûte est surbaissée, et si par suite la section droite n'est pas une demi-ellipse complète, la formule que nous venons de donner ne peut plus être employée. On est alors obligé, pour rectifier l'arc d'ellipse, de se contenter de le diviser avec le compas en parties égales aussi petites que possible, et de porter toutes ces parties les unes à la suite des autres, sur une même ligne droite.

Ce procédé est très-suffisant dans la pratique, surtout si

le nombre des divisions est considérable, car alors le polygone inscrit formé par les droites qui joignent deux à deux
les points de division diffère très-peu de l'arc lui-même.

795. Lorsqu'on a obtenu la longueur de l'arc elliptique
rectifié, on exécute l'épure absolument comme s'il s'agissait d'une voûte à section droite circulaire.

Nous ferons toutefois observer que, contrairement aux
voûtes à section droite circulaire, celles dont la section
droite est une demi-ellipse ou même simplement un arc
d'ellipse, offrent une courbure qui, loin d'être uniforme
dans toute leur étendue, varie d'un point à l'autre. Il résulte de là que si la voûte est entièrement construite en
pierre de taille, les voussoirs courants diffèrent tous les
uns des autres, ce qui n'a pas lieu dans les voûtes circulaires, ainsi qu'on l'a vu plus haut. Le travail graphique se
trouve donc considérablement long, puisque l'on est obligé
de projeter séparément chaque voussoir. Aussi a-t-on toujours coutume, dans les voûtes de cette nature, de ne faire
en pierre de taille que les voussoirs de tête.

Cas où la voûte est d'une grande longueur.

794. Lorsque la voûte biaise est d'une grande longueur,
on peut se dispenser de la construire entièrement suivant
l'appareil héliçoïdal. La partie moyenne est alors appareillée comme un berceau droit, tandis que les parties extrêmes sont seules appareillées suivant l'appareil héliçoïdal.

On établit à une certaine distance de la tête une chaîne
de pierres AB (fig. 376 et 377) que l'on fera parallèle à cette
tête, comme dans la figure 377, ou à laquelle on donnera
la direction d'une section droite (fig. 376). Dans un cas
comme dans l'autre les voussoirs qui composent la chaîne

devront se raccorder d'un côté avec ceux de la voûte droite, et de l'autre avec la portion biaise.

Il est évident qu'il n'est pas nécessaire que les deux têtes soient parallèles.

Application de l'appareil hélicoïdal.

795. L'appareil héliçoïdal a été appliqué d'une façon très-heureuse à la voûte qui couvre le canal Saint-Martin, à Paris.

Cette voûte (fig. 378) a pour section droite une demi-ellipse $A'Z'B'$ dont le grand axe est de $19^m,50$, et dont le demi-petit axe est de $8^m,875$. Elle se termine à un mur cylindrique vertical MON d'un rayon d'environ 15 mètres, qui se raccorde avec les murs droits verticaux du canal.

Le développement du cylindre d'intrados montre comment la voûte est appareillée. La courbe $B_1O_1A_1$ qui est la transformée de l'arc de tête a été divisée en parties égales; puis, par les points de division, on a conduit des droites perpendiculaires aux cordes O_1A_1 et O_1B_1 qui sous-tendent les deux moitiés de cette courbe.

Une chaîne de voussoirs EF est disposée suivant une section droite, et sépare le berceau droit de la portion de voûte qui a pour arêtes de douelle des hélices représentées sur le développement par les perpendiculaires aux cordes O_1A_1 et O_1B_1. A la clef, plusieurs voussoirs de la tête se prolongent jusqu'à cette chaîne, et leurs joints se trouvent brisés.

Corne de vache.

796. Lorsqu'une voûte est très-biaise, l'intrados et le plan de tête forment, du côté de l'angle aigu B (fig. 379), un angle d'autant plus aigu que le biais de la voûte est plus prononcé.

Pour remédier à ce grave inconvénient, on a imaginé plusieurs moyens que nous allons décrire.

797. *Première méthode.* — Soit (fig. 379) AB la trace horizontale de l'un des plans de tête d'une voûte biaise qui a pour section droite le demi-cercle AZB_1. Pour faire disparaître l'angle aigu en B, on coupera les pieds-droits par un plan vertical DC, perpendiculaire au plan de tête. La portion de voûte projetée horizontalement au-dessus de AD sera appareillée suivant le système héliçoïdal. Quant à l'autre portion ADC, ou corne de vache, elle sera appareillée comme un berceau horizontal perpendiculaire aux plans de tête, et se raccordera avec la partie centrale, suivant une ellipse projetée horizontalement sur AD, et dont la projection verticale se confondra avec celle de l'arc de tête.

Les joints de la corne de vache seront disposés comme ceux d'un berceau horizontal et devront se raccorder avec ceux de la voûte biaise.

798. *Deuxième méthode.* — La corne de vache, au lieu d'être cylindrique, pourra être une surface conoïde engendrée comme il suit : On conduira un plan vertical (fig. 380) FH parallèle au plan de tête AB, et distant de ce dernier d'une quantité qui dépendra de l'épaisseur que l'on veut donner à la corne de vache. Ce plan coupera le cylindre d'intrados de la voûte biaise suivant une ellipse ayant pour projection verticale l'ellipse identique F'Z'H'. Par le point H, où le plan FH rencontre la ligne de naissance BD, on conduira une droite HE faisant avec le plan de tête un angle HBE égal à l'angle FAB.

Cela posé, la corne de vache sera formée par un conoïde engendré par une *horizontale* qui se mouvra en s'appuyant continuellement sur l'ellipse F′Z′H′ et sur la verticale du point S. Ce point S est celui où la ligne de naissance AC est rencontrée par la droite HE prolongée. Quant à la courbe suivant laquelle cette surface rencontrera le plan de tête, elle sera facile à déterminer et se projettera sur A′Z′E′.

Pour obtenir les lignes de joint sur les plans de tête, on développera la partie cylindrique CFHD sur le plan horizontal, afin d'effectuer la division en voussoirs. On en déduira les lignes suivant lesquelles les surfaces de joint rencontrent le plan FH ; puis, en supposant que $a'b'$ soit l'une de ces lignes, on conduira suivant $a'b'$ une surface perpendiculaire au plan de tête, laquelle formera le joint de la partie conoïde.

799. Si les joints des têtes sont des plans, $a'b'$ sera une droite normale à la courbe F′Z′H′, et le joint correspondant du conoïde sera un plan conduit suivant cette droite, perpendiculairement au plan de tête. Si, au contraire, les joints sont gauches, $a'b'$ sera une courbe ; et le joint correspondant du conoïde sera formé par un cylindre perpendiculaire au plan de tête et ayant cette courbe pour directrice.

800. *Troisième méthode.* — Au lieu d'un conoïde, on pourra employer un cône (fig. 381) ayant son sommet S sur le plan de naissance, le point S étant d'ailleurs obtenu comme dans la précédente méthode. L'arc de tête sera alors une ellipse A′Y′E′ semblable à F′Z′H′.

Les lignes d'appareil de la partie conique seront des génératrices du cône.

Cette troisième méthode est la meilleure et la plus pratique.

FIN.

BIBLIOTHÈQUE
R.F.

www.ingramcontent.com/pod-product-compliance
Lightning Source LLC
LaVergne TN
LVHW021922170726
843501LV00001BA/118